K. + R. Gieck

Technische Formelsammlung

K. + R. Gieck

Technische Formelsammlung

33., neu bearbeitete Auflage

HANSER

Bibliografische Information Der Deutschen Nationalbibliothek
Die Deutsche Nationalbibliothek verzeichnet diese Publikation in der Deutschen Nationalbibliografie; detaillierte bibliografische Daten sind im Internet über http://dnb.d-nb.de abrufbar.

ISBN 978-3-446-43808-8

Internet: http://www.hanser-fachbuch.de

Lektorat: Mirja Werner M.A.
Herstellung: Dipl.-Ing. Franziska Kaufmann
Coverconcept: Marc Müller-Bremer, www.rebranding.de, München
Coverrealisierung: Stephan Rönigk
Druck und Bindung: Kösel, Krugzell
Printed in Germany

Vorwort

Die vorliegende Formelsammlung soll dem Ingenieur in knapp gefasster, klarer und übersichtlicher Form die wichtigsten physikalischen und technischen Formeln, einschließlich dem dazugehörigen mathematischen Rüstzeug, treffsicher aufzeigen. Dabei will sie durch zusammengefasste Begriffserläuterungen auch dann unterstützend eingreifen, wenn sich der Benutzer nur gelegentlich in ein ihm nicht mehr so geläufiges Gebiet begeben muss.

Um dem Benutzer die Möglichkeit zu geben, evtl. Ergänzungen und sonstige Bemerkungen aus seinem Spezialgebiet aufzeichnen zu können, sind die meisten Blätter nur einseitig bedruckt.

Jedes Sachgebiet ist unter einem g r o ß e n Buchstaben zusammengefasst. Die einzelnen Formeln jedes Sachgebietes sind unter dem jeweils gleichen, jedoch k l e i n e n Buchstaben fortlaufend nummeriert. Dies gestattet, die angewandten Formeln eines Rechnungsvorganges zu kennzeichnen.

Vorwort zur 33. Auflage

Neben der Einarbeitung verschiedener Änderungen und Verbesserungen im gesamten Buch wurden speziell die Kapitel T, „Regelungstechnik" und W, „Umwelttechnik" überarbeitet und ergänzt. In „W" wurden die neuesten gültigen Verordnungen und Werte aufgenommen.

Im Zuge der Überarbeitung wurden auch die alten DIN-Normen – wo möglich und nötig – auf die neuen, europäischen EN-Normen umgesetzt.

Unser Dank gilt Frau Prof. Dr.-Ing. K. Kuchta sowie den Herren Prof. Dr.-Ing. M. Gewerke, Prof. Dipl.-Ing. M. Otto und Dipl.-Ing. B. Kuchta, die bei der Überarbeitung mitgewirkt haben.

Für Vorschläge zur Verbesserung und Weiterentwicklung der Technischen Formelsammlung sind Verfasser und Verlag stets dankbar. Beiträge können direkt an Reiner Gieck, Nimrodstr. 26, 82110 Germering (E-Mail: RGieck@aol.com) gerichtet werden.

R. Gieck
Germering, Sommer 2013

Erläuterungen

zur Benutzung der Technischen Formelsammlung

Die Bestandteile der Gleichungen

Größen und ihre Bestandteile: Zahlenwert und Einheit

Der Zahlenwert einer Größe ist das Verhältnis der Größe zur gewählten Einheit. Der Zahlenwert ist also die Zahl, mit der man die Einheit vervielfachen muss, um die Größe zu erhalten:

$$\text{Größe} = \text{Zahlenwert} \times \text{Einheit}$$

Wählt man eine *n*-mal so große Einheit, so verkleinert sich der Zahlenwert auf den *n*-ten Teil. Das Produkt aus Zahlenwert und Einheit bleibt konstant: die Größe ist *invariant* gegenüber einem Wechsel der Einheit, z. B.

$$1\,\text{m} = 10^3\,\text{mm} = 10^{-3}\,\text{km}$$

Die Werte der Größen werden als Produkt von Zahlenwert und Einheit geschrieben, z. B.

$$I = 3\,\text{mA}; \quad l = 12\,\text{mm}$$

Dabei ist die Zweckbestimmung des Formelzeichens der Größe streng von derjenigen der Einheit zu trennen. Nur das Formelzeichen gibt an, **welche Größe gemeint ist**. Zahlenwert und Einheit geben nur an, **welchen Wert die Größe hat**. Die Einheit darf also keinen Hinweis darauf enthalten, welche Größe gemeint ist.

Beispiele hierzu:

falsch	richtig
$p = 2{,}7\,\text{atü}$	$p_{\ddot{u}} \approx 2{,}7\,\text{bar}$
$U = 220\,\text{V}_{\text{eff}}$	$U_{\text{eff}} = 220\,\text{V}$

Weitere deswegen in der Bundesrepublik **nicht mehr zulässige Einheiten (Auswahl)**: ata, $\text{N m}^3 = \text{m}_\text{n}^3$, $\text{BW} = \text{W}_\text{b}$, AWdg, V_{ss}.

Ausnahmen: °C, var, rad, sr.

Die Arten von Gleichungen

Größengleichungen

In Größengleichungen bedeuten die Formelzeichen physikalische Größen. Größengleichungen gelten unabhängig von der Wahl der Einheiten. Aus ihnen lässt sich der zugrunde liegende physikalische Zusammenhang leicht erkennen. Bei der Auswertung von Größengleichungen sind für die Formelzeichen der Größen die **Produkte** aus Zahlenwert **und** Einheit einzusetzen. Dabei können Zahlenwerte und Einheiten in beliebiger (also auch bunter) Reihenfolge geschrieben und in Brüchen auch beliebig gekürzt werden, z. B. Formel l23:

$$t = \frac{2s}{v} = \frac{2 \cdot 80\,\mathrm{m}}{8\,\dfrac{\mathrm{m}}{\mathrm{s}}} = \frac{2 \cdot 80\,\mathrm{m\,s}}{8\,\mathrm{m}} = 20\,\mathrm{s}$$

Zugeschnittene Größengleichungen

Größengleichungen, in denen jede Größe durch eine zugehörige Einheit dividiert erscheint, heißen „Zugeschnittene Größengleichungen", z. B. Formel s88:

$$\frac{F_\mathrm{m}}{\mathrm{N}} \approx 40 \left(\frac{B}{\mathrm{T}}\right)^2 \frac{A}{\mathrm{cm}^2} = 40 \left(\frac{0{,}9\,\mathrm{T}}{\mathrm{T}}\right)^2 \frac{5\,\mathrm{cm}^2}{\mathrm{cm}^2} = 162$$

oder:

$$F_\mathrm{m} \approx 40 \left(\frac{B}{\mathrm{T}}\right)^2 \frac{A}{\mathrm{cm}^2}\,\mathrm{N} = 40 \left(\frac{0{,}9\,\mathrm{T}}{\mathrm{T}}\right)^2 \frac{5\,\mathrm{cm}^2}{\mathrm{cm}^2}\,\mathrm{N} = 162\,\mathrm{N}$$

In diesen Gleichungen stellen die Verhältnisse von Größe und Einheit unmittelbar die Zahlenwerte bei den angegebenen Einheiten dar. Diese Gleichungen sind darum für häufig wiederkehrende Auswertungen (Tabellenrechnen) besonders geeignet.

Einheitengleichungen

Einheitengleichungen geben die zahlenmäßigen Beziehungen zwischen Einheiten an. In ihnen treten also nur Einheiten und Zahlenwerte auf, z. B.

$$1\,\mathrm{m} = 100\,\mathrm{cm}; \qquad 1\,\mathrm{N} = 1\,\mathrm{kg\,m/s^2}$$

Sie werden mit Vorteil so geschrieben, dass auf ihrer linken Seite nur die Zahl 1 steht, z. B.

$$1 = \frac{1\,\mathrm{m}}{100\,\mathrm{cm}} = \frac{100\,\mathrm{cm}}{1\,\mathrm{m}}; \qquad 1 = \frac{1\,\mathrm{kg\,m}}{1\,\mathrm{N\,s^2}} = \frac{1\,\mathrm{N\,s^2}}{1\,\mathrm{kg\,m}}$$

Sollen Größen in Darstellungen mit anderer Einheit umgerechnet werden, so werden diese Größen oder eine Seite der gesamten Größengleichung mit den jeweils erforderlichen besonderen Darstellungen der 1 multipliziert.

Dadurch ändert sich ihr Wert ja nicht. Die Darstellungen der 1 werden wie oben angegeben gebildet, z. B. Formel m1:

$$F = ma$$

$$F = 30\,\text{kg}\,4\,\frac{\text{cm}}{\text{s}^2} = 30\,\text{kg}\,\frac{1\,\text{N}\,\text{s}^2}{1\,\text{kg}\,\text{m}} \cdot 4\,\frac{\text{cm}}{\text{s}^2} \cdot \frac{1\,\text{m}}{100\,\text{cm}} = 1{,}2\,\text{N}$$

Zahlenwertgleichungen

In Zahlenwertgleichungen bedeuten die Formelzeichen Zahlenwerte. Diese Gleichungen lassen sich stets auch als „Zugeschnittene Größengleichungen" darstellen. Um ein ständiges Umdenken zu vermeiden, enthält die Technische Formelsammlung keine Zahlenwertgleichungen.

Basisgrößen und Basiseinheiten im Internationalen Einheitensystem

SI-Basisgröße		SI-Basiseinheit	
Benennung	Formel-zeichen (*kursive Schrift*)	Benennung	Ein-heiten (senkr. Schrift)
Länge	l	Meter	m
Masse	m	Kilogramm	kg
Zeit	t	Sekunde	s
Elektrische Stromstärke	I	Ampere	A
Thermodynamische Temperatur	T	Kelvin	K
Stoffmenge	n	Mol	mol
Lichtstärke	I_V	Candela	cd

Beispiel-Einheiten

Die gelegentlich verwendete Bezeichnung **BE** bedeutet „**B**eispiel-**E**inheit" (also nicht Basiseinheit).

Bei vielen aufgeführten Formeln sind Beispiel-Einheiten angegeben. Dabei ist stets die zuerst angegebene Einheit die gesetzlich vorgeschriebene des Internationalen Einheitensystems. Diese Einheiten sollte man vorzugsweise benutzen, da dadurch die Umrechnungen am einfachsten werden bzw. überhaupt entfallen. Die zusätzlich angegebenen Einheiten sind andere Schreibweisen oder dezimale Vielfache der ersten Einheit.

Ausgelaufene Einheiten und/oder gesetzlich nicht mehr zugelassene – jedoch gelegentlich noch verwendete – Einheiten sind in runden ( ) Klammern aufgeführt.

Griechisches Alphabet

α	β	γ	δ	ε	ζ	η	ϑ	ι	$\varkappa$	λ	μ
A	B	Γ	Δ	E	Z	H	Θ	I	K	Λ	M
Alpha	Beta	Gamma	Delta	Epsilon	Zeta	Eta	Theta	Jota	Kappa	Lambda	My
ν	ξ	o	π	ϱ	σ	τ	υ	φ	χ	ψ	ω
N	Ξ	O	Π	P	Σ	T	Y	Φ	X	Ψ	Ω
Ny	Xi	Omikron	Pi	Rho	Sigma	Tau	Ypsilon	Phi	Chi	Psi	Omega

Benutzte Formelzeichen

(weitgehend nach DIN 1304)

Raum und Zeit

$\alpha, \beta, \gamma, \ldots$ Winkel
Ω Raumwinkel
l Länge
b Breite
h Höhe
r, R Radius, Halbmesser, Fahrstrahl
d, D Durchmesser
s Länge, Weglänge
s Dicke
u, U Umfang
A Fläche, Querschnitt
A_m Mantelfläche eines Körpers
A_o Oberfläche eines Körpers
V Volumen
t Zeit, Zeitspanne
ω Winkelgeschwindigkeit
α Winkelbeschleunigung
v Geschwindigkeit
a Beschleunigung
g Fallbeschleunigung

Periodische und verwandte Erscheinungen

T Periodendauer
f Frequenz
n Umdrehungsfrequenz, Drehzahl
ω Kreisfrequenz
λ Wellenlänge
φ Vor- oder Nacheilwinkel, Phasenverschiebungswinkel

Mechanik

m Masse
ϱ Dichte
v Spezifisches Volumen
p Impuls
J Trägheitsmoment
F Kraft
F_G Gewichtskraft (früher Gewicht)
M Kraftmoment
M_R Reibungsmoment
T Drehmoment
p Druck (Kraft durch Fläche)
σ Zug- oder Druckspannung, Normalspannung
τ Schubspannung, Scherspannung
ε Dehnung
γ Schiebung
E Elastizitätsmodul
G Schubmodul
I Flächenmoment 2. Grades
W Widerstandsmoment
H Flächenmoment 1. Grades
S Schwerpunkt
μ Reibungszahl der Gleitreibung
μ_0 Reibungszahl der Haftreibung
μ_q Querlagerreibungszahl
μ_l Längslagerreibungszahl
η Dynamische Viskosität
ν Kinematische Viskosität
W Arbeit, Energie
P Leistung
η Wirkungsgrad

Wärme

T Temperatur in Kelvin
t, ϑ Temperatur in Celsius
α Längenausdehnungskoeffizient
γ Volumenausdehnungskoeffizient
Φ Wärmestrom
φ Wärmestromdichte
Q Wärme
c_p Spezifische Wärmekapazität bei konstantem Druck
c_V Spezifische Wärmekapazität bei konstantem Volumen
q Wärme, spezifische
λ Wärmeleitfähigkeit
$\varkappa$ Verhältnis der spezifischen Wärmekapazitäten
R spezifische Gaskonstante
l_d Verdampfungswärme, latent, massebezogen
l_f Schmelzwärme, latent, massebezogen
l_s Sublimationswärme, latent, massebezogen
V_n Normvolumen
v spezifisches Volumen

Elektrizität und Magnetismus

I Elektrische Stromstärke
J Elektrische Stromdichte
U Elektrische Spannung

U_q Elektrische Quellenspannung
R Elektrischer Widerstand, Wirkwiderstand
G Elektrischer Leitwert, Wirkleitwert
Q Elektrizitätsmenge, Ladung
C Elektrische Kapazität
D Elektrische Flussdichte
E Elektrische Feldstärke
Φ Magnetischer Fluss
B Magnetische Flussdichte, Induktion
L Induktivität
H Magnetische Feldstärke
Θ Elektrische Durchflutung
V Magnetische Spannung
R_m Magnetischer Widerstand
Λ Magnetischer Leitwert
δ Luftspaltlänge
α Temperatur-Koeffizient des elektrischen Widerstandes
γ Elektrische Leitfähigkeit
ϱ Spezifischer elektrischer Widerstand
ε Permittivität
ε_o Elektrische Feldkonstante
ε_r Permittivitätszahl
N Windungszahl
μ Permeabilität ($\mu = \mu_o \cdot \mu_r$)
μ_o Magnetische Feldkonstante
μ_r Permeabilitätszahl
p Polpaarzahl
z Leiterzahl
Q Güte
δ Verlustwinkel
Y Scheinleitwert
Z Scheinwiderstand
X Blindwiderstand
S Scheinleistung
P Wirkleistung
Q Blindleistung
C_M Momentenkonstante

Optische und verwandte elektromagnetische Strahlung

I_e Strahlstärke
I_v Lichtstärke
Φ_e Strahlungsleistung
Φ_v Lichtstrom
Q_e Strahlungsmenge, -energie
Q_v Lichtmenge
E_e Bestrahlungsstärke
E_v Beleuchtungsstärke
H_e Bestrahlung
H_v Belichtung
L_e Strahldichte
L_v Leuchtdichte
c Lichtgeschwindigkeit
n Brechzahl
f Brennweite
D Brechwert

Einheiten

A1

Vorsätze und Vorsatzzeichen

da = Deka = 10^{1}
h = Hekto = 10^{2}
k = Kilo = 10^{3}
M = Mega = 10^{6}
G = Giga = 10^{9}
T = Tera = 10^{12}
P = Peta = 10^{15}
E = Exa = 10^{18}
Z = Zetta = 10^{21}
Y = Yotta = 10^{24}

d = Dezi = 10^{-1}
c = Zenti = 10^{-2}
m = Milli = 10^{-3}
μ = Mikro = 10^{-6}
n = Nano = 10^{-9}
p = Piko = 10^{-12}
f = Femto = 10^{-15}
a = Atto = 10^{-18}
z = Zepto = 10^{-21}
y = Yocto = 10^{-24}

Längen-Einheiten

			m	μm	mm	cm	dm	km
a1	1 m	=	1	10^{6}	10^{3}	10^{2}	10	10^{-3}
a2	1 μm	=	10^{-6}	1	10^{-3}	10^{-4}	10^{-5}	10^{-9}
a3	1 mm	=	10^{-3}	10^{3}	1	10^{-1}	10^{-2}	10^{-6}
a4	1 cm	=	10^{-2}	10^{4}	10	1	10^{-1}	10^{-5}
a5	1 dm	=	10^{-1}	10^{5}	10^{2}	10	1	10^{-4}
a6	1 km	=	10^{3}	10^{9}	10^{6}	10^{5}	10^{4}	1

Längen-Einheiten (Fortsetzung)

			mm	μm	nm	(Å) [1]	pm	(mÅ) [2]
a7	1 mm	=	1	10^{3}	10^{6}	10^{7}	10^{9}	10^{10}
a8	1 μm	=	10^{-3}	1	10^{3}	10^{4}	10^{6}	10^{7}
a9	1 nm	=	10^{-6}	10^{-3}	1	10	10^{3}	10^{4}
a10	(1 Å)	=	10^{-7}	10^{-4}	10^{-1}	1	10^{2}	10^{3}
a11	1 pm	=	10^{-9}	10^{-6}	10^{-3}	10^{-2}	1	10
a12	(1 mÅ)	=	10^{-10}	10^{-7}	10^{-4}	10^{-3}	10^{-1}	1

Flächen-Einheiten

			m^2	μm^2	mm^2	cm^2	dm^2	km^2
a13	1 m^2	=	1	10^{12}	10^{6}	10^{4}	10^{2}	10^{-6}
a14	1 μm^2	=	10^{-12}	1	10^{-6}	10^{-8}	10^{-10}	10^{-18}
a15	1 mm^2	=	10^{-6}	10^{6}	1	10^{-2}	10^{-4}	10^{-12}
a16	1 cm^2	=	10^{-4}	10^{8}	10^{2}	1	10^{-2}	10^{-10}
a17	1 dm^2	=	10^{-2}	10^{10}	10^{4}	10^{2}	1	10^{-8}
a18	1 km^2	=	10^{6}	10^{18}	10^{12}	10^{10}	10^{8}	1

[1] Å = Ångström [2] 1 mÅ = 1 XE = 1 X-Einheit

Einheiten

Volumen-Einheiten

L = Liter

			m^3	mm^3	cm^3	dm^3 1)	km^3
a19	$1\ m^3$	=	1	10^9	10^6	10^3	10^{-9}
a20	$1\ mm^3$	=	10^{-9}	1	10^{-3}	10^{-6}	10^{-18}
a21	$1\ cm^3$	=	10^{-6}	10^3	1	10^{-3}	10^{-15}
a22	$1\ dm^3$	=	10^{-3}	10^6	10^3	1	10^{-12}
a23	$1\ km^3$	=	10^9	10^{18}	10^{15}	10^{12}	1

Massen-Einheiten

			kg	mg	g	dt	t = Mg
a24	1 kg	=	1	10^6	10^3	10^{-2}	10^{-3}
a25	1 mg	=	10^{-6}	1	10^{-3}	10^{-8}	10^{-9}
a26	1 g	=	10^{-3}	10^3	1	10^{-5}	10^{-6}
a27	1 dt	=	10^2	10^8	10^5	1	10^{-1}
a28	1 t = 1 Mg	=	10^3	10^9	10^6	10	1

Zeit-Einheiten

			s	ns	µs	ms	min
a29	1 s	=	1	10^9	10^6	10^3	$16{,}66 \cdot 10^{-3}$
a30	1 ns	=	10^{-9}	1	10^{-3}	10^{-6}	$16{,}66 \cdot 10^{-12}$
a31	1 µs	=	10^{-6}	10^3	1	10^{-3}	$16{,}66 \cdot 10^{-9}$
a32	1 ms	=	10^{-3}	10^6	10^3	1	$16{,}66 \cdot 10^{-6}$
a33	1 min	=	60	$60 \cdot 10^9$	$60 \cdot 10^6$	$60 \cdot 10^3$	1
a34	1 h	=	3600	$3{,}6 \cdot 10^{12}$	$3{,}6 \cdot 10^9$	$3{,}6 \cdot 10^6$	60
a35	1 d	=	$86{,}4 \cdot 10^3$	$86{,}4 \cdot 10^{12}$	$86{,}4 \cdot 10^9$	$86{,}4 \cdot 10^6$	1440

Kraft-(Gewichtskraft-)Einheiten

			N 2)	kN	MN	(kp)	(dyn)
a36	1 N	=	1	10^{-3}	10^{-6}	0,102	10^5
a37	1 kN	=	10^3	1	10^{-3}	$0{,}102 \cdot 10^3$	10^8
a38	1 MN	=	10^6	10^3	1	$0{,}102 \cdot 10^6$	10^{11}
	(1 kp)	=	9,806 65			1	$0{,}98 \cdot 10^6$
	(1 dyn)	=	10^{-5}			$1{,}02 \cdot 10^{-6}$	1

1) $1\ dm^3 = 1\ l = 1$ Liter 2) $1\ N = 1\ kg\ m/s^2 = 1$ Newton

Druck-Einheiten

			Pa	N/mm²	bar	(kp/cm²)	(Torr)
a39	1 Pa = N/m²	=	1	10^{-6}	10^{-5}	$\approx 1{,}02 \cdot 10^{-5}$	$\approx 0{,}0075$
a40	1 N/mm²	=	10^6	1	10	$\approx 10{,}2$	$\approx 7{,}5 \cdot 10^3$
a41	1 bar	=	10^5	0,1	1	$\approx 1{,}02$	≈ 750
a42	(1 kp/cm² = 1 at)	≈	98 100	$9{,}81 \cdot 10^{-2}$	0,981	1	736
a43	(1 Torr) [1]	≈	133	$0{,}133 \cdot 10^{-3}$	$1{,}33 \cdot 10^{-3}$	$1{,}36 \cdot 10^{-3}$	1

Arbeits-Einheiten

			J	kW h	(kp m)	(kcal)	(PS h)
a44	1 J [2]	=	1	$\approx 0{,}278 \cdot 10^{-6}$	0,102	$\approx 0{,}239 \cdot 10^{-3}$	$\approx 0{,}378 \cdot 10^{-6}$
a45	1 kW · h	=	$3{,}60 \cdot 10^6$	1	$367 \cdot 10^3$	860	$\approx 1{,}36$
a46	(1 kp · m)	=	9,81	$2{,}72 \cdot 10^{-6}$	1	$2{,}345 \cdot 10^{-3}$	$\approx 3{,}70 \cdot 10^{-6}$
a47	(1 kcal)	=	4186,8	$1{,}16 \cdot 10^{-3}$	426,9	1	$\approx 1{,}58 \cdot 10^{-3}$
a48	(1 PS · h)	=	$2{,}65 \cdot 10^6$	0,735	$0{,}27 \cdot 10^6$	632	1

Leistungs-Einheiten

			W	kW	(kp m/s)	(kcal/h)	(PS)
a49	1 W [3]	=	1	10^{-3}	0,102	0,860	$1{,}36 \cdot 10^{-3}$
a50	1 kW	=	1000	1	102	860	1,36
a51	(1 kp · m/s)	=	9,81	$9{,}81 \cdot 10^{-3}$	1	8,43	$13{,}3 \cdot 10^{-3}$
a52	(1 kcal/h)	=	1,16	$1{,}16 \cdot 10^{-3}$	0,119	1	$1{,}58 \cdot 10^{-3}$
a53	(1 PS)	=	735	0,735	75	632	1

Massen-Einheit für Edelsteine

a54 1 Metrisches Karat (Kt) = 200 mg = $0{,}2 \cdot 10^{-3}$ kg = 1/5000 kg

Feingehalt-Einheit für Edelmetalle

a55 24 Karat ≙ 1000,00 ‰ | 18 Karat ≙ 750,00 ‰

a56 14 Karat ≙ 583,33 ‰ | 8 Karat ≙ 333,33 ‰

Temperatur-Einheiten

a57 $T = \left(\frac{t}{°C} + 273{,}15\right) \text{K} = \frac{5}{9} \cdot \frac{T_R}{°R} \text{K}$

a58 $T_R = \left(\frac{t_F}{°F} + 459{,}67\right) °R = \frac{9}{5} \cdot \frac{T}{K} °R$

a59 $t = \frac{5}{9}\left(\frac{t_F}{°F} - 32\right) °C = \left(\frac{T}{K} - 273{,}15\right) °C$

a60 $t_F = \left(\frac{9}{5} \cdot \frac{t}{°C} + 32\right) °F = \left(\frac{T_R}{°R} - 459{,}67\right) °F$

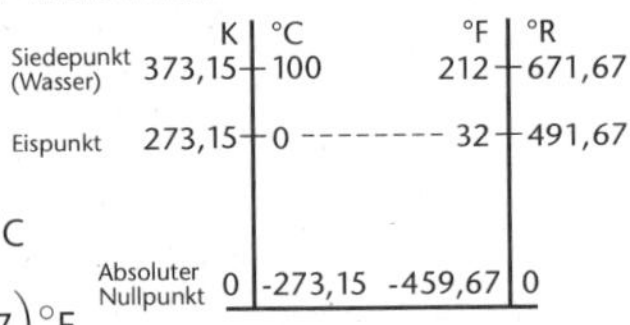

T, T_R, t und t_F sind die Temperaturen in der Kelvin-, Rankine-, Celsius- und Fahrenheit-Skala

[1] 1 Torr = 1/760 atm = 1,333 22 mbar ≙ 1 mm Hg (mm QS) bei $t = 0\,°C$

[2] 1 J = 1 N m = 1 W s = 1 Joule [3] 1 W = 1 J/s = 1 N m/s = 1 Watt

Gegenüberstellung anglo-amerikanischer und metrischer Einheiten

Längen-Einheiten

			in	ft	yd	mm	m	km
a61	1 in	=	1	0,08333	0,02778	25,4	0,0254	—
a62	1 ft	=	12	1	0,3333	304,8	0,3048	—
a63	1 yd	=	36	3	1	914,4	0,9144	—
a64	1 mm	=	0,039 37	$3281 \cdot 10^{-6}$	$1094 \cdot 10^{-6}$	1	0,001	10^{-6}
a65	1 m	=	39,37	3,281	1,094	1000	1	0,001
a66	1 km	=	39 370	3281	1094	10^6	1000	1

Flächen-Einheiten

			sq in	sq ft	sq yd	cm^2	dm^2	m^2
a67	1 sq in	=	1	$6{,}944 \cdot 10^{-3}$	$0{,}772 \cdot 10^{-3}$	6,452	0,064 52	$64{,}5 \cdot 10^{-5}$
a68	1 sq ft	=	144	1	0,1111	929	9,29	0,0929
a69	1 sq yd	=	1296	9	1	8361	83,61	0,8361
a70	1 cm^2	=	0,155	$1{,}076 \cdot 10^{-3}$	$1{,}197 \cdot 10^{-4}$	1	0,01	0,0001
a71	1 dm^2	=	15,5	0,1076	0,011 96	100	1	0,001
a72	1 m^2	=	1550	10,76	1,196	10 000	100	1

Volumen-Einheiten

			cu in	cu ft	cu yd	cm^3	dm^3	m^3
a73	1 cu in	=	1	$5{,}786 \cdot 10^{-4}$	$2{,}144 \cdot 10^{-5}$	16,39	0,016 39	$1{,}64 \cdot 10^{-5}$
a74	1 cu ft	=	1728	1	0,037	28 316	28,32	0,0283
a75	1 cu yd	=	46 656	27	1	764 555	764,55	0,7646
a76	1 cm^3	=	0,061 02	$3532 \cdot 10^{-8}$	$1{,}31 \cdot 10^{-6}$	1	0,001	10^{-6}
a77	1 dm^3	=	61,02	0,03532	0,00131	1000	1	0,001
a78	1 m^3	=	61 023	35,32	1,307	10^6	1000	1

Massen-Einheiten

			dram	oz	lb	g	kg	Mg
a79	1 dram	=	1	0,0625	0,003 906	1,772	0,001 77	$1{,}77 \cdot 10^{-6}$
a80	1 oz	=	16	1	0,0625	28,35	0,028 35	$28{,}3 \cdot 10^{-6}$
a81	1 lb	=	256	16	1	453,6	0,4536	$4{,}53 \cdot 10^{-4}$
a82	1 g	=	0,5643	0,035 27	0,002 205	1	0,001	10^{-6}
a83	1 kg	=	564,3	35,27	2,205	1000	1	0,001
a84	1 Mg	=	$564{,}3 \cdot 10^3$	35 270	2205	10^6	1000	1

Fortsetzung siehe A5

Fortsetzung von A4

Arbeits-(Energie-)Einheiten

			ft lb	kp m	J = W s	kW h	kcal	Btu
a85	1 ft lb	=	1	0,1383	1,356	$376{,}8 \cdot 10^{-9}$	$324 \cdot 10^{-6}$	$1{,}286 \cdot 10^{-3}$
a86	1 kp m	=	7,233	1	9,807	$2{,}725 \cdot 10^{-6}$	$2{,}344 \cdot 10^{-3}$	$9{,}301 \cdot 10^{-3}$
a87	1 J = 1 W s	=	0,7376	0,102	1	$277{,}8 \cdot 10^{-9}$	$239 \cdot 10^{-6}$	$948{,}4 \cdot 10^{-6}$
a88	1 kW · h	=	$2{,}655 \cdot 10^{6}$	$367{,}1 \cdot 10^{3}$	$3{,}6 \cdot 10^{6}$	1	860	3413
a89	1 kcal	=	$3{,}087 \cdot 10^{3}$	426,9	4187	$1{,}163 \cdot 10^{-3}$	1	3,968
a90	1 Btu	=	778,6	107,6	1055	$293 \cdot 10^{-6}$	0,252	1

Leistungs-Einheiten

			hp	kp m/s	J/s = W	kW	kcal/s	Btu/s
a91	1 hp	=	1	76,04	745,7	0,7457	0,1782	0,7073
a92	1 kp m/s	=	$13{,}15 \cdot 10^{-3}$	1	9,807	$9{,}807 \cdot 10^{-3}$	$2{,}344 \cdot 10^{-3}$	$9{,}296 \cdot 10^{-3}$
a93	1 J/s = 1 W	=	$1{,}341 \cdot 10^{-3}$	0,102	1	10^{-3}	$239 \cdot 10^{-6}$	$948{,}4 \cdot 10^{-6}$
a94	1 kW	=	1,341	102	1000	1	0,239	0,9484
a95	1 kcal/s	=	5,614	426,9	4187	4,187	1	3,968
a96	1 Btu/s	=	1,415	107,6	1055	1,055	0,252	1

Sonstige Einheiten

a97	1 mil = 10^{-3} in	=	0,0254 mm
a98	1 sq mil = 10^{-6} sq in	=	645,2 μm^2
a99	1 englische Meile	=	1609 m
a100	1 internationale Seemeile	=	1852 m
a101	1 geographische Meile	=	7420 m
a102	1 rod, pole oder perch = 5,5 yd	=	5,092 m
a103	1 sq chain = 16 sq rods	=	404,7 m^2
a104	1 Imp. gallon (Imperial gallon)	=	4,546 dm^3
a105	1 US. gallon (United States gallon)	=	3,785 dm^3
a106	1 Feinunze (oz tr)	=	31,1035 g
a107	1 stone (GB) = 14 lb	=	6,35 kg
a108	1 short quarter (US)	=	11,34 kg
a109	1 long quarter (GB, US)	=	12,70 kg
a110	1 short cwt (US) = 4 short quarter	=	45,36 kg
a111	1 long cwt (GB, US) = 4 long quarter	=	50,80 kg
a112	1 short ton (US)	=	0,9072 Mg
a113	1 long ton (GB, US)	=	1,0160 Mg
a114	1 Btu/cu ft = 8,9046 kcal/m^3	=	37 284 N m/m^3
a115	1 Btu/lb = 0,556 kcal/kg	=	2327 N m/kg
a116	1 lb/sq ft = 4,882 kp/m^2	=	47,8924 N/m^2
a117	1 lb/sq in (= 1 psi) = 0,0703 kp/cm^2	=	0,6896 N/cm^2

Flächen

B1

Quadrat

b1 $A = a^2$

b2 $a = \sqrt{A}$

b3 $d = a\sqrt{2}$

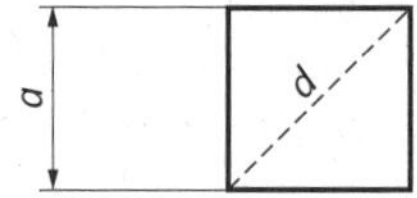

Rechteck

b4 $A = a \cdot b$

b5 $d = \sqrt{a^2 + b^2}$

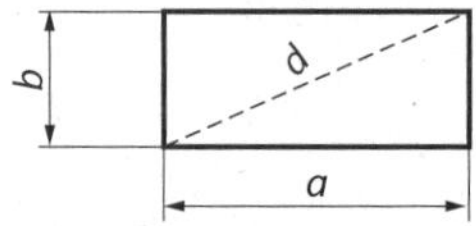

Parallelogramm

b6 $A = a \cdot h = a \cdot b \cdot \sin \alpha$

b7 $d_1 = \sqrt{(a + h \cdot \cot \alpha)^2 + h^2}$

b8 $d_2 = \sqrt{(a - h \cdot \cot \alpha)^2 + h^2}$

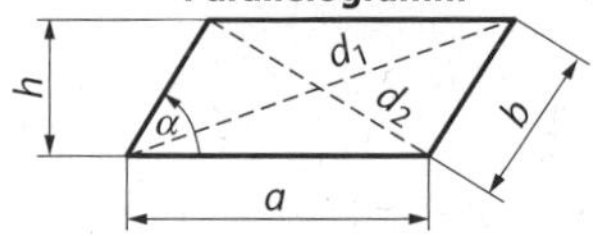

Trapez

b9 $A = \frac{a + b}{2} h = m \cdot h$

b10 $m = \frac{a + b}{2}$

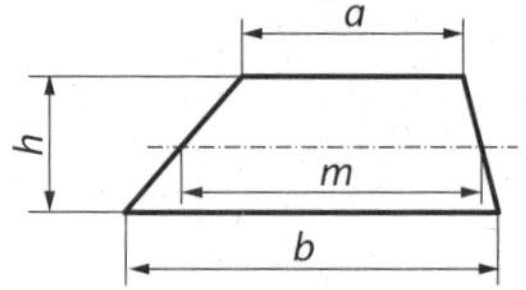

Dreieck

b11/1 $A = \frac{a \cdot h}{2} = r \cdot s$

b11/2 $= \sqrt{s(s - a)(s - b)(s - c)}$

b12 $r = \frac{a \cdot h}{2s}; \quad R = \frac{b \cdot c}{2h}$

b13/1 $x = s - a$

b13/2 $y = s - b$

b13/3 $z = s - c$

b13/4 $s = (a + b + c)/2$

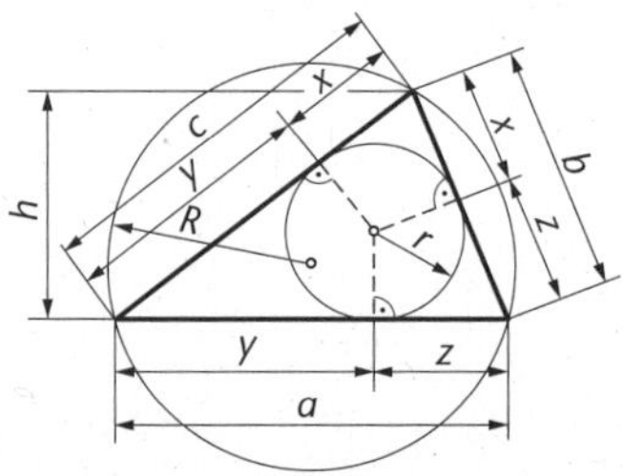

Gleichseitiges Dreieck

b14 $A = \frac{a^2}{4}\sqrt{3}$

b15 $h = \frac{a}{2}\ \sqrt{3}$

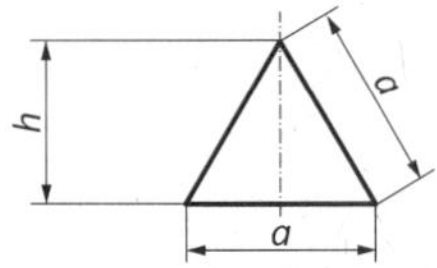

Regelmäßiges Fünfeck

b16 $A = \frac{5}{8} r^2 \sqrt{10 + 2\sqrt{5}}$

b17 $a = \frac{1}{2} r\ \sqrt{10 - 2\sqrt{5}}$

b18 $\varrho = \frac{1}{4} r\ \sqrt{6 + 2\sqrt{5}}$

Konstruktion: $\overline{AB} = 0{,}5r$, $\overline{BC} = \overline{BD}$, $\overline{CD} = \overline{CE}$

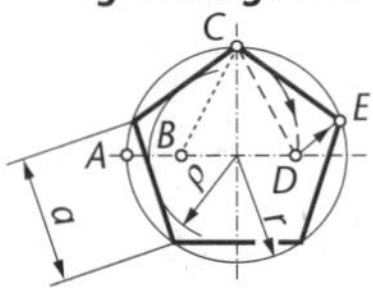

Regelmäßiges Sechseck

b19 $A = \frac{3}{2}\ a^2\sqrt{3}$

b20 $d = 2\,a$

b21 $\quad = \frac{2}{\sqrt{3}} s \approx 1{,}155\,s$

b22 $s\ = \frac{\sqrt{3}}{2} d \approx 0{,}866\,d$

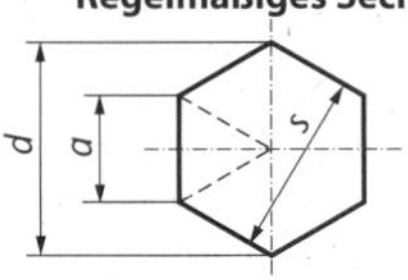

Regelmäßiges Achteck

b23 $A = 2\,as \approx 0{,}83\,s^2$

b24 $\quad = 2\,s\sqrt{d^2 - s^2}$

b25 $a = s \cdot \tan 22{,}5^\circ \approx 0{,}415\,s$

b26 $s\ = d \cdot \cos 22{,}5^\circ \approx 0{,}924\,d$

b27 $d = \dfrac{s}{\cos 22{,}5^\circ} \approx 1{,}083\,s$

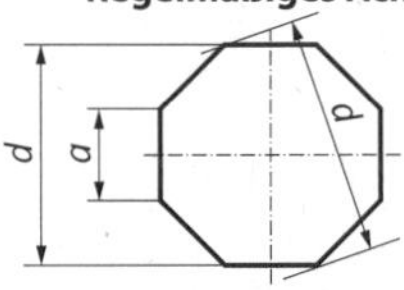

Vieleck

b28 $A = A_1 + A_2 + A_3$

b29 $\quad = \dfrac{a \cdot h_1 + b \cdot h_2 + b \cdot h_3}{2}$

Wenn Koordinaten der Eckpunkte P_1 bis P_4 bekannt:

$$A = \frac{1}{2}\Big[\,(x_1 - x_2)(y_1 + y_2) + (x_2 - x_3)(y_2 + y_3) +$$

b29a $$+\,(x_3 - x_4)(y_3 + y_4) + \ (x_n - x_1)(y_n + y_1)\Big]$$

Hinweis: Werden Eckpunkte gegen den Uhrzeiger durchlaufen, wird $A > 0$, sonst $A < 0$

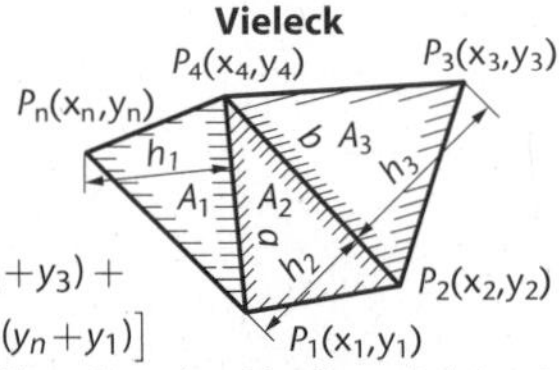

Kreis

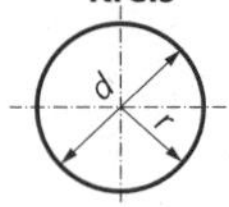

b30 $A = \frac{\pi}{4} d^2 = \pi r^2$

b31 $\approx 0{,}785 d^2$

b32 $U = 2\pi r = \pi d$

Kreisring

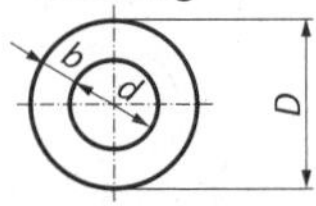

b33 $A = \frac{\pi}{4}\left(D^2 - d^2\right)$

b34 $= \pi(d + b)b$

b35 $b = \frac{D - d}{2}$

Kreisausschnitt

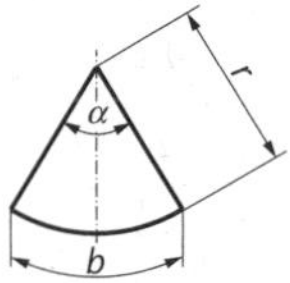

b36 $A = \frac{\pi}{360^\circ} r^2 \alpha = \frac{\widehat{\alpha}}{2} r^2$

b37 $= \frac{br}{2}$

b38 $b = \frac{\pi}{180^\circ} r \alpha$

b39 $\widehat{\alpha} = \frac{\pi}{180^\circ} \alpha$ ($\widehat{\alpha}$ im Bogenmaß, α in Grad)

Kreisabschnitt

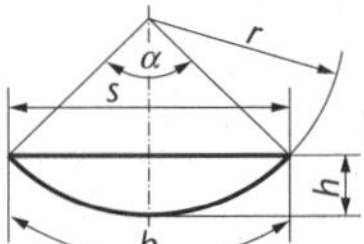

b40 $s = 2r \cdot \sin \frac{\alpha}{2}$

b41 $A = \frac{r^2}{2}\left(\widehat{\alpha} - \sin \alpha\right) \approx \frac{h}{6s}\left(3h^2 + 4s^2\right)$

b42 $b = \frac{h}{2} + \frac{s^2}{8h}$

b43 $h = r\left(1 - \cos \frac{\alpha}{2}\right) = \frac{s}{2} \tan \frac{\alpha}{4}$

b44 $\widehat{\alpha}$ = siehe Formel b39

Ellipse

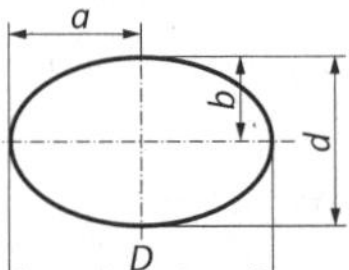

b45 $A = \frac{\pi}{4} Dd = \pi ab$

b46 $U \approx \frac{\pi}{2}\left[3(a + b) - 2\sqrt{ab}\right]$

b47 $= \pi(a + b)\left[1 + \left(\frac{1}{2}\right)^2 \cdot \lambda^2 + \left(\frac{1}{2} \cdot \frac{1}{4}\right)^2 \cdot \lambda^4 + \right.$

$+ \left(\frac{1}{2} \cdot \frac{1}{4} \cdot \frac{3}{6}\right)^2 \cdot \lambda^6 + \left(\frac{1}{2} \cdot \frac{1}{4} \cdot \frac{3}{6} \cdot \frac{5}{8}\right)^2 \cdot \lambda^8 +$

$\left. + \left(\frac{1}{2} \cdot \frac{1}{4} \cdot \frac{3}{6} \cdot \frac{5}{8} \cdot \frac{7}{10}\right)^2 \cdot \lambda^{10} + \ldots\right]$, dabei $\lambda = \frac{a - b}{a + b}$

Körper

Würfel

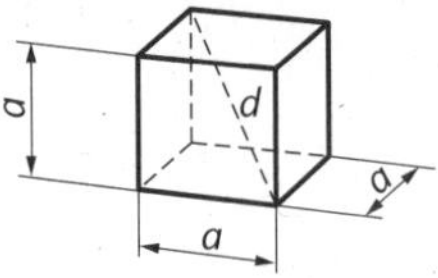

c1 $V = a^3$

c2 $A_o = 6a^2$

c3 $d = \sqrt{3} \cdot a$

Quader

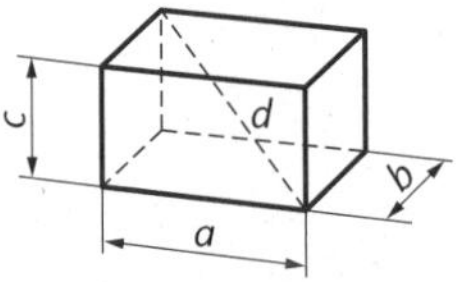

c4 $V = abc$

c5 $A_o = 2(ab + ac + bc)$

c6 $d = \sqrt{a^2 + b^2 + c^2}$

Schiefer Quader

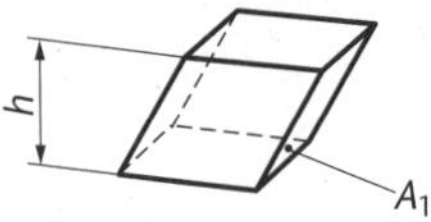

c7 $V = A_1 h$

(Prinzip von Cavalieri)

Pyramide

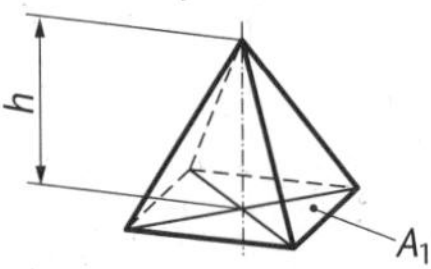

c8 $V = \dfrac{A_1 h}{3}$

Pyramidenstumpf

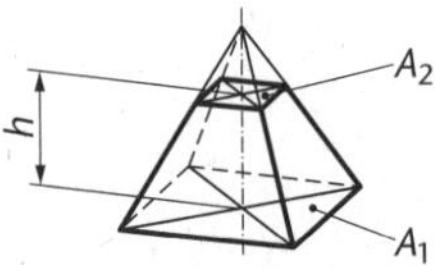

c9 $V = \dfrac{h}{3}\left(A_1 + A_2 + \sqrt{A_1 \cdot A_2}\right)$

c10 $\approx h\,\dfrac{A_1 + A_2}{2}$ (wenn $A_1 \approx A_2$)

Zylinder

c11 $V = \frac{\pi}{4} d^2 h$

c12 $A_m = 2\pi r h$

c13 $A_o = 2\pi r(r + h)$

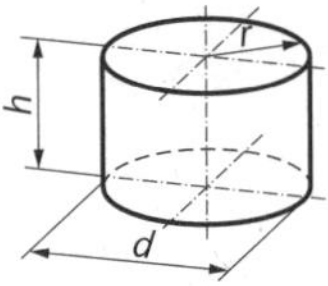

Hohlzylinder

c14 $V = \frac{\pi}{4} h \left(D^2 - d^2\right)$

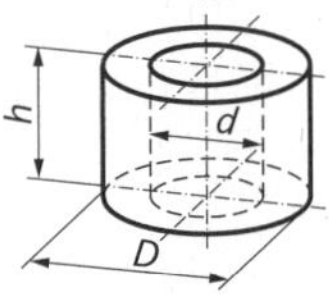

Kegel

c15 $V = \frac{\pi}{3} r^2 h$

c16 $A_m = \pi r m$

c17 $A_o = \pi r(r + m)$

c18 $m = \sqrt{h^2 + r^2}$

c19 $A_2 : A_1 = x^2 : h^2$

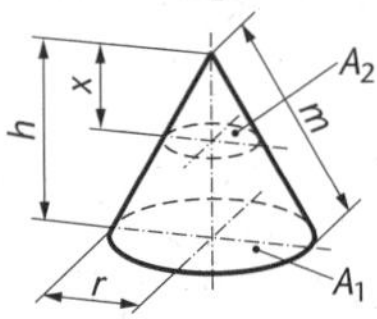

Kegelstumpf

c20 $V = \frac{\pi}{12} h \left(D^2 + D \cdot d + d^2\right)$

c21 $A_m = \frac{\pi}{2} m(D + d) = 2\pi p m$

c22 $m = \sqrt{\left(\frac{D - d}{2}\right)^2 + h^2}$

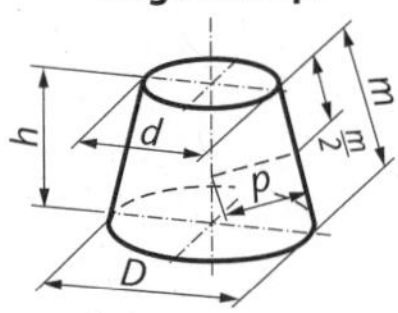

Kugel

c23 $V = \frac{4}{3}\pi \cdot r^3 = \frac{1}{6}\pi \cdot d^3$

c24 $\approx 4{,}189 r^3$

c25 $A_o = 4\pi r^2 = \pi d^2$

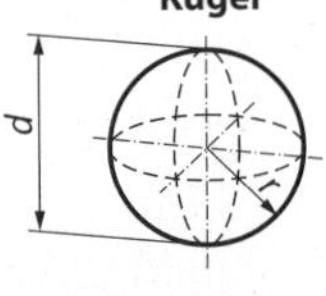

Kugelschicht

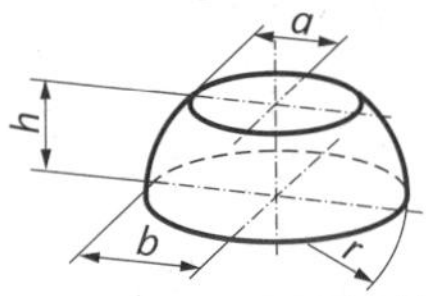

c26 $V = \frac{\pi}{6} h \left(3a^2 + 3b^2 + h^2\right)$

c27 $A_m = 2\pi r h$ (Kugelzone)

c28 $A_o = \pi \left(2rh + a^2 + b^2\right)$

Kugelabschnitt

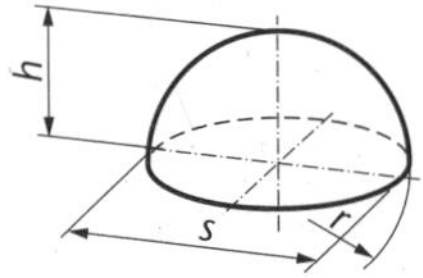

c29 $V = \frac{\pi}{6} h \left(\frac{3}{4} s^2 + h^2\right)$

$= \pi h^2 \left(r - \frac{h}{3}\right)$

c30 $A_m = 2\pi r h$ (Kugelkappe)

c31 $= \frac{\pi}{4} \left(s^2 + 4h^2\right)$

Kugelausschnitt

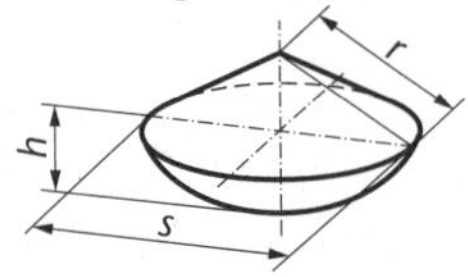

c32 $V = \frac{2}{3} \pi r^2 h$

c33 $A_o = \frac{\pi}{2} r (4h + s)$

Zylindrisch durchbohrte Kugel

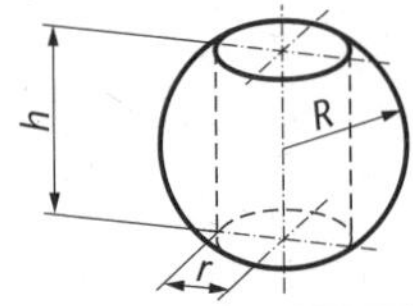

c34 $V = \frac{\pi}{6} h^3$

c35/1 $A_o = 4\pi \sqrt{(R + r)^3 (R - r)}$

c35/2 $= 2\pi h (R + r)$

c35/3 $h = 2\sqrt{R^2 - r^2}$

Keglig durchbohrte Kugel

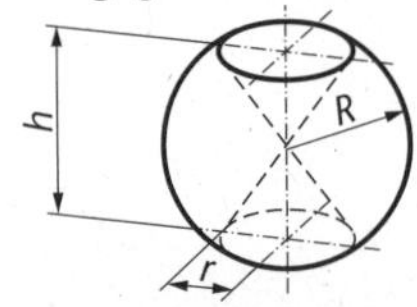

c36 $V = \frac{2}{3} \pi R^2 h$

c37/1 $A_o = 2\pi R \left(h + \sqrt{R^2 - \frac{h^2}{4}}\right)$

c37/2 $h = 2\sqrt{R^2 - r^2}$

Kreisring

c38 $V = \frac{\pi^2}{4} D d^2$

c39 $A_o = \pi^2 D d$

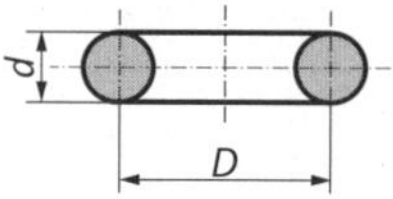

Schief abgeschnittener Zylinder

c40/1 $V = \frac{\pi}{4} d^2 h$

c40/2 $A_m = \pi d h$

c40/3 $A_o = \pi r \left[h_1 + h_2 + r + \right.$
$\left. + \sqrt{r^2 + (h_1 - h_2)^2/4} \right]$

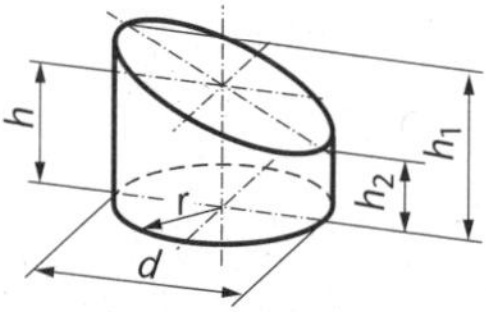

Zylinderhuf

c41 $V = \frac{2}{3} r^2 h$

c42 $A_m = 2 r h$

c43 $A_o = A_m + \frac{\pi}{2} r^2 + \frac{\pi}{2} r \sqrt{r^2 + h^2}$

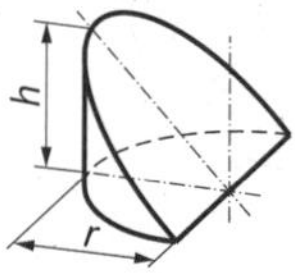

Fass

c44 $V \approx \frac{\pi}{12} h \left(2D^2 + d^2 \right)$

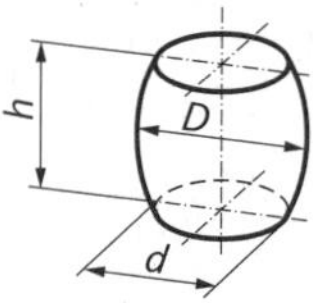

Prismatoid

c45 $V = \frac{h}{6} (A_1 + A_2 + 4A)$

Nach dieser Formel lassen sich die auf C1 … C3 aufgeführten Körper – demnach auch die Kugel und ihre Teile – berechnen.

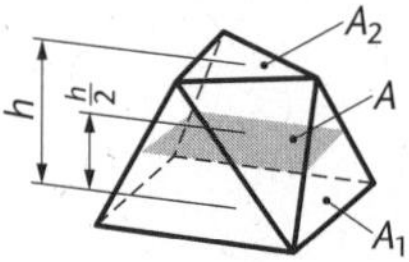

Arithmetik

Potenzen, Wurzeln

D1

Regeln für Potenz- und Wurzel-Rechnungen

	Allgemein	Zahlenbeispiele	
d1	$p \cdot a^n \pm q \cdot a^n = (p \pm q)a^n$	$3a^4 + 4a^4 = 7a^4$	
d2	$a^m \cdot a^n = a^{m+n}$	$a^8 \cdot a^4 = a^{12}$	
d3	$a^m / a^n = a^{m-n}$	$a^8 / a^2 = a^{8-2} = a^6$	
d4	$(a^m)^n = (a^n)^m = a^{mn}$	$(a^3)^2 = (a^2)^3 = a^{2 \cdot 3} = a^6$	
d5	$a^{-n} = 1/a^n$	$a^{-4} = 1/a^4$	
d6	$\frac{a^n}{b^n} = \left(\frac{a}{b}\right)^n$	$\frac{a^3}{b^3} = \left(\frac{a}{b}\right)^3$	
d7	$p\sqrt[n]{a} \pm q\sqrt[n]{a} = (p \pm q)\sqrt[n]{a}$	$4\sqrt[3]{x} + 7\sqrt[3]{x} = 11\sqrt[3]{x}$	$a, b \geq 0$
d8	$\sqrt[n]{a \cdot b} = \sqrt[n]{a} \cdot \sqrt[n]{b}$	$\sqrt[4]{16 \cdot 81} = \sqrt[4]{16} \cdot \sqrt[4]{81}$	
d9	$\frac{\sqrt[n]{a}}{\sqrt[n]{b}} = \sqrt[n]{\frac{a}{b}} = \left(\frac{a}{b}\right)^{\frac{1}{n}}$	$\frac{\sqrt{8}}{\sqrt{2}} = \sqrt{4} = 2$	
d10	$\sqrt[nx]{a^{mx}} = \sqrt[n]{a^m}$	$\sqrt[6]{a^8} = \sqrt[3]{a^4}$	
d11	$\sqrt[n]{a^m} = \left(\sqrt[n]{a}\right)^m = a^{\frac{m}{n}}$ *)	$\sqrt[4]{a^3} = \left(\sqrt[4]{a}\right)^3 = a^{\frac{3}{4}}$	
d12	$\sqrt{-a} = \mathrm{i}\sqrt{a}; \quad \mathrm{i} = \sqrt{-1}$	$\sqrt{-9} = \mathrm{i}\sqrt{9} = \mathrm{i} \cdot 3$	

*) Gilt nicht in Sonderfällen, z. B. $\sqrt{(-2)^2} = \sqrt{4} = +2$; $\left(\sqrt{-2}\right)^2 = -2$.
Exponenten von Potenzen und Wurzeln müssen stets dimensionslos sein.

Quadratische Gleichung (Gleichung 2ten Grades)

d13 Normalform $x^2 + px + q = 0$

d14 Lösungen $x_{1,2} = -\frac{p}{2} \pm \sqrt{\frac{p^2}{4} - q}$

d15 Satz von Vieta $p = -(x_1 + x_2); \quad q = x_1 \cdot x_2$

Arithmetische Bestimmung einer beliebigen Wurzel

d16 Wenn $x = \sqrt[n]{A}$, dann ist $x = \frac{1}{n}\left[(n-1)x_0 + \frac{A}{x_0^{n-1}}\right]$

x_0 ist der zunächst geschätzte Wert von x. Mehrmals wiederholtes Einsetzen des erhaltenen x als x_0 erhöht immer mehr die Genauigkeit von x.

Umformung gewöhnlicher algebraischer Ausdrücke

d17 $(a \pm b)^2 = a^2 \pm 2ab + b^2$

d18 $(a \pm b)^3 = a^3 \pm 3a^2b + 3ab^2 \pm b^3$

d19 $$(a+b)^n = a^n + \frac{n}{1}a^{n-1}b + \frac{n(n-1)}{1 \cdot 2}a^{n-2}b^2 + \\ + \frac{n(n-1)(n-2)}{1 \cdot 2 \cdot 3}a^{n-3}b^3 + \ldots b^n$$

d20 $(a+b+c)^2 = a^2 + 2ab + 2ac + b^2 + 2bc + c^2$

d21 $(a-b+c)^2 = a^2 - 2ab + 2ac + b^2 - 2bc + c^2$

d22 $a^2 - b^2 = (a+b) \cdot (a-b)$

d23 $a^3 + b^3 = (a+b) \cdot (a^2 - ab + b^2)$

d24 $a^3 - b^3 = (a-b) \cdot (a^2 + ab + b^2)$

d25 $a^n - b^n = (a-b) \cdot (a^{n-1} + a^{n-2}b + a^{n-3}b^2 + \ldots + ab^{n-2} + b^{n-1})$

Binomischer Satz

d26 $(a+b)^n = \binom{n}{0}a^n + \binom{n}{1}a^{n-1} \cdot b + \binom{n}{2}a^{n-2} \cdot b^2 + \binom{n}{3}a^{n-3} \cdot b^3 + \ldots$ [1]

d27 $\binom{n}{k} = \frac{n(n-1)(n-2)\ldots(n-k+1)}{1 \cdot 2 \cdot 3 \ldots k}$ [1]

[1] Dabei muss n eine ganze Zahl sein.

d28 $$(a+b)^4 = 1a^4 + \frac{4}{1}a^{4-1} \cdot b + \frac{4 \cdot 3}{1 \cdot 2}a^{4-2} \cdot b^2 + \frac{4 \cdot 3 \cdot 2}{1 \cdot 2 \cdot 3}a^{4-3} \cdot b^3 + b^4 \\ = a^4 + 4a^3 \cdot b + 6a^2 \cdot b^2 + 4a \cdot b^3 + b^4$$

Schematische Auflösung

d29 **Die Koeffizienten nach dem Pascal'schen Dreieck**

$(a+b)^0$							1						
$(a+b)^1$						1		1					
$(a+b)^2$					1		2		1				
$(a+b)^3$				1		3		3		1			
$(a+b)^4$			1		4		6 ↓		4		1		
$(a+b)^5$		1		5 ↓		10		10		5		1	
$(a+b)^6$	1		6		15		20		15		6		1

Fortsetzung so, dass jede Zeile mit 1 beginnt und endet. Zweite und vorletzte Zahl entspricht dem Exponenten. Übrige Zahlen sind die Summen der jeweils rechts und links darüber stehenden Zahlen.

d30 **Exponenten:** Die Summe der Exponenten von a und b jedes Gliedes ist gleich dem Binom-Exponenten n. Mit fallenden Potenzen von a steigen die Potenzen von b.

d31 **Vorzeichen:** Bei $(a+b)$ stets positiv. Bei $(a-b)$ mit $+$ beginnend, dann von Glied zu Glied wechselnde Vorzeichen.

d32 *Beispiele:*

$(a+b)^5 = a^5 + 5a^4b + 10a^3b^2 + 10a^2b^3 + 5ab^4 + b^5$

$(a-b)^5 = +a^5 - 5a^4b + 10a^3b^2 - 10a^2b^3 + 5ab^4 - b^5$

Gebrochen rationale Funktion

$$y(x) = \frac{P(x)}{Q(x)} = \frac{a_0 + a_1x + a_2x^2 + \ldots + a_mx^m}{b_0 + b_1x + b_2x^2 + \ldots + b_nx^n} \qquad n > m, \; n \text{ und } m \text{ ganzzahlig}$$

Die Koeffizienten a_ν, b_μ können reell oder komplex sein. Sind n_i die Nullstellen von $Q(x)$, so erhält man die faktorisierte Form.

d33 $$y(x) = \frac{P(x)}{Q(x)} = \frac{P(x)}{a \cdot (x-n_1)^{k1} \cdot (x-n_2)^{k2} \cdot \ldots \cdot (x-n_q)^{kq}}$$

Dabei können $k_1, k_2, \ldots, k_q$-fache Nullstellen von $Q(x)$ auftreten, die reell oder komplex sein können; a ist ein konstanter Faktor.

Partialbruchzerlegung

Zur einfacheren Behandlung von $y(x)$, z. B. zur Integration, ist es oft zweckmäßig, $y(x)$ in Teilbrüche zu zerlegen.

d34 $$\begin{aligned} y(x) = \frac{P(x)}{Q(x)} &= \frac{A_{11}}{x-n_1} + \frac{A_{12}}{(x-n_1)^2} + \ldots + \frac{A_{1k1}}{(x-n_1)^{k1}} \\ &+ \frac{A_{21}}{x-n_2} + \frac{A_{22}}{(x-n_2)^2} + \ldots + \frac{A_{2k2}}{(x-n_2)^{k2}} + \ldots + \\ &+ \frac{A_{q1}}{x-n_q} + \frac{A_{q2}}{(x-n_q)^2} + \ldots + \frac{A_{qkq}}{(x-n_q)^{kq}} \end{aligned}$$

Bei reellen Koeffizienten von $Q(x)$ treten komplexe Nullstellen paarweise (konjugiert komplex) auf. Zur Zerlegung werden diese Paare zu reellen Teilbrüchen zusammengefasst. Sind in d33 die Nullstellen $n_2 = \overline{n}_1$ (konjugiert komplex zu n_1) und wird wegen ihres paarweisen Auftretens $k_1 = k_2 = k$, so lassen sich die Teilbrüche von d34 mit den Konstanten $A_{11} \ldots A_{2k2}$ zu folgenden Teilbrüchen zusammenfassen:

d35 $$\frac{B_{11}x + C_{11}}{x^2 + ax + b} + \frac{B_{12}x + C_{12}}{(x^2 + ax + b)^2} + \ldots + \frac{B_{1k}x + C_{1k}}{(x^2 + ax + b)^k}$$

Die Konstanten von A_{11} bis A_{qkq} bzw. B_{11}, C_{11} bis B_{1k}, C_{1k} erhält man durch Koeffizienten-Vergleich gleicher Potenzen in x zwischen linker und rechter Seite der Gleichung, nachdem man die rechte in Teilbrüche zerlegte Seite auf den Hauptnenner $Q(x)$ gebracht hat.

Beispiel:

$$y(x) = \frac{2x-1}{(x+1-2i)(x+1+2i)(x+1)^2} = \frac{2x-1}{Q(x)} = \frac{B_{11}x + C_{11}}{x^2+2x+5} + \frac{A_{q1}}{x+1} + \frac{A_{q2}}{(x+1)^2}$$

$$\frac{2x-1}{Q(x)} = \frac{B_{11}x(x+1)^2 + C_{11}(x+1)^2 + A_{q1}(x+1)(x^2+2x+5) + A_{q2}(x^2+2x+5)}{Q(x)}$$

$$\begin{aligned} 2x-1 &= (A_{q1} + B_{11})x^3 + (3A_{q1} + A_{q2} + 2B_{11} + C_{11})x^2 \\ &+ (7A_{q1} + 2A_{q2} + B_{11} + 2C_{11})x + 5A_{q1} + 5A_{q2} + C_{11} \end{aligned}$$

Koeffizienten-Vergleich zwischen linker und rechter Seite ergibt:

$$B_{11} = -1/2; \quad C_{11} = 1/4; \quad A_{q1} = 1/2; \quad A_{q2} = -3/4$$

Bei einfachen Nullstellen n_i lassen sich die Konstanten $A_{11}, A_{21} \ldots A_{q1}$ von Gleichung d34 wie folgt berechnen:

d36 $$A_{11} = P(n_1)/Q'(n_1); \quad A_{21} = P(n_2)/Q'(n_2); \quad \ldots \quad A_q = P(n_q)/Q'(n_q)$$

Allgemeines

	System	Logarithmus mit der Basis	Bezeichnung
d37	$\log_a$	a	Logarithmus zur Basis a
d38	$\log_{10} = \lg$	10	Zehner-Logarithmus
d39	$\log_e = \ln$	e	Natürlicher Logarithmus
d40	$\log_2 = \mathrm{lb}$	2	Zweier-Logarithmus

Jn $\log_a x = b$ heißt a Basis
x Numerus
b Logarithmus

Regeln für logarithmische Rechnungen

d41 $$\log_a(x \cdot y) = \log_a x + \log_a y$$

d42 $$\log_a \frac{x}{y} = \log_a x - \log_a y$$

d43 $$\log_a x^n = n \cdot \log_a x$$

d44 $$\log_a \sqrt[n]{x} = \frac{1}{n} \cdot \log_a x$$

Exponential-Gleichung

d45 $$b^x = d = e^{x \cdot \ln b}$$

d46 hieraus: $$x = \frac{\log_a d}{\log_a b} \quad \Big| \quad b = \sqrt[x]{d}$$

Umrechnung von Logarithmen

d47 $$\lg x = \lg e \cdot \ln x = 0{,}434\,294 \cdot \ln x$$

d48 $$\ln x = \frac{\lg x}{\lg e} = 2{,}302\,585 \cdot \lg x$$

d49 $$\mathrm{lb}\, x = 1{,}442\,695 \cdot \ln x = 3{,}321\,928 \cdot \lg x$$

Basis der natürlichen Logarithmen $e = 2{,}718\,281\,828\,459\ \ldots$

Kennziffern des Zehner-Logarithmus einer Zahl

d50 $\lg 0{,}01 = -2$ oder $8.\ \ldots - 10$
d51 $\lg 0{,}1 = -1$ oder $9.\ \ldots - 10$
d52 $\lg 1 = 0$
d53 $\lg 10 = 1$
d54 $\lg 100 = 2$ usw.

Bemerkung: Der Numerus eines Logarithmus muss stets dimensionslos sein.

Permutationen oder Vertauschungen

Anzahl Vertauschungen von n Elementen (mit Berücksichtigung ihrer Anordnung):

d55 $$P_n = n! = 1 \cdot 2 \cdot 3 \cdot \ldots \cdot n$$ [1]

Beispiel: Die $n = 3$ Elemente a, b, c lassen sich auf folgende 6 Arten untereinander vertauschen:

abc	*bac*	*cab*
acb	*bca*	*cba*

d56 $P_3 = 3! = 1 \cdot 2 \cdot 3 = 6$ Permutationen

Sonderfall: Sind bei Vertauschung von n Elementen n_1 gleiche Elemente einer Art, n_2 gleiche Elemente einer 2. Art usw. und n_k gleiche Elemente einer k-ten Art, so gibt es:

d57 $$P_{n,k} = \frac{n!}{n_1! \cdot n_2! \cdot \ldots \cdot n_k!} \text{ Permutationen}$$

Beispiel: Die $n = 3$ Elemente a, a, b lassen sich auf folgende Arten vertauschen:

aab *aba* *baa*

Hierin ist $n = 3,\ n_1 = 2,\ n_2 = 1$, also

d58 $$P_{3,2} = \frac{3!}{2! \cdot 1!} = \frac{1 \cdot 2 \cdot 3}{1 \cdot 2 \cdot 1} = 3 \text{ Permutationen}$$

Variationen und Kombinationen

Die Anzahl der verschiedenen Arten, auf welche man von n Elementen k Elemente mit Berücksichtigung ihrer Anordnung herausgreifen kann, heißt die Anzahl Variationen der n Elemente.

$$V_k^n = n(n-1)(n-2)\ldots(n-k+1) = \frac{n!}{(n-k)!}; \quad n \geqq k$$

Ohne Berücksichtigung der Anordnung der k Elemente spricht man von Kombinationen

$$C_k^n = \frac{n!}{k! \cdot (n-k)!} = \binom{n}{k}$$ [2]

Zusätzlich wird noch unterschieden, ob sich die einzelnen Elemente wiederholen oder nicht (Schreibweise ${}^wV_k^n$ bzw. ${}^wC_k^n$ bei Wiederholung).

Die Tabelle auf Seite D6 zeigt die Gegenüberstellung von Variationen und Kombinationen mit und ohne Wiederholung der Elemente.

[1] $n!$ sprich „n Fakultät"

[2] Berechnung gemäß d27

Kombinationen und Variationen

(Erläuterungen siehe D5)

		d62	d61	d60	d59
		Anzahl der Kombinationen		Anzahl der Variationen	
		ohne	mit	ohne	mit
		Wiederholung und <u>ohne</u> Berücksichtigung ihrer Anordnung		Wiederholung und <u>mit</u> Berücksichtigung ihrer Anordnung	
Formel		$C_k^n = \frac{n!}{k!\,(n-k)!} = \binom{n}{n-k}^{1)} = \binom{n}{k}^{1)}$	${}^wC_k^n = \frac{(n+k-1)!}{k!\,(n-1)!} = \binom{n+k-1}{k}^{1)}$	$V_k^n = C_k^n \cdot P_k = \frac{n!}{(n-k)!} = \binom{n}{k} k!^{\,1)}$	${}^wV_k^n = n^k$
Erläuterung der Formelzeichen		C Anzahl möglicher Kombinationen n Anzahl gegebener Elemente k Anzahl herausgegriffener Elemente aus n gegebenen Elementen		V Anzahl möglicher Variationen	
Beispiele	Gegeben	$n = 3$ Elemente a, b, c $k = 2$ herausgegriffene Elemente aus den vorstehenden 3 Elementen			
	Möglichkeiten	· *ab* *ac* · · *bc* · · ·	*aa* *ab* *ac* · *bb* *bc* · · *cc*	· *ab* *ac* *ba* · *bc* *ca* *cb* ·	*aa* *ab* *ac* *ba* *bb* *bc* *ca* *cb* *cc*
	Berechnung der Anzahl Möglichkeiten	$C_2^3 = \frac{3!}{2! \cdot (3-2)!} = 3$ $= \binom{3}{3-2} = \frac{3}{1} = 3$ $= \binom{3}{2} = \frac{3 \cdot 2}{1 \cdot 2} = 3$	${}^wC_2^3 = \frac{(3+2-1)!}{2! \cdot (3-1)!} = 6$ $= \binom{3+2-1}{2}$ $= \binom{4}{2} = \frac{4 \cdot 3}{1 \cdot 2} = 6$	$V_2^3 = \frac{3!}{(3-2)!} = \frac{3!}{1!} = 6$ $= \binom{3}{2} \cdot 2!$ $= \frac{3 \cdot 2}{1 \cdot 2} \cdot 2! = 6$	${}^wV_2^3 = 3^2$ $= 9$
	Bemerkung	Es entsprechen z. B. *ab* und *ba* den gleichen Kombinationen		Es entsprechen z. B. *ab* und *ba* verschiedenen Variationen	

1) Berechnung gemäß d27

Zweireihige Determinanten

d63 $a_{11} \cdot x + a_{12} \cdot y = r_1$
$a_{21} \cdot x + a_{22} \cdot y = r_2$

$$D = \begin{vmatrix} a_{11} & a_{12} \\ a_{21} & a_{22} \end{vmatrix} = a_{11} \cdot a_{22} - a_{21} \cdot a_{12}$$

r-Spalte einsetzen anstelle der

x-Spalte	*y*-Spalte
$D_1 = \begin{vmatrix} r_1 & a_{12} \\ r_2 & a_{22} \end{vmatrix} = r_1 \cdot a_{22} - r_2 \cdot a_{12}$	$D_2 = \begin{vmatrix} a_{11} & r_1 \\ a_{21} & r_2 \end{vmatrix} = r_2 \cdot a_{11} - r_1 \cdot a_{21}$
$x = \frac{D_1}{D}$	$y = \frac{D_2}{D}$

d64

Dreireihige Determinanten (Regel nach Sarrus)

d65 $a_{11} \cdot x + a_{12} \cdot y + a_{13} \cdot z = r_1$
$a_{21} \cdot x + a_{22} \cdot y + a_{23} \cdot z = r_2$
$a_{31} \cdot x + a_{32} \cdot y + a_{33} \cdot z = r_3$

d66

$$D = \left|\begin{array}{ccc|cc} a_{11} & a_{12} & a_{13} & a_{11} & a_{12} \\ a_{21} & a_{22} & a_{23} & a_{21} & a_{22} \\ a_{31} & a_{32} & a_{33} & a_{31} & a_{32} \end{array}\right| = \begin{array}{l} a_{11} \cdot a_{22} \cdot a_{33} + a_{12} \cdot a_{23} \cdot a_{31} \\ + a_{13} \cdot a_{21} \cdot a_{32} - a_{13} \cdot a_{22} \cdot a_{31} \\ - a_{11} \cdot a_{23} \cdot a_{32} - a_{12} \cdot a_{21} \cdot a_{33} \end{array}$$

x-Spalte durch *r*-Spalte ersetzen:

d67

$$D_1 = \left|\begin{array}{ccc|cc} r_1 & a_{12} & a_{13} & r_1 & a_{12} \\ r_2 & a_{22} & a_{23} & r_2 & a_{22} \\ r_3 & a_{32} & a_{33} & r_3 & a_{32} \end{array}\right| = \begin{array}{l} r_1 \cdot a_{22} \cdot a_{33} + a_{12} \cdot a_{23} \cdot r_3 \\ + a_{13} \cdot r_2 \cdot a_{32} - a_{13} \cdot a_{22} \cdot r_3 \\ - r_1 \cdot a_{23} \cdot a_{32} - a_{12} \cdot r_2 \cdot a_{33} \end{array}$$

D_2 bzw. D_3 ebenso entwickeln durch Ersetzen der *y*- bzw. *z*- Spalte durch die *r*- Spalte, dann wird:

d68 $x = \frac{D_1}{D}$; $y = \frac{D_2}{D}$; $z = \frac{D_3}{D}$

Fortsetzung siehe D8

Mehr als zweireihige Determinanten

(Bei einer 3-reihigen Determinante kann auch die Sarrus'sche Regel nach D7 angewendet werden.)

Matrix bilden und durch Addition oder Subtraktion zweier oder mehrerer Zeilen, die vorher evtl. durch Multiplikation oder Division umgeformt wurden, Nullen erzeugen.

Determinante nach der Zeile oder Spalte mit den meisten Nullstellen entwickeln, dabei abwechselnde Vorzeichen (bei a_{11} mit $+$ beginnend) einsetzen.

Beispiel:

$$\begin{array}{cccc} \overset{+}{a}_{11} & \overset{-}{a}_{12} & \overset{+}{a}_{13} & 0^{-} \\ a_{21} & a_{22} & a_{23} & \overset{+}{a}_{24} \\ a_{31} & a_{32} & a_{33} & \overset{-}{a}_{34} \\ a_{41} & a_{42} & a_{43} & 0^{+} \end{array}$$

Entwicklung nach der 4. Spalte ergibt:

$$a_{24}\begin{vmatrix} \overset{+}{a}_{11} & \overset{-}{a}_{12} & \overset{+}{a}_{13} \\ a_{31} & a_{32} & a_{33} \\ a_{41} & a_{42} & a_{43} \end{vmatrix} - a_{34}\begin{vmatrix} \overset{+}{a}_{11} & \overset{-}{a}_{12} & \overset{+}{a}_{13} \\ a_{21} & a_{22} & a_{23} \\ a_{41} & a_{42} & a_{43} \end{vmatrix}$$

Sofern sich nicht wie oben weitere Nullen erreichen lassen, ergibt sich folgende Entwicklung z. B. nach den ersten Zeilen von d70:

d69 $$D = a_{24}\left(a_{11}\begin{vmatrix} a_{32} & a_{33} \\ a_{42} & a_{43} \end{vmatrix} - a_{12}\begin{vmatrix} a_{31} & a_{33} \\ a_{41} & a_{43} \end{vmatrix} + a_{13}\begin{vmatrix} a_{31} & a_{32} \\ a_{41} & a_{42} \end{vmatrix} \right) - a_{34}\left(\dots \right)$$

Für die Unterdeterminanten $D_1, D_2, \dots$ die r-Spalten entsprechend Blatt D7 einsetzen und dann Entwicklung wie bei der Determinante D.

Ermittlung der n Unbekannten $u_{1 \dots n}$ nach den Formeln:

d70 $$u_1 = \frac{D_1}{D}; \qquad u_2 = \frac{D_2}{D}; \qquad \dots; \qquad u_n = \frac{D_n}{D}$$

Anmerkung: Für die n-reihige Determinante Entwicklung so lange fortsetzen, bis mindestens 3-reihige Determinanten erreicht sind.

Definition einer algebraischen Gleichung

Eine algebraische Gleichung hat die Form:

d71 $$f_n(x) = a_n \cdot x^n + a_{n-1} \cdot x^{n-1} + \ldots + a_2 \cdot x^2 + a_1 \cdot x + a_0$$

Dabei können einzelne Glieder fehlen, bei denen die Koeffizienten $a_\mu = 0$ sind mit $\mu < n$.

Unter der Lösung einer algebraischen Gleichung versteht man die Ermittlung von Nullstellen – auch Wurzeln genannt – dieser Gleichung, für die $f_n(x) = 0$ wird.

Eigenschaften:

1. Die algebraische Gleichung $f_n(x) = 0$ vom Grade n besitzt genau n Nullstellen (Wurzeln).
2. Sind alle Koeffizienten a_ν reell, so können nur reelle oder konjugiert komplexe Nullstellen als Lösungen vorkommen.
3. Sind alle Koeffizienten $a_\nu \geqq 0$, so gibt es keine Lösungen, deren Realteil > 0 ist.
4. Bei ungeradem Grad von n ist mindestens eine Nullstelle reell, vorausgesetzt, alle Koeffizienten a_ν sind reell.
5. Die Zusammenhänge zwischen den Nullstellen x_μ und den Koeffizienten sind folgende:

d72 $$\sum x_i = -a_{n-1}/a_n \quad \text{für} \quad i = 1, 2, \ldots, n$$

d73 $$\sum x_i \cdot x_j = a_{n-2}/a_{n-1} \quad \text{für} \quad i, j = 1, 2, \ldots, n \quad \text{wobei} \quad i \neq j$$

d74 $$\sum x_i \cdot x_j \cdot x_n = -a_{n-3}/a_{n-2} \quad \text{für} \quad i, j, k = 1, 2, \ldots, n \quad \text{wobei} \quad i \neq j \neq k$$

$$\vdots$$

d75 $$x_1 \cdot x_2 \cdot x_3 \cdot \ldots \cdot x_n = (-1)^n \cdot a_0/a_1$$

6. Die Anzahl der positiv reellen Wurzeln der gesuchten Gleichung ist gleich der Anzahl der Vorzeichenwechsel der Koeffizientenfolge

d76 $$a_n, a_{n-1}, a_{n-2}, \ldots, a_2, a_1, a_0 \qquad \text{oder}$$

um eine gerade Zahl kleiner als diese (Satz von Descartes).

d77 *Beispiel:* $f_3(x) = 2 \cdot x^3 - 15 \cdot x^2 + 16 \cdot x + 12 = 0$ hat die Vorzeichen $+ \; - \; + \; +$ und damit wegen der 2 Vorzeichenwechsel entweder 2 oder 0 positiv reelle Wurzeln.

Fortsetzung siehe D10

Fortsetzung von D9

7. Die Anzahl der negativ reellen Wurzeln der gesuchten Gleichung wird durch Substitution $x = -z$ ermittelt:
Dabei ist die Zahl der Vorzeichenwechsel der Koeffizientenfolge
d78 $a_n^*, a_{n-1}^*, a_{n-2}^*, \ldots, a_2^*, a_1^*, a_0^*$ gleich der Zahl der negativ reellen Wurzeln oder um eine gerade Zahl kleiner als diese. Angewendet auf das Beispiel von D9, Punkt 6:

d79 $$f_3(z) = -2z^3 - 15z^2 - 16z + 12 = 0$$

hat die Vorzeichen $\quad - \quad - \quad - \quad +$

und damit Gleichung d77 wegen nur einem Vorzeichenwechsel nur eine negativ reelle Wurzel.

Allgemeine Lösung

Ist x_1 Nullstelle einer algebraischen Gleichung n-ten Grades $f_n(x) = 0$, lässt sich bei Division von $f_n(x)$ durch $(x - x_1)$ die Gleichung um einen Grad auf $f_{n-1}(x) = 0$ erniedrigen. Ist x_2 als weitere Nullstelle bekannt, so lässt sich die Gleichung bei Division mit $(x - x_2)$ um einen weiteren Grad erniedrigen, usw.

d80 $$f_n(x) = a_n x^n + a_{n-1}x^{n-1} + a_{n-2}x^{n-2} + \ldots + a_2 x^2 + a_1 x + a_0$$

d81 $$f_n/(x - x_1) = f_{n-1}(x) = a_n{}' x^{n-1} + a_{n-1}{}' x^{n-2} + \ldots + a_2{}' x + a_1{}'$$

d82 $$f_{n-1}/(x - x_2) = f_{n-2}(x) = a_n{}'' x^{n-2} + a_{n-2}{}'' x^{n-3} + \ldots + a_2{}'' x + a_1{}''$$

$$f_{n-2}/(x - x_3) = \ldots \quad \text{usw.}$$

$$\vdots$$

d83 $$f_1/(x - x_n) = f_0(x) = a_n^{(n)}$$

Sind die Nullstellen im speziellen Fall konjugiert komplex, so wird nach Division der Grad der Gleichung um 2 reduziert. Die Division der algebraischen Gleichung $f_n(x)$ durch $(x - x_\mu)$ kann auf einfache Weise mit dem Horner-Schema (siehe D11) durchgeführt werden.

Horner-Schema

Das Horner-Schema ist ein Rechenschema, das auf das Polynom P n-ten Grades

d84 $$P_n(x) = a_n x^n + a_{n-1}x^{n-1} + \ldots + a_1 x + a_0$$

für folgende Aufgaben verwendet werden kann:

- Berechnung des Wertes von $P_n(x)$ an der Stelle $x = x_0$.
- Berechnung der Werte der Ableitungen von $P_n{}'(x)$, $P_n{}''(x)$ usw. bis $P_n^{(n)}(x)$ an der Stelle $x = x_0$.
- Reduzierung des Grades von $P_n(x)$ bei bekannten Nullstellen (Wurzeln).
- Ermittlung von Nullstellen (Wurzeln).

Fortsetzung siehe D11

Horner-Schema (siehe untenstehendes Schema)

Man setzt die Koeffizienten $a_\nu = a_\nu^{(0)}$ und schreibt die Koeffizienten des Polynoms $P_n(x)$ – mit dem Koeffizienten der höchsten Potenz beginnend – in die 1. Zeile. Nicht belegte Potenzen werden mit 0 eingetragen!

Zeile	Schema	
1	$a_n^{(0)} \quad a_{n-1}^{(0)} \quad a_{n-2}^{(0)} \quad a_{n-3}^{(0)} \ldots \quad a_2^{(0)} \quad a_1^{(0)} \quad a_0^{(0)}$	d85
2	$x_0 \quad x_0 a_n^{(1)} \quad x_0 a_{n-1}^{(1)} \quad x_0 a_{n-2}^{(1)} \ldots \quad x_0 a_3^{(1)} \quad x_0 a_2^{(1)} \quad x_0 a_1^{(1)}$	d86
3	$a_n^{(1)} \quad a_{n-1}^{(1)} \quad a_{n-2}^{(1)} \quad a_{n-3}^{(1)} \ldots \quad a_2^{(1)} \quad a_1^{(1)} \quad \boxed{a_0^{(1)} = b_0 = P_n(x_0)}$	d87
4	$x_0 \quad x_0 a_n^{(2)} \quad x_0 a_{n-1}^{(2)} \quad x_0 a_{n-2}^{(2)} \ldots \quad x_0 a_3^{(2)} \quad x_0 a_2^{(2)}$	d88
5	$a_n^{(2)} \quad a_{n-1}^{(2)} \quad a_{n-2}^{(2)} \quad a_{n-3}^{(2)} \ldots \quad a_2^{(2)} \quad \boxed{a_1^{(2)} = b_1 = 1/1! \cdot P_n'(x_0)}$	d89
6	$x_0 \quad x_0 a_n^{(3)} \quad x_0 a_{n-1}^{(3)} \quad x_0 a_{n-2}^{(3)} \ldots \quad x_0 a_3^{(3)}$	d90
	$a_n^{(3)} \quad a_{n-1}^{(3)} \quad a_{n-2}^{(3)} \quad a_{n-3}^{(3)} \ldots \quad \boxed{a_2^{(3)} = b_2 = 1/2! \cdot P_n''(x_0)}$	d91
	$\vdots$	
	$x_0 \quad x_0 a_n^{(n)}$	d92
	$a_n^{(n)} \quad \boxed{a_{n-1}^{(n)} = b_{n-1} = 1/(n-1)! \cdot P_n^{(n-1)}(x_0)}$	d93
	x_0	d94
	$\boxed{a_n^{(n)} = a_n = b_n = 1/n! \cdot P_n^{(n)}(x_0)}$	d95

Beispiel 1 zum Horner-Schema

Berechnung der Werte $P_n(x)$, $P_n'(x)$, $P_n''(x)$, und $P_n'''(x)$ an der Stelle $x = x_0$; $x_0 = 4$:

	$P_n(x) = x^3$	$-\,6x^2$	$+\,11x$	$-\,6$	d96
	$a_3^{(0)}$	$a_2^{(0)}$	$a_1^{(0)}$	$a_0^{(0)}$	d97
	1	−6	11	−6	d98
$x_0 = 4$		4	−8	12	d99
	1	−2	3	$\boxed{6 = P_n(4)}$	d100
4		4	8		d101
	1	2	$\boxed{11 = P_n'(4)}$		d102
4		4			d103
	1	$\boxed{6 = P_n''(4) \cdot 1/2!;}$ $\quad P_n''(4) = 1 \cdot 2 \cdot 6 = 12$			d104
	$1 = P_n'''(4) \cdot 1/3!;$ $\quad P_n'''(4) = 1 \cdot 2 \cdot 3 \cdot 1 = 6$				d105

Erläuterung zum Horner-Schema

Der Wert eines Polynoms und seiner Ableitungen an der festen Stelle $x = x_0$ sollen berechnet werden.

In die 2. Zeile werden dazu die Ergebnisse von Multiplikationen von x_0 mit den Multiplikanten ${a_n}^{(1)}$, ${a_{n-1}}^{(1)}$ usw. gemäß gerasterter Linien eingetragen (z. B. $x_0 \cdot {a_n}^{(1)} = x_0\, {a_n}^{(1)}$).

Die 3. Zeile stellt Ergebnisse der Addition von Zeile 1 und 2 dar:

d106 z. B. ${a_{n-1}}^{(1)} = {a_{n-1}}^{(0)} + x_0 \cdot {a_n}^{(1)}$; dabei ${a_n}^{(1)} = {a_n}^{(0)}$

d107 ${a_{n-2}}^{(1)} = {a_{n-2}}^{(0)} + x_0 \cdot {a_{n-1}}^{(1)}$

Dabei bedeutet speziell:

d108 $${a_0}^{(1)} = {a_0}^{(0)} + x_0 \cdot {a_1}^{(1)} = b_0 = P_n(x_0)$$

den Wert des Polynoms an der Stelle x_0.

Führt man nach dem gleichen Schema – von Zeile 3 ausgehend – die Multiplikationen und Additionen durch, so erhält man in Zeile 5 mit

d109 $${a_1}^{(2)} = b_1 = P_n{}'(x_0)$$

den Wert der ersten Ableitung von $P_n(x)$ an der Stelle $x = x_0$.

Dieses Schema lässt sich n-mal durchführen, da ein Polynom vom Grad n genau n Ableitungen besitzt.

Nach dieser Entwicklung gilt:

d110 $$P_n(x) = {a_0}^{(1)} + {a_1}^{(2)}(x-x_0) + {a_2}^{(3)}(x-x_0)^2 + \ldots + \ldots + {a_{n-1}}^{(n)}(x-x_0)^{n-1} + {a_n}^{(n)}(x-x_0)^n$$

d111 $$= P_n(x_0) + 1/1! \cdot P_n{}'(x_0) \cdot (x-x_0) + 1/2! \cdot P_n{}''(x_0) \cdot (x-x_0)^2 + \ldots + \ldots + 1/(n-1)! \cdot P_n{}^{(n-1)}(x_0) \cdot (x-x_0)^{n-1} + 1/n! \cdot P_n{}^{(n)}(x_0) \cdot (x-x_0)^n$$

Beispiel 2 zum Horner-Schema

Reduzierung des Grades bei bekannter Nullstelle (Wurzel) x_0, d. h. Bestimmung von $P_{n-1}(x)$ gemäß:

d112 $$P_n(x)/(x - x_0) = P_{n-1}(x)$$

d113 Gegeben: $P_n(x) = x^3 - 6x^2 + 11x - 6$ mit Wurzel $x_0 = 1$.

d114	Schema:	${a_3}^{(0)}$	${a_2}^{(0)}$	${a_1}^{(0)}$	${a_0}^{(0)}$
d115		1	−6	11	−6
d116	$x_0 = 1$		1	−5	6
d117		1	−5	6	$0 = P_n(1)$

Ergebnis $P_n(1) = 0$ beweist, dass $x_0 = 1$ eine Nullstelle von $P_n(x)$ ist.

d118 Damit ist $P_{n-1}(x) = 1x^2 - 5x + 6$.

Aus letzter Gleichung lassen sich die Wurzeln zu $x_1 = 2$ und $x_3 = 3$ nach d14 sehr einfach bestimmen.

Allgemeines

Nachdem die genaue Bestimmung der Nullstellen – auch Wurzeln genannt – von algebraischen oder gar transzendenten Gleichungen analytisch nur bedingt möglich ist, werden unter D14 … D16 für Näherungslösungen folgende Verfahren erläutert:

- Newton'sches Verfahren
- Sekantenverfahren
- Lineare Interpolation (Regula falsi)

Ausgehend von einer ersten groben Näherung wird durch Iteration deren Genauigkeit beliebig erhöht.

Beispiel für eine algebraische Gleichung (Polynom):

d119 $$x^4 - 3x^2 + 7x - 5 = 0$$

Beispiel für eine transzendente Gleichung:

d120 $$x \cdot \lg(x) - 1 = 0$$

Vorgehensweise:

- Ersten Näherungswert durch Grobschätzung oder durch Aufzeichnen der Kurve nach Wertetabelle bestimmen.

- Auswahl eines der obigen 3 Verfahren. Dabei ist zu berücksichtigen, dass das Verfahren „Lineare Interpolation" immer konvergiert. Bei den beiden anderen Verfahren ist eine Konvergenz nur unter den in D14 und D15 genannten Bedingungen garantiert. Der Nachteil dieser zusätzlichen Überprüfung auf Einhaltung der Bedingungen wird beim Newton'schen und Sekantenverfahren im Allgemeinen durch wesentlich raschere Konvergenz dieser Verfahren wieder ausgeglichen.

- Zur schnelleren Konvergenz ist es oft besser, zunächst mit einem geeigneten Verfahren zu beginnen und mit einem anderen fortzufahren. Dies gilt besonders dann, wenn sich mit dem anfänglich ausgewählten Verfahren nach einigen Iterationen keine besseren Ergebnisse erzielen lassen.

Newton'sches Näherungsverfahren

Man wählt x_0 als ersten Näherungswert für die Wurzel n_0 der Gleichung $f(x) = 0$, legt im Punkt $y = f(x_0)$ die Tangente an und berechnet den Schnittpunkt dieser Tangente mit der x-Achse. Man erhält damit einen besseren Näherungswert x_1 durch die folgende Vorschrift:

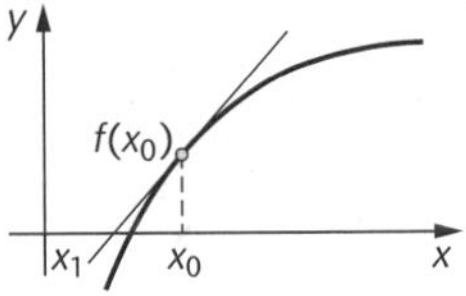

d121 $$x_1 = x_0 - f(x_0)/f'(x_0)$$

Eine weitere Verbesserung x_2 ergibt sich, wenn der Wert x_1 entsprechend verwendet wird:

d122 $$x_2 = x_1 - f(x_1)/f'(x_1) \quad \text{usw.}$$

Durch häufiges Wiederholen dieses Verfahrens lässt sich eine Wurzel mit beliebiger Genauigkeit bestimmen.

Allgemeine Vorschrift:

d123 $$x_{k+1} = x_k - f(x_k)/f'(x_k); \quad k = 0, 1, 2, \ldots$$

Voraussetzung für die Konvergenz dieses Verfahrens:

- n_0 ist eine einfache Wurzel ($f'(x_0) \neq 0$).
- Zwischen x_0 und n_0 keine Extremwerte der Funktion $f(x)$ zulässig.

Konvergenz: lokal konvergent.

Hinweis: Die beim Newton'schen Verfahren benötigten Werte $f(x_k)$ und $f'(x_k)$ können mithilfe des unter D11 angegebenen Horner-Schemas auf einfache Weise berechnet werden.

d124 Beispiel: $f(x) = x \cdot \lg x - 1$. Der erste Näherungswert für eine Wurzel sei $x_0 = 3$, mit dem $f(x) = 0$ erfüllt wird.

d125 *1. Schritt:* Da nach Gleichung d121 der Wert der Ableitung $f'(x)$ zur Näherung benötigt wird, wird $f'(x)$ ermittelt:

d126 $$f'(x) = \lg(x) + \lg(\mathrm{e}) = \lg(x) + 0{,}434\,294$$

d127 *2. Schritt:* Ermittlung eines verbesserten Wertes x_1:
Nach Gleichung d121 ergibt sich für $x_0 = 3$, $f(x_0) = 0{,}431\,364$ und $f'(x_0) = 0{,}911\,415$ der verbesserte Wert $x_1 = 2{,}526\,710$.

d128 *3. Schritt:* Ermittlung eines verbesserten Wertes x_2:
Nach Gleichung d122 ergibt sich für $x_1 = 2{,}526\,710$, $f(x_1) = 0{,}017\,141$ und $f'(x_1) = 0{,}836\,849$ der verbesserte Wert $x_2 = 2{,}506\,227$; Fehler $+0{,}000\,036$. Mit dem Wert von x_2 wird die Nullstelle bis auf einen Fehler von $0{,}000\,036$ genau erreicht.

d129 *4. Schritt:* Ist die Genauigkeit noch nicht ausreichend, müssen weitere Näherungsschritte ausgeführt werden.

Sekantenverfahren

Die Ableitung $f'(x)$ der Newton'schen Näherung wird durch den Differenzialquotienten ersetzt. Durch 2 benachbarte Punkte $f(x_0)$ und $f(x_1)$ wird eine Gerade gelegt und der Schnittpunkt x_2 dieser Geraden mit der x-Achse berechnet. Dieser Wert ist die erste Näherung für die gesuchte Nullstelle n_0.

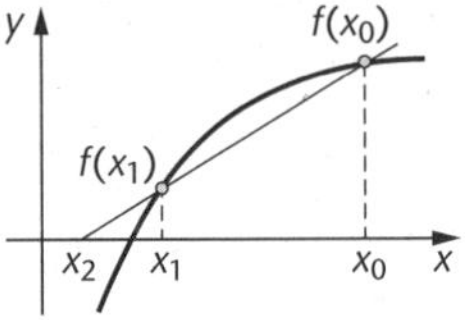

d130 $$x_2 = x_1 - f(x_1)\frac{x_1 - x_0}{f(x_1) - f(x_0)}$$

Im nächsten Schritt wird $f(x_1)$ mit $f(x_2)$ verbunden. Der Schnittpunkt dieser Geraden mit der x-Achse ist die nächste Näherung.

Allgemeine Iterationsvorschrift:

d131 $$x_{k+1} = x_k - f(x_k)\frac{x_k - x_{k-1}}{f(x_k) - f(x_{k-1})}; \qquad k = 1, 2, \ldots; \qquad f(x_k) \neq f(x_{k-1})$$

Bemerkung: Eine besonders schnelle Konvergenz kann häufig erreicht werden, wenn zwischen Sekanten- und Newton'schem Verfahren abgewechselt wird.

Konvergenz: lokal konvergent.

d132 Beispiel: $f(x) = x \cdot \lg x - 1$; $x_0 = 4$; $x_1 = 3$.

$f(x_0) = 1{,}408\,240$; $\quad f(x_1) = 0{,}431\,364$

d133 1. Näherungswert: $x_2 = 3 - 0{,}431\,364 \cdot (3 - 4)/(0{,}431\,364 - 1{,}408\,240)$
$= 2{,}558\,425.$

d134 Fehler: $f(x_2) = 0{,}043\,768.$

2. Näherungswert mit $x_1, x_2, f(x_1)$ und $f(x_2)$ berechnet

d135 $x_3 = 2{,}558\,425 - 0{,}043\,768 \cdot (2{,}558\,425 - 3)/(0{,}043\,768 - 0{,}431\,364)$
$x_3 = 2{,}508\,562$

d136 Fehler: $f(x_3) = 0{,}001\,982.$

Anstelle mit dem Sekantenverfahren fortzufahren, kann man bereits mit x_2 das Newton'sche Verfahren anwenden:

d137 Dazu ist $f(x_2)$ zu berechnen: $f'(x) = \lg x + \lg(\mathrm{e})$

d138 $f'(x_2) = \lg(2{,}558\,425) + 0{,}434\,294$
$= 0{,}842\,267.$

d139 $x_3{}^* = x_2 - f(x_2)/f'(x_2) = 2{,}558\,425 - 0{,}043\,768/0{,}842\,267 = 2{,}506\,460.$

d140 Fehler: $f(x_3{}^*) = 0{,}000\,230$. $x_3{}^*$ führt demnach zu einem kleineren Fehler als der Wert x_3, der allein nach dem Sekantenverfahren gewonnen wurde.

Lineare Interpolation (Regula falsi)

Man wählt 2 Werte x_0 und x_1 so, dass $f(x_0)$ und $f(x_1)$ verschiedene Vorzeichen haben. Zwischen diesen beiden Werten liegt mindestens eine Wurzel n_0. Schnittpunkt x_2 der Geraden durch $f(x_0)$ und $f(x_1)$ mit der x-Achse ist eine erste Näherung für n_0.

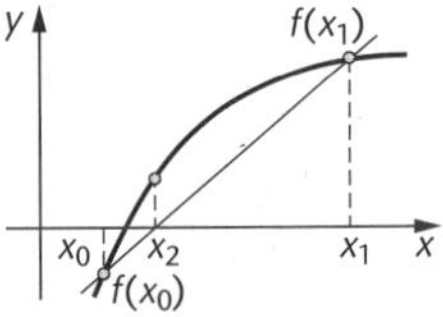

Zur Ermittlung des nächstbesseren Näherungswertes x_3 wird von $f(x_2)$ wiederum eine Gerade zu einem der zuletzt benutzten Punkte gezogen und erneut der Schnittpunkt mit der x-Achse berechnet. Dabei wird immer der Punkt verwendet, der gegenüber $f(x_2)$ verschiedenes Vorzeichen hat, damit

d141 $f(x_2) \cdot f(x_1) < 0$ oder $f(x_2) \cdot f(x_0) < 0$ erfüllt wird.

Allgemeine Vorschrift:

d142 $$x_{k+1} = x_k - f(x_k) \cdot \frac{x_k - x_j}{f(x_k) - f(x_j)}; \quad k = 1, 2, \ldots; \; 0 \leqq j \leqq k-1; \; f(x_k) \neq f(x_j)$$

Dabei ist j die größtmögliche Zahl, kleiner als k, für die $f(x_k) \cdot f(x_j) < 0$ gilt.

Konvergenz: stets konvergent.

d143 *Beispiel:* $f(x) = x \cdot \lg x - 1$; Wahl von $x_0 = 1$ mit $f(x_0) = -1$ und $x_1 = 3$ mit $f(x_1) = +0{,}431\,364$

d144 Damit ist $f(x_0) \cdot f(x_1) < 0$ erfüllt.

d145 $$x_2 = x_1 - f(x_1) \cdot \frac{x_1 - x_0}{f(x_1) - f(x_0)} = 3 - 0{,}431\,364 \cdot \frac{3 - 1}{0{,}431\,364 + 1} = 2{,}397\,269$$

d146 $f(x_2) = 2{,}397\,269 \cdot \lg 2{,}397\,269 - 1 = -0{,}089\,717$. Dieser Wert stellt gleichermaßen die Genauigkeit dar, mit der x_2 die Nullstelle annähert.

d147 $f(x_2) \cdot f(x_1) < 0$. Damit wird die Gerade durch $f(x_2)$ und $f(x_1)$ gelegt. Der Schnittpunkt dieser Geraden mit der x-Achse ist:

d148 $$x_3 = x_2 - f(x_2) \cdot \frac{x_2 - x_1}{f(x_2) - f(x_1)} = 2{,}501\,044; \qquad f(x_3) = -0{,}004\,281$$

d149 $f(x_3) \cdot f(x_2) > 0$; $f(x_3) \cdot f(x_1) < 0$. Damit wird die Gerade durch $f(x_3)$ und $f(x_1)$ gelegt. Der Schnittpunkt dieser Geraden mit der x-Achse ist:

d150 $$x_4 = x_3 - f(x_3) \cdot \frac{x_3 - x_1}{f(x_3) - f(x_1)} = 2{,}505\,947$$

d151 $f(x_4) = -0{,}000\,197\,5$

Zur weiteren Erhöhung der Genauigkeit muss der Schnittpunkt der Geraden durch die Punkte $f(x_4)$ und $f(x_1)$ mit der x-Achse berechnet werden, da wegen $f(x_4) \cdot f(x_3) > 0$ und $f(x_4) \cdot f(x_2) > 0$ die Werte $f(x_3)$ und $f(x_2)$ nicht verwendet werden können.

Arithmetische Reihe

Eine arithmetische Reihe ist die Summe der Glieder einer arithmetischen Folge (Differenz d zweier aufeinanderfolgender Glieder ist konstant, z. B. 1, 4, 7, 10).

d152 $s_n = \frac{n}{2}(a_1 + a_n) = a_1 n + \frac{n(n-1)d}{2}$ mit $d = a_n - a_{n-1}$

d153 $a_n = a_1 + (n-1)d$

Arithmetisches Mittel: Jedes Glied einer arithmetischen Reihe ist das arithmetische Mittel a_m seiner beiden Nachbarglieder a_{m-1} und a_{m+1}.

d154 Für das m-te Glied ist: $a_m = \frac{(a_{m-1} + a_{m+1})}{2}$ für $1 < m < n$

(z. B. ist in obiger Reihe: $a_3 = \frac{4+10}{2} = 7$)

Geometrische Reihe

Eine geometrische Reihe ist die Summe der Glieder einer geometrischen Folge (Quotient q zweier aufeinanderfolgender Glieder ist konstant, z. B. 1, 2, 4, 8).

d155 $s_n = a_1 \cdot \frac{q^n - 1}{q - 1} = \frac{q \cdot a_n - a_1}{q - 1}$ mit $q = \frac{a_n}{a_{n-1}}$

d156 $a_n = a_1 \cdot q^{n-1}$

Für unendliche geometrische Reihen ($n \to \infty$; $|q| < 1$) wird

d157 $a_n = \lim_{n\to\infty} a_n = 0;$ $s_n = \lim_{n\to\infty} s_n = a_1 \cdot \frac{1}{1-q}$

Geometrisches Mittel: Jedes Glied einer geometrischen Reihe ist das geometrische Mittel a_m seiner beiden Nachbarglieder a_{m-1} und a_{m+1}.

d158 Für das m-te Glied ist: $a_m = \sqrt{a_{m-1} \cdot a_{m+1}}$ für $1 < m < n$

(z. B. ist in obiger Reihe: $a_3 = \sqrt{2 \cdot 8} = 4$)

Dezimal-geometrische Reihe

Anwendung zur Ermittlung von Normzahl-Reihen

Quotient zweier aufeinanderfolgender Glieder heißt „Stufensprung φ".

d159 $\varphi = \sqrt[b]{10}$ $b \geqq 1$, ganzzahlig

b gibt an, wie viele Glieder bzw. Normzahlen eine Reihe innerhalb einer Dekade enthalten soll. Die noch zu rundenden Werte der Glieder errechnen sich gemäß d158:

d160 $a_n = a_1 \left(\sqrt[b]{10}\right)^{n-1} = a_n \left(10^{\frac{1}{b}}\right)^{n-1};$ $n = 1, \ldots, b$

Dabei beginnend mit $a_1 = 1$ oder $a_1 = 10$ oder $a_1 = 100$ oder …

Beispiele:

b	Bezeichnung	Anmerkung
6, 12, 24, …	E6, E12, E24, …	internat. E-Reihe, siehe Z22
5, 10, 20, …	R5, R10, R20, …	DIN-Reihe, siehe R1

- a_1 Anfangsglied
- a_n Endglied
- d Differenz zweier aufeinanderfolgender Glieder
- n Anzahl der Glieder
- s_n Summe aller Glieder
- q Quotient zweier aufeinanderfolgender Glieder

Binomische Reihe

d161 $$f(x) = (1 \pm x)^{\alpha} = 1 \pm \binom{\alpha}{1} x + \binom{\alpha}{2} x^2 \pm \binom{\alpha}{3} x^3 + \ldots$$

Dabei α beliebig, also sowohl positiv oder negativ als auch ganz- oder nichtganzzahlig.

Auflösung des Binomial-Koeffizienten:

$$\binom{\alpha}{n} = \frac{\alpha(\alpha-1)(\alpha-2)(\alpha-3)\ldots(\alpha-n+1)}{1 \cdot 2 \cdot 3 \ldots \cdot n}$$

Beispiele:

		für:
d162	$\frac{1}{1 \pm x} = (1 \pm x)^{-1} = 1 \mp x + x^2 \mp x^3 + \ldots$	$\lvert x \rvert < 1$
d163	$\sqrt{1 \pm x} = (1 \pm x)^{\frac{1}{2}} = 1 \pm \frac{1}{2} x - \frac{1}{8} x^2 \pm \frac{1}{16} x^3 - \ldots$	$\lvert x \rvert < 1$
d164	$\frac{1}{\sqrt{1 \pm x}} = (1 \pm x)^{-\frac{1}{2}} = 1 \mp \frac{1}{2} x + \frac{3}{8} x^2 \mp \frac{5}{16} x^3 + \ldots$	$\lvert x \rvert < 1$

Taylor'sche Reihe

d165 $$f(x) = f(a) + \frac{f'(a)}{1!}(x-a) + \frac{f''(a)}{2!}(x-a)^2 + \ldots$$

Hieraus Mac Laurin'sche Form, also wenn $a = 0$ ist

d166 $$f(x) = f(0) + \frac{f'(0)}{1!} x + \frac{f''(0)}{2!} x^2 + \ldots$$

Beispiele:

		für:
d167	$e^x = 1 + \frac{x}{1!} + \frac{x^2}{2!} + \frac{x^3}{3!} + \ldots$	alle x
d168	$a^x = 1 + \frac{x \cdot \ln a}{1!} + \frac{(x \cdot \ln a)^2}{2!} + \frac{(x \cdot \ln a)^3}{3!} + \ldots$	alle x
d169	$\ln x = 2 \left[\frac{x-1}{x+1} + \frac{1}{3} \left(\frac{x-1}{x+1} \right)^3 + \frac{1}{5} \left(\frac{x-1}{x+1} \right)^5 + \ldots \right]$	$x > 0$
d170	$\ln(1+x) = x - \frac{x^2}{2} + \frac{x^3}{3} - \frac{x^4}{4} + \frac{x^5}{5} - \ldots$	$-1 < x;$ $x \leqq +1$
d171	$\ln 2 = 1 - \frac{1}{2} + \frac{1}{3} - \frac{1}{4} + \frac{1}{5} - \ldots$	

Fortsetzung siehe D19

Taylor'sche Reihe

Fortsetzung von D18

Beispiele:

		für:
d172	$\sin x = x - \frac{x^3}{3!} + \frac{x^5}{5!} - \frac{x^7}{7!} + \ldots$	alle x
d173	$\cos x = 1 - \frac{x^2}{2!} + \frac{x^4}{4!} - \frac{x^6}{6!} + \ldots$	alle x
d174	$\tan x = x + \frac{1}{3}x^3 + \frac{2}{15}x^5 + \frac{17}{315}x^7 + \ldots$	$\lvert x\rvert < \frac{\pi}{2}$
d175	$\cot x = \frac{1}{x} - \frac{1}{3}x - \frac{1}{45}x^3 - \frac{2}{945}x^5 - \ldots$	$0 < \lvert x\rvert$; $\lvert x\rvert < \pi$
d176	$\operatorname{Arcsin} x = x + \frac{1}{2} \cdot \frac{x^3}{3} + \frac{1 \cdot 3}{2 \cdot 4} \cdot \frac{x^5}{5} + \frac{1 \cdot 3 \cdot 5}{2 \cdot 4 \cdot 6} \cdot \frac{x^7}{7} + \ldots$	$\lvert x\rvert \leqq 1$
d177	$\operatorname{Arccos} x = \frac{\pi}{2} - \operatorname{Arcsin} x$	$\lvert x\rvert \leqq 1$
d178	$\operatorname{Arctan} x = x - \frac{x^3}{3} + \frac{x^5}{5} - \frac{x^7}{7} + \frac{x^9}{9} - \ldots$	$\lvert x\rvert \leqq 1$
d179	$\operatorname{Arccot} x = \frac{\pi}{2} - \operatorname{Arctan} x$	$\lvert x\rvert \leqq 1$
d180	$\sinh x = x + \frac{x^3}{3!} + \frac{x^5}{5!} + \frac{x^7}{7!} + \frac{x^9}{9!} + \ldots$	alle x
d181	$\cosh x = 1 + \frac{x^2}{2!} + \frac{x^4}{4!} + \frac{x^6}{6!} + \frac{x^8}{8!} + \ldots$	alle x
d182	$\tanh x = x - \frac{1}{3}x^3 + \frac{2}{15}x^5 - \frac{17}{315}x^7 + \ldots$	$\lvert x\rvert < \frac{\pi}{2}$
d183	$\coth x = \frac{1}{x} + \frac{1}{3}x - \frac{1}{45}x^3 + \frac{2}{945}x^5 - \ldots$	$0 < \lvert x\rvert$; $\lvert x\rvert < \pi$
d184	$\operatorname{arsinh} x = x - \frac{1}{2} \cdot \frac{x^3}{3} + \frac{1 \cdot 3}{2 \cdot 4} \cdot \frac{x^5}{5} - \frac{1 \cdot 3 \cdot 5}{2 \cdot 4 \cdot 6} \cdot \frac{x^7}{7} + \ldots$	$\lvert x\rvert < 1$
d185	$\operatorname{arcosh} x = \ln 2x - \frac{1}{2} \cdot \frac{1}{2x^2} - \frac{1 \cdot 3}{2 \cdot 4} \cdot \frac{1}{4x^4} - \frac{1 \cdot 3 \cdot 5}{2 \cdot 4 \cdot 6} \cdot \frac{1}{6x^6} - \ldots$	$\lvert x\rvert > 1$
d186	$\operatorname{artanh} x = x + \frac{x^3}{3} + \frac{x^5}{5} + \frac{x^7}{7} + \frac{x^9}{9} + \ldots$	$\lvert x\rvert < 1$
d187	$\operatorname{arcoth} x = \frac{1}{x} + \frac{1}{3x^3} + \frac{1}{5x^5} + \frac{1}{7x^7} + \ldots$	$\lvert x\rvert > 1$

Fourier-Reihen

Allgemein: Jede periodische Funktion $f(x)$, deren Periodizitätsintervall $-\pi \leqq x \leqq \pi$ sich derart in endlich viele Teilintervalle zerlegen lässt, dass $f(x)$ in jedem dieser Teilintervalle durch ein *glattes* Kurvenstück dargestellt wird, lässt sich in diesem Intervall in konvergente Reihen folgender Form zerlegen ($x = \omega t$):

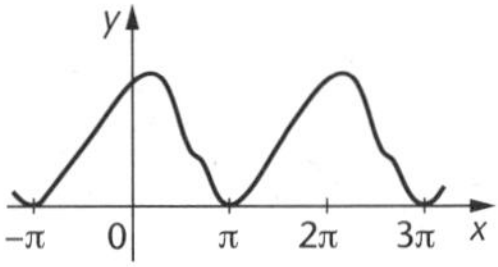

d188 $$f(x) = \frac{a_0}{2} + \sum_{n-1}^{\infty} \left[a_n \cos(nx) + b_n \sin(nx)\right]$$

Die einzelnen Koeffizienten errechnen sich dabei zu:

d189 $$a_k = \frac{1}{\pi} \int_{-\pi}^{\pi} f(x) \cos(kx)\,\mathrm{d}x; \qquad b_k = \frac{1}{\pi} \int_{-\pi}^{\pi} f(x) \sin(kx)\,\mathrm{d}x$$

jeweils für $k = 0, 1, 2, \ldots$

Vereinfachung der Koeffizienten-Berechnung bei Symmetrie:

Gerade Funktion: $f(x) = f(-x)$

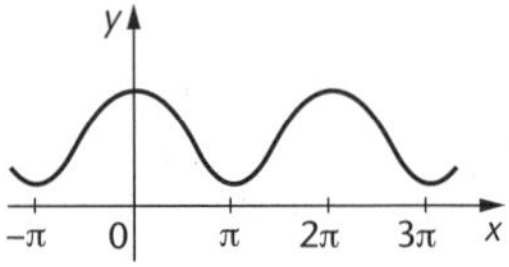

d190 $$a_k = \frac{2}{\pi} \int_{0}^{\pi} f(x) \cos(kx)\,\mathrm{d}x$$

für $k = 0, 1, 2, \ldots$

d191 $$b_k = 0$$

Ungerade Funktion: $f(x) = -f(-x)$

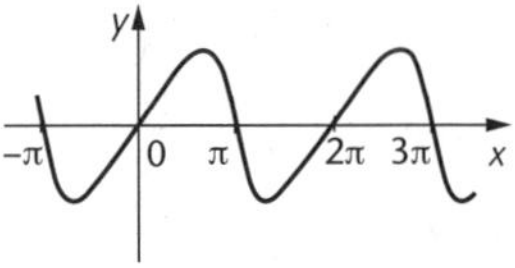

d192 $$a_k = 0$$

d193 $$b_k = \frac{2}{\pi} \int_{0}^{\pi} f(x) \sin(kx)\,\mathrm{d}x$$

für $k = 0, 1, 2, \ldots$

	Gerade Vollsymmetrie	Ungerade Vollsymmetrie
d194	Falls $f(x) = f(-x)$ und	Falls $f(x) = -f(-x)$ und
d195	$f\left(\frac{\pi}{2} + x\right) = -f\left(\frac{\pi}{2} - x\right)$ werden	$f\left(\frac{\pi}{2} + x\right) = f\left(\frac{\pi}{2} - x\right)$ werden
d196	$a_k = \frac{4}{\pi} \int_{0}^{\pi/2} f(x) \cos(kx)\,\mathrm{d}x$ für $k = 1, 3, 5, \ldots$	$b_k = \frac{4}{\pi} \int_{0}^{\pi/2} f(x) \sin(kx)\,\mathrm{d}x$ für $k = 1, 3, 5, \ldots$
d197	$a_k = 0$ für $k = 0, 2, 4, \ldots$	$a_k = 0$ für $k = 0, 1, 2, \ldots$
d198	$b_k = 0$ für $k = 1, 2, 3, \ldots$	$b_k = 0$ für $k = 2, 4, 6, \ldots$

Tabelle von Fourier-Entwicklungen

d199 $y = \ a$ für $0 < x < \pi$

d200 $y = -a$ für $n < x < 2\pi$

d201 $$y = \frac{4a}{\pi}\left[\sin x + \frac{\sin(3x)}{3} + \frac{\sin(5x)}{5} + \dots\right]$$

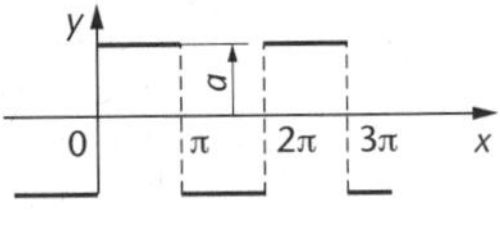

---

d202 $y = \ a$ für $\alpha < x < \pi - \alpha$

d203 $y = -a$ für $\pi + \alpha < x < 2\pi - \alpha$

d204 $$y = \frac{4a}{\pi}\left[\cos\alpha \cdot \sin\alpha + \right.$$
$$\left. + \frac{1}{3}\cos(3\alpha)\cdot\sin(3x) + \frac{1}{5}\cos(5\alpha)\cdot\sin(5x) + \dots\right]$$

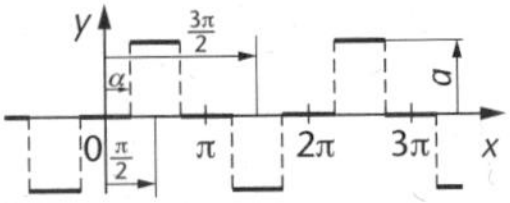

---

d205 $y = a$ für $\alpha < x < 2\pi - \alpha$

d206 $y = f(2\pi + x)$

d207 $$y = \frac{2a}{\pi}\left[\frac{\pi - \alpha}{2} - \frac{\sin(\pi - \alpha)}{1}\cos x + \right.$$
$$\left. + \frac{\sin 2(\pi - \alpha)}{2}\cos(2x) - \frac{\sin 3(\pi - \alpha)}{3}\cos(3x) + \dots\right]$$

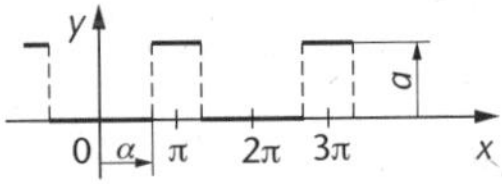

---

d208 $y = ax/b$ für $0 \leqq x \leqq b$

d209 $y = a$ für $b \leqq x \leqq \pi - b$

d210 $y = a(\pi - x)/b$ für $\pi - b \leqq x \leqq \pi$

d211 $$y = \frac{4}{\pi}\cdot\frac{a}{b}\left[\frac{1}{1^2}\sin b \cdot \sin x + \right.$$
$$\left. + \frac{1}{3^2}\sin(3b)\cdot\sin(3x) + \frac{1}{5^2}\sin(5b)\cdot\sin(5x) + \dots\right]$$

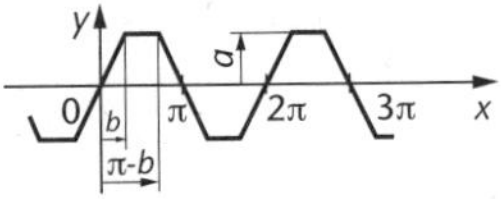

---

d212 $y = \dfrac{ax}{2\pi}$ für $0 < x < 2\pi$

d213 $y = f(2\pi + x)$

d214 $$y = \frac{a}{2} - \frac{a}{\pi}\left[\frac{\sin x}{1} + \frac{\sin(2x)}{2} + \frac{\sin(3x)}{3} + \dots\right]$$

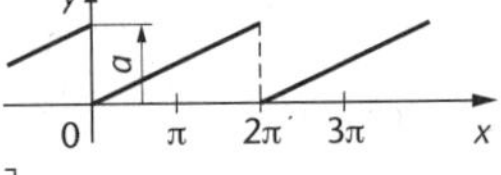

Fortsetzung siehe D22

Fortsetzung von D21

d215 $y = 2ax/\pi$ für $0 \leqq x \leqq \pi/2$
d216 $y = 2a(\pi - x)/\pi$ für $\pi/2 \leqq x \leqq \pi$
d217 $y = -f(\pi + x)$

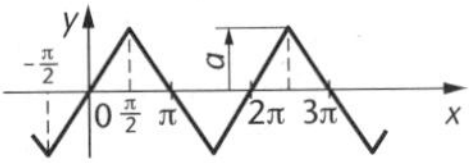

d218 $$y = \frac{8}{\pi^2} a \left[\sin x - \frac{\sin(3x)}{3^2} + \frac{\sin(5x)}{5^2} - \ldots \right]$$

d219 $y = ax/\pi$ für $0 \leqq x \leqq \pi$
d220 $y = a(2\pi - x)/\pi$ für $\pi \leqq x \leqq 2\pi$
d221 $y = f(2\pi + x)$

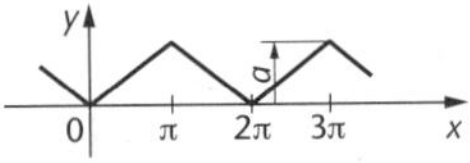

d222 $$y = \frac{a}{2} - \frac{4a}{\pi^2} \left[\frac{\cos x}{1^2} + \frac{\cos(3x)}{3^2} + \frac{\cos(5x)}{5^2} + \ldots \right]$$

d223 $y = a \sin x$ für $0 \leqq x \leqq \pi$
d224 $y = -a \sin x$ für $\pi \leqq x \leqq 2 \cdot \pi$
d225 $y = f(\pi + x)$

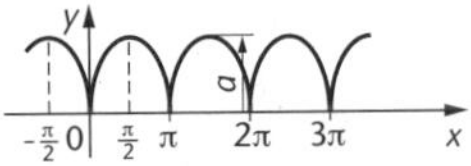

d226 $$y = \frac{2a}{\pi} - \frac{4a}{\pi} \left[\frac{\cos(2x)}{1 \cdot 3} + \frac{\cos(4x)}{3 \cdot 5} + \frac{\cos(6x)}{5 \cdot 7} + \ldots \right]$$

d227 $y = 0$ für $0 \leqq x \leqq \pi/2$
d228 $y = a \sin(x - \pi/2)$ für $\pi/2 \leqq x \leqq 3\pi/2$
d229 $y = f(2\pi + x)$

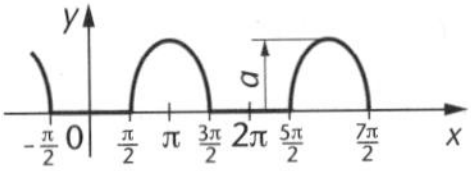

d230 $$y = \frac{2a}{\pi} \left[\frac{1}{2} - \frac{\pi}{4} \cos x + \frac{\cos(2x)}{2^2 - 1} - \frac{\cos(4x)}{4^2 - 1} + \frac{\cos(6x)}{6^2 - 1} - \ldots \right]$$

d231 $y = x^2$ für $-\pi \leqq x \leqq \pi$
d232 $y = f(-x) = f(2\pi + x)$

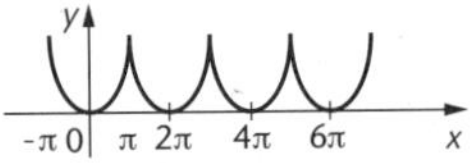

d233 $$y = \frac{\pi^2}{3} - 4 \left[\frac{\cos x}{1^2} - \frac{\cos(2x)}{2^2} + \frac{\cos(3x)}{3^2} - \ldots \right]$$

d234 $y = ax/\pi$ für $0 \leqq x \leqq \pi$
d235 $y = f(2\pi + x)$

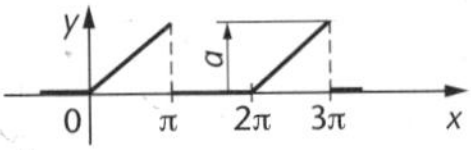

d236 $$y = \frac{a}{4} - \frac{2a}{\pi^2} \left[\frac{\cos x}{1^2} + \frac{\cos(3x)}{3^2} + \frac{\cos(5x)}{5^2} + \ldots \right]$$
$$+ \frac{a}{\pi} \left[\frac{\sin x}{1} - \frac{\sin(2x)}{2} + \frac{\sin(3x)}{3} - \ldots \right]$$

Allgemeines

Bei der Fourier-Transformation $\mathcal{F}\{s(t)\}$ wird mithilfe des Fourier-Integrals eine Entwicklung der Zeitfunktion $s(t)$ in ein kontinuierliches Spektrum (Spektraldichte) $S(\omega)$ durchgeführt, wobei der Frequenz ω die Dichte des Spektrums entspricht. $s(t)$ muss dazu folgende Eigenschaften besitzen:

d237 a) zerlegbar in endlich viele Intervalle, in denen $s(t)$ stetig und monoton ist.

b) definierte Werte an den Unstetigkeitsstellen $s(t+0)$ und $s(t-0)$ aufweisen, damit dort für

d238 $$s(t) = 1/2\left[s(t-0) + s(t+0)\right]$$

gesetzt werden kann.

d239 c) so beschaffen sein, dass $\int\limits_{-\infty}^{+\infty} |s(t)| \cdot \mathrm{d}t$ konvergiert.

Umgekehrt liefert die Rücktransformierte $\mathcal{F}^{-1}\{S(\omega)\}$ die Zeitfunktion.

Definitionen

d240 $$\mathcal{F}\{s(t)\} = S(\omega) = \int\limits_{-\infty}^{+\infty} s(t)\,\mathrm{e}^{-\mathrm{i}\omega t} \cdot \mathrm{d}t; \qquad \mathrm{i} = \sqrt{-1}$$

d241 $$\mathcal{F}^{-1}\{S(\omega)\} = s(t) = \frac{1}{2\pi} \int\limits_{-\infty}^{+\infty} S(\omega) \cdot \mathrm{e}^{\mathrm{i}\omega t} \cdot \mathrm{d}\omega; \qquad \mathrm{i} = \sqrt{-1}$$

Spektralenergie

d242 $$\int\limits_{-\infty}^{+\infty} |s(t)|^2 \cdot \mathrm{d}t = \frac{1}{2\pi} \int\limits_{-\infty}^{+\infty} |S(\omega)|^2 \cdot \mathrm{d}\omega$$

Rechenregeln

d243 Zeitverschiebung $$\mathcal{F}\{s(t-\tau)\} = S(\omega) \cdot \mathrm{e}^{-\mathrm{i}\omega\tau}; \qquad \mathrm{i} = \sqrt{-1}$$

d244 Faltung $$s_1(t) * s_2(t) = \int\limits_{-\infty}^{+\infty} s_1(\tau) \cdot s_2(t-\tau) \cdot \mathrm{d}\tau$$

d245 $$= \int\limits_{-\infty}^{+\infty} s_2(\tau) \cdot s_1(t-\tau) \cdot \mathrm{d}\tau$$

d246 $$\mathcal{F}\{s_1(t) * s_2(t)\} = S_1(\omega) \cdot S_2(\omega)$$

d247 $$\mathcal{F}\{s(t)\} = S(\omega)$$

d248 $$\mathcal{F}\{s(at)\} = \frac{1}{|a|} S\left(\frac{\omega}{a}\right) \qquad a \text{ reell} > 0$$

d249 $$\mathcal{F}\{s_1(t) + s_2(t)\} = S_1(\omega) + S_2(\omega)$$

Fortsetzung siehe D24

Fortsetzung von D23

Für die Gleichung d240 sind nachstehend für einige wichtige Zeitfunktionen die berechneten Spektraldichten angegeben. Korrespondenzen zwischen Zeitfunktion und Spektraldichte:

d250 $$s(t) = \frac{1}{2\pi} \int_{-\infty}^{\infty} S(\omega) \cdot e^{i\omega t} \cdot d\,\omega; \qquad S(\omega) = \int_{-\infty}^{\infty} s(t) \cdot e^{-i\omega t} \cdot dt$$

	Zeitfunktion $s(t)$	Spektraldichte $S(\omega)$

d251 Rechteckfunktion $A \cdot R_T(t)$ — $2AT \cdot \sin(\omega T)/(\omega T)$

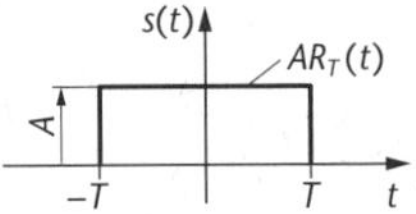

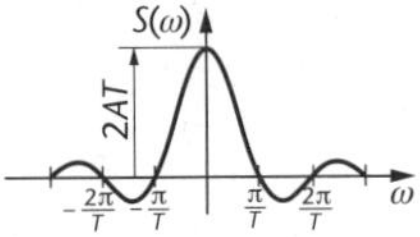

d252 Dirac-Impuls $A \cdot \delta(t)$

d253 $S(\omega) = A$ (Spektraldichte über ω konstant)

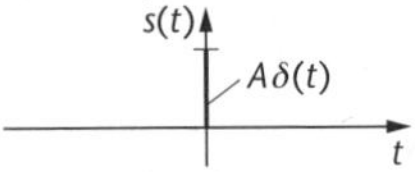

d254 Rechteckfunktion $A \cdot R_{T/2}(t - T/2)$ (mit Vorzeichenwechsel) $-A \cdot R_{T/2}(t + T/2)$

d255 $$S(\omega) = -\,j\,2AT \cdot \frac{\sin^2 \frac{\omega T}{2}}{\frac{\omega T}{2}}$$

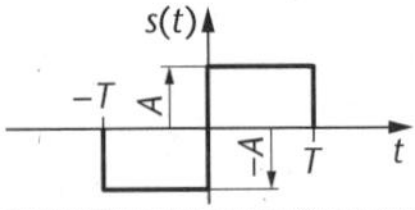

d256 $$S(\omega) = 4AT \cdot \cos(2\omega T)\frac{\sin(\omega T)}{\omega T}$$

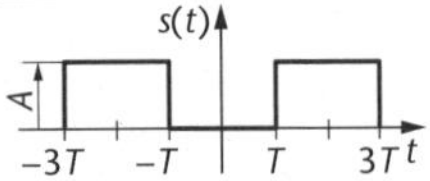

d257 $s(t) = \frac{A}{\pi}\omega_0 \frac{\sin(\omega_0 \cdot t)}{\omega_0 \cdot t}$ mit $\omega_0 = \frac{2\pi}{T}$ — $S(\omega) = A \cdot R_{\omega_0} \cdot (\omega)$ (Rechteckfunktion)

d258

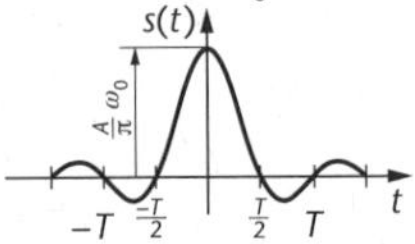

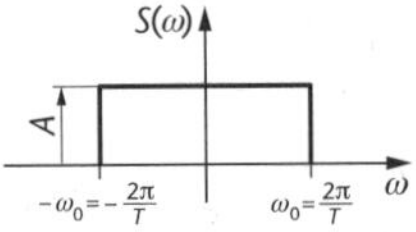

Fortsetzung siehe D25

Fortsetzung von D24

	Zeitfunktion $s(t)$	Spektraldichte $S(\omega)$
d259 d260	Dreieckfunktion $A \cdot D_T(t)$	$S(\omega) = \left(\frac{\sin(T\omega/2)}{T\omega/2}\right)^2 \cdot AT$

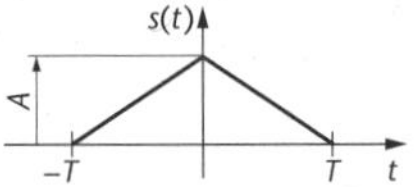

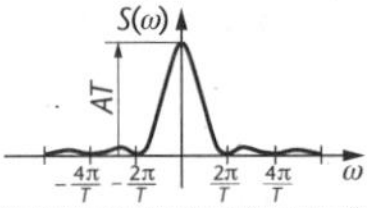

	Zeitfunktion $s(t)$	Spektraldichte $S(\omega)$
d261 d262	Moduliertes Rechteck $A \cdot R_T(t) \cdot \cos(\omega_0 t)$ mit $\omega_0 = \frac{2\pi}{T_0} = \frac{2\pi}{\alpha \cdot T}$	$S(\omega) = A \cdot \frac{\sin T(\omega + \omega_0)}{\omega + \omega_0} + A \cdot \frac{\sin T(\omega - \omega_0)}{\omega - \omega_0}$

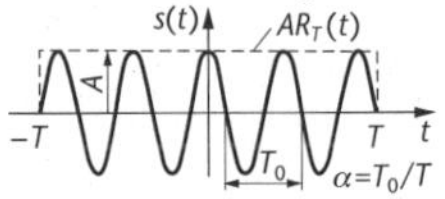

	Zeitfunktion $s(t)$	Spektraldichte $S(\omega)$
d263 d264	Gauß-Impuls $A \cdot e^{-a^2 t^2}$	$S(\omega) = \frac{A}{a} \cdot \sqrt{\pi} \cdot e^{\frac{-\omega^2}{4a^2}}$

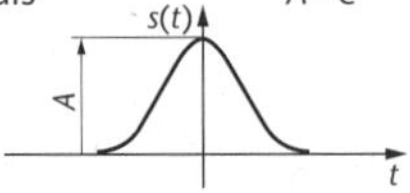

	Zeitfunktion $s(t)$	Spektraldichte $S(\omega)$
d265 d266	cos-Impuls $A \cdot \cos(\omega_0 t)$ mit $\omega_0 = \frac{2\pi}{T}$	$S(\omega) = \frac{A \cdot T}{\pi} \cdot \frac{\cos\left(\frac{T}{4} \cdot \omega\right)}{1 - \left(\frac{T}{2\pi} \cdot \omega\right)^2}$

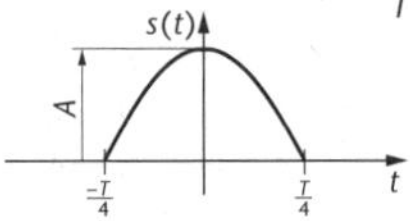

	Zeitfunktion $s(t)$	Spektraldichte $S(\omega)$
d267 d268	$\cos^2$-Impuls $A^2 \cdot \cos^2(\omega_0 t)$ mit $\omega_0 = \frac{2\pi}{T}$	$S(\omega) = \frac{A \cdot T}{4} \cdot \frac{\sin\left(\omega \frac{T}{4}\right)}{\left(\omega \frac{T}{4}\right)} \cdot \frac{1}{1 - \frac{T^2 \cdot \omega^2}{16\pi^2}}$

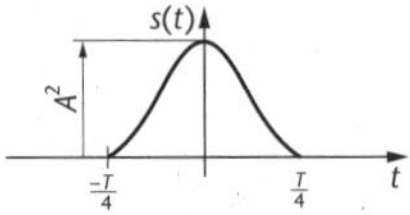

	Zeitfunktion $s(t)$	Spektraldichte $S(\omega)$
d269 d270	Exp.-Impuls	$S(\omega) = \frac{A}{j\omega + a}$

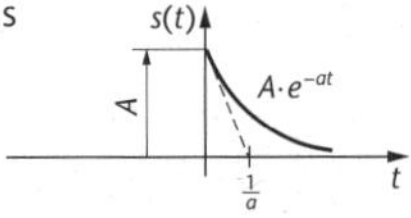

Allgemeines

Bei der Laplace-Transformation $\mathcal{L}\{f(t)\}$ wird über die Integralfunktion

d271
$$F(s) = \int_0^\infty f(t) \cdot \mathrm{e}^{-st} \cdot \mathrm{d}t$$

die Zeitfunktion $f(t)$, die für $t < 0$ verschwinden und für $t \geqq 0$ vollständig bekannt sein muss, in eine Bildfunktion umgewandelt. Hierin ist $\mathrm{e}^{-s \cdot t}$ ein Dämpfungsfaktor, der bewirken soll, dass das Integral für möglichst viele
d272 Zeitfunktionen konvergiert; dabei ist $s = \sigma + \mathrm{i}\omega$ mit $\sigma \geqq 0$ eine komplexe Operationsvariable. In diesem Bildbereich können Differenzialgleichungen gelöst und einmalige nichtperiodische Vorgänge (z. B. Einschwingen) behandelt werden; das eigentliche Zeitverhalten wird dann durch Rücktransformation in den t-Bereich gewonnen (siehe Tabelle D28).

Definitionen

d273
$$\mathcal{L}\{f(t)\} = F(s) = \int_0^\infty f(t)\,\mathrm{e}^{-st}\,\mathrm{d}t$$

abgekürzte Darstellung:
$f(t) \circ\!\!-\!\!\bullet\; F(s)$

d274
$$\mathcal{L}^{-1}\{F(s)\} = f(t) = \frac{1}{2\pi\mathrm{i}} \int_{\sigma_0-\mathrm{i}\omega}^{\sigma_0+\mathrm{i}\omega} F(s)\,\mathrm{e}^{st} \cdot \mathrm{d}s$$

abgekürzte Darstellung:
$F(s) \bullet\!\!-\!\!\circ\; f(t)$

Rechenregeln (Operationsregeln)

d275	Linearität	$\mathcal{L}\{f_1(t) + f_2(t)\}$	$= F_1(s) + F_2(s)$
d276		$\mathcal{L}\{c \cdot f_1(t)\}$	$= c \cdot F_1(s)$
d277	Verschiebungssatz	$\mathcal{L}\{f(t - T)\}$	$= \mathrm{e}^{-Ts} \cdot F(s)$
d278	Faltungssatz	$f_1(t) * f_2(t)$	$= \int_0^t f_1(t-\tau) \cdot f_2(\tau) \cdot \mathrm{d}\tau$
d279			$= \int_0^t f_1(\tau) \cdot f_2(t-\tau) \cdot \mathrm{d}\tau$
d280		$f_1(t) * f_2(t)$	$\circ\!\!-\!\!\bullet\; F_1(s) \cdot F_2(s)$
d281	Variablentransformation	$\mathcal{L}\left\{\frac{1}{a} f\left(\frac{t}{a}\right)\right\}$	$= F(a \cdot s)$
d282	Differenziation	$\mathcal{L}\{f'(t)\}$	$= s \cdot F(s) - f(0^+)$
d283		$\mathcal{L}\{f''(t)\}$	$= s^2 \cdot F(s) - s \cdot f(0^+) - f'(0^+)$
d284		$\mathcal{L}\{f^n(t)\}$	$= s^n \cdot F(s) - \sum_{k=0}^{n-1} f^{(k)}(0^+) s^{n-k-1}$
d285	Integration	$\mathcal{L}\left\{\int_0^t f(t) \cdot \mathrm{d}t\right\}$	$= \frac{1}{s} F(s)$

Anwendung der *L*-Transformation zur Lösung von Differenzialgln.

Schema

d286 d287

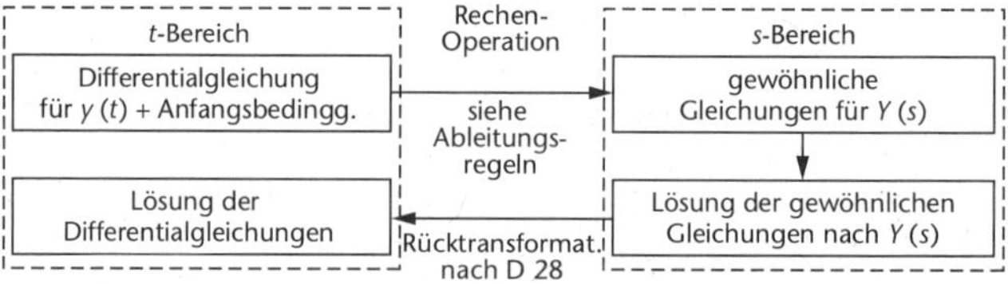

Schwierigkeit der Lösung von Differenzialgleichungen wird auf Rücktransformation verlagert. Vereinfachung durch Zerlegen von $Y(s)$ in Partialbrüche (siehe D3) oder in Teilfunktionen, für die D28 Umwandlungen in den Zeitbereich zeigt.

d288 Beispiel: $Ty' + y = f(t)$; $\quad f(t)$ ist Anregungsfunktion

$y(0^+) = 2 \mathrel{\widehat{=}}$ Anfangsbedingung

nach d282, d286 $\quad Ts \cdot Y(s) - Ty(0^+) + Y(s) = F(s)$

nach d287 $\quad y(t) \circ\!\!-\!\!\bullet\, Y(s) = \dfrac{F(s) + Ty(0^+)}{1 + Ts} = \dfrac{1/s + Ty(0^+)}{1 + Ts}$

Je nach $f(t) \circ\!\!-\!\!\bullet\, F(s)$ ergibt sich andere Lösung für $y(t)$. (Hier Annahme $f(t)$ sei Sprungfunktion. Laut d294 ist dann $F(s) = 1/s$)

unter Anwendung von D3 $\quad Y(s) = \dfrac{1}{s(1 + Ts)} + \dfrac{Ty(0^+)}{1 + Ts} = \dfrac{1}{s} - \dfrac{T}{1 + Ts} + \dfrac{Ty(0^+)}{1 + Ts}$

nach D28 $\quad y(t) = 1 - T\dfrac{1}{T}\,e^{-t/T} + 2 \cdot T\dfrac{1}{T}\,e^{-t/T} = 1 + e^{-t/T}$

Anwendung des Faltungssatzes der *L*-Transform. auf lineare Netzwerke

Eine Anregungsfunktion $f_1(t)$ wird über ein Netzwerk in eine Antwort $y(t)$ verwandelt. Das Netzwerk wird durch die Übertragungsfunktion $F_2(s)$ charakterisiert. $F_2(s)$ besitzt die Rücktransformierte $f_2(t)$.

d289

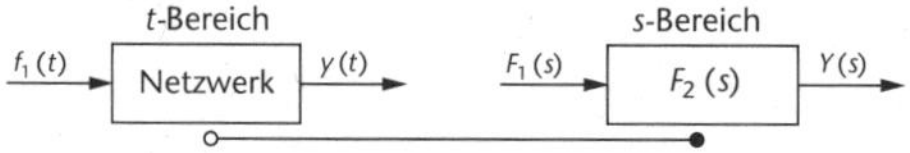

d290 $\quad y(t) = f_1(t) * f_2(t) \circ\!\!-\!\!\bullet\, Y(s) = F_1(s) \cdot F_2(s)$

Die Antwort $y(t)$ ist bei gegebenem Netzwerk abhängig von $f_1(t)$. $y(t)$ lässt sich so nach d286 berechnen, indem nach Ermittlung von $Y(s)$ in Zeile d287 begonnen wird. – Rücktransformation in t-Bereich geschlossen möglich, wenn $F_2(s)$ als gebrochen rationale Funktion in s gegeben ist und L-Transformierte $F_1(s)$ aus D28 entnommen werden kann.

Korrespondenz-Tabelle

d291 $$F(s)=\int_0^{\infty} f(t)\cdot \mathrm{e}^{-st}\cdot \mathrm{d}t; \qquad f(t)=\frac{1}{2\pi \mathrm{i}}\int_{\sigma_0-\mathrm{i}\omega}^{\sigma_0+\mathrm{i}\omega} F(s)\cdot \mathrm{e}^{st}\cdot \mathrm{d}s$$

$$\text{mit } s=\sigma+\mathrm{i}\omega=\sigma+\mathrm{i}2\pi f; \quad \mathrm{i}=\sqrt{-1}$$

Nr.	Bildfunktion $F(s)$	Zeitfunktion $f(t)$	Bildfunktion $F(s)$	Zeitfunktion $f(t)$
d292	1	$\delta(t) \mathrel{\widehat{=}}$ Dirac	$\frac{s^2}{(s^2+a^2)^2}$	$\frac{1}{2a}\cdot\sin(at)+\frac{t}{2}\cdot\cos(at)$
d293 d294 d295 d296	$1/s$	1 für $t>0$; 0 für $t<0$ (Einheitssprungfunktion)		
d297	$1/s^2$	t	$\frac{s^3}{(s^2+a^2)^2}$	$\cos(at)-\frac{a}{2}t\cdot\sin(at)$
d298 d299	$1/s^n$	$\frac{t^{n-1}}{(n-1)!}$		
d300 d301	$\frac{1}{s-a}$	$\exp(at)$	$\frac{1}{(s-a)(s-b)}$	für $b\neq a$: $\frac{\mathrm{e}^{bt}-\mathrm{e}^{at}}{b-a}$
d302 d303	$\frac{1}{(s-a)^2}$	$t\cdot\exp(at)$	$\frac{1}{(s+a)^2+b^2}$	$\frac{1}{b}\mathrm{e}^{-at}\cdot\sin(bt)$
d304 d305	$\frac{a}{s(s-a)}$	$\exp(at)-1$	$\frac{1}{\sqrt{s}}$	$\frac{1}{\sqrt{\pi\cdot t}}$
d306 d307	$\frac{1}{1+T\cdot s}$	$\frac{1}{T}\exp(-t/T)$	$\frac{1}{s\sqrt{s}}$	$2\sqrt{t/\pi}$
d308 d309	$\frac{a}{s^2-a^2}$	$\sinh(at)$	$\sqrt{s}$	$-1/\left(2\sqrt{\pi}\cdot t^{3/2}\right)$
d310 d311	$\frac{s}{s^2-a^2}$	$\cosh(at)$	$s\sqrt{s}$	$3/\left(4\sqrt{\pi}\cdot t^{5/2}\right)$
d312 d313	$\frac{a}{s^2+a^2}$	$\sin(at)$	$\ln\frac{s+b}{s+a}$	$\frac{1}{t}\left(\mathrm{e}^{-at}-\mathrm{e}^{-bt}\right)$
d314	$\frac{s}{s^2+a^2}$	$\cos(at)$	$\arctan(a/s)$	$1/t\cdot\sin(at)$
d315			für $a>0$: $\mathrm{e}^{-a\sqrt{s}}$	$\frac{a}{2t\sqrt{\pi t}}\,\mathrm{e}^{-\frac{a^2}{4t}}$
d316 d317	$\frac{1}{(s^2+a^2)^2}$	$\frac{1}{2a^3}\sin(at)-\frac{1}{2a^2}t\cdot\cos(at)$	für $a\geqq 0$: $1/s\ \mathrm{e}^{-a\sqrt{s}}$	$\operatorname{erfc}\frac{a}{2\sqrt{t}}$ (siehe G8)
d318 d319	$\frac{s}{(s^2+a^2)^2}$	$\frac{t}{2a}\sin(at)$	$\frac{1}{\sqrt{s^2+a^2}}$	$J_0(at)$ (Besselfunktion)

Allgemein

$z \;= r\,\mathrm{e}^{\mathrm{i}\varphi} = a + \mathrm{i}b$

a Realteil von z

b Imaginärteil von z

r Betrag von z

φ Arcus von z

a und b sind reell

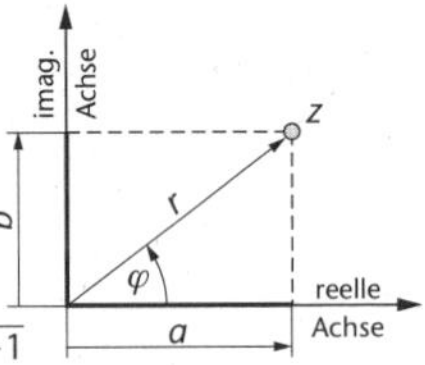

d320 $\mathrm{i} = \sqrt{-1}$

d321	$\mathrm{i}^1 = +\mathrm{i}$	$\mathrm{i}^{-1} = -\mathrm{i}$
d322	$\mathrm{i}^2 = -1$	$\mathrm{i}^{-2} = -1$
d323	$\mathrm{i}^3 = -\mathrm{i}$	$\mathrm{i}^{-3} = +\mathrm{i}$
d324	$\mathrm{i}^4 = +1$	$\mathrm{i}^{-4} = +1$
d325	$\mathrm{i}^5 = +\mathrm{i}$	$\mathrm{i}^{-5} = -\mathrm{i}$

usw.

Anmerkung: In der Elektrotechnik wird zur Vermeidung von Verwechslungen i durch j ersetzt.

Im kartesischen Koordinaten-System:

d326 $$z = a + \mathrm{i} \cdot b$$

d327 $$z_1 + z_2 = (a_1 + a_2) + \mathrm{i}(b_1 + b_2)$$

d328 $$z_1 - z_2 = (a_1 - a_2) + \mathrm{i}(b_1 - b_2)$$

d329 $$z_1 \cdot z_2 = (a_1 a_2 - b_1 b_2) + \mathrm{i}(a_1 b_2 + a_2 b_1)$$

d330 $$\frac{z_1}{z_2} = \frac{a_1 a_2 + b_1 b_2}{a_2^2 + b_2^2} + \mathrm{i}\frac{-a_1 b_2 + a_2 b_1}{a_2^2 + b_2^2}$$

d331 $$a^2 + b^2 = (a + \mathrm{i}b)(a - \mathrm{i}b)$$

d332 $$\sqrt{a \pm \mathrm{i}b} = \sqrt{\frac{a + \sqrt{a^2 + b^2}}{2}} \pm \mathrm{i}\sqrt{\frac{-a + \sqrt{a^2 + b^2}}{2}}$$

Ist $a_1 = a_2$ und $b_1 = b_2$, so wird auch $z_1 = z_2$.

Fortsetzung siehe D30

Komplexe Zahlen

Fortsetzung von D29

Im Polar-Koordinaten-System:

d333 $z = r(\cos\varphi + \mathrm{i}\cdot\sin\varphi) = a + \mathrm{i}b$

d334 $r = \sqrt{a^2 + b^2}$

d335 $\varphi = \arctan\dfrac{b}{a}$

$\sin\varphi = \dfrac{b}{r}$ | $\cos\varphi = \dfrac{a}{r}$ | $\tan\varphi = \dfrac{b}{a}$

d336 $z_1\cdot z_2 = r_1\cdot r_2\left[\cos(\varphi_1+\varphi_2) + \mathrm{i}\cdot\sin(\varphi_1+\varphi_2)\right]$

d337 $\dfrac{z_1}{z_2} = \dfrac{r_1}{r_2}\cdot\left[\cos(\varphi_1-\varphi_2) + \mathrm{i}\cdot\sin(\varphi_1-\varphi_2)\right]$ $(z_2 \neq 0)$

d338 $z^n = r^n\left[\cos(n\varphi) + \mathrm{i}\cdot\sin(n\varphi)\right]$ $(n > 0, \text{ganz})$

d339 $\sqrt[n]{z} = \sqrt[n]{r}\left(\cos\dfrac{\varphi + 2\pi k}{n} + \mathrm{i}\cdot\sin\dfrac{\varphi + 2\pi k}{n}\right)$

gilt für $k = 0, 1, 2, \ldots, n-1$. Dabei erhält man
für $k = 0$ den Hauptwert,
für $k = 1, 2, \ldots, n-1$ die verschiedenen Nebenwerte
(n ganze Zahl).

$\sqrt[n]{1}$ sind die n-ten Einheitswurzeln.

Die n-Wurzeln, die die Gleichung $z^n = 1$ erfüllen, sind die n-Werte:

d340 $z_k = \cos\dfrac{2\pi k}{n} + \mathrm{i}\cdot\sin\dfrac{2\pi k}{n}$
(für $k = 0, 1, 2, \ldots, n-1$; n ganze Zahl)

d341 $\mathrm{e}^{\mathrm{i}\varphi} = \cos\varphi + \mathrm{i}\cdot\sin\varphi$

d342 $\mathrm{e}^{-\mathrm{i}\varphi} = \cos\varphi - \mathrm{i}\cdot\sin\varphi = \dfrac{1}{\cos\varphi + \mathrm{i}\cdot\sin\varphi}$

d343 $\left|\mathrm{e}^{\pm\mathrm{i}\varphi}\right| = \sqrt{\cos^2\varphi + \sin^2\varphi} = 1$

d344 $\cos\varphi = \dfrac{\mathrm{e}^{\mathrm{i}\varphi} + \mathrm{e}^{-\mathrm{i}\varphi}}{2}$; $\sin\varphi = \dfrac{\mathrm{e}^{\mathrm{i}\varphi} - \mathrm{e}^{-\mathrm{i}\varphi}}{2\,\mathrm{i}}$

d345 $\ln z = \ln r + \mathrm{i}(\varphi + 2\pi k)$ $(k = 0, \pm 1, \pm 2, \ldots)$

Ist $r_1 = r_2$ und $\varphi_1 = \varphi_2 + 2\pi k$, so wird auch $z_1 = z_2$.

Zinseszins-Rechnung

d346 $$k_n = k_0 \cdot q^n$$

d347 $$n = \frac{\lg(k_n/k_0)}{\lg q}$$

$$q = \sqrt[n]{\frac{k_n}{k_0}}$$

Renten-Rechnung

d348 $$k_n = k_0 \cdot q^n - r \cdot q\frac{q^n - 1}{q - 1}$$

d349 $$r = \frac{(k_0 \cdot q^n - k_n)(q - 1)}{(q^n - 1)q}$$

d350 $$n = \frac{\lg \dfrac{r \cdot q - k_n(q - 1)}{r \cdot q - k_0(q - 1)}}{\lg q}$$

Wird $k_n = 0$, so ergeben sich die „Tilgungs-Formeln".

Einlagen-Rechnung

(Sparkassen-Formel)

d351 $$k_n = k_0 \cdot q^n + r \cdot q\frac{q^n - 1}{q - 1}$$

d352 $$r = \frac{(k_n - k_0 \cdot q^n)(q - 1)}{(q^n - 1)q}$$

d353 $$n = \frac{\lg \dfrac{k_n(q - 1) + r \cdot q}{k_0(q - 1) + r \cdot q}}{\lg q}$$

Erläuterung der Formelzeichen

k_0 Anfangs-Kapital
k_n Kapital nach n Jahren
r Jahres-Rente (-Abhebung) bzw. Jahres-Einlage, jeweils am Jahres-Anfang
n Anzahl der Jahre
q $= 1 + p$
p Zinsfuß (z. B. 0,06 bei 6 %)

d354 $$x = \frac{b \cdot c}{a}$$

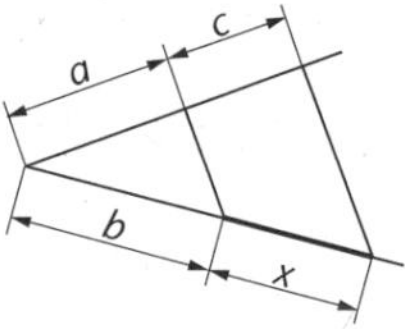

d355 $$a : b = c : x$$

x: 4te Proportionale (Strahlensatz)

---

d356 $$x = \frac{b^2}{a}$$

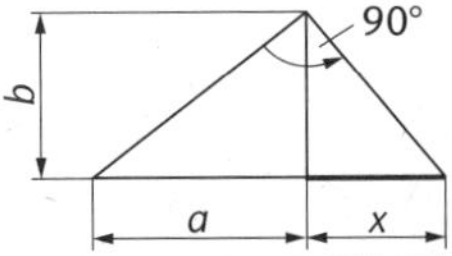

d357 $$a : b = b : x$$

x: 3te Proportionale (Höhensatz)

---

d358 $$x = \sqrt{a \cdot b}$$

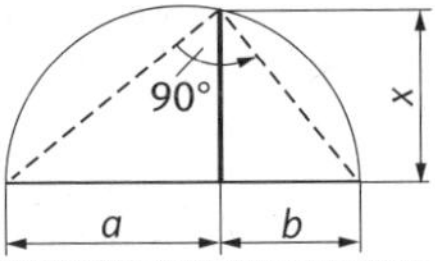

d359 $$a : x = x : b$$

x: mittlere Proportionale

---

d360 $$x^2 = a^2 + b^2 \qquad \text{bzw.}$$

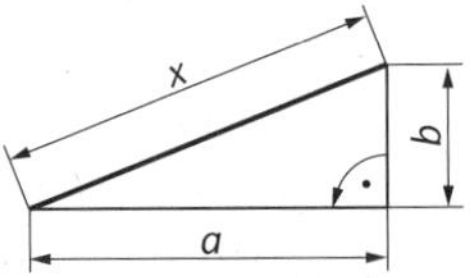

d361 $$x = \sqrt{a^2 + b^2}$$

x: Hypothenuse eines rechtwinkligen Dreiecks (Pythagoras-Satz)

---

d362 $$x = \frac{a}{2}\sqrt{3}$$

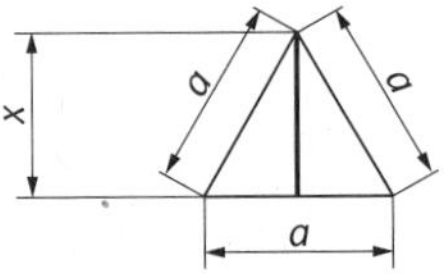

x: Höhe eines gleichseitigen Dreiecks

---

d363 $$x = \frac{a}{2}\left(\sqrt{5} - 1\right)$$

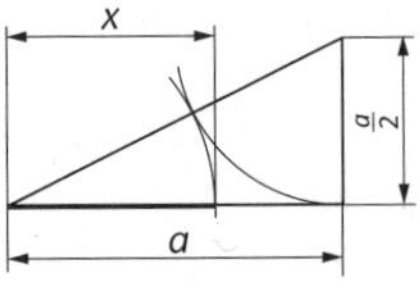

d364 $$\approx a \cdot 0{,}618$$

d365 $$a : x = x : (a - x)$$

x: größerer Abschnitt einer im goldenen Schnitt geteilten Strecke

Gradmaß und Bogenmaß des ebenen Winkels

Ausführliche Darstellung

Einen Winkel kann man entweder im Gradmaß α oder im Bogenmaß $\widehat{\alpha}$ angeben. Zwischen beiden besteht der Zusammenhang:

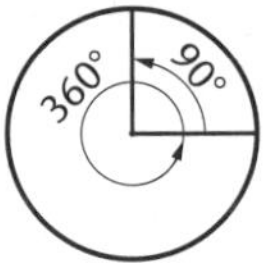

e1 $$\widehat{\alpha} = \frac{\pi \text{ rad}}{180°}\alpha = \frac{\text{rad}}{57{,}2958°}\alpha$$

Einheiten für das Gradmaß: 1°; 1′; 1″

Einheiten für das Bogenmaß: –; rad; m/m

1 Radiant (rad) ist gleich dem ebenen Winkel, der als Zentriwinkel eines Kreises vom Halbmesser 1 m aus dem Kreis einen Bogen von der Länge 1 m ausschneidet. Damit gilt:

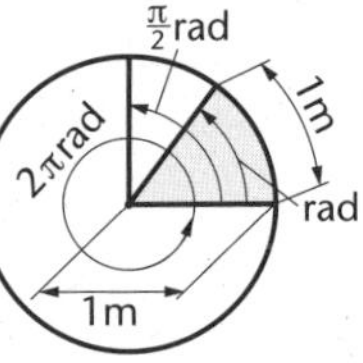

e2 $$1 \text{ rad} = \frac{1 \text{ m}}{1 \text{ m}}$$

e3 Da 1 m/1 m = 1 ist, wird die Einheit rad, wie z. B. in folgender Tabelle, häufig auch weggelassen.

e4

α	0°	15°	30°	45°	60°	75°	90°	180°	270°	360°
$\widehat{\alpha}$	0	$\frac{\pi}{12}$	$\frac{\pi}{6}$	$\frac{\pi}{4}$	$\frac{\pi}{3}$	$\frac{5\pi}{12}$	$\frac{\pi}{2}$	π	$\frac{3\pi}{2}$	2π
	0	0,26	0,52	0,79	1,05	1,31	1,57	3,14	4,71	6,28

Vereinfachte übliche Darstellung

(in diesem Buch benutzt)

Gesetzlich ist festgelegt:

e5 $$1° = \frac{\pi \text{ rad}}{180}$$

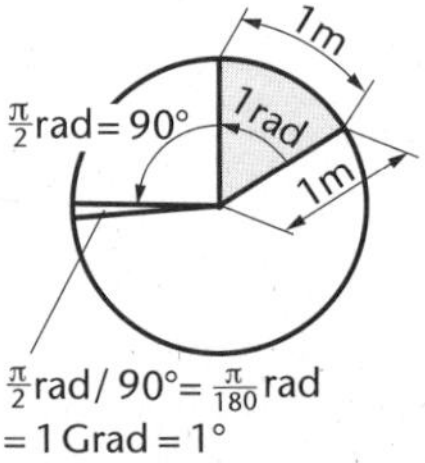

Dadurch wird Gleichheit zwischen α und $\widehat{\alpha}$ erzwungen und die Basisgröße „Ebener Winkel" (siehe Vorwort) eingespart. Damit wird

e6 $$\alpha = \widehat{\alpha} \quad \text{und} \quad 1 \text{ rad} = 57{,}2958°$$

Einheiten: 1°; –; rad; m/m

Länge eines Kreisbogens

Am Kreis mit dem Radius r ist die dem Mittelpunktswinkel α zugeordnete Bogenlänge

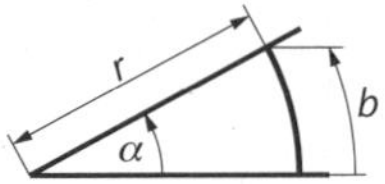

e7 $$b = r\widehat{\alpha}$$

Das rechtwinklige Dreieck

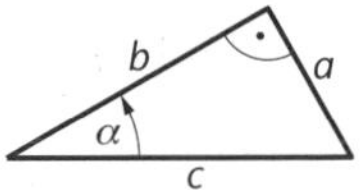

e8 $$\sin\alpha = \frac{\text{Gegenkathete}}{\text{Hypotenuse}} = \frac{a}{c}$$

e9 $$\cos\alpha = \frac{\text{Ankathete}}{\text{Hypotenuse}} = \frac{b}{c}$$

e10 $$\tan\alpha = \frac{\text{Gegenkathete}}{\text{Ankathete}} = \frac{a}{b}$$

e11 $$\cot\alpha = \frac{\text{Ankathete}}{\text{Gegenkathete}} = \frac{b}{a}$$

Funktionswerte der wichtigsten Winkel

e12

Winkel α	0°	15°	30°	45°	60°	75°	90°	180°	270°	360°
$\sin\alpha$	0	0,259	0,500	0,707	0,866	0,966	1	0	−1	0
$\cos\alpha$	1	0,966	0,866	0,707	0,500	0,259	0	−1	0	1
$\tan\alpha$	0	0,268	0,577	1,000	1,732	3,732	∞	0	∞	0
$\cot\alpha$	∞	3,732	1,732	1,000	0,577	0,268	0	∞	0	∞

Zusammenhang zwischen der Sinus- und der Cosinusfunktion

Grundgleichungen

e13 Sinus-Funktion $y = A\sin(k\alpha - \varphi)$

e14 Cosinus-Funktion $y = A\cos(k\alpha - \varphi)$

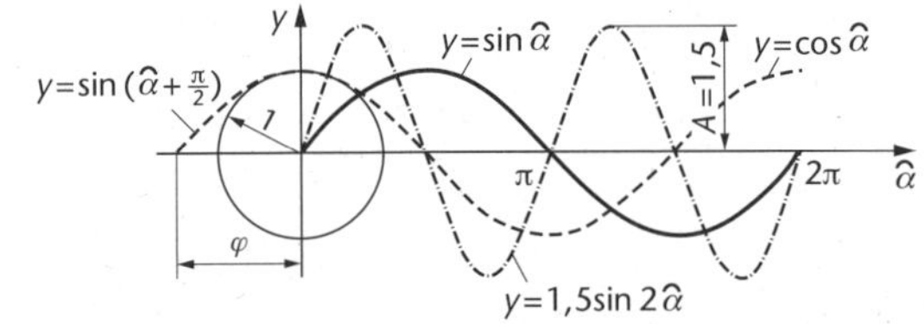

——— Sinus-Kurve	mit Amplitude $A = 1$	und	$k = 1$
—·—·— Sinus-Kurve	mit Amplitude $A = 1{,}5$	und	$k = 2$
– – – Cosinus-Kurve	mit Amplitude $A = 1$	und	$k = 1$
oder Sinus-Kurve	mit Phasenverschiebung		$\varphi = -\pi/2$

Kreisfunktionen

Quadranten-Beziehungen

E3

e15	$\sin(90° - \alpha) = +\cos\alpha$	$\sin(90° + \alpha) = +\cos\alpha$
e16	$\cos($ " $) = +\sin\alpha$	$\cos($ " $) = -\sin\alpha$
e17	$\tan($ " $) = +\cot\alpha$	$\tan($ " $) = -\cot\alpha$
e18	$\cot($ " $) = +\tan\alpha$	$\cot($ " $) = -\tan\alpha$
e19	$\sin(180° - \alpha) = +\sin\alpha$	$\sin(180° + \alpha) = -\sin\alpha$
e20	$\cos($ " $) = -\cos\alpha$	$\cos($ " $) = -\cos\alpha$
e21	$\tan($ " $) = -\tan\alpha$	$\tan($ " $) = +\tan\alpha$
e22	$\cot($ " $) = -\cot\alpha$	$\cot($ " $) = +\cot\alpha$
e23	$\sin(270° - \alpha) = -\cos\alpha$	$\sin(270° + \alpha) = -\cos\alpha$
e24	$\cos($ " $) = -\sin\alpha$	$\cos($ " $) = +\sin\alpha$
e25	$\tan($ " $) = +\cot\alpha$	$\tan($ " $) = -\cot\alpha$
e26	$\cot($ " $) = +\tan\alpha$	$\cot($ " $) = -\tan\alpha$
e27	$\sin(360° - \alpha) = -\sin\alpha$	$\sin(360° + \alpha) = +\sin\alpha$
e28	$\cos($ " $) = +\cos\alpha$	$\cos($ " $) = +\cos\alpha$
e29	$\tan($ " $) = \tan\alpha$	$\tan($ " $) = +\tan\alpha$
e30	$\cot($ " $) = -\cot\alpha$	$\cot($ " $) = +\cot\alpha$
e31	$\sin(-\alpha) = -\sin\alpha$	$\sin(\alpha \pm n \cdot 360°) = +\sin\alpha$
e32	$\cos($ " $) = +\cos\alpha$	$\cos($ " $) = +\cos\alpha$
e33	$\tan($ " $) = -\tan\alpha$	$\tan(\alpha \pm n \cdot 180°) = +\tan\alpha$
e34	$\cot($ " $) = -\cot\alpha$	$\cot($ " $) = +\cot\alpha$

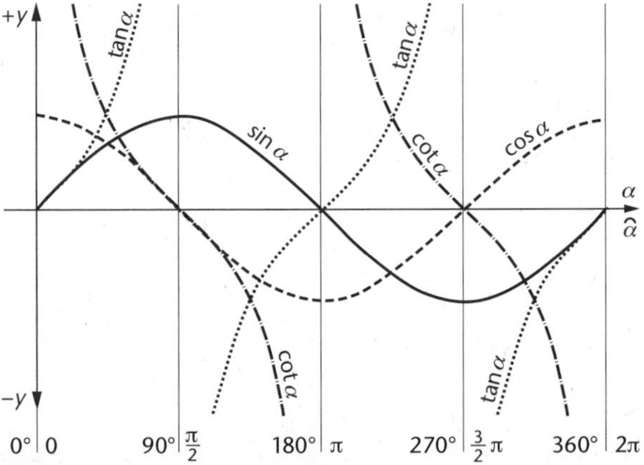

Grundbeziehungen

e35 $\sin^2\alpha + \cos^2\alpha = 1$ | $\tan\alpha \cdot \cot\alpha = 1$

e36 $1 + \tan^2\alpha = \dfrac{1}{\cos^2\alpha}$ | $1 + \cot^2\alpha = \dfrac{1}{\sin^2\alpha}$

Funktionen von Winkelsummen- und -differenzen

e37 $\sin(\alpha \pm \beta) = \sin\alpha \cdot \cos\beta \pm \cos\alpha \cdot \sin\beta$

e38 $\cos(\alpha \pm \beta) = \cos\alpha \cdot \cos\beta \mp \sin\alpha \cdot \sin\beta$

e39 $\tan(\alpha \pm \beta) = \dfrac{\tan\alpha \pm \tan\beta}{1 \mp \tan\alpha \cdot \tan\beta}$; $\quad \cot(\alpha \pm \beta) = \dfrac{\cot\alpha \cdot \cot\beta \mp 1}{\pm\cot\alpha + \cot\beta}$

Summe und Differenz von Winkelfunktionen

e40 $\sin\alpha + \sin\beta = 2 \cdot \sin\dfrac{\alpha+\beta}{2} \cdot \cos\dfrac{\alpha-\beta}{2}$

e41 $\sin\alpha - \sin\beta = 2 \cdot \cos\dfrac{\alpha+\beta}{2} \cdot \sin\dfrac{\alpha-\beta}{2}$

e42 $\cos\alpha + \cos\beta = 2 \cdot \cos\dfrac{\alpha+\beta}{2} \cdot \cos\dfrac{\alpha-\beta}{2}$

e43 $\cos\alpha - \cos\beta = -2 \cdot \sin\dfrac{\alpha+\beta}{2} \cdot \sin\dfrac{\alpha-\beta}{2}$

e44 $\tan\alpha \pm \tan\beta = \dfrac{\sin(\alpha \pm \beta)}{\cos\alpha \cdot \cos\beta}$

e45 $\cot\alpha \pm \cot\beta = \dfrac{\sin(\beta \pm \alpha)}{\sin\alpha \cdot \sin\beta}$

e46 $\sin\alpha \cdot \cos\beta = \dfrac{1}{2}\sin(\alpha+\beta) + \dfrac{1}{2}\sin(\alpha-\beta)$

e47 $\cos\alpha \cdot \cos\beta = \dfrac{1}{2}\cos(\alpha+\beta) + \dfrac{1}{2}\cos(\alpha-\beta)$

e48 $\sin\alpha \cdot \sin\beta = \dfrac{1}{2}\cos(\alpha-\beta) - \dfrac{1}{2}\cos(\alpha+\beta)$

e49 $\tan\alpha \cdot \tan\beta = \dfrac{\tan\alpha + \tan\beta}{\cot\alpha + \cot\beta} = -\dfrac{\tan\alpha - \tan\beta}{\cot\alpha - \cot\beta}$

e50 $\cot\alpha \cdot \cot\beta = \dfrac{\cot\alpha + \cot\beta}{\tan\alpha + \tan\beta} = -\dfrac{\cot\alpha - \cot\beta}{\tan\alpha - \tan\beta}$

e51 $\cot\alpha \cdot \tan\beta = \dfrac{\cot\alpha + \tan\beta}{\tan\alpha + \cot\beta} = -\dfrac{\cot\alpha - \tan\beta}{\tan\alpha - \cot\beta}$

Summe zweier gleichfrequenter harmonischer Schwingungen

e52 $a\sin(\omega t + \varphi_1) + b\cos(\omega t + \varphi_2) = \sqrt{c^2 + d^2}\,\sin(\omega t + \varphi)$

mit $c = a\sin\varphi_1 + b\cos\varphi_2$; $\quad d = a\cos\varphi_1 - b\sin\varphi_2$

$\varphi = \arctan\dfrac{c}{d}$ und $\varphi = \arcsin\dfrac{c}{\sqrt{c^2 + d^2}}$ (beides muss erfüllt sein)

Kreisfunktionen

Goniometrische Umformungen

E5

Beziehungen zwischen einfachem, doppeltem und halbem Winkel

	$\sin\alpha =$	$\cos\alpha =$	$\tan\alpha =$	$\cot\alpha =$
e53	$\cos(90^\circ - \alpha)$	$\sin(90^\circ - \alpha)$	$\cot(90^\circ - \alpha)$	$\tan(90^\circ - \alpha)$
e54	$\sqrt{1 - \cos^2\alpha}$	$\sqrt{1 - \sin^2\alpha}$	$\dfrac{1}{\cot\alpha}$	$\dfrac{1}{\tan\alpha}$
e55	$2\sin\dfrac{\alpha}{2}\cdot\cos\dfrac{\alpha}{2}$	$\cos^2\dfrac{\alpha}{2} - \sin^2\dfrac{\alpha}{2}$	$\dfrac{\sin\alpha}{\cos\alpha}$	$\dfrac{\cos\alpha}{\sin\alpha}$
e56	$\dfrac{\tan\alpha}{\sqrt{1+\tan^2\alpha}}$	$\dfrac{\cot\alpha}{\sqrt{1+\cot^2\alpha}}$	$\dfrac{\sin\alpha}{\sqrt{1-\sin^2\alpha}}$	$\dfrac{\cos\alpha}{\sqrt{1-\cos^2\alpha}}$
e57	$\sqrt{\cos^2\alpha - \cos 2\alpha}$	$1 - 2\sin^2\dfrac{\alpha}{2}$	$\sqrt{\dfrac{1}{\cos^2\alpha} - 1}$	$\sqrt{\dfrac{1}{\sin^2\alpha} - 1}$
e58	$\sqrt{\dfrac{1-\cos 2\alpha}{2}}$	$\sqrt{\dfrac{1+\cos 2\alpha}{2}}$	$\sqrt{\dfrac{1-\cos^2\alpha}{\cos\alpha}}$	$\sqrt{\dfrac{1-\sin^2\alpha}{\sin\alpha}}$
e59	$\dfrac{1}{\sqrt{1+\cot^2\alpha}}$	$\dfrac{1}{\sqrt{1+\tan^2\alpha}}$		
e60	$\dfrac{2\cdot\tan\dfrac{\alpha}{2}}{1+\tan^2\dfrac{\alpha}{2}}$	$\dfrac{1-\tan^2\dfrac{\alpha}{2}}{1+\tan^2\dfrac{\alpha}{2}}$	$\dfrac{2\cdot\tan\dfrac{\alpha}{2}}{1-\tan^2\dfrac{\alpha}{2}}$	$\dfrac{\cot^2\dfrac{\alpha}{2} - 1}{2\cdot\cot\dfrac{\alpha}{2}}$

	$\sin 2\alpha =$	$\cos 2\alpha =$	$\tan 2\alpha =$	$\cot 2\alpha =$
e61	$2\cdot\sin\alpha\cdot\cos\alpha$	$\cos^2\alpha - \sin^2\alpha$	$\dfrac{2\cdot\tan\alpha}{1-\tan^2\alpha}$	$\dfrac{\cot^2\alpha - 1}{2\cdot\cot\alpha}$
e62		$2\cos^2\alpha - 1$	$\dfrac{2}{\cot\alpha - \tan\alpha}$	$\dfrac{1}{2}\cot\alpha - \dfrac{1}{2}\tan\alpha$
e63		$1 - 2\sin^2\alpha$		

	$\sin\dfrac{\alpha}{2} =$	$\cos\dfrac{\alpha}{2} =$	$\tan\dfrac{\alpha}{2} =$	$\cot\dfrac{\alpha}{2} =$
e64			$\dfrac{\sin\alpha}{1+\cos\alpha}$	$\dfrac{\sin\alpha}{1-\cos\alpha}$
e65	$\sqrt{\dfrac{1-\cos\alpha}{2}}$	$\sqrt{\dfrac{1+\cos\alpha}{2}}$	$\dfrac{1-\cos\alpha}{\sin\alpha}$	$\dfrac{1+\cos\alpha}{\sin\alpha}$
e66			$\sqrt{\dfrac{1-\cos\alpha}{1+\cos\alpha}}$	$\sqrt{\dfrac{1+\cos\alpha}{1-\cos\alpha}}$

Das schiefwinklige Dreieck

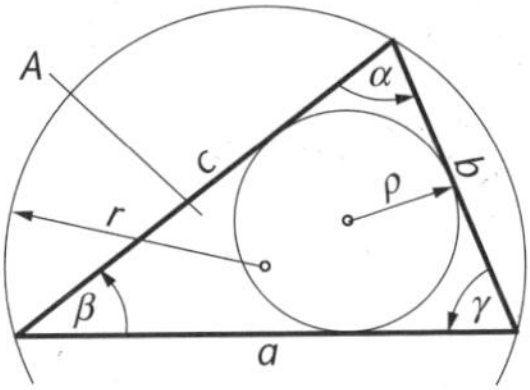

Sinus-Satz

e67 $\sin\alpha : \sin\beta : \sin\gamma = a : b : c$

e68 $a = \frac{b}{\sin\beta}\sin\alpha = \frac{c}{\sin\gamma}\sin\alpha$

e69 $b = \frac{a}{\sin\alpha}\sin\beta = \frac{c}{\sin\gamma}\sin\beta$

e70 $c = \frac{a}{\sin\alpha}\sin\gamma = \frac{b}{\sin\beta}\sin\gamma$

Cosinus-Satz

e71 $a^2 = b^2 + c^2 - 2bc \cdot \cos\alpha$

e72 $b^2 = c^2 + a^2 - 2ac \cdot \cos\beta$

e73 $c^2 = a^2 + b^2 - 2ab \cdot \cos\gamma$

(Bei stumpfem Winkel wird Cosinus negativ.)

Tangens-Satz

e74 $\frac{a+b}{a-b} = \frac{\tan\frac{\alpha+\beta}{2}}{\tan\frac{\alpha-\beta}{2}}$ | $\frac{a+c}{a-c} = \frac{\tan\frac{\alpha+\gamma}{2}}{\tan\frac{\alpha-\gamma}{2}}$ | $\frac{b+c}{b-c} = \frac{\tan\frac{\beta+\gamma}{2}}{\tan\frac{\beta-\gamma}{2}}$

Halbwinkel-Satz

e75 $\tan\frac{\alpha}{2} = \frac{\varrho}{s-a}$ | $\tan\frac{\beta}{2} = \frac{\varrho}{s-b}$ | $\tan\frac{\gamma}{2} = \frac{\varrho}{s-c}$

Inhalt, Inkreis- und Umkreis-Radius

e76 $A = \frac{1}{2}bc\sin\alpha = \frac{1}{2}ac\sin\beta = \frac{1}{2}ab\sin\gamma$

e77 $A = \sqrt{s(s-a)(s-b)(s-c)} = \varrho s$

e78 $\varrho = \sqrt{\frac{(s-a)(s-b)(s-c)}{s}}$

e79 $r = \frac{1}{2}\cdot\frac{a}{\sin\alpha} = \frac{1}{2}\cdot\frac{b}{\sin\beta} = \frac{1}{2}\cdot\frac{c}{\sin\gamma}$

e80 $s = \frac{a+b+c}{2}$

Umkehr-Funktionen

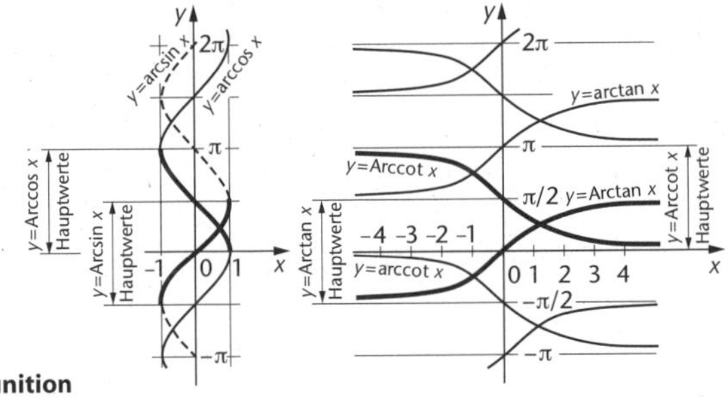

Definition

	Funktion $y =$ arcsin x	arccos x	arctan x	arccot x
e81 gleichbedeutend mit	$x = \sin y$	$x = \cos y$	$x = \tan y$	$x = \cot y$
e82 Definitions-Bereich	$-1 \leqq x \leqq +1$	$-1 \leqq x \leqq +1$	$-\infty < x < +\infty$	$-\infty < x < +\infty$
e83 Hauptwerte[1] im Bereich	$-\frac{\pi}{2} \leqq y \leqq +\frac{\pi}{2}$	$\pi \geqq y \geqq 0$	$-\frac{\pi}{2} < y < +\frac{\pi}{2}$	$\pi > y > 0$

Grundbeziehungen (gültig für Hauptwerte[1])

e84 $\operatorname{Arccos} x = \frac{\pi}{2} - \operatorname{Arcsin} x$ | $\operatorname{Arccot} x = \frac{\pi}{2} - \operatorname{Arctan} x$

e85 $\operatorname{Arcsin}(-x) = -\operatorname{Arcsin} x$ | $\operatorname{Arccos}(-x) = \pi - \operatorname{Arccos} x$

e86 $\operatorname{Arctan}(-x) = -\operatorname{Arctan} x$ | $\operatorname{Arccot}(-x) = \pi - \operatorname{Arccot} x$

Beziehungen zwischen den Hauptwerten der Arcus-Funktionen[2]

	Arcsin $x =$	Arccos $x =$	Arctan $x =$	Arccot $x =$
e87	* $\operatorname{Arccos} \sqrt{1-x^2}$	* $\operatorname{Arcsin} \sqrt{1-x^2}$	$\operatorname{Arcsin} \frac{x}{\sqrt{1+x^2}}$	* $\operatorname{Arcsin} \frac{1}{\sqrt{1+x^2}}$
e88	$\operatorname{Arctan} \frac{x}{\sqrt{1-x^2}}$	* $\operatorname{Arctan} \frac{\sqrt{1-x^2}}{x}$	* $\operatorname{Arccos} \frac{1}{\sqrt{1+x^2}}$	$\operatorname{Arccos} \frac{x}{\sqrt{1+x^2}}$
e89	* $\operatorname{Arccot} \frac{\sqrt{1-x^2}}{x}$	$\operatorname{Arccot} \frac{x}{\sqrt{1-x^2}}$	* $\operatorname{Arccot} \frac{1}{x}$	* $\operatorname{Arctan} \frac{1}{x}$

[1] Hauptwerte werden durch große Anfangsbuchstaben gekennzeichnet.

[2] Die mit * gekennzeichneten Formeln gelten nur für $x \geqq 0$.

Fortsetzung siehe E8

Additions-Theoreme

	Summe und Differenz von Arcus-Funktionen	Bedingungen
e90	$\operatorname{Arcsin} a + \operatorname{Arcsin} b = \operatorname{Arcsin}(a\sqrt{1-b^2} + b\sqrt{1-a^2})$	$ab \leqq 0$ oder $a^2+b^2 \leqq 1$
	$= \pi - \operatorname{Arcsin}(a\sqrt{1-b^2} + b\sqrt{1-a^2})$	$a > b, b > 0$ und $a^2+b^2 > 1$
	$= -\pi - \operatorname{Arcsin}(a\sqrt{1-b^2} + b\sqrt{1-a^2})$	$a < 0, b < 0$ und $a^2+b^2 > 1$
e91	$\operatorname{Arcsin} a - \operatorname{Arcsin} b = \operatorname{Arcsin}(a\sqrt{1-b^2} - b\sqrt{1-a^2})$	$ab \geqq 0$ oder $a^2+b^2 \leqq 1$
	$= \pi - \operatorname{Arcsin}(a\sqrt{1-b^2} - b\sqrt{1-a^2})$	$a > b, b < 0$ und $a^2+b^2 > 1$
	$= -\pi - \operatorname{Arcsin}(a\sqrt{1-b^2} - b\sqrt{1-a^2})$	$a < 0, b > 0$ und $a^2+b^2 > 1$
e92	$\operatorname{Arccos} a + \operatorname{Arccos} b = \operatorname{Arccos}(ab - \sqrt{1-a^2} \cdot \sqrt{1-b^2})$	$a + b \geqq 0$
	$= 2\pi - \operatorname{Arccos}(ab - \sqrt{1-a^2} \cdot \sqrt{1-b^2})$	$a + b < 0$
e93	$\operatorname{Arccos} a - \operatorname{Arccos} b = -\operatorname{Arccos}(ab + \sqrt{1-a^2} \cdot \sqrt{1-b^2})$	$a \geqq b$
	$= \operatorname{Arccos}(ab + \sqrt{1-a^2} \cdot \sqrt{1-b^2})$	$a < b$
e94	$\operatorname{Arctan} a + \operatorname{Arctan} b = \operatorname{Arctan} \dfrac{a+b}{1-ab}$	$ab < 1$
	$= \pi + \operatorname{Arctan} \dfrac{a+b}{1-ab}$	$a > b, ab > 1$
	$= -\pi + \operatorname{Arctan} \dfrac{a+b}{1-ab}$	$a < 0, ab > 1$
e95	$\operatorname{Arctan} a - \operatorname{Arctan} b = \operatorname{Arctan} \dfrac{a-b}{1+ab}$	$ab > -1$
	$= \pi + \operatorname{Arctan} \dfrac{a-b}{1+ab}$	$a > 0, ab < -1$
	$= -\pi + \operatorname{Arctan} \dfrac{a-b}{1+ab}$	$a < 0, ab < -1$
e96	$\operatorname{Arccot} a + \operatorname{Arccot} b = \operatorname{Arccot} \dfrac{ab-1}{a+b}$	$a \neq -b$
e97	$\operatorname{Arccot} a - \operatorname{Arccot} b = \operatorname{Arccot} \dfrac{ab+1}{b-a}$	$a \neq b$

Analytische Geometrie

Gerade, Dreieck

Gerade

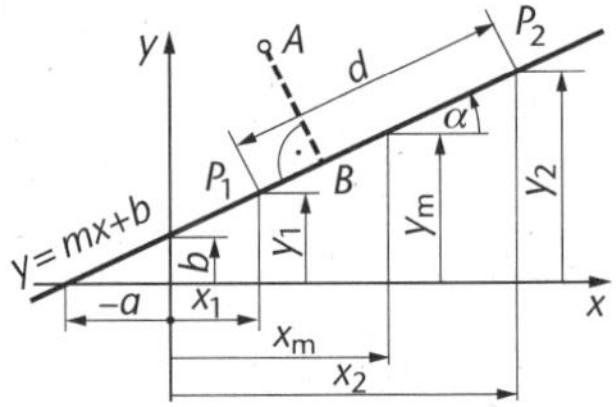

Funktion

f1 $y = mx + b$

Steigung

f2 $m = \dfrac{y_2 - y_1}{x_2 - x_1} = \tan\alpha$ [1)]

Achsenform für $a \neq 0; b \neq 0$

f3 $\dfrac{x}{a} + \dfrac{y}{b} - 1 = 0$

Steigung m_l des Lotes $\overline{AB}$

f4 $m_l = \dfrac{-1}{m}$

2-Punkte-Form aus 2 Punkten $P_1(x_1, y_1)$ und $P_2(x_2, y_2)$

f5 $\dfrac{y - y_1}{x - x_1} = \dfrac{y_2 - y_1}{x_2 - x_1}$

Punktrichtungs-Form aus Punkt $P_1(x_1, y_1)$ und Steigung m

f6 $y - y_1 = m(x - x_1)$

f7 **Entfernung zweier Punkte** $d = \sqrt{(x_2 - x_1)^2 + (y_2 - y_1)^2}$ [1)]

Mittelpunkt einer Strecke

f8 $x_m = \dfrac{x_1 + x_2}{2}$; $y_m = \dfrac{y_1 + y_2}{2}$

Schnittpunkt zweier Geraden (siehe Abb. Dreieck)

f9 $x_3 = \dfrac{b_2 - b_1}{m_1 - m_2}$; $y_3 = m_1 x_3 + b_1 = m_2 x_3 + b_2$

Schnittwinkel φ zweier Geraden

f10 $\tan\varphi = \dfrac{m_2 - m_1}{1 + m_2 \cdot m_1}$ [1)] (siehe Abb. Dreieck)

Dreieck

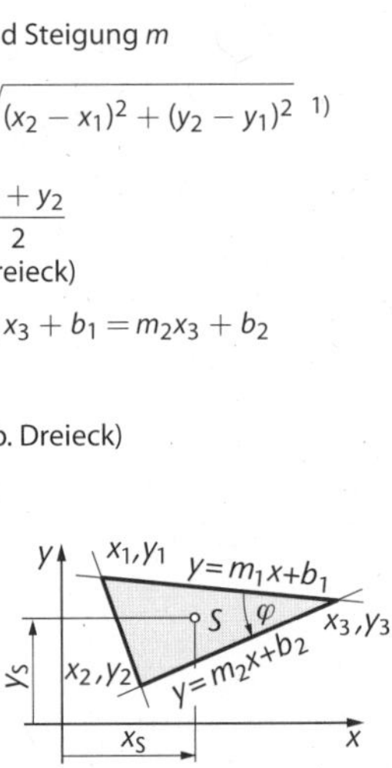

Schwerpunkt S

f11 $x_S = \dfrac{x_1 + x_2 + x_3}{3}$

f12 $y_S = \dfrac{y_1 + y_2 + y_3}{3}$

Flächeninhalt

f13 $A = \dfrac{(x_1 y_2 - x_2 y_1) + (x_2 y_3 - x_3 y_2) + (x_3 y_1 - x_1 y_3)}{2}$

[1)] *Voraussetzung:* x und y von gleicher Dimension und maßstabsgleich dargestellt (siehe auch h1).

Kreis

Kreis-Gleichung

	Mittelpunkt	
	im Ursprung	in anderen Lagen
f14	$x^2 + y^2 = r^2$	$(x - x_0)^2 + (y - y_0)^2 = r^2$

Grund-Gleichung

f15 $$x^2 + y^2 + ax + by + c = 0$$

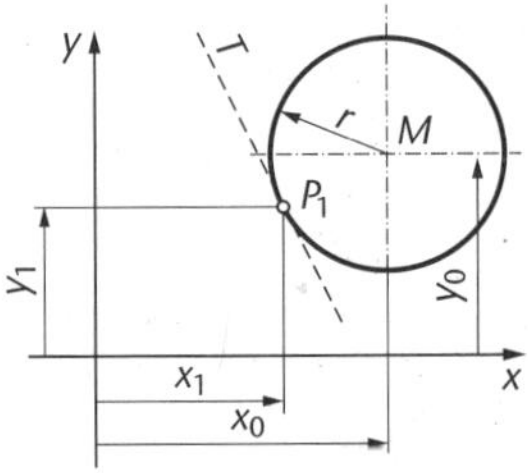

Radius des Kreises

f16 $$r = \sqrt{x_0^2 + y_0^2 - c}$$

Koordinaten des Mittelpunktes M

f17 $$x_0 = -\frac{a}{2}; \qquad y_0 = -\frac{b}{2}$$

Tangente T durch $P_1(x_1, y_1)$

f18 $$y = \frac{r^2 - (x - x_0)(x_1 - x_0)}{y_1 - y_0} + y_0$$

Parabel

Parabel-Gleichung (Umformung in diese Gleichungsform ermöglicht Entnahme von Scheitellage und Parameter p)

	Scheitel		Parabel-
	im Ursprung	in anderen Lagen	Öffnung
f19	$x^2 = 2py$	$(x - x_0)^2 = 2p(y - y_0)$	oben
f20	$x^2 = -2py$	$(x - x_0)^2 = -2p(y - y_0)$	unten

F: Brennpunkt
L: Leitlinie
S: Scheitel-Tangente

Grund-Gleichung

f21 $$y = ax^2 + bx + c$$

Scheitelradius

f22 $$r = p$$

Grundeigenschaft

f23 $$\overline{PF} = \overline{PQ}$$

Tangente T durch $P_1(x_1;\, y_1)$

f24 $$y = \frac{2(y_1 - y_0)(x - x_1)}{x_1 - x_0} + y_1$$

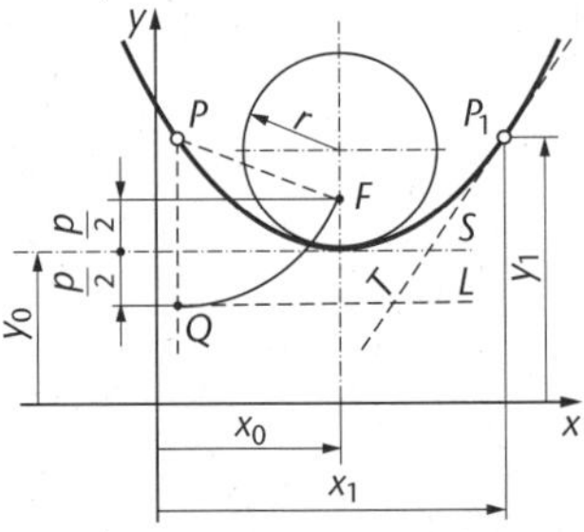

Hyperbel

Hyperbel-Gleichung

	Asymptotenschnittpunkt	
	im Ursprung	in anderen Lagen
f25	$\frac{x^2}{a^2} - \frac{y^2}{b^2} - 1 = 0$	$\frac{(x - x_0)^2}{a^2} - \frac{(y - y_0)^2}{b^2} - 1 = 0$

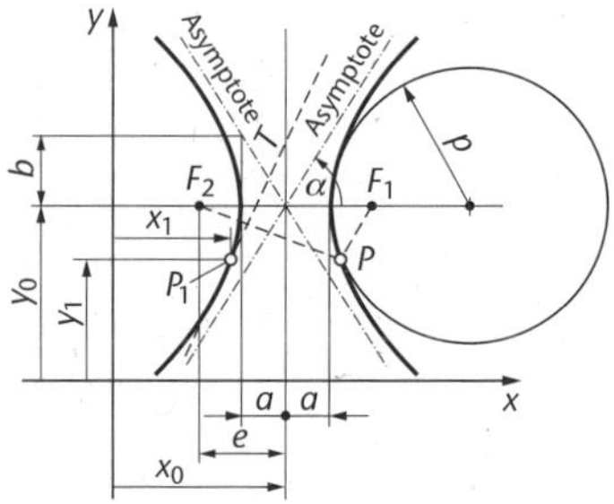

Grund-Gleichung

f26 $Ax^2 + By^2 + Cx + Dy + E = 0$

Grund-Eigenschaft

f27 $\overline{F_2P} - \overline{F_1P} = 2a$

Brennpunkt-Abstand

f28 $e = \sqrt{a^2 + b^2}$ 1)

Steigung der Asymptoten

f29 $\tan\alpha = m = \pm\frac{b}{a}$ 1)

Scheitel-Radius $p = \frac{b^2}{a}$

f30 **Tangente** T durch $P_1(x_1, y_1)$ $y = \frac{b^2}{a^2} \cdot \frac{(x_1 - x_0)(x - x_1)}{y_1 - y_0} + y_1$

Gleichseitige Hyperbel

Erklärung: Bei gleichseitiger Hyperbel ist $a = b$, daher

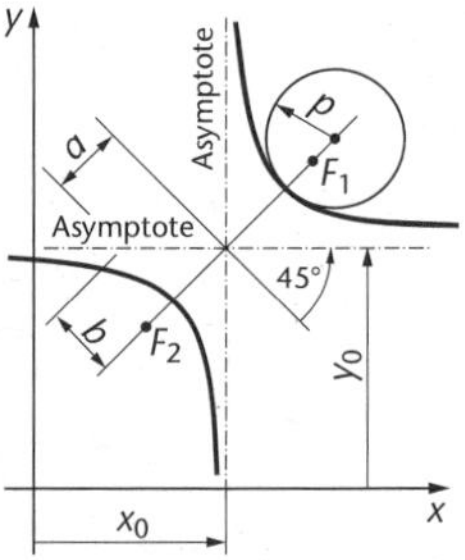

Steigung der Asymptoten

f31 $\tan\alpha$ 1) $= m = \pm 1$ $(\alpha = 45°)$

Gleichung (Wenn Asymptoten parallel zu *x*- und *y*-Achse)

	Asymptotenschnittpunkt	
	im Ursprung	in anderen Lagen
f32	$x \cdot y = c^2$	$(x - x_0)(y - y_0) = c^2$

Scheitel-Radius

f33 $p = a$ (Parameter)

1) Voraussetzungen entsprechend Fußnote auf F1

Analytische Geometrie

Ellipse, Exponentialfunktion

F4

Ellipse

Ellipsen-Gleichung

Achsenschnittpunkt im Ursprung	Achsenschnittpunkt in anderen Lagen
$\frac{x^2}{a^2}+\frac{y^2}{b^2}-1=0$	$\frac{(x-x_0)^2}{a^2}+\frac{(y-y_0)^2}{b^2}-1=0$

f34

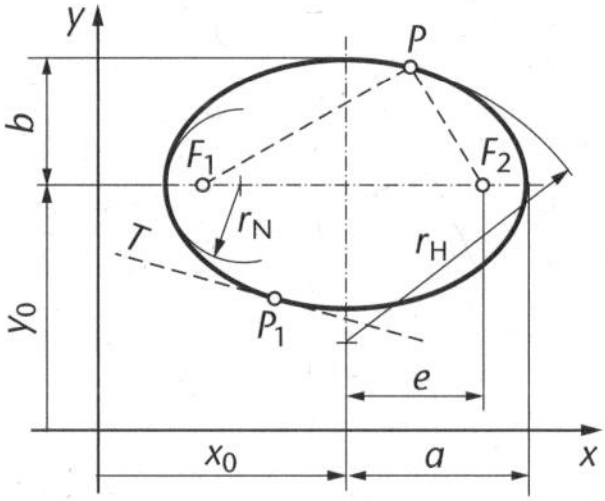

Scheitel-Radien

f35 $r_N=\frac{b^2}{a}; \qquad r_H=\frac{a^2}{b}$

Brennpunkt-Abstand

f36 $e=\sqrt{a^2-b^2}$

Grund-Eigenschaft

f37 $\overline{F_1P}+\overline{F_2P}=2a$

Tangente *T* durch $P_1(x_1;\, y_1)$

f38 $y=-\frac{b_2}{a^2}\cdot\frac{(x_1-x_0)(x-x_1)}{y_1-y_0}+y_1$

Anmerkung: F_1 und F_2 sind Brennpunkte.

Exponential-Funktion

Grund-Gleichung

f39 $y=a^x$

Hierbei ist a eine positive Konstante $\neq 1$ und x eine Zahl.

Anmerkung: Sämtliche Exponentialkurven gehen durch den Punkt $x=0; y=1$.

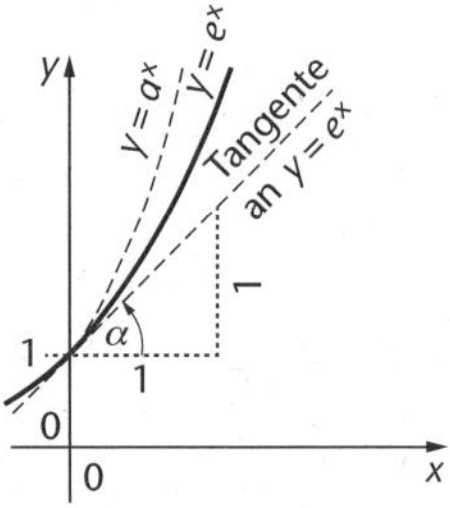

Diejenige dieser Kurven, welche in diesem Punkt die Steigung 45° ($\tan\alpha$[1] $=1$) hat, gibt abgeleitet dieselbe Kurve. Die Konstante a wird in diesem Falle e (Euler'sche Zahl) genannt und ist die Basis der natürlichen Logarithmen.

$$e=2{,}718\,281\,828\,459\,\ldots$$

[1] Voraussetzungen entsprechend Fußnote auf F1

Grund-Funktionen

Definition

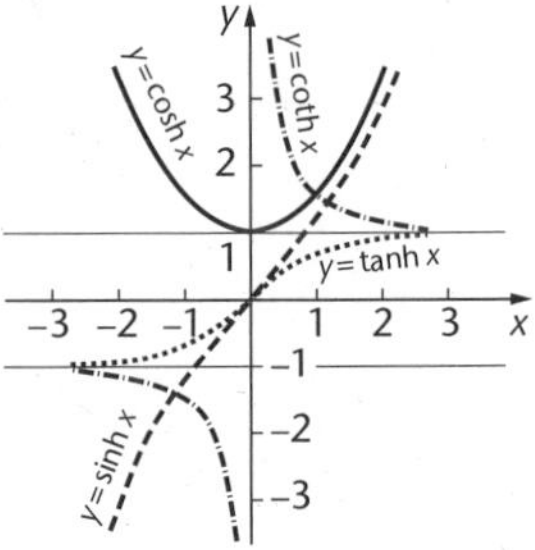

f40 $\sinh x = \dfrac{e^x - e^{-x}}{2}$ [1]

f41 $\cosh x = \dfrac{e^x + e^{-x}}{2}$

f42 $\tanh x = \dfrac{e^x - e^{-x}}{e^x + e^{-x}} = \dfrac{e^{2x} - 1}{e^{2x} + 1}$

f43 $\coth x = \dfrac{e^x + e^{-x}}{e^x - e^{-x}} = \dfrac{e^{2x} + 1}{e^{2x} - 1}$

Grundbeziehungen

f44 $\cosh^2 x - \sinh^2 x = 1$

f45 $\tanh x \cdot \coth x \quad = 1$

f46 $\tanh x = \dfrac{\sinh x}{\cosh x}; \qquad 1 - \tanh^2 x = \dfrac{1}{\cosh^2 x}; \qquad 1 - \cosh^2 x = \dfrac{-1}{\sinh^2 x}$

Beziehungen zwischen den Hyperbel-Funktionen

	$\sinh x =$	$\cosh x =$	$\tanh x =$	$\coth x =$
f47	$\pm\sqrt{\cosh^2 x - 1}$ [2]	$\sqrt{\sinh^2 x + 1}$	$\dfrac{\sinh x}{\sqrt{\sinh^2 x + 1}}$	$\dfrac{\sqrt{\sinh^2 x + 1}}{\sinh x}$
f48	$\dfrac{\tanh x}{\sqrt{1 - \tanh^2 x}}$	$\dfrac{1}{\sqrt{1 - \tanh^2 x}}$	$\pm\dfrac{\sqrt{\cosh^2 x - 1}}{\cosh x}$ [2]	$\pm\dfrac{\cosh x}{\sqrt{\cosh^2 x - 1}}$ [2]
f49	$\pm\dfrac{1}{\sqrt{\coth^2 x - 1}}$ [2]	$\dfrac{\lvert\coth x\rvert}{\sqrt{\coth^2 x - 1}}$	$\dfrac{1}{\coth x}$	$\dfrac{1}{\tanh x}$

Im gesamten Definitions-Bereich gilt:

f50 $\sinh(-x) = -\sinh x$ | $\cosh(-x) = +\cosh x$

f51 $\tanh(-x) = -\tanh x$ | $\coth(-x) = -\coth x$

Additions-Theoreme

f52 $\sinh(a \pm b) = \sinh a \cdot \cosh b \pm \cosh a \cdot \sinh b$

f53 $\cosh(a \pm b) = \cosh a \cdot \cosh b \pm \sinh a \cdot \sinh b$

f54 $\tanh(a \pm b) = \dfrac{\tanh a \pm \tanh b}{1 \pm \tanh a \cdot \tanh b}$

f55 $\coth(a \pm b) = \dfrac{\coth a \cdot \coth b \pm 1}{\coth a \pm \coth b}$

---

[1] Exponent x muss stets dimensionslos sein.

[2] Vorzeichen + für $x > 0$; − für $x < 0$

Umkehr-(Area-)Funktionen

Definition

		Funktion $y =$			
		$\operatorname{arsinh} x$	$\operatorname{arcosh} x$	$\operatorname{artanh} x$	$\operatorname{arcoth} x$
f56	gleichbedeutend mit	$x = \sinh y$	$x = \cosh y$	$x = \tanh y$	$x = \coth y$
f57	Beziehungen zu ln	$= \ln\left(x + \sqrt{x^2+1}\right)$	$= \pm \ln\left(x + \sqrt{x^2-1}\right)$	$= \frac{1}{2} \ln \frac{1+x}{1-x}$	$= \frac{1}{2} \ln \frac{x+1}{x-1}$
f58	Definitionsbereich	$-\infty < x < +\infty$	$1 \leqq x < +\infty$	$\lvert x \rvert < 1$	$\lvert x \rvert > 1$
f59	Wertebereich	$-\infty < y < +\infty$	$-\infty < y < +\infty$	$-\infty < y < +\infty$	$\lvert y \rvert > 0$

Beziehungen zwischen den Area-Funktionen

	$\operatorname{arsinh} x =$	$\operatorname{arcosh} x =$	$\operatorname{artanh} x =$	$\operatorname{arcoth} x =$
f60	$\pm \operatorname{arcosh} \sqrt{1+x^2}$ 1)	$\pm \operatorname{arsinh} \sqrt{x^2-1}$ 1)	$\operatorname{arsinh} \frac{x}{\sqrt{1-x^2}}$	$\operatorname{arsinh} \frac{1}{\sqrt{x^2-1}}$
f61	$\operatorname{artanh} \frac{x}{\sqrt{1+x^2}}$	$\pm \operatorname{artanh} \frac{\sqrt{x^2-1}}{x}$ 1)	$\pm \operatorname{arcosh} \frac{1}{\sqrt{1-x^2}}$ 1)	$\pm \operatorname{arcosh} \frac{x}{\sqrt{x^2-1}}$ 1)
f62	$\operatorname{arcoth} \frac{\sqrt{1+x^2}}{x}$	$\pm \operatorname{arcoth} \frac{x}{\sqrt{x^2-1}}$ 1)	$\operatorname{arcoth} \frac{1}{x}$	$\operatorname{artanh} \frac{1}{x}$

Im gesamten Definitions-Bereich gilt:

f63 $\operatorname{arsinh}(-x) = -\operatorname{arsinh} x$

f64 $\operatorname{artanh}(-x) = -\operatorname{artanh} x$ | $\operatorname{arcoth}(-x) = -\operatorname{arcoth} x$

Additions-Theoreme

f65 $$\operatorname{arsinh} a \pm \operatorname{arsinh} b = \operatorname{arsinh}\left(a\sqrt{b^2+1} \pm b\sqrt{a^2+1}\right)$$

f66 $$\operatorname{arcosh} a \pm \operatorname{arcosh} b = \operatorname{arcosh}\left[ab \pm \sqrt{(a^2-1)(b^2-1)}\right]$$

f67 $$\operatorname{artanh} a \pm \operatorname{artanh} b = \operatorname{artanh} \frac{a \pm b}{1 \pm ab}$$

f68 $$\operatorname{arcoth} a \pm \operatorname{arcoth} b = \operatorname{arcoth} \frac{ab \pm 1}{a \pm b}$$

1) Vorzeichen + für $x > 0$; − für $x < 0$

Komponenten, Betrag, Richtungscosinusse von Vektoren

Vektor: Physikalische Größe mit Einheit *und* Richtung.

Koordinaten des Anfangpunktes A des Vektors $\vec{a}$: x_1, y_1, z_1

Koordinaten des Endpunktes B des Vektors $\vec{a}$: x_2, y_2, z_2

Einheitsvektoren über OX, OY, OZ: $\vec{i}, \vec{j}, \vec{k}$

Komponenten mit Vorzeichen und Einheit

f69 $a_x, a_y, a_z \gtreqless 0$

f70 $a_x = x_2 - x_1$

f71 $a_y = y_2 - y_1$

f72 $a_z = z_2 - z_1$

f73 $\vec{a} = \vec{a}_x + \vec{a}_y + \vec{a}_z$ [1)]

f74 $\vec{a} = a_x \cdot \vec{i} + a_y \cdot \vec{j} + a_z \cdot \vec{k}$ [1)]

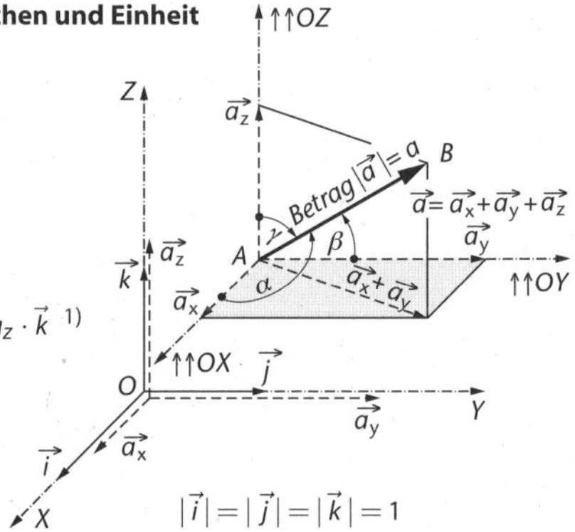

Betrag oder Wert des Vektors: $|\vec{a}|$ oder a in der Technik

f75 $|\vec{a}| = \sqrt{a_x^2 + a_y^2 + a_z^2}$ $\quad$ ($|\vec{a}|$ immer $\geqq 0$)

Richtungscosinusse des Vektors: $\cos\alpha$, $\cos\beta$, $\cos\gamma$

α, β, γ Winkel zwischen dem Vektor $\vec{a}$ und den Achsen OX, OY und OZ. ($\alpha, \beta, \gamma = 0° \ldots 180°$).

f76 $\cos\alpha = \dfrac{a_x}{|\vec{a}|}$; $\quad \cos\beta = \dfrac{a_y}{|\vec{a}|}$; $\quad \cos\gamma = \dfrac{a_z}{|\vec{a}|}$

f77 mit $\cos^2\alpha + \cos^2\beta + \cos^2\gamma = 1$

Berechnung der Komponenten, wenn $|\vec{a}|, \alpha, \beta, \gamma$ bekannt sind:

f78 $a_x = |\vec{a}| \cdot \cos\alpha$; $\quad a_y = |\vec{a}| \cdot \cos\beta$; $\quad a_z = |\vec{a}| \cdot \cos\gamma$

Bemerkung: Mit den Komponenten eines Vektors nach OX, OY, OZ wird die ganze Vektorrechnung, wie Betrag, Richtungscosinusse, Summe von Vektoren und Vektorprodukte, durchgeführt.

---

1) Vektorielle Gleichungen

Vektorielle Summe (Differenz) von Vektoren

Vektorielle Summe $\vec{s}$ von 2 freien Vektoren $\vec{a}$ und $\vec{b}$

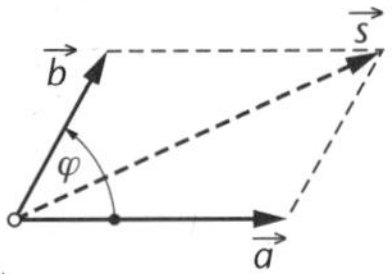

f79 $\vec{s} = \vec{a} + \vec{b} = s_x \cdot \vec{i} + s_y \cdot \vec{j} + s_z \cdot \vec{k}$

f80 $s_x = a_x + b_x; \quad s_y = a_y + b_y; \quad s_z = a_z + b_z$

f81 $|\vec{s}| = \sqrt{s_x^2 + s_y^2 + s_z^2}$

Vektorielle Differenz $\vec{s}$ von 2 freien Vektoren $\vec{a}$ und $\vec{b}$

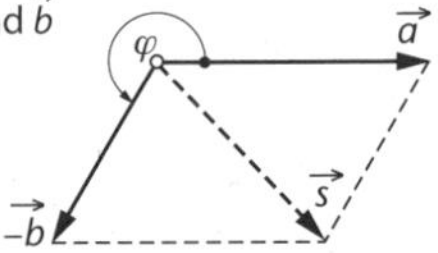

f82 $\vec{s} = \vec{a} + (-\vec{b}) \qquad (-\vec{b}) \uparrow\downarrow \vec{b}$ [1]

f83 $s_x = a_x + b_x; \quad s_y = a_y + b_y; \quad s_z = a_z + b_z$

f84 $|\vec{s}| = \sqrt{s_x^2 + s_y^2 + s_z^2}$

Wichtige Werte $|\vec{s}|$ für 2 Vektoren

	$\vec{a}, \vec{b}$ \ φ	0°; 360°	90°	180°	270°
f85	$\lvert\vec{a}\rvert \neq \lvert\vec{b}\rvert$	$\lvert\vec{a}\rvert + \lvert\vec{b}\rvert$	$\sqrt{\lvert\vec{a}\rvert^2 + \lvert\vec{b}\rvert^2}$	$\lvert\vec{a}\rvert - \lvert\vec{b}\rvert$	$\sqrt{\lvert\vec{a}\rvert^2 + \lvert\vec{b}\rvert^2}$
f86	$\lvert\vec{a}\rvert = \lvert\vec{b}\rvert$	$2\lvert\vec{a}\rvert$	$\lvert\vec{a}\rvert\sqrt{2}$	0	$\lvert\vec{a}\rvert\sqrt{2}$

Vektorielle Summe $\vec{s}$ von freien Vektoren $\vec{a}, \vec{b}, -\vec{c}$, usw.

f87 $\vec{s} = \vec{a} + \vec{b} - \vec{c} + \ldots = s_x \cdot \vec{i} + s_y \cdot \vec{j} + s_z \cdot \vec{k}$ (Vektorielle Gleichungen)

f88 $s_x = a_x + b_x - c_x + \ldots; \quad s_y = a_y + b_y - c_y + \ldots; \quad s_z = a_z + b_z - c_z + \ldots$

f89 $|\vec{s}| = \sqrt{s_x^2 + s_y^2 + s_z^2}$

Produkt eines Skalars mit einem Vektor

Skalar: physikalische Größe mit Einheit.

Produkt aus Skalar k **mit Vektor** $\vec{a}$ ergibt Vektor $\vec{c}$.

f90 $\vec{c} = k \cdot \vec{a} \qquad (k \gtreqless 0)$ (Vektorielle Gleichung)

f91 $c_x = k \cdot a_x; \quad c_y = k \cdot a_y; \quad c_z = k \cdot a_z \qquad c = k \cdot |\vec{a}| \quad (c \gtreqless 0)$

Ist $k > 0$, dann ist $\vec{c} \uparrow\uparrow \vec{a}$, also

$k < 0$, dann ist $\vec{c} \uparrow\downarrow \vec{a}$, also

Beispiel: Beschleunigungskraft F_a = Masse m mal Beschleunigung a

f92 $m > 0; \qquad \vec{F}_a \uparrow\uparrow \vec{a}; \qquad \vec{F}_a = m \cdot \vec{a}; \qquad F_a = m \cdot a$

[1] Das mathematische Zeichen $\uparrow\downarrow$ bedeutet, dass die Vektoren $(-\vec{b})$ und $\vec{b}$ parallel und entgegengesetzt wirken.

Vektorprodukte von 2 freien Vektoren

Skalares Produkt von 2 freien Vektoren $\vec{a}$ und $\vec{b}$ ergibt Skalar k.

Produktzeichen: Punkt „·"

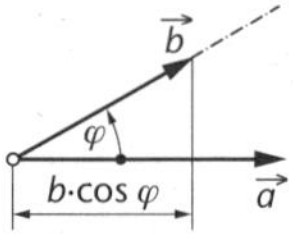

f93 $k = \vec{a} \cdot \vec{b} = \vec{b} \cdot \vec{a} = a \cdot b \cdot \cos\varphi = |\vec{a}| \cdot |\vec{b}| \cdot \cos\varphi$

f94 $k = a_x \cdot b_x + a_y \cdot b_y + a_z \cdot b_z \qquad (k \gtreqless 0)$

f95 $\varphi = \arccos \dfrac{a_x \cdot b_x + a_y \cdot b_y + a_z \cdot b_z}{|\vec{a}| \cdot |\vec{b}|}$

Wichtige Werte

$\vec{a}, \vec{b}$ \ φ	0°; 360°	90°	180°	270°
f96 $\lvert\vec{a}\rvert \cdot \lvert\vec{b}\rvert \cdot \cos\varphi$	$+\lvert\vec{a}\rvert \cdot \lvert\vec{b}\rvert$	0	$-\lvert\vec{a}\rvert \cdot \lvert\vec{b}\rvert$	0

Beispiel: Arbeit W einer Kraft F bei Weg s

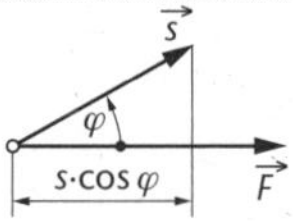

f97 $W = \text{Kraft} \cdot \text{Weg} = \vec{F} \cdot \vec{s}$

f98 $W = F \cdot s \cdot \cos\varphi \qquad (W \gtreqless 0;\ F, s \geqq 0)$

Vektorielles Produkt von 2 freien Vektoren $\vec{a}$ und $\vec{b}$ ergibt Vektor $\vec{c}$

Produktzeichen: Kreuz „×"

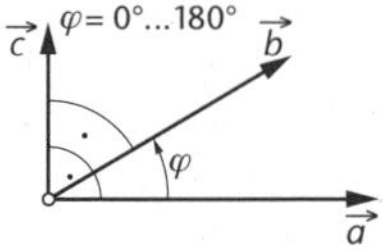

f99 $\vec{c} = \vec{a} \times \vec{b} = -(\vec{b} \times \vec{a})$

f100 $|\vec{c}| = a \cdot b \cdot \sin\varphi = |\vec{a}| \cdot |\vec{b}| \cdot \sin\varphi \qquad (c \gtreqless 0)$

$\vec{c} \perp \vec{a}$ und $\vec{c} \perp \vec{b}$

$\vec{a}, \vec{b}, \vec{c}$ bilden ein Rechtssystem.

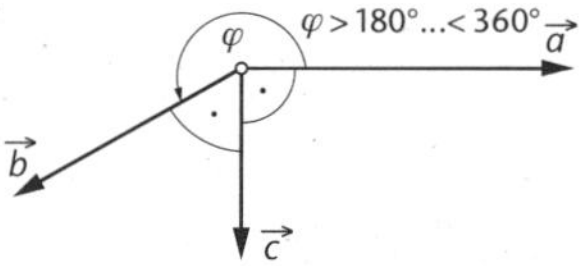

f101 $c_x = a_y \cdot b_z - a_z \cdot b_y$

f102 $c_y = a_z \cdot b_x - a_x \cdot b_z$

f103 $c_z = a_x \cdot b_y - a_y \cdot b_x$

f104 $|\vec{c}| = \sqrt{c_x^2 + c_y^2 + s_z^2}$

Wichtige Werte

$\vec{a}, \vec{b}$ \ φ	0°; 360°	90°	180°	270°
f105 $\lvert\vec{a}\rvert \cdot \lvert\vec{b}\rvert \cdot \sin\varphi$	0	$+\lvert\vec{a}\rvert \cdot \lvert\vec{b}\rvert$	0	$-\lvert\vec{a}\rvert \cdot \lvert\vec{b}\rvert$

Beispiel: Moment M einer Kraft F mit Bezug auf einen Punkt O:

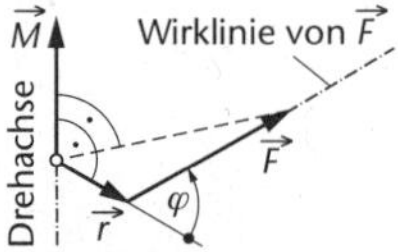

f106 $\vec{M} = \text{Radiusvektor} \times \text{Kraft} = \vec{r} \times \vec{F} = -(\vec{F} \times \vec{r})$

f107 $M = r \cdot F \cdot \sin\varphi \qquad (M \gtreqless 0;\ r, F \geqq 0)$

Statistik

Grundlagen der Wahrscheinlichkeitsrechnung

G1

Wahrscheinlichkeits-Axiome

g1 $P(A) =$ Wahrscheinlichkeit von A

g2 $h(A) = \dfrac{\text{Zahl der Ereignisse in denen } A \text{ auftritt}}{\text{Zahl der möglichen Ereignisse}}$

$=$ relative Häufigkeit

g3 $P(A) \geqq 0$, das Ereignis A hat die Wahrscheinlichkeit $P(A)$.

g4 $\sum_i P(A_i) = 1$, Summe der Wahrscheinlichkeiten aller möglichen Ereignisse A_i hat den Wert 1.

g5 $P(A \cup B)$ [1] $= P(A) + P(B) - P(A \cap B)$ [1]

Sonderfall für unvereinbare Ereignisse:

g6 $= P(A) + P(B)$

g7 $P(A/B) = P(A \cap B)/P(B)$ [1] bedeutet bedingte Wahrscheinlichkeit (Wahrscheinlichkeit von A unter der Bedingung von B)

Sonderfall bei unabhängigen Ereignissen, wobei $P(B)$ bzw. $P(A) \neq 0$:

g8 $P(A/B) = P(A)$

g9 $P(B/A) = P(B)$

g10 $P(A \cap B) = P(A) \cdot P(B)$ bei unabhängigen Ereignissen

g11 $P(A \cap \overline{A}) = P(A) \cdot P(\overline{A}) = 0$, da unvereinbar.

[1] **Venn-Diagramme zur Darstellung der Ereignisse**

Rechteck bedeutet die Gesamtheit der Ereignisse A_i.

Großer Kreis: Ereignis $A \mathrel{\widehat{=}} (A_1)$
Kleiner Kreis: Ereignis $B \mathrel{\widehat{=}} (A_2)$

Schraffierte Fläche gibt die jeweils angegebene Verknüpfung an:

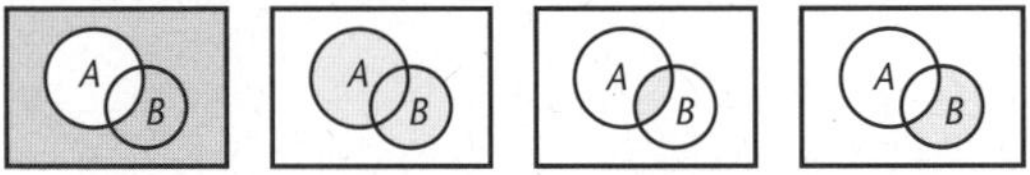

$\overline{A}$ (A „nicht") | $A \cup B$ (A „oder" B) | $A \cap B$ (A „und" B) | $\overline{A} \cap B$ (A „nicht" „und" B)

Zufallsgröße *A*

Die Zufallsgröße A kann verschiedene Werte x_i annehmen; jeder Wert x_i ist ein zufälliges Ereignis. Man unterscheidet zwischen diskreten und kontinuierlichen Werten einer Zufallsgröße.

Verteilungsfunktion $F(x)$

Die Verteilungsfunktion $F(x)$ gibt die Wahrscheinlichkeit dafür an, dass der Wert der Zufallsgröße A kleiner ist als der dazugehörige Abszissenwert x. Die Funktion $F(x)$ ist monoton steigend mit

g12 $\lim\limits_{x \to \infty} F(x) = F(\infty) = 1$

g13 $F(-\infty) = 0;$ $F(x)$ wächst von 0 nach 1.

$F(x)$ für diskrete Werte einer Zufallsgröße

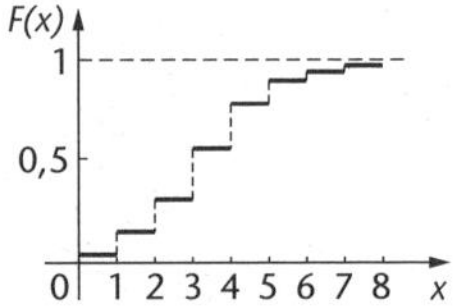

$F(x)$ für kontinuierliche Werte einer Zufallsgröße

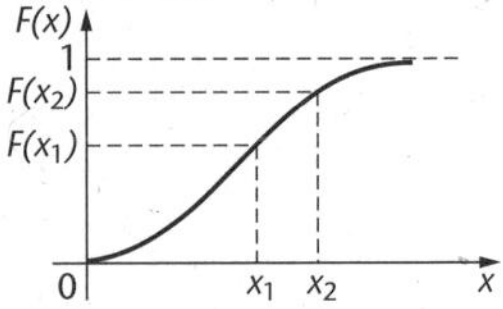

Dichtefunktion p_i *bzw.* $f(x)$

p_i für diskrete Werte einer Zufallsgröße

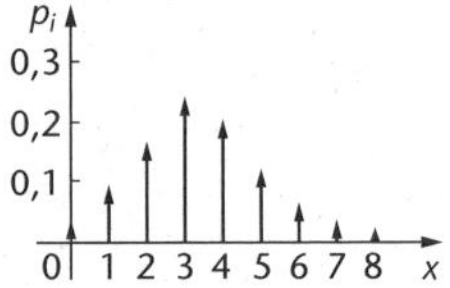

$f(x)$ für kontinuierliche Werte einer Zufallsgröße

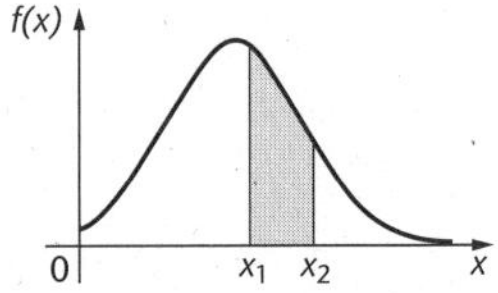

Die Dichtefunktion einer Zufallsgröße A wird durch p_i bzw. durch $f(x)$ angegeben; der Zusammenhang zur Verteilungsfunktion ist:

g14 $$F(x) = \sum_{i<x} p_i$$

g15 $$F(x) = \int_{-\infty}^{x} f(x) \cdot \mathrm{d}x$$

Die schraffierte Fläche der Dichtefunktion kennzeichnet die Wahrscheinlichkeit dafür, dass der Wert der Zufallsgröße A im Intervall von x_1 bis x_2 (ohne x_2) liegt.

g16 $$P(x_1 \leqq A < x_2) = \int_{x_1}^{x_2} f(x) \cdot \mathrm{d}x$$

g17 $$= F(x_2) - F(x_1) = P(A < x_2) - P(A < x_1)$$

Mittelwert $\overline{x}$ bzw. Erwartungswert μ

	Zufallsgröße *A* diskret	Zufallsgröße *A* stetig
g18 g19 g20	$\overline{x} = x_1 \cdot p_1 + x_2 \cdot p_2 + \ldots + x_n \cdot p_n = \sum_{i=1}^{n} x_i \cdot p_i$	$\mu = \int_{-\infty}^{+\infty} x \cdot f(x) \cdot \mathrm{d}x$

Dabei bedeuten p_i diskrete und $f(x)$ stetige Werte der Wahrscheinlichkeitsdichte.

Varianz σ^2

	Zufallsgröße *A* diskret	Zufallsgröße *A* stetig
g21 g22	$\sigma^2 = (x_1 - \overline{x})^2 \cdot p_1 + (x_2 - \overline{x})^2 \cdot p_2 + \ldots + (x_n - \overline{x})^2 \cdot p_n$	$\sigma^2 = \int_{-\infty}^{+\infty} (x - \mu)^2 \cdot f(x) \cdot \mathrm{d}x$
g23 g24	$= \sum_{i=1}^{n} (x_i - \overline{x})^2 \cdot p_i$	$= \int_{-\infty}^{+\infty} x^2 \cdot f(x) \cdot \mathrm{d}x - \mu^2$
g25	$= \sum_{i=1}^{n} x_i^2 \cdot p_i - \overline{x}^2$	

Dabei bedeuten p_i diskrete und $f(x)$ stetige Werte der Wahrscheinlichkeitsdichte.

g26 $\sigma = \sqrt{\text{Varianz}}$ wird als Streuung oder Standardabweichung bezeichnet.

Zentraler Grenzwertsatz (Additionsgesetz)

Wenn A_i beliebig verteilte unabhängige Zufallsgrößen mit den Erwartungs-(Mittel-)werten $\mu_i(x_i)$ und den Varianzen σ_i^2 sind, dann besitzt

g27 die Zufallsgröße $$A = \sum_{i=1}^{n} A_i$$

g28 den Erwartungs-(Mittel-)wert $$\mu = \sum_{i=1}^{n} \mu_i \qquad \left(\overline{x} = \sum_{i=1}^{n} \overline{x}_i\right)$$

g29 die Varianz $$\sigma^2 = \sum_{i=1}^{n} \sigma_i^2$$

Außerdem ist *A* annähernd normalverteilt (siehe g39 und g45), d. h.

g30 $$P(A \leqq x) = \Phi\left(\frac{x - \mu}{\sigma}\right)$$

Beispiel: Der Stapel von 10 Endmaßen, von denen jedes für sich eine Streuung $\sigma = \pm 0{,}03\,\mu\text{m}$ aufweist, besitzt dann insgesamt eine Streuung σ_g.

$\sigma_g^2 = 10\sigma^2; \qquad \sigma_g = \pm\sigma\sqrt{10} \approx \pm 0{,}095\,\mu\text{m}$

Statistik

Spezielle Verteilungen

G4

	Verteilungsart	Wahrscheinlichkeitsdichte	Summenhäufigkeit, Verteilungsfunktion	Erwartungswert μ ……… Mittelwert $\overline{x}$	Varianz σ^2	Verlauf der Dichtefunktion	Bemerkungen, Anwendungsgebiet
g31	Definitions-Gleichung	$f(x)$ stetig	$F(x)=\int_{-\infty}^{x} f(x)\cdot \mathrm{d}x$	$\int_{-\infty}^{\infty} x\cdot f(x)\cdot \mathrm{d}x$	$\int_{-\infty}^{\infty} x^2\cdot f(x)\cdot \mathrm{d}x-\mu^2$		k Anzahl Fehler n Stichprobenumfang x_i diskreter Wert einer Zufallsgröße p Fehlerwahrscheinlichkeit
g32		p_i diskret	$F(x)=\sum_{i<x} p_i$	$\sum_{i=1}^{n} x_i\cdot p_i$	$\sum_{i=1}^{n} x_i^2\cdot p_i-\overline{x}^2$		
g33	hypergeometrisch	$P(k)=\frac{\binom{pN}{k}\binom{N(1-p)}{n-k}}{\binom{N}{n}}$	$\sum_{k<x}\frac{\binom{pN}{k}\binom{N(1-p)}{n-k}}{\binom{N}{n}}$	$n\cdot p$	$n\cdot p\cdot\frac{N-n}{N-1}(1-p)$	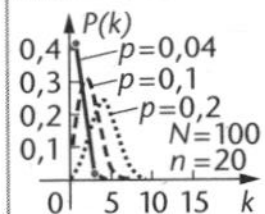	N Losgröße pN fehlerhafte Stücke in N Genaue, doch aufwändige Rechnung
		$P(k)$ bedeutet die Wahrscheinlichkeit, dass bei n Stichproben aus Gesamtheit N genau k fehlerhaft sind.					
g34	binomial	$P(k)=\binom{n}{k}p^k(1-p)^{n-k}$	$\sum_{k<x}\binom{n}{k}p^k(1-p)^{n-k}$	$n\cdot p$	$n\cdot p(1-p)$	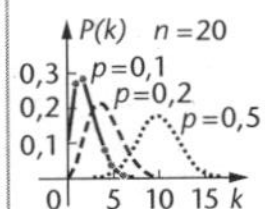	Voraussetzung: Los ∞ groß. Bei Stichprobenentnahme bleibt Kollektiv erhalten.
		$P(k)$ bedeutet die Wahrscheinlichkeit, dass bei n Stichproben genau k Fehler auftreten.					
g35	Poisson	$P(k)=\frac{(np)^k}{k!}\cdot \mathrm{e}^{-np}$	$\sum_{k<x}\frac{(np)^k}{k!}\cdot \mathrm{e}^{-np}$	$n\cdot p$	$n\cdot p$	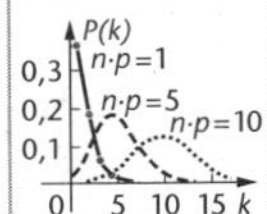	Voraussetzung: Großer Stichprobenumfang und kleine Ausfallzahlen $n\cdot p=\text{const.}$ $n\to\infty;\ p\to 0.$
		$P(k)$ bedeutet die Wahrscheinlichkeit, dass bei n Stichproben k Fehler auftreten. *Anwendung*: Kurven für Stichproben-Bewertung siehe G11.					

Fortsetzung siehe G5

	Verteilungsart	Wahrscheinlichkeitsdichte	Summenhäufigkeit, Verteilungsfunktion	Erwartungswert μ .... Mittelwert $\bar{x}$	Varianz σ^2	Verlauf der Dichtefunktion	Bemerkungen, Anwendungsgebiet
g36	Definitions-Gleichung	$f(x)$ stetig	$F(x) = \int_{-\infty}^{x} f(x) \cdot \mathrm{d}x$	$\int_{-\infty}^{\infty} x \cdot f(x) \cdot \mathrm{d}x$	$\int_{-\infty}^{\infty} x^2 \cdot f(x) \cdot \mathrm{d}x - \mu^2$		n Stichprobenumfang x_i diskreter Wert einer Zufallsgröße p Fehlerwahrscheinlichkeit
g37		p_i diskret	$F(x) = \sum_{i<x} p_i$	$\sum_{i=1}^{n} x_i \cdot p_i$	$\sum_{i=1}^{n} x_i^2 \cdot p_i - \bar{x}^2$		
g38	exponential	$f(x) = a \cdot \mathrm{e}^{-ax}$ $a > 0$ $x \geqq 0$	$1 - \mathrm{e}^{-ax}$	$\frac{1}{a}$	$\frac{1}{a^2}$	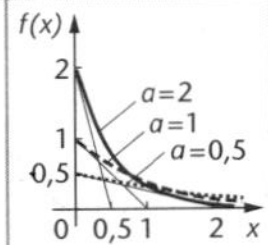	Spezialfall der Poissonverteilung für $x = 0$. Frage nach Wahrscheinlichkeit ohne Fehler. $n \to \infty$; $p \to 0$.
		Anwendung bei Zuverlässigkeitsbetrachtungen. Ersatz von $a \cdot x$ durch Ausfallrate λ mal Prüfzeit t (siehe G12).					
g39	normal	$f(x) = \frac{1}{\sigma\sqrt{2\pi}} \mathrm{e}^{\frac{-(x-\mu)^2}{2\sigma^2}}$	$\int_{-\infty}^{x} \frac{1}{\sigma\sqrt{2\pi}} \mathrm{e}^{\frac{-(t-\mu)^2}{2\sigma^2}} \cdot \mathrm{d}t$	μ	σ^2	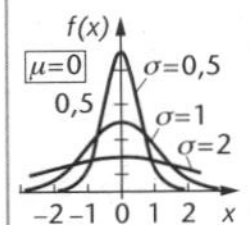	Spezialfall der Binomialverteilung. $n \to \infty$; $p = 0{,}5 = \text{const.}$
		Anwendung häufig in der Praxis, da dort vielfach Messwerte mit glockenförmiger Verteilung um einen Mittelwert vorkommen.					
g40	gleich	$f(x) = \frac{1}{b-a}$ für $a \leqq x \leqq b$ $= 0$ für x außerhalb	$F(x) = 0$ für $-\infty < x < a$ $= \frac{x-a}{b-a}$ für $a \leqq x \leqq b$	$\frac{a+b}{2}$	$\frac{(b-a)^2}{12}$	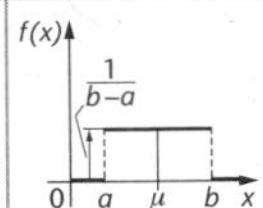	Zufallsvariable x kann nur Werte im Intervall a, b annehmen. Dort jeder Wert gleichwahrscheinlich.
		Anwendung als Modell wenn nur Größt- und Kleinstwert bekannt und keine Information über Verteilung dazwischen.					

Bestimmung von σ bei vorliegenden diskreten Werten

Rechnerische Methode

Nach Gleichung g23 gilt:

g41 $$\sigma^2 = \sum_{i=1}^{n} (x_i - \overline{x})^2 \cdot p_i \qquad \text{mit} \quad \overline{x} = \sum_{i=1}^{n} x_i \cdot p_i$$

g42 $$= \sum_{i=1}^{n} x_i^2 \cdot p_i - \overline{x}^2$$

Dabei bedeuten

x_i gemessene Werte der Zufallsgröße A

p_i zugehörige Wahrscheinlichkeit seines Auftretens.

Grafische Methode

Geht man davon aus, dass die gemessenen Werte x_i der Zufallsgröße A normalverteilt sind, so lässt sich σ mithilfe des Wahrscheinlichkeitsnetzes einfach ermitteln. Bei diesem Netz ist die Skaleneinteilung so gewählt, dass sich bei Normalverteilung eine Gerade ergibt.

Lösung:

Die Gesamtzahl der gemessenen Werte der Zufallsgröße A wird zu 100 % gesetzt. Für jeden der i verschiedenen Werte x_i wird die %uale Häufigkeit berechnet. Von diesen i-Werten werden z. B. 4, in der Zeichnung x_4, x_6, x_7, x_9, 2 davon an den Rändern und 2 mehr aus der Mitte des Wertespektrums ausgewählt. Für jeden dieser 4 Werte wird berechnet, wie viel % der gemessenen Werte *kleiner* sind als der jeweils betrachtete, und dieser %-Wert in das Netz eingetragen (also zu x_4 der Wert bei 10 %, zu x_6 der Wert bei 38 % usw.). Durch diese Punkte wird eine Gerade gelegt, die die Häufigkeitssummen 16 % und 84 % schneidet. Deren Abszissenabschnitt entspricht dann 2σ. Der Mittelwert liegt bei 50 %.

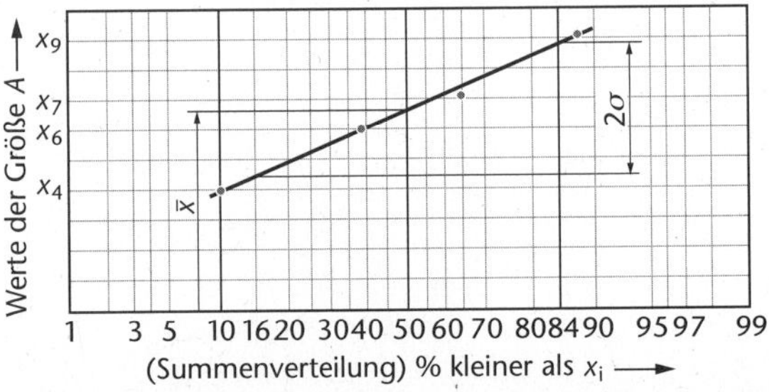

Gauß'sche Normalverteilung (Wahrscheinlichkeitsdichte)

Gleichung g39 ergibt für $\sigma^2 = 1$ und $\mu = 0$ die normierte Wahrscheinlichkeitsdichte mit Mittelwert bei $\lambda = 0$.

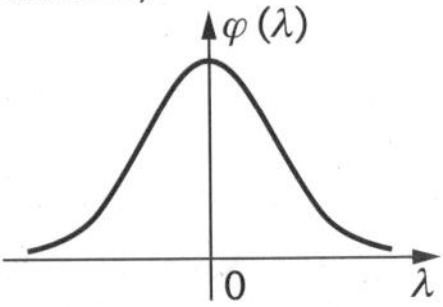

g43 $$\varphi(\lambda) = \frac{1}{\sqrt{2\pi}} \cdot e^{\frac{-\lambda^2}{2}}$$

$\varphi(\lambda)$ kann den Tabellen Z26 und Z27 für den Wertbereich $0 \leqq \lambda \leqq 1{,}99$ entnommen werden, jedoch auch nach g43 berechnet werden.

Der Zusammenhang zwischen der normierten Wahrscheinlichkeitsdichte und der tatsächlichen Wahrscheinlichkeitsdichte $f(x)$, wenn $\mu \neq 0$ und $\sigma^2 \neq 1$, ergibt sich mit

g44 $$\frac{x-\mu}{\sigma} = \lambda \quad \text{zu} \quad f(x) = \frac{\varphi(\lambda)}{\sigma} = \frac{1}{\sigma\sqrt{2\pi}} \cdot e^{\frac{-(x-\mu)^2}{2\sigma^2}}$$

Bei der Berechnung sucht man daher für ein bestimmtes λ in den Tabellen Z26 und Z27 den zugehörigen Wert der normierten Wahrscheinlichkeitsdichte $\varphi(\lambda)$ und findet nach anschließender Division mit σ den zum Merkmalswert x gehörigen Wert der gesuchten Wahrscheinlichkeitsdichte $f(x)$.

Die Werte von μ und σ können nach den Gleichungen g28 und g41 rein rechnerisch ermittelt werden. In G6 wird eine einfache grafische Methode zur Bestimmung von σ angegeben.

Normierte Gaußverteilung $\Phi(\lambda)$ (Verteilungsfunktion)

Gleichung g39 ergibt für $\sigma^2 = 1$ und $\mu = 0$ die normierte Verteilungsfunktion der Gaußverteilung.

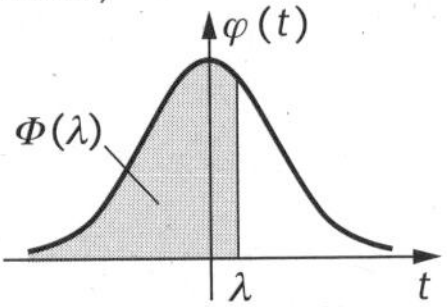

g45 $$\Phi(\lambda) = \int_{-\infty}^{\lambda} \varphi(t) \cdot \mathrm{d}t = \frac{1}{\sqrt{2\pi}} \int_{-\infty}^{\lambda} e^{\frac{-t^2}{2}} \cdot \mathrm{d}t$$

Da $\lim \Phi(\lambda) = 1$ für $\lambda \to \infty$ und $\varphi(t)$ eine symmetrische Funktion ist, gilt:

g46 $$\Phi(-\lambda) = 1 - \Phi(\lambda)$$

Der Zusammenhang zwischen der normierten Verteilungsfunktion $\Phi(\lambda)$ und der tatsächlichen Verteilungsfunktion $F(x)$, wenn $\mu \neq 0$ und $\sigma^2 \neq 1$ ergibt sich mit

g47
g48 $$\frac{t-\mu}{\sigma} = \lambda \quad \text{zu} \quad F(x) = \frac{\Phi(\lambda)}{\sigma} = \frac{1}{\sigma\sqrt{2\pi}} \int_{-\infty}^{x} e^{\frac{-(t-\mu)^2}{2\sigma^2}} \cdot \mathrm{d}t$$

Wahrscheinlichkeits-Integral nach Gauß

Das Wahrscheinlichkeits-Integral basiert auf der normierten Gauß-Verteilung nach g45 mit $\sigma^2 = 1$ und $\mu = 0$, stellt aber im Gegensatz zur Verteilungsfunktion die Fläche zwischen $-x$ und $+x$ der symmetrischen Dichtefunktion $\varphi(t)$ dar.

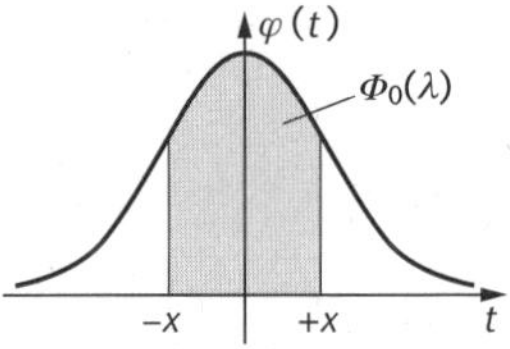

g49 $$\Phi_0(x) = \frac{2}{\sqrt{2\pi}} \int_0^x e^{\frac{-t^2}{2}} \cdot dt$$

$\Phi_0(x)$ wird in den Tabellen Z26 und Z27 für $0 \leqq x \leqq 1{,}99$ angegeben. Für größere Werte von x siehe Näherungen im folgenden Abschnitt. Der Zusammenhang zwischen $\Phi_0(x)$ und der Fehlerfunktion ist:

g50 $$\Phi_0(x) = \mathrm{erf}(x/\sqrt{2}).$$

Fehlerfunktion (error function)

g51 $$\mathrm{erf}(x) = \Phi_0(x \cdot \sqrt{2}) = \frac{2}{\sqrt{\pi}} \int_0^x e^{-t^2} \cdot dt$$

g52 $$= \frac{2}{\sqrt{\pi}} \cdot e^{-x^2} \cdot \sum_{n=0}^{\infty} \frac{2^n}{1 \cdot 3 \cdot \ldots \cdot (2n+1)} \cdot x^{2n+1}$$

erf(x) ist in den Tabellen Z26 und Z27 für $0 \leqq x \leqq 1{,}99$ angegeben. Für $x \geqq 2$ lässt sich erf(x) neben obiger Reihenentwicklung auch mithilfe folgender Näherung berechnen:

g53 $$\mathrm{erf}(x) = 1 - \frac{\alpha}{x \cdot e^{x^2}}$$

mit
$\alpha = 0{,}515$ für $2 \leqq x \leqq 3$
$\alpha = 0{,}535$ für $3 \leqq x \leqq 4$
$\alpha = 0{,}545$ für $4 \leqq x \leqq 7$
$\alpha = 0{,}56$ für $7 \leqq x < \infty$

Verbleibende Restfläche unter der Glockenkurve nach Abzug von erf(x):

g54 $$\mathrm{erfc}(x) = 1 - \mathrm{erf}(x) = \frac{2}{\sqrt{\pi}} \int_x^{\infty} e^{-t^2} \cdot dt$$

$\Phi_0(x)$ und $[1 - \Phi_0(x)]$ in % der Gesamtfläche für spezielle Werte von x (gemäß g49)

g55

x	$\Phi_0(x)$ in %	$[1 - \Phi_0(x)]$ in %
$\pm\sigma$	68,26	31,74
$\pm 2\sigma$	95,44	4,56
$\pm 2{,}58\sigma$	99	1
$\pm 3\sigma$	99,73	0,27
$\pm 3{,}29\sigma$	99,9	0,1

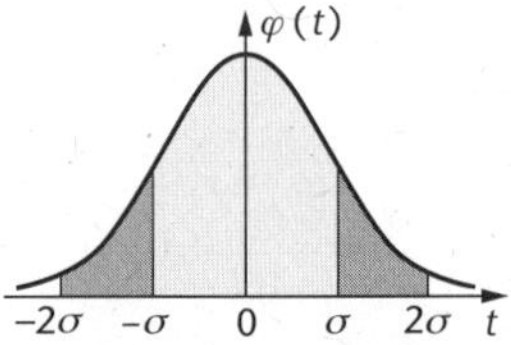

Stichprobenprüfung: Aus Kostengründen wird häufig auf eine 100%ige Prüfung verzichtet. Dafür arbeitet man mit Stichprobenentnahmen. Damit diese repräsentativ sind, müssen sie willkürlich sein und Chancengleichheit für alle Teile bieten (z. B. gute Durchmischung).

Ziel der Stichprobenentnahme: Aussage über Wahrscheinlichkeit der wirklichen Ausfallrate des Gesamtloses aufgrund von festgestellter Ausfall- oder Fehlerzahl in einer Stichprobe.

Hypergeometrische Verteilung: Die Wahrscheinlichkeit $P(k)$, mit der man aus dem Gesamtlos N bei einer Stichprobe vom Umfang n genau k fehlerhafte Teile findet, wenn p die angenommene Wahrscheinlichkeit für ein fehlerhaftes Stück und damit $p \cdot N$ die Zahl der fehlerhaften Teile in N ist, errechnet sich zu:

g56 $$P(k) = \frac{\binom{pN}{k}\binom{N(1-p)}{n-k}}{\binom{N}{n}}; \qquad pN \text{ ganzzahlig}$$

Die Wahrscheinlichkeit, dass man maximal k fehlerhafte Teile findet, d. h. $0, 1, 2, \ldots, k$ lässt sich mit der kumulativen hypergeometrischen Verteilung berechnen:

g57 $$\sum_{x=0}^{k} P(x) = P(0) + P(1) + \ldots + P(k) = \sum_{x=0}^{k} \frac{\binom{pN}{x}\binom{N(1-p)}{n-x}}{\binom{N}{n}}; \qquad pN \text{ ganzzahlig}$$

Beispiel:

Im Los von $N = 100$ Schrauben dürfen maximal $p = 3\,\%$, d. h. $pN = 3$, Ausschuss sein. Es werden Stichproben von $n = 20$ entnommen. Wie viele fehlerhafte Teile sind zulässig, wenn die Wahrscheinlichkeit $\sum P(k) \leq 90\,\%$ ist?

x	$P(x)$	$\sum_{x=0}^{k} P(x)$
0	0,508	0,508
1	0,391	0,899
2	0,094	0,993
3	0,007	1,000

Die Rechnung zeigt, dass *ein* Teil fehlerhaft sein darf.

Weitere spezielle Verteilungen: Neben der hypergeometrischen Verteilung, die sehr viel Rechenarbeit erfordert, hat man für bestimmte Voraussetzungen und Randbedingungen andere spezielle Verteilungen abgeleitet. Diese sind zusammen mit der hypergeometrischen Verteilung in den Tabellen auf G4 und G5 angegeben und ihre besonderen Eigenschaften aufgeführt.

Aussagesicherheit einer Stichprobe: In einer aus dem Los der Größe N entnommenen Stichprobe vom Umfang n findet man k fehlerhafte Teile. In dem Los sei die Wahrscheinlichkeit für ein fehlerhaftes Teil p. Die Wahrscheinlichkeit, in der Stichprobe mehr als k Fehler zu finden, erhält man aus Gleichung g57:

g58 $$P(x > k) = P(k+1) + P(k+2) + \ldots + P(n) = \sum_{x=k+1}^{n} P(x)$$

Unter der Voraussetzung, dass N groß ist und $p < 0{,}1$, was bei technischen Prozessen meistens vorliegt, lässt sich die Berechnung (s. a. Tabelle G4) am einfachsten mithilfe der Poissonverteilung durchführen:

g59 $$P(x > k) = \sum_{x=k+1}^{x=n} \frac{(np)^x}{x!} \cdot \mathrm{e}^{-np} = 1 - \sum_{x=0}^{x=k} \frac{(np)^x}{x!} \cdot \mathrm{e}^{-np}$$

Für kleine Werte von k berechnet man diese Wahrscheinlichkeit daher am einfachsten nach folgender Gleichung:

g60 $$P(x > k) = 1 - \sum_{x=0}^{k} \frac{(np)^x}{x!} \cdot \mathrm{e}^{-np} = 1 - \mathrm{e}^{-np} \left[1 + \frac{np}{1!} + \frac{(np)^2}{2!} + \ldots + \frac{(np)^k}{k!} \right]$$

$P(x > k)$ wird auch Aussagesicherheit genannt. Mithilfe von Gleichung g60 kann man ermitteln, mit welcher Aussagesicherheit $P(x > k)$ bei einer Stichprobe vom Umfang n und k festgestellten Fehlern der Fehleranteil im gesamten Los den Wert $p = k/n$ annimmt oder wie groß die Stichprobe n sein muss, damit bei k zugelassenen Fehlern und einer gewünschten Aussagesicherheit die Fehlerwahrscheinlichkeit p ist.

Annahmekennlinie oder Operationscharakteristik (OC): Ein Verbraucher steht vor der Frage, ob ein angeliefertes Los seinen Qualitätsanforderungen genügt bzw. ob der Erzeuger die vereinbarte Qualität geliefert hat. Eine 100%ige Prüfung ist zu aufwändig und nicht immer zerstörungsfrei möglich. Setzt man eine Fehlerwahrscheinlichkeit $p \leqq p_0$ im Los voraus, so ist zu klären, ob man bei einer Stichprobe vom Umfang n, in der man bis zu $k = c$ fehlerhafte Teile findet, das Los annehmen kann oder nicht. Die
g61 Annahmewahrscheinlichkeit $L(p,c) \geqq 1 - \alpha$, wobei α das Erzeugerrisiko ist, lässt sich aus der Einzelwahrscheinlichkeit $P(k)$ nach Gleichung g57 errechnen.

g62 $$L(p,c) = P(0) + P(1) + \ldots + P(k=c)$$

Unter Voraussetzung für Poissonverteilung nach g35

g63 $$L(p,c) = \sum_{k=0}^{c} \frac{(np)^k}{k!} \mathrm{e}^{-np} = \mathrm{e}^{-np} \left[1 + np + \frac{(np)^2}{2!} + \ldots + \frac{(np)^c}{c!} \right]$$

Fortsetzung siehe G11

Fortsetzung von G10

Nach vorstehender Formel lassen sich die verschiedenen Annahmekennlinien $L(p, c)$ in Abhängigkeit des Fehleranteils p im Los berechnen. Man unterscheidet dabei vornehmlich 2 Typen:

Typ A: $n = \text{const}$; c: Parameter

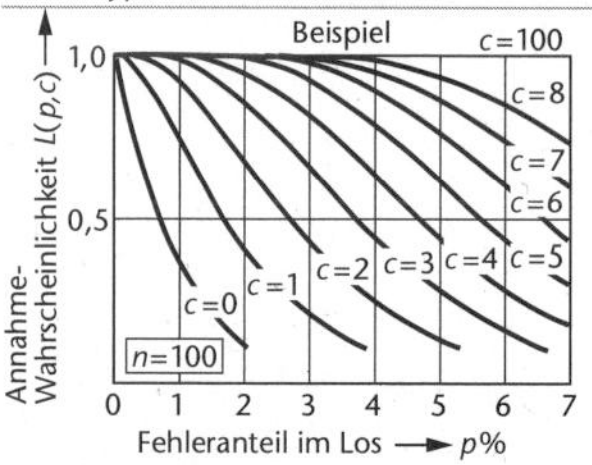

Bemerkung: Je kleiner die höchstens zu gelassene Fehlerzahl c der Stichprobe ist, desto näher rückt die Annahmekennlinie gegen ∅-Fehleranteil im Los. c muss $\leqq n$ sein.

Typ B: $c = \text{const}$; n: Parameter

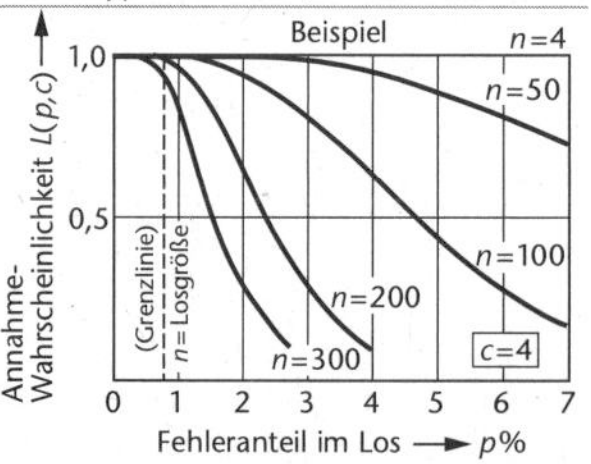

Bemerkung: Annahmekennlinie umso steiler, je größer Stichprobenumfang. Als Grenzlinie ergibt sich Rechteck, wenn $n =$ Losgröße. Je steiler die Kennlinie verläuft, desto schärfer die Prüfung. n muss $\geqq c$ sein.

AQL-Wert: (**A**cceptable **Q**uality **L**evel oder Herstell-Grenz-Qualität)

Eindeutige Absprachen zwischen Hersteller und Abnehmer führen zum wichtigsten Punkt auf der Annahmekennlinie, der den AQL-Wert festlegt: Dieser Punkt gibt den Fehleranteil p_0 in % eines Loses an, bei dem dieses Los noch Chance hat, bei einer Stichprobe mit der Wahrscheinlichkeit von üblicherweise 90 % (da $L(p, c) \geqq 1 - \alpha$, ist in diesem Fall $\alpha = 0{,}1$ bzw. 10 %) angenommen zu werden. Auf diese Annahmekennlinie vom Typ A bezogen, bedeutet dies, dass z. B. bei Stichprobenumfang n höchstens c_2 Fehler zugelassen sind.

Um weniger Retouren zu erhalten, hält der Hersteller seine Qualität (Fehleranteil im Los) weit unter dem von ihm zugesagten AQL-Wert, z. B. bei p_0^*, bei dem nur c_1 Fehler zugelassen sind bzw. bei dem bezogen auf die ursprüngliche Kurve die Annahmewahrscheinlichkeit bei ca. 99 % liegt. Die Praxis fordert häufig einen AQL-Wert mit $p_0 = 0{,}65$ %.

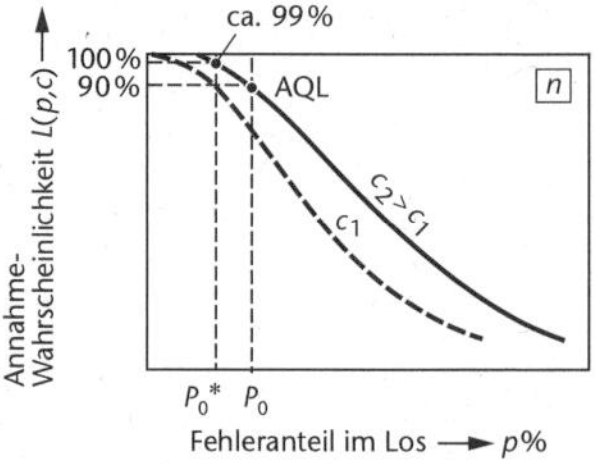

n Stichprobenumfang

c Zahl der höchstens zugelassenen fehlerhaften Teile

Allgemeine Definitionen

g64 Zuverlässigkeit $$R(t) = \frac{n(t)}{n_0} = e^{-\int_0^t \lambda(\tau)\cdot d\tau}$$

g65 Ausfallwahrscheinlichkeit $$F(t) = 1 - R(t)$$

g66 Ausfalldichte $$f(t) = -\frac{dR}{dt} = \lambda(t) \cdot e^{-\int_0^t \lambda(\tau)\cdot d\tau}$$

g67 Ausfallrate $$\lambda(t) = \frac{f(t)}{R(t)} = -\frac{1}{R(t)} \cdot \frac{dR}{dt}$$

MTTF (**M**ean **T**ime **T**o **F**ailure) bedeutet die mittlere Zeit bis zu einem Fehler.

g68 $$\text{MTTF} = \int_0^\infty f(t) \cdot t \cdot dt = \int_0^\infty R(t) \cdot dt$$

Bei reparaturfähigen Systemen tritt anstelle von MTTF die mittlere Zeit zwischen 2 Fehlern, der mittlere Ausfallabstand m = MTBF (**M**ean **T**ime **B**etween **F**ailures). MTTF und MTBF haben gleiche Zahlenwerte.

g69 $$\text{MTTF} = \text{MTBF} = m = \int_0^\infty R(t) \cdot dt$$

Produktregel für die Zuverlässigkeit R_S:

Sind $R_1 \ldots R_n$ die Zuverlässigkeiten der Einzelelemente $1 \ldots n$, so gilt die Zuverlässigkeit des Gesamtsystems:

g70 $$R_S = R_1 \cdot R_2 \cdot \ldots \cdot R_n = \prod_{i=1}^{n} R_i$$

g71 $$= e^{-\int_0^t [\lambda_1(\tau)+\lambda_2(\tau)+\ldots+\lambda_n(\tau)]\cdot d\tau}$$

Anmerkung:

Als Modelle für die Zuverlässigkeitsfunktion $R(t)$ kommen die in den Tabellen G4 und G5 angegebenen Verteilungsfunktionen $F(x)$ in Betracht (Berechnung nach g65). Die Exponentialverteilung, mathematisch einfach handbar, erfüllt dabei die Anforderungen im Allgemeinen ausreichend (λ = konstant).

$n(t)$ Bestand zur betrachteten Zeit t

n_0 Anfangsbestand

Exponentialverteilung als Zuverlässigkeitsfunktion

g72 Zuverlässigkeit $R(t) = e^{-\lambda t}$

g73 Ausfallwahrscheinlichkeit $F(t) = 1 - e^{-\lambda t}$

g74 Ausfalldichte $f(t) = \lambda \cdot e^{-\lambda t}$

g75 Ausfallrate $\lambda(t) = \dfrac{f(t)}{R(t)} = \lambda = \text{const.}$

(Dimension 1/Zeiteinheit)

g76 Ausfallabstand (MTBF) $m = \int_0^{\infty} e^{-\lambda t} \cdot dt = \dfrac{1}{\lambda}$

g77 Produktregel für die Zuverlässigkeit R_S: $R_S = e^{-\lambda_1 t} \cdot e^{-\lambda_2 t} \cdot \ldots \cdot e^{-\lambda_n t}$

g78 $= e^{-(\lambda_1 + \lambda_2 + \ldots + \lambda_n)t}$

g79 Gesamtausfallrate $\lambda_S = \lambda_1 + \lambda_2 + \ldots + \lambda_n = \dfrac{1}{\text{MTBF}}$

Für kleine Werte kann die Ausfallrate durch folgende Näherung berechnet werden:

g80 $$\lambda = \frac{\text{Ausfälle}}{\text{Anfangsbestand} \cdot \text{Betriebsdauer}}$$

λ-Angaben beziehen sich im Allgemeinen auf Betriebsstunden:

g81 Einheit: 1 fit = 1 Ausfall/10^9 Stunden

Typische Beispiele für Ausfallraten λ in fit:

IC-digital bipolar (SSI)	10	Metallschicht-Widerstand	0,2
IC-analog bipolar (OpAmp)	10	Drahtwiderstand	10
Transistor-Si-Universal	5	Klein-Übertrager	5
Transistor-Si-Leistung	100	HF-Spule	1
Diode-Si	3	Quarz	10
Tantal-Elko mit		Leuchtdiode (Ausfall = Abnahme	
flüssigem Elektrolyt	10	auf 50 % Leuchtkraft)	500
festem Elektrolyt	0,5	Lötverbindung (manuell)	0,5
Alu-Elko	20	Wrapverbindung	0,0025
Keramik-(Vielschicht-)Kondensator	10	Quetsch-Verbindung	0,26
Papierkondensator	2	Steckkontakt	0,3
Glimmerkondensator	1	Steckfassung/beschalt. Kontakt	0,4
Kohleschicht $\geqq$ 100 kΩ	5	Dreh-Kipp-Schiebeschalter	5 ... 30
Kohleschicht $\leqq$ 100 kΩ	0,5		

Anmerkung: Umfangreiche Angaben zur Zuverlässigkeit in SN 29 500, Teil 1 (SIEMENS-Norm), DIN 40 040 und DIN 41 611.

Differenzial-Rechnung

Differenzial-Quotient

Begriff des Differenzial-Quotienten (oder Ableitung)

Steigung einer Kurve

Bei einer Kurve $y = f(x)$ ist die Steigung y im Allgemeinen in jedem Punkt eine andere. Unter der Steigung in einem Kurvenpunkt P versteht man die Steigung der Tangente in diesem Punkt. Sind x und y von gleicher Dimension – was bei den meisten technischen Diagrammen nicht der Fall ist – und maßstabsgleich dargestellt, kann man die Steigung durch den Tangens des Winkels α zwischen Tangente und x-Achse ausdrücken:

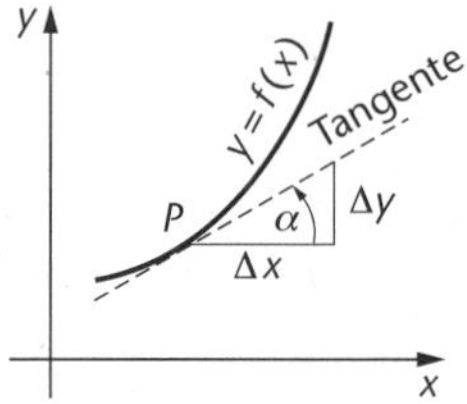

$$m = \tan \alpha$$

Stets gilt jedoch

h1 $$\text{Steigung } m = \frac{\Delta y}{\Delta x}$$

Differenzen-Quotient

Der Differenzen-Quotient oder die mittlere Steigung der Funktion $y = f(x)$ am Kurvenstück PP_1 ist:

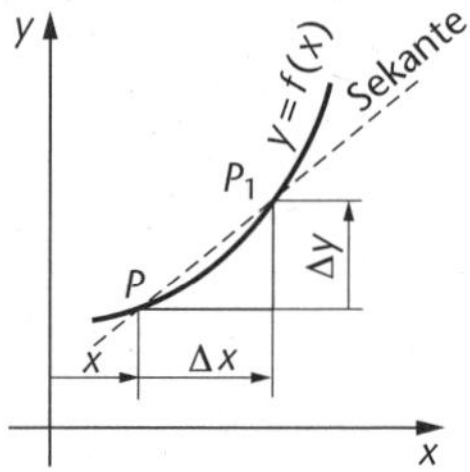

h2 $$\frac{\Delta y}{\Delta x} = \frac{f(x + \Delta x) - f(x)}{\Delta x}$$

Differenzial-Quotient, Ableitung

Macht man Δx unendlich klein, lässt Δx also gegen null gehen, so wird die Steigung in P der Grenzwert der Steigung einer Sekante. Diese Steigung ist die Ableitung oder der Differenzial-Quotient der Funktion in P:

h3 $$y' = \frac{\mathrm{d}y}{\mathrm{d}x} = f'(x)$$

$$y' = \lim_{\Delta x \to 0} \frac{\Delta y}{\Delta x} = \lim_{\Delta x \to 0} \frac{f(x + \Delta x) - f(x)}{\Delta x} = \frac{\mathrm{d}y}{\mathrm{d}x} = f'(x)$$

Geometrische Bedeutung der Ableitung

Steigungskurve einer Kurve

Trägt man zu jedem x einer Kurve die dazugehörige Steigung y' als Ordinate auf, so erhält man das Bild der 1. Steigungskurve $y' = f'(x)$ oder die 1. Ableitung von der gegebenen Kurve $y = f(x)$.

Wird die 1. Steigungskurve $y' = f'(x)$ selbst abgeleitet, so erhält man $y'' = f''(x)$ oder die 2. Ableitung der gegebenen Kurve $y = f(x)$ usw.

Beispiel:

$$y = Ax^3 + Bx^2 + Cx + D$$

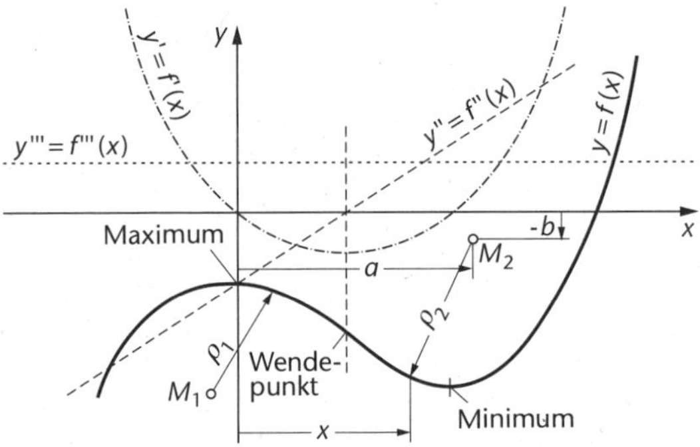

Krümmungsradius σ in beliebigem Punkt x

h4 $$\varrho = \frac{\sqrt{(1 + y'^2)^3}}{y''}$$

Mittelpunkts-Koordinaten für den Krümmungskreis mit dem Radius ϱ

h5 $$a = x - \frac{1 + y'^2}{y''} y'$$

h6 $$b = y + \frac{1 + y'^2}{y''}$$

Fortsetzung siehe H3

Differenzial-Rechnung

Bedeutung der Ableitung

H3

Bestimmung von Minima, Maxima und Wendepunkten

Minima und Maxima

Setze $y' = 0$. Der erhaltene x-Wert heiße a. Dann wird $x = a$ in y'' eingesetzt.

h7 Ergibt sich $y''(a) > 0$, liegt Minimum bei $x = a$ vor,

h8 ergibt sich $y''(a) < 0$, liegt Maximum bei $x = a$ vor.

h9 Bei $y''(a) = 0$ siehe h18.

Wendepunkt

Setze $y'' = 0$. Der erhaltene x-Wert heiße a. Dann wird $x = a$ in y''' eingesetzt.

Ergibt sich $y'''(a) \neq 0$, liegt Wendepunkt bei $x = a$ vor.

Verlauf der Kurve $y = f(x)$

Steigen und Fallen

h10 $y'(x) > 0$ $y(x)$ nimmt mit wachsendem x zu

h11 $y'(x) < 0$ $y(x)$ nimmt mit wachsendem x ab

h12 $y'(x) = 0$ $y(x)$ hat in x eine zur x-Achse parallele Tangente

Krümmung

h13 $y''(x) < 0$ $y(x)$ zeigt sich von unten hohl

h14 $y''(x) > 0$ $y(x)$ zeigt sich von unten bauchig

h15 $y''(x) = 0$ mit Vorzeichenwechsel hat $y(x)$ in x Wendepunkt
ohne Vorzeichenwechsel hat $y(x)$ in x Flachpunkt

Sonderfall

Ist für eine Stelle $x = a$

h16 $y'(a) = y''(a) = y'''(a) = \ldots = y^{(n-1)}(a) = 0$, jedoch

h17 $y^{(n)}(a) \neq 0$, dann können folgende 4 Fälle vorliegen:

h18

$n =$ gerade		$n =$ ungerade	
$y^{(n)}(a) > 0$	$y^{(n)}(a) < 0$	$y^{(n)}(a) > 0$	$y^{(n)}(a) < 0$
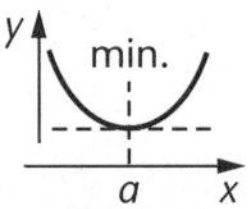	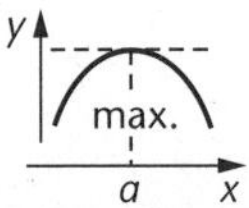	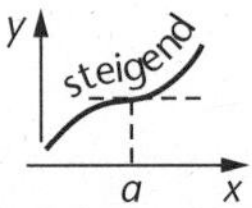	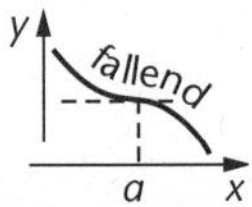

Differenzial-Rechnung

Grunddifferenziale

Ableitungen

Grund-Regeln

	Funktion	Ableitung
h19	$y = c \cdot x^n + C$	$y' = c \cdot n \cdot x^{n-1}$
h20	$y = u(x) \pm v(x)$	$y' = u'(x) \pm v'(x)$
h21	$y = u(x) \cdot v(x)$	$y' = u' \cdot v + u \cdot v'$
h22	$y = \dfrac{u(x)}{v(x)}$	$y' = \dfrac{u' \cdot v - u \cdot v'}{v^2}$
h23	$y = \sqrt{x}$	$y' = \dfrac{1}{2\sqrt{x}}$
h24	$y = u(x)^{v(x)}$	$y' = u^v \left(\dfrac{u' \cdot v}{u} + v' \cdot \ln u \right)$

Ableitung einer Funktion von einer Funktion (Kettenregel)

h25	$y = f[u(x)]$	$y' = f'(u) \cdot u'(x) = \dfrac{dy}{dx} = \dfrac{dy}{du} \cdot \dfrac{du}{dx}$

Ableitung bei Parameter-Darstellung

h26	$y = f(x) \qquad \begin{cases} x = f(t) \\ y = f(t) \end{cases}$	$y' = \dfrac{dy}{dt} \cdot \dfrac{dt}{dx} = \dfrac{\dot{y}}{\dot{x}}$
h27		$y'' = \dfrac{d^2y}{dx^2} = \dfrac{\dot{x}\ddot{y} - \dot{y}\ddot{x}}{\dot{x}^3}$

Ableitung der Umkehr-Funktionen

Die Gleichung $y = f(x)$ nach x aufgelöst, gibt die Umkehrfunktion $x = \varphi(y)$.

h28	$x = \varphi(y)$	$f'(x) = \left. \dfrac{1}{\varphi'(y)} \right\|_{y=f(x)}$

Beispiel:

h29	$y = f(x) = \arccos x$	$f'(x) = \dfrac{1}{-\sin y} = -\dfrac{1}{\sqrt{1-x^2}}$
h30	gibt $x = \varphi(y) = \cos y$	

Differenzial-Rechnung

Grunddifferenziale

H5

Ableitungen

Exponential-Funktionen

	Funktion	Ableitung
h31	$y = e^x$	$y' = e^x = y'' = \ldots$
h32	$y = e^{-x}$	$y' = -e^{-x}$
h33	$y = e^{ax}$	$y' = a \cdot e^{ax}$
h34	$y = x \cdot e^x$	$y' = e^x \cdot (1 + x)$
h35	$y = \sqrt{e^x}$	$y' = \dfrac{\sqrt{e^x}}{2}$
h36	$y = a^x$	$y' = a^x \cdot \ln a$
h37	$y = a^{nx}$	$y' = n \cdot a^{nx} \cdot \ln a$
h38	$y = a^{x^2}$	$y' = a^{x^2} \cdot 2x \cdot \ln a$

Trigonometrische Funktionen

h39	$y = \sin x$	$y' = \cos x$
h40	$y = \cos x$	$y' = -\sin x$
h41	$y = \tan x$	$y' = \dfrac{1}{\cos^2 x} = 1 + \tan^2 x$
h42	$y = \cot x$	$y' = \dfrac{-1}{\sin^2 x} = -\left(1 + \cot^2 x\right)$
h43	$y = a \cdot \sin(kx)$	$y' = a \cdot k \cdot \cos(kx)$
h44	$y = a \cdot \cos(kx)$	$y' = -a \cdot k \cdot \sin(kx)$
h45	$y = \sin^n x$	$y' = n \cdot \sin^{n-1} x \cdot \cos x$
h46	$y = \cos^n x$	$y' = -n \cdot \cos^{n-1} x \cdot \sin x$
h47	$y = \tan^n x$	$y' = n \cdot \tan^{n-1} x \cdot \left(1 + \tan^2 x\right)$
h48	$y = \cot^n x$	$y' = -n \cdot \cot^{n-1} x \cdot \left(1 + \cot^2 x\right)$
h49	$y = \dfrac{1}{\sin x}$	$y' = \dfrac{-\cos x}{\sin^2 x}$
h50	$y = \dfrac{1}{\cos x}$	$y' = \dfrac{\sin x}{\cos^2 x}$

Ableitungen

Logarithmische Funktionen

	Funktion	Ableitung
h51	$y = \ln x$	$y' = \dfrac{1}{x}$
h52	$y = \log_a x$	$y' = \dfrac{1}{x \cdot \ln a}$
h53	$y = \ln(1 \pm x)$	$y' = \dfrac{\pm 1}{1 \pm x}$
h54	$y = \ln x^n$	$y' = \dfrac{n}{x}$
h55	$y = \ln \sqrt{x}$	$y' = \dfrac{1}{2x}$

Hyperbel-Funktionen

	Funktion	Ableitung
h56	$y = \sinh x$	$y' = \cosh x$
h57	$y = \cosh x$	$y' = \sinh x$
h58	$y = \tanh x$	$y' = \dfrac{1}{\cosh^2 x}$
h59	$y = \coth x$	$y' = \dfrac{-1}{\sinh^2 x}$

Arcus-Funktionen

	Funktion	Ableitung	
h60	$y = \arcsin x$	$y' = \dfrac{1}{\sqrt{1 - x^2}}$	
h61	$y = \arccos x$	$y' = -\dfrac{1}{\sqrt{1 - x^2}}$	
h62	$y = \arctan x$	$y' = \dfrac{1}{1 + x^2}$	
h63	$y = \operatorname{arccot} x$	$y' = -\dfrac{1}{1 + x^2}$	
h64	$y = \operatorname{arsinh} x$	$y' = \dfrac{1}{\sqrt{x^2 + 1}}$	
h65	$y = \operatorname{arcosh} x$	$y' = \dfrac{1}{\sqrt{x^2 - 1}}$	$(x > 1)$
h66	$y = \operatorname{artanh} x$	$y' = \dfrac{1}{1 - x^2}$	$(\lvert x \rvert < 1)$
h67	$y = \operatorname{arcoth} x$	$y' = \dfrac{1}{1 - x^2}$	$(\lvert x \rvert > 1)$

Begriff der Integration

Integration, die Umkehrung der Differenziation

Integration bedeutet, zu einer gegebenen Funktion $y = f(x)$ eine Funktion $F(x)$ zu finden, deren Ableitung $F'(x)$ gleich der ursprünglichen Funktion $f(x)$ ist, also

i1 $$F'(x) = \frac{\mathrm{d}F(x)}{\mathrm{d}x} = f(x)$$

Hieraus ergibt sich durch Integration

das unbestimmte Integral

i2 $$\int f(x)\,\mathrm{d}x = F(x) + C$$

C ist dabei eine unbestimmte Konstante, die bei der Differenziation wieder wegfällt, da die Ableitung einer Konstanten gleich null ist.

Geometrische Bedeutung des unbestimmten Integrals

Wie die Figur zeigt, gibt es unendlich viele Kurven $y = F(x)$ mit der Steigung $y' = f(x)$.

Alle Kurven $y = F(x)$ sind gleich, jedoch parallel zur x-Achse zueinander verschoben. Die Konstante C legt jedoch eine bestimmte Kurve fest. Soll die Kurve durch den Punkt x_0/y_0 gehen, so wird

i3 $$C = y_0 - F(x_0)$$

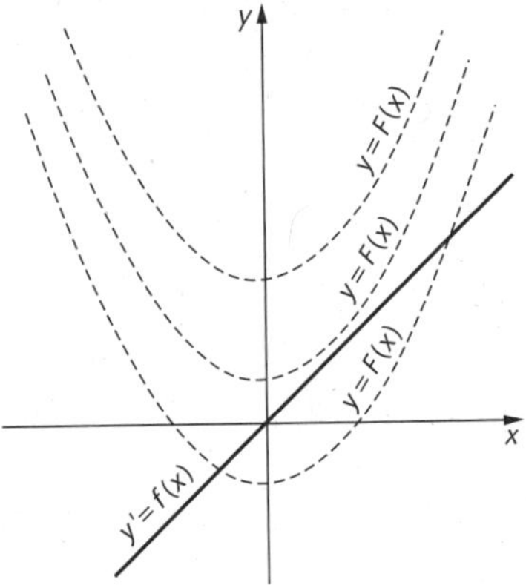

Das bestimmte Integral

Das bestimmte Integral hat die Form

i4 $$\int_a^b f(x)\,\mathrm{d}x = F(x)\Big|_a^b = F(b) - F(a)$$

Dabei wird zwischen den Grenzen a und b integriert und das zweite Substitutions-Resultat vom ersten subtrahiert. Dadurch fällt die Konstante C weg.

Integration

Grund-Regeln

i5 $$\int x^n \, dx = \frac{x^{n+1}}{n+1} + C, \qquad \text{hierbei } n \neq -1$$

i6 $$\int \frac{dx}{x} = \ln|x| + C$$

i7 $$\int \left[u(x) \pm v(x)\right] \, dx = \int u(x) \, dx \pm \int v(x) \, dx$$

i8 $$\int \frac{u'(x)}{u(x)} \, dx = \ln|u(x)| + C$$

i9 $$\int u(x) \cdot u'(x) \, dx = \frac{1}{2} \left[u(x)\right]^2 + C$$

Partielle Integration

i10 $$\int u(x) \cdot v'(x) \, dx = u(x) \cdot v(x) - \int u'(x) \cdot v(x) \, dx$$

Substitutions-Methode

i11 $$\int f(x) \, dx = \int f[\varphi(z)] \cdot \varphi'(z) \, dz$$

wobei $x = \varphi(z)$ und $dx = \varphi'(z) \, dz$

Beispiel:

i12 $$F(x) = \int \sqrt{3x - 5} \, dx$$

Setze $3x - 5 = z$, ergibt abgeleitet $z' = \frac{dz}{dx} = 3$.

Hieraus $dx = \frac{dz}{3}$. Integral in z ausgedrückt, lautet

$$F(x) = \frac{1}{3} \int \sqrt{z} \, dz = \frac{2}{9} z\sqrt{z} + C$$

In diesen Ausdruck Wert von z einsetzen:

$$F(x) = \frac{2}{9}(3x - 5)\sqrt{3x - 5} + C$$

Integrale

(ohne Integrationskonstante C)

i13 $\int \frac{1}{x^n}\,\mathrm{d}x = -\frac{1}{n-1}\cdot\frac{1}{x^{n-1}} \qquad (n \neq 1)$

i14 $\int a^{bx}\,\mathrm{d}x = \frac{1}{b}\cdot\frac{a^{bx}}{\ln|a|}$

---

i15 $\int \ln x\,\mathrm{d}x = x\ln|x| - x$

i16 $\int (\ln x)^2\,\mathrm{d}x = x(\ln|x|)^2 - 2x\ln|x| + 2x$

i17 $\int \frac{\mathrm{d}x}{\ln x} = \ln|(\ln|x|)| + \ln|x| + \frac{(\ln|x|)^2}{2\cdot 2!} + \frac{(\ln|x|)^3}{3\cdot 3!} + \ldots$

i18 $\int x\ln x\,\mathrm{d}x = x^2\left[\frac{\ln|x|}{2} - \frac{1}{4}\right]$

i19 $\int x^m\ln x\,\mathrm{d}x = x^{m+1}\cdot\left[\frac{\ln|x|}{m+1} - \frac{1}{(m+1)^2}\right] \qquad (m \neq -1)$

i20 $\int \frac{\mathrm{d}x}{x\ln x} = \ln|(\ln|x|)|$

---

i21 $\int \mathrm{e}^{ax}\,\mathrm{d}x = \frac{1}{a}\mathrm{e}^{ax}$

i22 $\int x\mathrm{e}^{ax}\,\mathrm{d}x = \frac{\mathrm{e}^{ax}}{a^2}(ax-1)$

i23 $\int x^2\mathrm{e}^{ax}\,\mathrm{d}x = \mathrm{e}^{ax}\left(\frac{x^2}{a} - \frac{2x}{a^2} + \frac{2}{a^3}\right)$

i24 $\int x^n\mathrm{e}^{ax}\,\mathrm{d}x = \frac{1}{a}x^n\mathrm{e}^{ax} - \frac{n}{a}\int x^{n-1}\mathrm{e}^{ax}\cdot\mathrm{d}x$

---

i25 $\int \frac{\mathrm{e}^{ax}}{x}\,\mathrm{d}x = \ln|x| + \frac{ax}{1\cdot 1!} + \frac{(ax)^2}{2\cdot 2!} + \frac{(ax)^3}{3\cdot 3!} + \ldots$

i26 $\int \frac{\mathrm{e}^{ax}}{x^n}\,\mathrm{d}x = \frac{1}{n-1}\left(-\frac{\mathrm{e}^{ax}}{x^{n-1}} + a\int\frac{\mathrm{e}^{ax}}{x^{n-1}}\,\mathrm{d}x\right) \qquad (n \neq 1)$

i27 $\int \frac{\mathrm{d}x}{1+\mathrm{e}^{ax}} = \frac{1}{a}\ln\left|\frac{\mathrm{e}^{ax}}{1+\mathrm{e}^{ax}}\right|$

i28 $\int \frac{\mathrm{d}x}{b+c\,\mathrm{e}^{ax}} = \frac{x}{b} - \frac{1}{ab}\ln|b+c\,\mathrm{e}^{ax}|$

Fortsetzung siehe I4

Integrale

(ohne Integrationskonstante C)

i29 $$\int \frac{e^{ax}\,dx}{b + c\,e^{ax}} = \frac{1}{ac} \ln |b + c\,e^{ax}|$$

i30 $$\int e^{ax} \ln x\,dx = \frac{e^{ax} \ln |x|}{a} - \frac{1}{a} \int \frac{e^{ax}}{x}\,dx$$

i31 $$\int e^{ax} \sin bx\,dx = \frac{e^{ax}}{a^2 + b^2} (a \sin bx - b \cos bx)$$

i32 $$\int e^{ax} \cos bx\,dx = \frac{e^{ax}}{a^2 + b^2} (a \cos bx + b \sin bx)$$

---

i33 $$\int \frac{dx}{ax + b} = \frac{1}{a} \ln |ax + b|$$

i34 $$\int \frac{dx}{(ax + b)^n} = -\frac{1}{a(n-1)(ax+b)^{n-1}} \qquad (n \neq 1)$$

i35 $$\int \frac{dx}{ax - b} = \frac{1}{a} \ln |ax - b|$$

i36 $$\int \frac{dx}{(ax - b)^n} = -\frac{1}{a(n-1)(ax-b)^{n-1}} \qquad (n \neq 1)$$

i37 $$\int \frac{dx}{(ax + b)(cx + d)} = \frac{1}{bc - ad} \cdot \ln \left| \frac{cx + d}{ax + b} \right| \qquad (bc - ad \neq 0)$$

i38 $$\int \frac{dx}{(ax - b)(cx - d)} = \frac{1}{ad - bc} \cdot \ln \left| \frac{cx - d}{ax - b} \right| \qquad (ad - bc \neq 0)$$

---

i39 $$\int \frac{x\,dx}{(ax + b)(cx + d)} = \frac{1}{bc - ad} \left[\frac{b}{a} \ln |ax + b| - \frac{d}{c} \ln |cx + d| \right]; \quad (bc - ad \neq 0)$$

i40 $$\int \frac{x\,dx}{ax + b} = \frac{x}{a} - \frac{b}{a^2} \ln |ax + b|$$

i41 $$\int \frac{x^2\,dx}{ax + b} = \frac{1}{a^3} \left[\frac{1}{2}(ax + b)^2 - 2b(ax + b) + b^2 \ln |ax + b| \right]$$

i42 $$\int \frac{x^3\,dx}{ax + b} = \frac{1}{a^4} \left[\frac{(ax+b)^3}{3} - \frac{3b(ax+b)^2}{2} + 3b^2(ax+b) - b^3 \ln |ax+b| \right]$$

i43 $$\int \frac{dx}{x(ax + b)} = -\frac{1}{b} \ln \left| a + \frac{b}{x} \right|$$

i44 $$\int \frac{dx}{x^2(ax + b)} = -\frac{1}{bx} + \frac{a}{b^2} \ln \left| a + \frac{b}{x} \right|$$

Fortsetzung siehe I5

Integrale

(ohne Integrationskonstante C)

i45 $$\int \frac{dx}{x^3(ax+b)} = -\frac{1}{b^3}\left[a^2 \ln\left|\frac{ax+b}{x}\right| - \frac{2a(ax+b)}{x} + \frac{(ax+b)^2}{2x^2}\right]$$

i46 $$\int \frac{x\,dx}{(ax+b)^2} = \frac{b}{a^2(ax+b)} + \frac{1}{a^2}\ln|ax+b|$$

i47 $$\int \frac{x^2\,dx}{(ax+b)^2} = \frac{1}{a^3}\left[(ax+b) - 2b\ln|ax+b| - \frac{b^2}{ax+b}\right]$$

i48 $$\int \frac{x^3\,dx}{(ax+b)^2} = \frac{1}{a^4}\left[\frac{(ax+b)^2}{2} - 3b(ax+b) + 3b^2\ln|ax+b| + \frac{b^3}{ax+b}\right]$$

i49 $$\int \frac{x\,dx}{(ax+b)^3} = \frac{1}{a^2}\left[-\frac{1}{ax+b} + \frac{b}{2(ax+b)^2}\right]$$

i50 $$\int \frac{x^2\,dx}{(ax+b)^3} = \frac{1}{a^3}\left[\ln|ax+b| + \frac{2b}{ax+b} - \frac{b^2}{2(ax+b)^2}\right]$$

i51 $$\int \frac{x^3\,dx}{(ax+b)^3} = \frac{1}{a^4}\left[(ax+b) - 3b\ln|ax+b| - \frac{3b^2}{ax+b} + \frac{b^3}{2(ax+b)^2}\right]$$

i52 $$\int \frac{dx}{x(ax+b)^2} = -\frac{1}{b^2}\left(\ln\left|\frac{ax+b}{x}\right| + \frac{ax}{ax+b}\right) = -\frac{1}{b^2}\left[\ln\left|a+\frac{b}{x}\right| + \frac{ax}{ax+b}\right]$$

i53 $$\int \frac{dx}{x^2(ax+b)^2} = -a\left[\frac{1}{b^2(ax+b)} + \frac{1}{ab^2x} - \frac{2}{b^3}\ln\left|\frac{ax+b}{x}\right|\right]$$

i54 $$\int \frac{dx}{x^3(ax+b)^2} = -\frac{1}{b^4}\left[3a^2\ln\left|\frac{ax+b}{x}\right| + \frac{a^3x}{ax+b} + \frac{(ax+b)^2}{2x^2} - \frac{3a(ax+b)}{x}\right]$$

i55 $$\int \frac{dx}{a^2+x^2} = \frac{1}{a}\arctan\frac{x}{a}$$

i56 $$\int \frac{x\,dx}{a^2+x^2} = \frac{1}{2}\ln\left|a^2+x^2\right|$$

i57 $$\int \frac{x^2\,dx}{a^2+x^2} = x - a\cdot\arctan\frac{x}{a}$$

i58 $$\int \frac{x^3\,dx}{a^2+x^2} = \frac{x^2}{2} - \frac{a^2}{2}\ln\left|a^2+x^2\right|$$

i59 $$\int \frac{dx}{a^2-x^2} = -\int \frac{dx}{x^2-a^2} = \frac{1}{a}\cdot\frac{1}{2}\ln\left|\frac{a+x}{a-x}\right|$$

i60 $$\int \frac{x\,dx}{a^2-x^2} = -\int \frac{x\,dx}{x^2-a^2} = -\frac{1}{2}\ln\left|a^2-x^2\right|$$

Fortsetzung siehe I6

Integrale

(ohne Integrationskonstante C)

i61 $\int \frac{x^2\,dx}{a^2-x^2} = -\int \frac{x^2\,dx}{x^2-a^2} = -x + a\frac{1}{2}\ln\left|\frac{a+x}{a-x}\right|$

i62 $\int \frac{x^3\,dx}{a^2-x^2} = -\int \frac{x^3\,dx}{x^2-a^2} = -\frac{x^2}{2} - \frac{a^2}{2}\ln\left|a^2-x^2\right|$

i63 $\int \frac{dx}{(a^2+x^2)^2} = \frac{x}{2a^2(a^2+x^2)} + \frac{1}{2a^3}\arctan\frac{x}{a}$

i64 $\int \frac{x\,dx}{(a^2+x^2)^2} = -\frac{1}{2(a^2+x^2)}$

i65 $\int \frac{x^2\,dx}{(a^2+x^2)^2} = -\frac{x}{2(a^2+x^2)} + \frac{1}{2a}\arctan\frac{x}{a}$

i66 $\int \frac{x^3\,dx}{(a^2+x^2)^2} = \frac{a^2}{2(a^2+x^2)} + \frac{1}{2}\ln\left|a^2+x^2\right|$

i67 $\int \frac{dx}{(a^2+x^2)^n} = \frac{x}{2a^2(n-1)(a^2+x^2)^{n-1}} + \frac{2n-3}{2a^2(n-1)}\cdot\int\frac{dx}{(a^2+x^2)^{n-1}} \quad (n \neq 1)$

i68 $\int \frac{dx}{(a^2-x^2)^2} = \frac{x}{2a^2(a^2-x^2)} + \frac{1}{2a^3}\cdot\frac{1}{2}\ln\left|\frac{a+x}{a-x}\right|$

i69 $\int \frac{x\,dx}{(a^2-x^2)^2} = \frac{1}{2(a^2-x^2)}$

i70 $\int \frac{x^2\,dx}{(a^2-x^2)^2} = \frac{x}{2(a^2-x^2)} - \frac{1}{2a}\cdot\frac{1}{2}\ln\left|\frac{a+x}{a-x}\right|$

i71 $\int \frac{x^3\,dx}{(a^2-x^2)^2} = \frac{a^2}{2(a^2-x^2)} + \frac{1}{2}\ln\left|a^2-x^2\right|$

i72 $\int \sqrt{x}\,dx = \frac{2}{3}\sqrt{x^3}$

i73 $\int \sqrt{ax+b}\,dx = \frac{2}{3a}\sqrt{(ax+b)^3}$

i74 $\int x\sqrt{ax+b}\,dx = \frac{2(3ax-2b)\sqrt{(ax+b)^3}}{15a^2}$

i75 $\int x^2\sqrt{ax+b}\,dx = \frac{2(15a^2x^2-12abx+8b^2)\cdot\sqrt{(ax+b)^3}}{105a^3}$

i76 $\int \frac{dx}{\sqrt{x}} = 2\sqrt{x}$

Fortsetzung siehe I7

Integrale

(ohne Integrationskonstante C)

i77 $$\int \frac{dx}{\sqrt{ax+b}} = \frac{2\sqrt{(ax+b)}}{a}$$

i78 $$\int \frac{x\,dx}{\sqrt{ax+b}} = \frac{2(ax-2b)}{3a^2}\sqrt{(ax+b)}$$

i79 $$\int \frac{x^2\,dx}{\sqrt{ax+b}} = \frac{2(3a^2x^2-4abx+8b^2)\sqrt{(ax+b)}}{15a^3}$$

i80 $$\int \sqrt{a^2+x^2}\,dx = \frac{x}{2}\sqrt{a^2+x^2}+\frac{a^2}{2}\operatorname{arsinh}\frac{x}{a}$$

i81 $$\int x\sqrt{a^2+x^2}\,dx = \frac{1}{3}\sqrt{(a^2+x^2)^3}$$

i82 $$\int x^2\sqrt{a^2+x^2}\,dx = \frac{x}{4}\sqrt{(a^2+x^2)^3}-\frac{a^2}{8}\left(x\sqrt{a^2+x^2}+a^2\operatorname{arsinh}\frac{x}{a}\right)$$

i83 $$\int x^3\sqrt{a^2+x^2}\,dx = \frac{\sqrt{(a^2+x^2)^5}}{5}-\frac{a^2\sqrt{(a^2+x^2)^3}}{3}$$

i84 $$\int \frac{\sqrt{a^2+x^2}}{x}\,dx = \sqrt{a^2+x^2}-a\ln\left|\frac{a+\sqrt{a^2+x^2}}{x}\right|$$

i85 $$\int \frac{\sqrt{a^2+x^2}}{x^2}\,dx = -\frac{\sqrt{a^2+x^2}}{x}+\operatorname{arsinh}\frac{x}{a}$$

i86 $$\int \frac{\sqrt{a^2+x^2}}{x^3}\,dx = -\frac{\sqrt{a^2+x^2}}{2x^2}-\frac{1}{2a}\ln\left|\frac{a+\sqrt{a^2+x^2}}{x}\right|$$

i87 $$\int \frac{dx}{\sqrt{a^2+x^2}} = \operatorname{arsinh}\frac{x}{a}$$

i88 $$\int \frac{x\,dx}{\sqrt{a^2+x^2}} = \sqrt{a^2+x^2}$$

i89 $$\int \frac{x^2\,dx}{\sqrt{a^2+x^2}} = \frac{x}{2}\sqrt{a^2+x^2}-\frac{a^2}{2}\operatorname{arsinh}\frac{x}{a}$$

i90 $$\int \frac{x^3\,dx}{\sqrt{a^2+x^2}} = \frac{\sqrt{(a^2+x^2)^3}}{3}-a^2\sqrt{a^2+x^2}$$

i91 $$\int \frac{dx}{x\sqrt{a^2+x^2}} = -\frac{1}{a}\ln\left|\frac{a+\sqrt{a^2+x^2}}{x}\right|$$

i92 $$\int \frac{dx}{x^2\sqrt{a^2+x^2}} = -\frac{\sqrt{a^2+x^2}}{a^2x}$$

Fortsetzung siehe I8

Integrale

(ohne Integrationskonstante C)

i93 $$\int \frac{dx}{x^3\sqrt{a^2+x^2}} = -\frac{\sqrt{x^2+a^2}}{2x^2a^2} + \frac{1}{2a^3}\ln\left|\frac{a+\sqrt{a^2+x^2}}{x}\right|$$

i94 $$\int \sqrt{a^2-x^2}\,dx = \frac{1}{2}\left[x\sqrt{a^2-x^2} + a^2 \cdot \arcsin\frac{x}{a}\right]$$

i95 $$\int x\sqrt{a^2-x^2}\,dx = -\frac{1}{3}\sqrt{(a^2-x^2)^3}$$

i96 $$\int x^2\sqrt{a^2-x^2}\,dx = -\frac{x}{4}\sqrt{(a^2-x^2)^3} + \frac{a^2}{8}\left(x\sqrt{a^2-x^2} + a^2\arcsin\frac{x}{a}\right)$$

i97 $$\int x^3\sqrt{a^2-x^2}\,dx = \frac{\sqrt{(a^2-x^2)^5}}{5} - a^2\frac{\sqrt{(a^2-x^2)^3}}{3}$$

i98 $$\int \frac{dx}{\sqrt{a^2-x^2}} = \arcsin\frac{x}{a}$$

i99 $$\int \frac{x\,dx}{\sqrt{a^2-x^2}} = -\sqrt{a^2-x^2}$$

i100 $$\int \frac{x^2\,dx}{\sqrt{a^2-x^2}} = -\frac{x}{2}\sqrt{a^2-x^2} + \frac{a^2}{2}\arcsin\frac{x}{a}$$

i101 $$\int \frac{x^3\,dx}{\sqrt{a^2-x^2}} = \frac{\sqrt{(a^2-x^2)^3}}{3} - a^2\sqrt{a^2-x^2}$$

i102 $$\int \frac{dx}{x\sqrt{a^2-x^2}} = -\frac{1}{a}\ln\left|\frac{a+\sqrt{a^2-x^2}}{x}\right|$$

i103 $$\int \frac{dx}{x^2\sqrt{a^2-x^2}} = -\frac{\sqrt{a^2-x^2}}{a^2x}$$

i104 $$\int \frac{dx}{x^3\sqrt{a^2-x^2}} = -\frac{\sqrt{a^2-x^2}}{2a^2x^2} - \frac{1}{2a^3}\ln\left|\frac{a+\sqrt{a^2-x^2}}{x}\right|$$

i105 $$\int \sqrt{x^2-a^2}\,dx = \frac{1}{2}\left(x\sqrt{x^2-a^2} - a^2\operatorname{arcosh}\frac{x}{a}\right)$$

i106 $$\int x\sqrt{x^2-a^2}\,dx = \frac{1}{3}\sqrt{(x^2-a^2)^3}$$

i107 $$\int x^2\sqrt{x^2-a^2}\,dx = \frac{x}{4}\sqrt{(x^2-a^2)^3} + \frac{a^2}{8}\left(x\sqrt{x^2-a^2} - a^2\operatorname{arcosh}\frac{x}{a}\right)$$

i108 $$\int x^3\sqrt{x^2-a^2}.dx = \frac{\sqrt{(x^2-a^2)^5}}{5} + \frac{a^2\sqrt{(x^2-a^2)^3}}{3}$$

Fortsetzung siehe I9

Integrale

(ohne Integrationskonstante C)

i109 $$\int \frac{\sqrt{x^2-a^2}}{x}\,dx = \sqrt{x^2-a^2} - a \arccos\frac{a}{x}$$

i110 $$\int \frac{\sqrt{x^2-a^2}}{x^2}\,dx = -\frac{\sqrt{x^2-a^2}}{x} + \operatorname{arcosh}\frac{x}{a}$$

i111 $$\int \frac{\sqrt{x^2-a^2}}{x^3}\,dx = -\frac{\sqrt{x^2-a^2}}{2x^2} + \frac{1}{2a}\arccos\frac{a}{x}$$

i112 $$\int \sin ax\,dx = -\frac{1}{a}\cos ax$$

i113 $$\int \sin^2 ax\,dx = \frac{x}{2} - \frac{1}{4a}\sin 2ax$$

i114 $$\int \sin^3 ax\,dx = -\frac{1}{a}\cos ax + \frac{1}{3a}\cos^3 ax$$

i115 $$\int \sin^n ax\,dx = -\frac{1}{na}\cos ax \cdot \sin^{n-1} ax + \frac{n-1}{n}\int \sin^{n-2} ax\,dx$$

(n ganzzahlig > 0)

i116 $$\int x \sin ax\,dx = \frac{\sin ax}{a^2} - \frac{x\cos ax}{a}$$

i117 $$\int x^2 \sin ax\,dx = \frac{2x}{a^2}\sin ax - \left(\frac{x^2}{a} - \frac{2}{a^3}\right)\cos ax$$

i118 $$\int x^3 \sin ax\,dx = \left(\frac{3x^2}{a^2} - \frac{6}{a^4}\right)\sin ax - \left(\frac{x^3}{a} - \frac{6x}{a^3}\right)\cos ax$$

i119 $$\int \frac{\sin ax}{x}\,dx = ax - \frac{(ax)^3}{3\cdot 3!} + \frac{(ax)^5}{5\cdot 5!} - \frac{(ax)^7}{7\cdot 7!} + \ldots$$

i120 $$\int \frac{\sin ax}{x^2}\,dx = -\frac{\sin ax}{x} + a\int \frac{\cos ax}{x}\,dx$$

i121 $$\int \frac{\sin ax}{x^n}\,dx = -\frac{1}{n-1}\cdot\frac{\sin ax}{x^{n-1}} + \frac{a}{n-1}\int \frac{\cos ax}{x^{n-1}}\,dx$$

i122 $$\int \cos ax\,dx = \frac{1}{a}\sin ax$$

i123 $$\int \cos^2 ax\,dx = \frac{x}{2} + \frac{1}{4a}\sin 2ax$$

i124 $$\int \cos^3 ax\,dx = \frac{1}{a}\sin ax - \frac{1}{3a}\sin^3 ax$$

Fortsetzung siehe I10

Integrale

(ohne Integrationskonstante C)

i125 $\int \cos^n ax\,\mathrm{d}x = \frac{1}{na}\sin ax \cdot \cos^{n-1} ax + \frac{n-1}{n}\int \cos^{n-2} ax\,\mathrm{d}x$

i126 $\int x\cos ax\,\mathrm{d}x = \frac{\cos ax}{a^2} + \frac{x \cdot \sin ax}{a}$

i127 $\int x^2\cos ax\,\mathrm{d}x = \frac{2x}{a^2}\cos ax + \left(\frac{x^2}{a} - \frac{2}{a^3}\right)\sin ax$

i128 $\int x^3\cos ax\,\mathrm{d}x = \left(\frac{3x^2}{a^2} - \frac{6}{a^4}\right)\cos ax + \left(\frac{x^3}{a} - \frac{6x}{a^3}\right)\sin ax$

i129 $\int \frac{\cos ax}{x}\,\mathrm{d}x = \ln|ax| - \frac{(ax)^2}{2\cdot 2!} + \frac{(ax)^4}{4\cdot 4!} - \frac{(ax)^6}{6\cdot 6!} + \ldots$

i130 $\int \frac{\cos ax}{x^2}\,\mathrm{d}x = -\frac{\cos ax}{x} - a\int \frac{\sin ax}{x}\,\mathrm{d}x$

i131 $\int \frac{\cos ax}{x^n}\,\mathrm{d}x = -\frac{\cos ax}{(n-1)x^{n-1}} - \frac{a}{n-1}\int \frac{\sin ax}{x^{n-1}}\,\mathrm{d}x$ $(n \neq 1)$

i132 $\int \tan ax\,\mathrm{d}x = -\frac{1}{a}\ln|\cos ax|$

i133 $\int \tan^2 ax\,\mathrm{d}x = \frac{1}{a}\tan ax - x$

i134 $\int \tan^n ax\,\mathrm{d}x = \frac{\tan^{n-1} ax}{a(n-1)} - \int \tan^{n-2} ax\,\mathrm{d}x$ $(n \neq 1)$

i135 $\int \cot ax\,\mathrm{d}x = \frac{1}{a}\ln|\sin ax|$

i136 $\int \cot^2 ax\,\mathrm{d}x = -x - \frac{1}{a}\cot ax$

i137 $\int \cot^n ax\,\mathrm{d}x = \frac{\cot^{n-1} ax}{a(n-1)} - \int \cot^{n-2} ax\,\mathrm{d}x$ $(n \neq 1)$

i138 $\int \frac{\mathrm{d}x}{\sin ax} = \frac{1}{a}\ln\left|\tan\frac{ax}{2}\right|$

i139 $\int \frac{\mathrm{d}x}{\sin^2 ax} = -\frac{1}{a}\cot ax$

i140 $\int \frac{\mathrm{d}x}{\sin^n ax} = -\frac{1}{a(n-1)}\cdot\frac{\cos ax}{\sin^{n-1} ax} + \frac{n-2}{n-1}\int \frac{\mathrm{d}x}{\sin^{n-2} ax}$ $(n > 1)$

Fortsetzung siehe I11

Integrale

(ohne Integrationskonstante C)

i141 $$\int \frac{x\,dx}{\sin^2 ax} = -\frac{x}{a}\cot ax + \frac{1}{a^2}\ln|\sin ax|$$

i142 $$\int \frac{dx}{\cos ax} = \frac{1}{a}\ln\left|\tan\left(\frac{ax}{2}+\frac{\pi}{4}\right)\right|$$

i143 $$\int \frac{dx}{\cos^2 ax} = \frac{1}{a}\tan ax$$

i144 $$\int \frac{dx}{\cos^n ax} = \frac{1}{a(n-1)}\cdot\frac{\sin ax}{\cos^{n-1} ax} + \frac{n-2}{n-1}\int\frac{dx}{\cos^{n-2} ax} \quad (n>1)$$

i145 $$\int \frac{x\,dx}{\cos^2 ax} = \frac{x}{a}\tan ax + \frac{1}{a^2}\ln|\cos ax|$$

i146 $$\int \frac{dx}{1+\sin ax} = \frac{1}{a}\tan\left(\frac{ax}{2}-\frac{\pi}{4}\right)$$

i147 $$\int \frac{dx}{1+\cos ax} = \frac{1}{a}\tan\frac{ax}{2}$$

i148 $$\int \frac{dx}{1-\sin ax} = -\frac{1}{a}\cot\left(\frac{ax}{2}-\frac{\pi}{4}\right) = \frac{1}{a}\tan\left(\frac{\pi}{4}+\frac{ax}{2}\right)$$

i149 $$\int \frac{dx}{1-\cos ax} = -\frac{1}{a}\cot\frac{ax}{2}$$

i150 $$\int \sin ax\cdot\sin bx\,dx = -\frac{\sin(ax+bx)}{2(a+b)} + \frac{\sin(ax-bx)}{2(a-b)} \quad (|a|\neq|b|)$$

i151 $$\int \sin ax\cdot\cos bx\,dx = -\frac{\cos(ax+bx)}{2(a+b)} - \frac{\cos(ax-bx)}{2(a-b)} \quad (|a|\neq|b|)$$

i152 $$\int \cos ax\cdot\cos bx\,dx = \frac{\sin(ax+bx)}{2(a+b)} + \frac{\sin(ax-bx)}{2(a-b)} \quad (|a|\neq|b|)$$

i153 $$\int x^n \sin ax\,dx = -\frac{x^n}{a}\cos ax + \frac{n}{a}\int x^{n-1}\cos ax\,dx$$

i154 $$\int x^n \cos ax\,dx = \frac{x^n}{a}\sin ax + \frac{n}{a}\int x^{n-1}\sin ax\,dx$$

i155 $$\int \frac{dx}{\sin ax\cdot\cos ax} = \frac{1}{a}\ln|\tan ax|$$

i156 $$\int \frac{dx}{\sin^2 ax\cdot\cos ax} = \frac{1}{a}\left[\ln\left|\tan\left(\frac{\pi}{4}+\frac{ax}{2}\right)\right| - \frac{1}{\sin ax}\right]$$

Fortsetzung siehe I12

Integrale

(ohne Integrationskonstante C)

i157 $$\int \frac{dx}{\sin^3 ax \cdot \cos ax} = \frac{1}{a}\left(\ln|\tan ax| - \frac{1}{2\sin^2 ax}\right)$$

i158 $$\int \frac{dx}{\cos^2 ax \cdot \sin ax} = \frac{1}{a}\left(\ln\left|\tan\frac{ax}{2}\right| + \frac{1}{\cos ax}\right)$$

i159 $$\int \frac{dx}{\cos^3 ax \cdot \sin ax} = \frac{1}{a}\left(\ln|\tan ax| + \frac{1}{2\cos^2 ax}\right)$$

i160 $$\int \frac{dx}{\sin^2 ax \cdot \cos^2 ax} = -\frac{2}{a}\cot 2ax$$

i161 $$\int \sin^m ax \cdot \cos^n ax\,dx = \frac{1}{a(m+n)}\sin^{m+1} ax \cdot \cos^{n-1} ax + \frac{n-1}{m+n}\int \sin^m ax \cdot \cos^{n-2} ax\,dx$$

Ist n ungerade, so gilt für das Rest-Integral:

i162 $$\int \sin^m ax \cdot \cos ax\,dx = \frac{\sin^{m+1} ax}{a(m+1)} \qquad (m \neq -1)$$

i163 $$\int \arcsin x\;dx = x\arcsin x + \sqrt{1-x^2}$$

i164 $$\int \arccos x\;dx = x\arccos x - \sqrt{1-x^2}$$

i165 $$\int \arctan x\;dx = x\arctan x - \frac{1}{2}\ln\left|1+x^2\right|$$

i166 $$\int \operatorname{arccot} x\;dx = x\operatorname{arccot} x + \frac{1}{2}\ln\left|1+x^2\right|$$

i167 $$\int \sinh(ax)\;dx = \frac{1}{a}\cosh(ax)$$

i168 $$\int \sinh^2 x\;dx = \frac{1}{4}\sinh(2x) - \frac{x}{2}$$

i169 $$\int \sinh^n x\;dx = \frac{1}{n}\cosh x \cdot \sinh^{n-1} x - \frac{n-1}{n}\int \sinh^{n-2} x\,dx \quad (n>0)$$

i170 $$\int \cosh(ax)\,dx = \frac{1}{a}\sinh(ax)$$

Fortsetzung siehe I13

Integrale

(ohne Integrationskonstante C)

i171 $\int \cosh^2 x \, dx = \frac{1}{4}\sinh(2x) + \frac{x}{2}$

i172 $\int \cosh^n x \, dx = \frac{1}{n}\sinh x \cdot \cosh^{n-1} x + \frac{n-1}{n}\int \cosh^{n-2} x \, dx \quad (n > 0)$

i173 $\int \tanh(ax) \, dx = \frac{1}{a}\ln|\cosh(ax)|$

i174 $\int \tanh^2 x \, dx = x - \tanh x$

i175 $\int \tanh^n x \, dx = -\frac{1}{n-1}\tanh^{n-1} x + \int \tanh^{n-2} x \, dx \quad (n \neq 1)$

i176 $\int \coth(ax) \, dx = \frac{1}{a}\ln|\sinh(ax)|$

i177 $\int \coth^2 x \, dx = x - \coth x$

i178 $\int \coth^n x \, dx = -\frac{1}{n-1}\coth^{n-1} x + \int \coth^{n-2} x \, dx \quad (n \neq 1)$

i179 $\int \frac{dx}{\sinh ax} = \frac{1}{a}\ln\left|\tanh\frac{ax}{2}\right|$

i180 $\int \frac{dx}{\sinh^2 ax} = -\coth x$

i181 $\int \frac{dx}{\cosh ax} = \frac{2}{a}\arctan e^{ax}$

i182 $\int \frac{dx}{\cosh^2 x} = \tanh x$

i183 $\int \operatorname{arsinh} x \, dx = x \cdot \operatorname{arsinh} x - \sqrt{x^2+1}$

i184 $\int \operatorname{arcosh} x \, dx = x \cdot \operatorname{arcosh} x - \sqrt{x^2-1}$

i185 $\int \operatorname{artanh} x \, dx = x \cdot \operatorname{artanh} x + \frac{1}{2}\ln\left|1-x^2\right|$

i186 $\int \operatorname{arcoth} x \, dx = x \cdot \operatorname{arcoth} x + \frac{1}{2}\ln\left|x^2-1\right|$

Integral-Rechnung

Anwendung des Integrierens

Bogen-Differenzial

$$ds = \sqrt{dx^2 + dy^2} = \sqrt{1 + \left(\frac{dy}{dx}\right)^2}\, dx$$

	Bogenlänge	Mantelfläche bei Drehung der Linie um die x-Achse
i187	$s = \int_a^b \sqrt{1 + y'^2}\, dx$	$A_m = 2\pi \int_a^b y\sqrt{1 + y'^2}\, dx$

Statisches Moment einer Linie

	x-Achse	y-Achse
i188	$M_x = \int_a^b y\sqrt{1 + y'^2}\, dx$	$M_y = \int_a^b x\sqrt{1 + y'^2}\, dx$

Schwerpunktabstand

i189	$x_S = \frac{M_y}{s}$	$y_S = \frac{M_x}{s}$

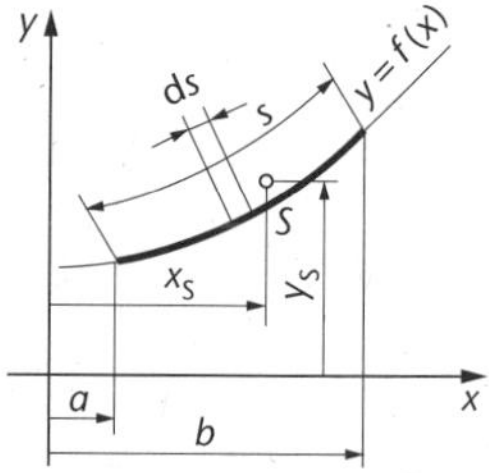

	Flächeninhalt	Volumen eines Rotationskörpers aus Drehung der Fläche A um die x-Achse	Volumen eines Körpers, dessen Körperquerschnitt A_1 Funktion von x ist
i190	$A = \int_a^b y\, dx$	$V = \pi \int_a^b y^2\, dx$	$V = \int_a^b A_1(x)\, dx$

Stat. Moment einer Fläche bezogen auf die

	x-Achse	y-Achse
i191	$H_x = \int_a^b \frac{y^2}{2}\, dx$	$H_y = \int_a^b xy\, dx$

Schwerpunktabstand

i192	$x_S = \frac{H_y}{A}$	$y_S = \frac{H_x}{A}$

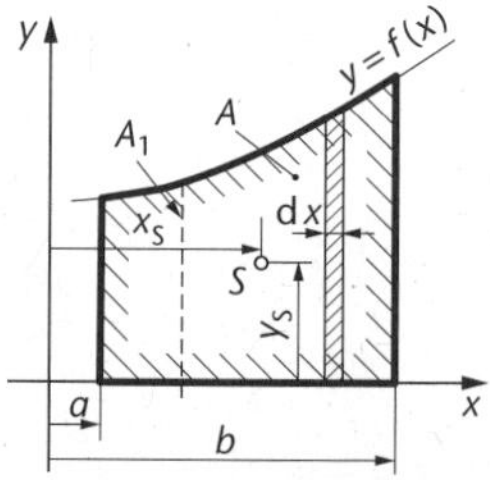

Statisches Moment eines Körpers (bezogen auf y-z-Ebene)

i193 $$M_{yz} = \pi \int_a^b x \cdot y^2 \, dx$$

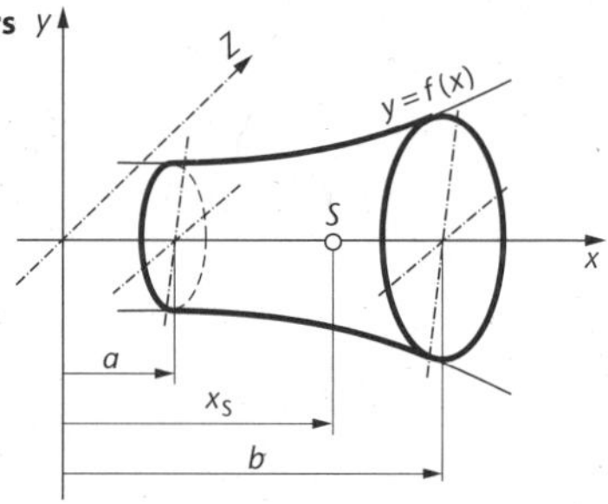

Schwerpunkt-Abstand

i194 $$x_S = \frac{M_{yz}}{V}$$

Guldin'sche Regeln

Mantelfläche eines Drehkörpers

A_m = Bogenlänge s mal Weg des Schwerpunktes

i195 $= 2 \cdot \pi \cdot s \cdot y_S$ (hierzu Formeln i187 und i189)

Volumen eines Drehkörpers

V = Flächeninhalt A mal Weg des Schwerpunktes

i196 $= 2 \cdot \pi \cdot A \cdot y_S$ (hierzu Formeln i190 und i192)

Numerische Integration

Einteilung der Fläche in eine gerade Anzahl n gleich breiter Streifen mit der Breite

i197 $$b = \frac{b_1 - b_0}{n}$$

Flächeninhalt A wird dann berechnet nach der

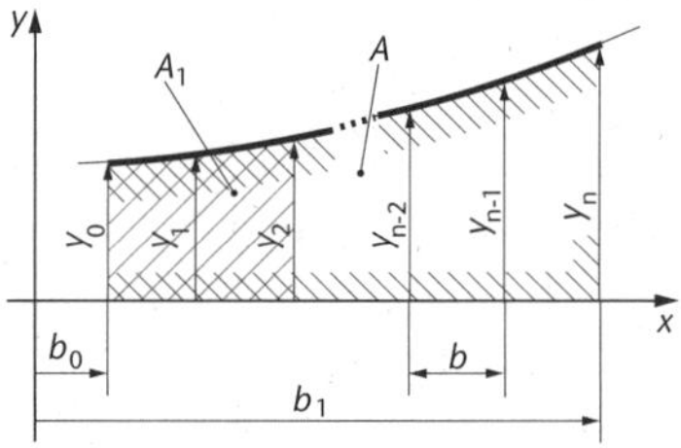

Trapezregel

i198 $$A = \frac{b}{2}(y_0 + 2y_1 + 2y_2 + \ldots + y_n)$$

Simpson'sche Regel für Kurvengleichungen bis 3. Grades

i199 $$A_1 = \frac{b}{3}(y_0 + 4y_1 + y_2)$$

Simpson'sche Regel für Kurvengleichungen über 3. Grades bzw. für gebrochene rationale oder transzendente Funktionen

i200 $$A = \frac{b}{3}\left[y_0 + y_n + 2(y_2 + y_4 + \ldots + y_{n-2}) + 4(y_1 + y_3 + \ldots + y_{n-1})\right]$$

Trägheitsmomente

Allgemein

Unter Trägheitsmoment, bezogen auf eine Achse x oder einen Punkt O, versteht man allgemein die Summe der Produkte aus Linien-, Flächen-, Volumen- oder Massen-Elementen und dem Quadrat ihrer Abstände zur x-Achse oder zum Punkt O.

Zum Beispiel

i201 $$J = \int x^2 \, \mathrm{d}m$$

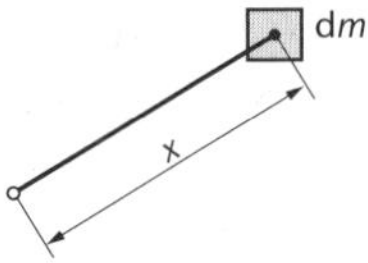

Steiner'scher Satz (s. a. M2)

Für das Massen-Trägheitsmoment, achsial und polar, gilt:

i202 $$J = J_S + m l_S^2$$

Ebenso aufgebaute Formeln gelten für Linien-, Flächen- und Volumen-Trägheitsmomente.

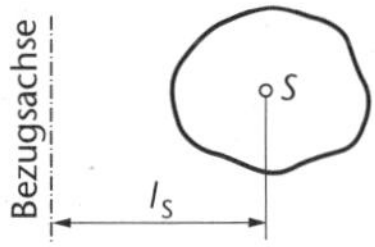

Trägheitsmomente ebener Linien

bezogen auf die

	x-Achse	y-Achse
i203	$I_{Lx} = \int_a^b y^2 \sqrt{1 + y'^2} \, \mathrm{d}x$	$I_{Ly} = \int_a^b x^2 \sqrt{1 + y'^2} \, \mathrm{d}x$

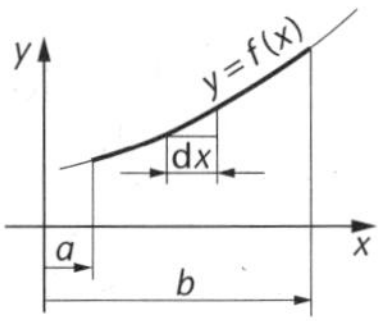

J Trägheitsmoment bezogen auf Bezugs-Achse oder -Punkt
J_S Trägheitsmoment bezogen auf den Schwerpunkt S
m Gesamt-Kurve, -Fläche, -Körper oder -Masse
l_S Schwerpunkt-Abstand von der Bezugsachse oder dem Bezugspunkt

Trägheits- und Zentrifugalmomente ebener Flächen

Axiales Flächen-Trägheitsmoment einer ebenen Fläche, bezogen auf eine in der Ebene gelegene Achse x bzw. y, ist die Summe der Produkte aus den Flächen-Elementen $\mathrm{d}A$ und den Quadraten ihrer senkrechten Abstände y bzw. x:

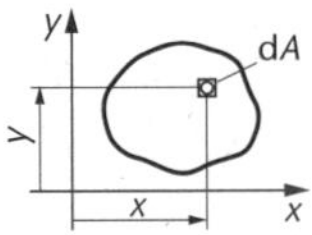

i204 $$I_x = \int y^2 \, \mathrm{d}A; \qquad I_y = x^2 \, \mathrm{d}A$$

Ist eine Funktion $y = f(x)$ gegeben, dann gilt:

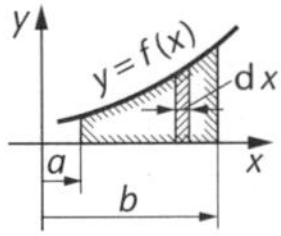

bezogen auf die	
x-Achse	y-Achse
i205 $I_x = \int_a^b \frac{y^3}{3} \, \mathrm{d}x$	$I_y = \int_a^b x^2 y \, \mathrm{d}x$

Polares Flächen-Trägheitsmoment einer ebenen Fläche, bezogen auf einen in der Ebene gelegenen Bezugspunkt O, ist die Summe der Produkte aus den Flächenelementen $\mathrm{d}A$ und den Quadraten ihrer Abstände r vom Bezugspunkt.

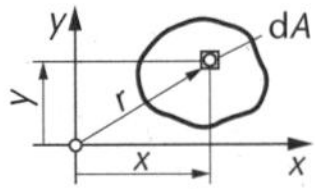

i206 $$I_\mathrm{p} = \int r^2 \, \mathrm{d}A$$

Stehen die Bezugs-Achsen von I_x und I_y aufeinander senkrecht, so ist das polare Trägheitsmoment in Bezug auf den Pol (Schnittpunkt O der Achsen x und y):

i207 $$I_\mathrm{p} = \int r^2 \, \mathrm{d}A = \int (y^2 + x^2) \, \mathrm{d}A = I_x + I_y$$

Zentrifugalmoment einer ebenen Fläche, bezogen auf zwei in der Ebene gelegene Achsen, ist die Summe der Produkte aus den Flächenelementen $\mathrm{d}A$ und den Produkten aus ihren senkrechten Abständen x und y von beiden Achsen:

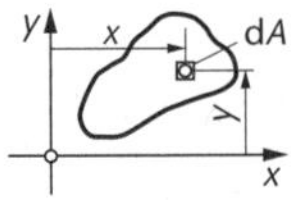

i208 $$I_{xy} = \int xy \, \mathrm{d}A \gtreqless 0$$

Fällt eine der Bezugs-Achsen mit einer Symmetrieachse der ebenen Fläche zusammen, so wird $I_{xy} = 0$.

Umrechnung auf ein um Winkel α gedrehtes Achsensystem:

Sind für die rechtwinkligen Achsen x und y die Momente I_x, I_y und I_{xy} bekannt, so gilt für ein um Winkel α gedrehtes Achsensystem:

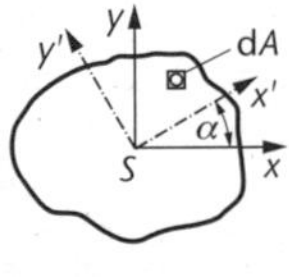

$$I'_x = I_x \cos^2\alpha + I_y \sin^2\alpha - I_{xy} \sin 2\alpha$$

i209 $$I'_y = I_x \sin^2\alpha + I_y \cos^2\alpha + I_{xy} \sin 2\alpha$$

Beispiele zu den Flächen-Momenten auf Seite I17

Rechteck

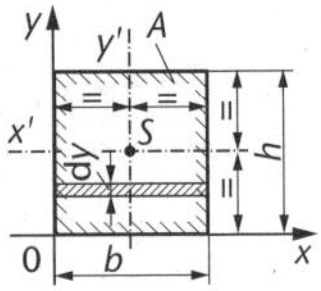

i210 $$I_x = \int_0^h y^2 b\,\mathrm{d}y = b\left[\frac{y^3}{3}\right]_0^h = \frac{bh^3}{3}$$

i211 $$I_{x'} = I_x - A\left(\frac{h}{2}\right)^2 = \frac{bh^3}{12}$$

i212 $$I_y = \frac{b^3h}{3};\quad I_{y'} = \frac{b^3h}{12}$$

i213 $$I_{po} = I_x + I_y = \frac{bh^3}{3} + \frac{b^3h}{3} = \frac{bh}{3}(b^2+h^2);\quad I_{ps} = \frac{bh}{12}(b^2+h^2)$$

i214 $$I_{xy} = I_{x'y'} + \frac{b}{2}\cdot\frac{h}{2}A$$

Da x' und/oder y' Symmetrieachsen sind, wird $I_{x'y'} = 0$, damit:

i215 $$I_{xy} = \frac{b}{2}\cdot\frac{h}{2}(bh) = \left(\frac{bh}{2}\right)^2$$

Kreis

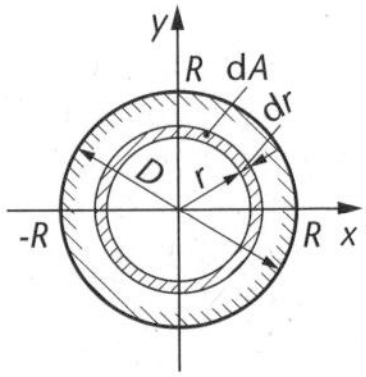

i216 $$I_p = \int_0^R r^2\,\mathrm{d}A = \int_0^R r^2 2\pi r\,\mathrm{d}r$$

i217 $$= 2\pi\left[\frac{r^4}{4}\right]_0^R = \frac{\pi R^4}{2}$$

i218 $$I_x = I_y = \frac{I_p}{2} = \frac{\pi R^4}{4} = \frac{\pi D^4}{64}$$

i219 $I_{xy} = 0,\quad$ da x und y Symmetrieachsen.

Halbkreis

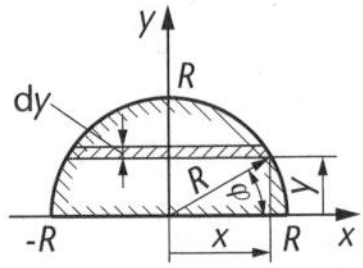

i220 $$I_x = \int_0^R y^2\,\mathrm{d}A = \int_0^R y^2 2x\,\mathrm{d}y$$

i221 $$= 2\int_0^R y^2\sqrt{R^2-y^2}\,\mathrm{d}y = \frac{\pi R^4}{8} = I_y$$

i222 $I_p = 2\dfrac{\pi R^4}{8} = \dfrac{\pi R^4}{4};\quad I_{xy} = 0,\quad$ da y Symmetrieachse.

Regelmäßiges *n*-Eck

i223 $$I_x = I_y = \frac{I_p}{2} = \frac{nar}{2\cdot 48}(12r^2+a^2) = \frac{na\sqrt{R^2-\frac{a^2}{4}}}{48}(6R^2-a^2)$$

$I_{xy} = 0 \qquad\qquad a = 2R\cdot\sin(180^\circ/n);\quad r = R\cdot\cos(180^\circ/n)$

r	Inkreisradius	R	Umkreisradius
a	Seitenlänge	n	Anzahl der Seiten

Volumen-Trägheitsmomente von Körpern

Volumen-Trägheitsmoment des Quaders

Ist $\frac{bh^3}{12} + \frac{b^3h}{12}$ das polare Flächen-Trägheitsmoment eines Rechtecks (siehe i18), so wird im Bezug auf die Z-Achse:

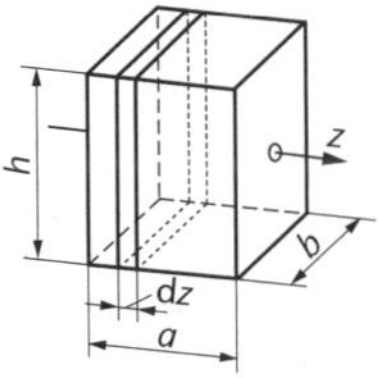

i224 $$J_{\mathrm{vz}} = \int_0^a \left(\frac{bh^3}{12} + \frac{b^3h}{12}\right) \mathrm{d}z = \frac{abh}{12}(b^2 + h^2)$$

Volumen-Trägheitsmomente des Kreiszylinders

in Bezug auf die Z-Achse:

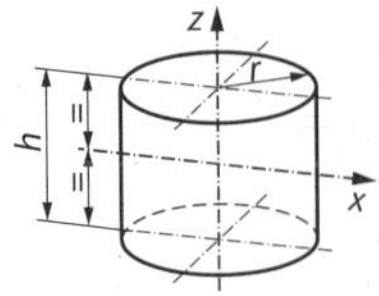

i225 $$J_{\mathrm{vz}} = \int_{-h/2}^{+h/2} \frac{\pi r^4}{2} \mathrm{d}z = \frac{\pi r^4 h}{2}$$

in Bezug auf die X-Achse:

i226 $$J_{\mathrm{vx}} = \int_{-h/2}^{+h/2} \left(\frac{\pi r^4}{4} + \pi r^2 z^2\right) \mathrm{d}z = \frac{\pi r^2 h}{12}(3r^2 + h^2)$$

Massen-Trägheitsmoment

Das Massen-Trägheitsmoment J ist das Produkt von Volumen-Trägheitsmoment J_{V} und Dichte ϱ:

i227 $$J = J_{\mathrm{V}} \varrho$$ $\mathrm{kg\,m^2}$, $\mathrm{N\,m\,s^2}$, $\mathrm{V\,A\,s^3}$

hierbei ist

i228 $$\varrho = \frac{m}{V}$$ $\mathrm{kg\,m^{-3}}$, $\mathrm{kg\,dm^{-3}}$

z. B. für Zylinder in Bezug auf Z-Achse:

i229 $$J_{\mathrm{z}} = J_{\mathrm{vz}} \frac{m}{V} = \frac{\pi r^4 h}{2} \cdot \frac{m}{r^2 \pi h} = \frac{mr^2}{2}$$

Weitere Massen-Trägheitsmomente siehe M3

Differenzial-Gleichungen

Allgemeine Begriffe

J1

Begriff der Differenzial-Gleichung (DGL)

Eine DGL ist eine Gleichung, die unbekannte Funktionen samt Ableitungen (Differenziale) der unbekannten Funktionen und unabhängige Veränderliche enthält. Man unterscheidet:

Gewöhnliche DGL, wenn die gesuchten Funktionen nur von *einer* unabhängigen Veränderlichen abhängen, z. B.:

j1 $$y'' + 2x^2 y = \sin x \qquad y = f(x)$$

Partielle DGL, wenn die gesuchten Funktionen von *mehreren* unabhängigen Veränderlichen abhängen, z. B.:

j2 $$\frac{\partial^2 x}{\partial u \cdot \partial v} = x^2 \cdot v \cdot w \frac{\partial x}{\partial u} \cdot \frac{\partial x}{\partial v} \qquad x = f(u, v, w)$$

Partielle Differenzial-Gleichungen werden hier nicht behandelt.

Gewöhnliche Differenzial-Gleichungen

j3 **Gestalt:** $F(x,\ y(x),\ y'(x),\ \ldots,\ y^{(n)}(x)) = 0$

Darin ist $y(x)$ die gesuchte Funktion. $y', \ldots, y^{(n)}$ die 1-te bis n-te Ableitung mit x als unabhängiger Veränderlicher.

j4 Beispiel: $y'''(x) + m(x) \cdot y'(x) + n(x)y^2(x) + p(x)y = q(x)$.

j5 *Ordnung*: Zahl der höchsten vorkommenden Ableitung in der DGL: im Beispiel 3. Ordnung.

j6 *Grad*: Zahl der höchsten Potenz der unbekannten Funktion und ihrer Ableitungen: im Beispiel 2. Grad.

j7 *Lineare* DGL bedeutet, dass die unbekannten Funktionen und ihre Ableitungen nur in der ersten Potenz vorkommen; d. h. DGL ist vom 1. Grad.

j8 *Homogene* DGL bedeutet: Störungsglied $q(x) = 0$.

j9 *Inhomogene* DGL bedeutet: Störungsglied $q(x) \neq 0$.

j10 *Lösung*: $y = y(x)$ einer DGL bedeutet, dass diese mit ihren Ableitungen die DGL identisch erfüllt.

j11 *Integration* der DGL bedeutet das Aufsuchen von Lösungen.

j12 *Allgemeines* Integral der DGL ist die Gesamtheit der Lösungen. Es enthält für eine DGL n-ter Ordnung n beliebige Konstanten $C_1,\ C_2,\ \ldots,\ C_n$. Diese erhalten erst dann definierte Werte, wenn man die Anfangsbedingungen $y(x_0) = y_0$;

j13 $y'(x_0) = y'_0 \ldots y^{(n-1)}(x_0) = y_0^{(n-1)}$ vorgibt (s. u.).

Partikuläres Integral der DGL ist eine spezielle Lösung.

Methoden zur Lösung einer DGL

1. DGL so *umformen* und *ordnen*, dass man sie bestimmten DGL-Typen zuordnen kann, zu denen es Lösungen gibt (siehe J6, J8 … J12).
2. *Verwendung eines speziellen Ansatzes* (siehe J8).
   Damit kann eine DGL häufig auf eine DGL *niedrigerer* Ordnung oder *niedrigeren* Grades zurückgeführt werden, zu der es eine Lösung gibt (siehe J9 … J12).
3. Benutzung der Operatoren-Methode, speziell der Laplace-Transformation (siehe D26 … D28).

Lineare Differenzial-Gleichungen

j14 **Gestalt:** $y^{(n)} + p_1(x) \cdot y^{(n-1)} + \ldots + p_{n-1}(x) \cdot y' + p_n(x) \cdot y = q(x)$

j15 Darin ist $y = y(x)$ die gesuchte Funktion.

j16 $y' \ldots y^{(n)}$ die 1. bis n-te Ableitung von $y(x)$ und $p_1(x) \ldots p_n(x)$ Funktionen von x.

Allgemeine Lösung der linearen inhomogenen DGL

j17 $$y = y_{\text{hom}} + y_{\text{part}}$$

Lösung der homogenen DGL y_{hom}

y_{hom} wird ermittelt, nachdem man bei der zu lösenden DGL das Störungsglied $q(x) = 0$ gesetzt hat. Jede homogene lineare DGL n-ter
j18 Ordnung besitzt n lineare unabhängige Lösungen $y_1, y_2, \ldots, y_n$ mit n unabhängigen beliebigen Konstanten $C_1 \ldots C_n$.

j19 $$y_{\text{hom}} = C_1 y_1(x) + C_2 y_2(x) + \ldots + C_n y_n(x)$$

(In J9 … J12 sind Lösungen zu linearen Differenzial-Gleichungen 1. und 2. Ordnung angegeben).

Partikuläre Lösung der inhomogenen DGL y_{part}

j20 y_{part} wird ermittelt für $q(x) \neq 0$. Auf J3, J6 und J7 sind Lösungswege aufgezeigt, in J9 und J12 werden Lösungen für y_{part} bei linearen Differenzial-Gleichungen 1. und 2. Ordnung angegeben.

Partikuläre Lösung

Ermittlung mithilfe der Variation der Konstanten

Ist y_{hom} einer linearen DGL n-ter Ordnung bekannt (siehe J2, j19) so führt folgender Ansatz immer zu einer partikulären Lösung:

j21 $$y_{\text{part}} = C_1(x) \cdot y_1 + C_2(x) \cdot y_2 + \ldots + C_n(x) \cdot y_n$$

Methode zur Bestimmung von $C_1(x), C_2(x), \ldots, C_n(x)$:

Aufstellung des Gleichungssystems:

j22 $$\begin{aligned} C_1'(x)y_1 &+ C_2'(x)y_2 &+ \ldots &+ C_n'(x)y_n &= 0 \\ C_1'(x)y_1' &+ C_2'(x)y_2' &+ \ldots &+ C_n'(x)y_n' &= 0 \\ & & \vdots & & \\ C_1'(x) \cdot y_1^{(n-2)} &+ C_2'(x) \cdot y_2^{(n-2)} &+ \ldots &+ C_n'(x) \cdot y_n^{(n-2)} &= 0 \\ C_1'(x) \cdot y_1^{(n-1)} &+ C_2'(x) \cdot y_2^{(n-1)} &+ \ldots &+ C_n'(x) \cdot y_n^{(n-1)} &= q(x) \end{aligned}$$

j23 *Bestimmung* von $C_i'(x)$ für $i = 1, 2, \ldots, n$ aus obigem Gleichungssystem.

j24 *Integration* von $C_i'(x)$ für $i = 1, 2, \ldots, n$, um die gesuchten $C_i(x)$ des Ansatzes zu erhalten.

Beispiel: Gesucht wird y_{part} der DGL:

j25 $$y'' + \frac{1}{x}y' = 2x$$

j26 Nach j119 $y_{\text{hom}} = \int C_1 e^{-\int \frac{1}{x}\,dx} \cdot dx + C_2 = C_1 \cdot \ln|x| + C_2$

j27 $= C_1 \cdot y_1(x) + C_2 \cdot y_2(x)$

mit $y_1(x) = \ln|x|$ und $y_2(x) = 1$

j28 Ansatz: $y_{\text{part}} = C_1(x) \cdot y_1 + C_2(x) \cdot y_2$

j29 Aus Gleichungssystem gemäß j22
$$\begin{aligned} C_1'(x) \cdot \ln|x| &+ C_2'(x) \cdot 1 = 0 \\ C_1'(x) \cdot \frac{1}{x} &+ C_2'(x) \cdot 0 = 2x \end{aligned}$$

j30 folgt $C_1'(x) = 2x^2$; $C_2'(x) = -2x^2 \cdot \ln|x|$

Durch Integration von $C_1'(x)$ und $C_2'(x)$ erhält man

j31 $$C_1(x) = \frac{2}{3}x^3; \qquad C_2(x) = -\frac{2}{3}x^3 \cdot \left[\ln|x| - \frac{1}{3}\right]$$

j32 Demnach: $y_{\text{part}} = \frac{2}{3}x^3 \cdot \ln|x| - \frac{2}{3}x^3\left(\ln|x| - \frac{1}{3}\right) \cdot 1 = \frac{2}{9}x^3$

Allgemeine Lösung:

j33 $$y = y_{\text{hom}} + y_{\text{part}} = C_1 \ln|x| + C_2 + \frac{2}{9}x^3$$

Probe: $y' = \frac{C_1}{x} + \frac{2}{3}x^2$; $\quad y'' = -\frac{C_1}{x^2} + \frac{4}{3}x$

$$y'' + \frac{y'}{x} = -\frac{C_1}{x^2} + \frac{4}{3}x + \frac{C_1}{x^2} + \frac{2}{3}x = 2x$$

Lineare DGL 1. Ordnung

j34 **Gestalt:** $y' + p(x)y = q(x)$

Die Gestalt entspricht J2, j14 für $n = 1$; die höchste vorkommende Ableitung ist y'. Lösungen für y, y_{hom} und y_{part} sind in J2 und J9 angegeben.

j35 Beispiel: $y' + \frac{y}{x} = \sin x; \qquad y = y_{\text{hom}} + y_{\text{part}}$

j36 Gemäß j108 ist $p(x) = \frac{1}{x}; \quad q(x) = \sin x.$

Nach j107 ist die homogene Lösung:

j37 $$y_{\text{hom}} = C_1 \cdot e^{-\int \frac{1}{x}\,dx} = C_1 \cdot e^{-\ln|x|} = \frac{C_1}{x} \quad \text{mit} \quad C_1 \gtreqless 0.$$

Nach j108 errechnet sich die partikuläre Lösung zu:

j38 $$\begin{aligned} y_{\text{part}} &= \int \sin x \cdot e^{\int \frac{1}{x}\,dx} \cdot dx \cdot e^{-\int \frac{1}{x}\,dx} \\ &= \int \left(\sin x \cdot e^{\ln|x|}\right) dx \cdot e^{-\ln|x|} = \int (\sin x \cdot x)\,dx \cdot \frac{1}{x} \\ &= \frac{1}{x} \sin x - \cos x \end{aligned}$$

j39 $$y = y_{\text{hom}} + y_{\text{part}} = \frac{1}{x}(C_1 + \sin x) - \cos x.$$

Probe: $y' = -\frac{C_1}{x^2} + \frac{x \cdot \cos x - \sin x}{x^2} + \sin x$

$$y' + \frac{y}{x} = \sin x$$

j40 $C_1 \gtreqless 0$; C_1 erhält definierten Wert, wenn z. B.

j41 $y(x_0) = 1$ für $x_0 = \frac{\pi}{2}$ bekannt vorgegeben wird.

Dann:

j42 $$1 = \frac{1}{\pi/2}\left(C_1 + \sin\frac{\pi}{2}\right) - \cos\frac{\pi}{2}$$

Daraus:

j43 $$C_1 = \frac{\pi}{2} - 1.$$

Lineare DGL 2. Ordnung

j44 **Gestalt:** $y'' + p_1(x) \cdot y' + p_2(x) \cdot y = q(x)$

Die Gestalt entspricht J2, j14 für $n = 2$; die höchste vorkommende Ableitung ist y''. Lösungen für y, y_{hom} und y_{part} sind in J11 und J12 angegeben.

Lineare DGL 2. Ordnung mit konstanten Koeffizienten

j45 Wegen der großen Bedeutung von diesem DGL-Typ bei der Behandlung von Schwingungsproblemen wird im Folgenden auf Spezialfälle eingegangen.

j46 **Gestalt:** $y'' + 2ay' + b^2y = q(x)$

j47 a und b sind Konstanten $\neq 0$,
$q(x)$ ist Störfunktion.

Allgemeine Lösung: Gemäß J2, j14 ist:

j48 $$y = y_{\text{hom}} + y_{\text{part}}$$

j49 *Aperiodischer* Fall: $k^2 = a^2 - b^2 > 0$

j50 $$y_{\text{hom}} = C_1 \cdot \mathrm{e}^{(-a+k)x} + C_2 \cdot \mathrm{e}^{(-a-k)x}$$

j51 $$y_{\text{part}} = \frac{\mathrm{e}^{(-a+k)x}}{2k} \cdot \int \mathrm{e}^{(a-k)x} \cdot q(x) \cdot \mathrm{d}x - \frac{\mathrm{e}^{(-a-k)x}}{2k} \cdot \int \mathrm{e}^{(a+k)x} \cdot q(x) \cdot \mathrm{d}x^{\,1)}$$

j52 *Aperiodischer* Grenzfall: $k^2 = a^2 - b^2 = 0$

j53 $$y_{\text{hom}} = C_1 \cdot \mathrm{e}^{-ax} + C_2 \cdot x \cdot \mathrm{e}^{-ax}$$

j54 $$y_{\text{part}} = -\mathrm{e}^{-ax} \int x \cdot \mathrm{e}^{ax} \cdot q(x) \cdot \mathrm{d}x + x \cdot \mathrm{e}^{-ax} \int \mathrm{e}^{ax} \cdot q(x) \cdot \mathrm{d}x^{\,1)}$$

j55 *Periodischer* Fall: $k^2 = a^2 - b^2 < 0$

j56 $$y_{\text{hom}} = \mathrm{e}^{-ax}\left[C_1 \cdot \sin(\omega x) + C_2 \cdot \cos(\omega x)\right] \qquad \text{mit } \omega = \sqrt{b^2 - a^2}$$

j57 $$y_{\text{part}} = \frac{\mathrm{e}^{-ax} \cdot \sin(\omega x)}{\omega} \cdot \int \mathrm{e}^{ax} \cdot \cos(\omega x) \cdot q(x) \cdot \mathrm{d}x - \\ - \frac{\mathrm{e}^{-ax} \cdot \cos(\omega x)}{\omega} \cdot \int \mathrm{e}^{ax} \cdot \sin(\omega x) \cdot q(x) \cdot \mathrm{d}x^{\,1)}$$

---

1) *Bemerkung*: Für den Sonderfall $q(x) = A_0 \cdot \sin(\omega_0 x)$ wird

j58 $$y_{\text{part}} = A \cdot \sin(\omega_0 x - \gamma)$$

dabei:

j59 $$A = \frac{A_0}{\sqrt{(b^2 - \omega_0^2)^2 + 4a^2\omega_0^2}}$$

und:

j60 $$\gamma = \operatorname{arccot} \frac{b^2 - \omega_0^2}{2a\omega_0}$$

Lineare DGL *n*-ter Ordnung mit konstanten Koeffizienten

j61 **Gestalt:** $a_n \cdot y^{(n)} + a_{n-1} \cdot y^{(n-1)} + \ldots + a_1 y' + a_0 y = q(x)$.

Lösung der homogenen DGL *n*-ter Ordnung mit konstanten Koeffizienten
j62 ($q(x) = 0$).

j63 **Ansatz:** $y = \mathrm{e}^{rx}$; $y' = r \cdot \mathrm{e}^{rx}$; $\ldots$ $y^{(n)} = r^n \cdot \mathrm{e}^{rx}$
eingesetzt in die homogene DGL von j61 ergibt algebraische Gleichung

j64 $$a_n r^n + a_{n-1} r^{n-1} + \ldots + a_1 r + a_0 = 0.$$

Hieraus lassen sich die Wurzeln $r_1, r_2, \ldots, r_n$ berechnen. Abhängig von der Art der Wurzeln ergeben sich für y_{hom} unterschiedliche Lösungen:

Fall a): Alle $r_1, r_2, \ldots, r_n$ reel und voneinander verschieden:

j65 $$y_{\text{hom}} = C_1 \cdot \mathrm{e}^{r_1 \cdot x} + C_2 \cdot \mathrm{e}^{r_2 \cdot x} + \ldots + C_n \cdot \mathrm{e}^{r_n \cdot x} \quad {}^{1)}$$

Fall b): Es treten Mehrfach- und Einfachwurzeln auf:

$$r_1 = r_2 = \ldots = r_m; \qquad r_{m+1}, r_{m+2}, \ldots, r_n$$

j66 $$y_{\text{hom}} = C_1 \cdot \mathrm{e}^{r_1 \cdot x} + C_2 \cdot x \cdot \mathrm{e}^{r_1 \cdot x} + C_3 x^2 \cdot \mathrm{e}^{r_1 \cdot x} + \ldots + C_m \cdot x^{m-1} \cdot \mathrm{e}^{r_1 \cdot x} + C_{m+1} \cdot \mathrm{e}^{r_{m+1} \cdot x} + \ldots + C_n \cdot \mathrm{e}^{r_n \cdot x} \quad {}^{1)}$$

j67 $$= \mathrm{e}^{r_1 \cdot x}(C_1 + C_2 \cdot x + \ldots + C_m \cdot x^{m-1}) + C_{m+1} \cdot \mathrm{e}^{r_{m+1} \cdot x} + \ldots + C_n \cdot \mathrm{e}^{r_n \cdot x}$$

Fall c): Es treten konjugiert komplexe Wurzeln auf:

$$r_1 = \alpha + \mathrm{i}\beta; \qquad r_2 = \alpha - \mathrm{i}\beta = \overline{r_1}$$

j68 $$y_{\text{hom}} = C_1 \cdot \mathrm{e}^{r_1 \cdot x} + C_2 \cdot \mathrm{e}^{r_2 \cdot x} \quad {}^{1)}$$

$$= \mathrm{e}^{\alpha x} \cdot (A \cdot \cos \beta x + B \cdot \sin \beta x)$$

$$A = C_1 + C_2; \qquad B = \mathrm{i}(C_1 - C_2)$$

Partikuläre Lösung der inhomogenen DGL *n*-ter Ordnung mit konstanten Koeffizienten

j69 $$y_{\text{part}} = g_1(x) + g_2(x) + \ldots + g_k(x).$$

Zum Auffinden von partikulären Lösungen Ansätze verwenden, die von der Gestalt von $q(x)$ abhängen. Dazu dienen die Lösungsansätze auf J7 abhängig von $q(x)$.

Mit dem entsprechenden Ansatz für y_{part} werden $y'_{\text{part}}, y''_{\text{part}}$ usw. gebildet und in die zu lösende DGL eingesetzt. Durch Koeffizientenvergleich können die Unbekannten α_ν und β bestimmt werden (siehe Beispiel auf J7).

---

1) $C_1, C_2, \ldots, C_n$ sind beliebige Konstanten.

Lineare DGL n-ter Ordnung mit konstanten Koeffizienten

	für $q(x)$	Ansatz $y_{\text{part}} =$
j70	A	α
j71	x^m	$\alpha_0 + \alpha_1 x + \alpha_2 x^2 + \ldots + \alpha_m x^m$
j72	$A_0 + A_1 x + A_2 x^2 + \ldots + A_m x^m$	$\alpha_0 + \alpha_1 x + \alpha_2 x^2 + \ldots + \alpha_m x^m$
j73	$A \cdot e^{\lambda x}$	$\alpha \cdot e^{\lambda x}$
j74	$A \cdot \cos mx$	$\alpha \cdot \cos mx + \beta \cdot \sin mx$
j75	$B \cdot \sin mx$	" + "
j76	$A \cdot \cos mx + B \cdot \sin mx$	" + "
j77	$A \cdot \cosh mx$	$\alpha \cdot \cosh mx + \beta \cdot \sinh mx$
j78	$B \cdot \sinh mx$	" + "
j79	$A \cdot \cosh mx + B \cdot \sinh mx$	" + "
j80	$A \cdot e^{\lambda x} \cdot \cos mx$	$\alpha \cdot e^{\lambda x} \cdot \cosh mx + \beta e^{\lambda x} \cdot \sin mx$
j81	$B \cdot e^{\lambda x} \cdot \sin mx$	" + "
j82	$A \cdot e^{\lambda x} \cdot \cos mx + B \cdot e^{\lambda x} \cdot \sin mx$	" + "

j83 Beispiel: $y'' - y = \cos 2x$; gemäß J6, j63 Ansatz für

j84 $y = e^{rx}; \quad y' = r \cdot e^{rx}; \quad y'' = r^2 \cdot e^{rx}$

In homogene DGL vom Beispiel (j83) eingesetzt, ergibt:

j85 $r^2 - 1 = 0; \quad r^2 = 1; \quad r_1 = 1; \quad r_2 = -1$

j86 $y_{\text{hom}} = C_1 \cdot e^{r_1 \cdot x} + C_2 \cdot e^{r_2 \cdot x} = C_1 \cdot e^x + C_2 \cdot e^{-x}.$

Ansatz für:

j87 $y_{\text{part}} = \alpha \cdot \cos 2x + \beta \cdot \sin 2x$

j88 $y'_{\text{part}} = -2\alpha \cdot \sin 2x + 2\beta \cdot \cos 2x$

j89 $y''_{\text{part}} = -4\alpha \cdot \cos 2x - 4\beta \cdot \sin 2x.$

j87 und j89 in homogene DGL von j83 eingesetzt, ergibt:

j90 $-5\alpha \cdot \cos 2x - 5\beta \cdot \sin 2x = \cos 2x.$

Koeffizienten-Vergleich ergibt:

j91 $\beta = 0; \quad \alpha = -\frac{1}{5}$ und damit $y_{\text{part}} = -\frac{1}{5} \cos 2x$

Allgemeine Lösung:

j92 $y = y_{\text{hom}} + y_{\text{part}} = C_1 \cdot e^x + C_2 \cdot e^{-x} - \frac{1}{5} \cos 2x$

Probe: $y' = C_1 \cdot e^x - C_2 \cdot e^{-x} + \frac{1}{5} \sin 2x \cdot 2$

$$y'' = C_1 \cdot e^x + C_2 \cdot e^{-x} + \frac{1}{5} \cdot 4 \cdot \cos 2x$$

$$y'' - y = C_1 \cdot e^x + C_2 \cdot e^{-x} + \frac{1}{5} \cdot 4 \cdot \cos 2x -$$

$$- C_1 \cdot e^x - C_2 \cdot e^{-x} + \frac{1}{5} \cos 2x = \cos 2x$$

Erniedrigung der Ordnung durch Variablen-Substitution zur Lösung einer DGL n-ter Ordnung

Nr.	Gestalt der DGL	Voraussetzung	Substitution	Bemerkung
j93	$y^{(n)} = f(y, y', \ldots, y^{(n-1)})$ (*siehe Beispiel A*)	x nicht explizit enthalten	$y' = p = \frac{dy}{dx}$; $y'' = p' = \frac{dp}{dy} \cdot p$	Reduzierung von Ordnung n auf Ordnung $n-1$
j94	$y^{(n)} = f(x, y', \ldots, y^{(n-1)})$	y nicht explizit enthalten	$y' = p$; $y'' = \frac{dp}{dx}$	Reduzierung von Ordnung n auf Ordnung $n-1$
j95	$y^{(n)} = f(x, y^{(k+1)}, \ldots, y^{(n-1)})$ (*siehe Beispiel B*)	1te bis k-te Ableitung nicht vorhanden	$y^{(k+1)} = p$; $y^{(k+2)} = p' = \frac{dp}{dx}$	Reduzierung von Ordnung n auf Ordnung $n-k$

<u>Beispiel A:</u>

j96 $y \cdot y'' - y'^2 = 0$

j97 Substitution: $y' = p; \quad y'' = p\frac{dp}{dy}$

j98 $y \cdot p \cdot \frac{dp}{dy} - p^2 = 0; \quad \frac{dp}{p} = \frac{dy}{y}$

j99 $\ln|p| = \ln|y| + \ln C$

j100 $\ln|p| = \ln C \cdot y = \frac{dy}{dx} = y'$

j101 $p = C \cdot y = y'$

j102 $y' - C \cdot y = 0$

j103 $y = C_1 \cdot e^{-\int C \cdot dx} = C_1 \cdot e^{-C \cdot x}$

Probe:

$$y' = -C_1 \cdot e^{-Cx} \cdot C$$

$$y'' = C_1 \cdot C^2 \cdot e^{-Cx}$$

$$y \cdot y'' - y'^2 = C_1 \cdot e^{-Cx} \cdot C_1 \cdot C^2 \cdot e^{-Cx} - C_1^2 \cdot C^2 \cdot e^{-Cx \cdot 2} = 0$$

<u>Beispiel B:</u>

$y''' + 2y'' - 4x = 0$

Substitution: $y'' = p; \quad y''' = \frac{dp}{dx} = p'$

$p' + 2p - 4x = 0,$ nach j108:

$$p = C_1 e^{-2x} + 2x - 1 = \frac{d}{dx} y' = y''$$

$$y' = \int (C_1 e^{-2x} + 2x - 1)\, dx + C_2$$

$$y' = -\frac{C_1}{2} e^{-2x} + x^2 - x + C_2 = \frac{dy}{dx}$$

$$y = \int \left(-\frac{C_1}{2} e^{-2x} + x^2 - x + C_2 \right) dx + C_3$$

$$y = \frac{1}{4} C_1 e^{-2x} + C_2 x + \frac{x^3}{3} - \frac{x^2}{2} + C_3$$

Probe:

$$y''' + 2y'' - 4x = -2C_1 e^{-2x} + 2 + 2C_1 e^{-2x} + 4x - 2 - 4x = 0$$

Differenzial-Gleichungen

Differenzial-Gleichungen 1. Ordnung

J9

Nr.	Art	Gestalt	Substitutions-Ansatz	Lösung	Bemerkung
j104	Separierbare DGL	$y' = \frac{dy}{dx} = \frac{f(x)}{g(y)}$		$\int g(y) \cdot dy = \int f(x) \cdot dx + C$	Die Veränderlichen x und y können nach links und rechts getrennt werden.
j105	Nicht direkt separierbare DGL	$y' = f(\alpha x + \beta y + \gamma)$	$\alpha x + \beta y + \gamma = u$ $\frac{du}{dx} = \alpha + \beta y'$ $y' = \frac{1}{\beta}\left(\frac{du}{dx} - \alpha\right)$	$\int dx = \int \frac{du}{\beta f(u) + \alpha} + C$	Nach Integration ist Substitution rückgängig zu machen
j106	Ähnlichkeits-DGL	$y' = f\left(\frac{y}{x}\right)$	$\frac{y}{x} = u$ $y' = u + x \cdot \frac{du}{dx}$	$\int \frac{dx}{x} = \int \frac{du}{f(u) - u} + C$	DGL überprüfen, ob in $f(y/x)$ überführbar.
j107	Homogene lineare DGL 1. Ordnung	$y' + p(x) \cdot y = 0$		$y = Ce^{-\int p(x)\,dx} = y_{hom}$	$y = y_{hom}$
j108	Inhomogene lineare DGL 1. Ordnung	$y' + p(x) \cdot y = q(x)$	$y = y_{hom} + y_{part}$ $y_p = C(x) \cdot e^{-\int p(x)\,dx}$ $y_p' = C'(x) \cdot e^{-\int p(x)\,dx}$ $- C(x) \cdot p(x) \cdot e^{-\int p(x)\,dx}$	$y = e^{-\int p(x)\,dx} \cdot \left[C + \int q(x) \cdot e^{\int p(x)\,dx} \cdot dx\right]$ dabei $y_p = \int q(x) \cdot e^{\int p(x)\,dx} \cdot dx \cdot e^{-\int p(x)\,dx}$	y_{hom} siehe j107 Partikuläre Lösungsermittlung durch Variation der Konstanten: siehe J2, J3
j109	Implizite DGL 1. Ordnung, kein x-Glied	$y = f(y')$	$y' = p$	$x = \int \frac{f'(p) \cdot dp}{p} + C$ $y = f(p)$	Durch Elimination von p ergibt sich Lösung aus der Parameter-Darstellung.

Differenzial-Gleichungen

Differenzial-Gleichungen 1. Ordnung

Nr.	Art	Gestalt	Substitutions-Ansatz	Lösung	Bemerkung
j110	Implizite DGL 1. Ordnung, kein *y*-Glied	$x = f(y')$	$y' = p$	$x = f(p)$ $y = \int p \cdot f'(p) \cdot \mathrm{d}p + C$	Durch Elimination von *p* ergibt sich Lösung aus der Parameter-Darstellung.
j111	Implizite DGL 1. Ordnung d'Alembert	$y = x \cdot g(y') + f(y')$	$y' = p$	$\frac{\mathrm{d}x}{\mathrm{d}p} = \frac{g'(p)}{p - g(p)} x + \frac{f'(p)}{p - g(p)}$	
j112	Clairaut-sche DGL	$y = x \cdot y' + f(y')$	$y' = p$ $f(y') = f(p)$	mit $C_1 = y'$: $y = x \cdot C_1 + f(C_1)$ (Geradenschar, allgemeines Integral) $x = -f'(p)$ $y = -p \cdot f'(p) + f(p)$	Parameter-Darstellung *x* und *y*. Singuläres Integral (Einhüllende) durch Elimination von *p*.
j113	Bernoulli-DGL DGL 1. Ordnung *n*-ten Grades	$y' + p(x)y + q(x)y^n = 0$ mit $n \neq 0;\ n \neq 1$	$z = y^{1-n}$ $y = z^{\frac{1}{1-n}}$ $y' = \frac{1}{1-n} \cdot z^{\frac{n}{1-n}} \cdot z'$	$\frac{1}{1-n} z' + p(x) \cdot z = -q(x)$ $z = \mathrm{e}^{-\int (1-n)p(x)\cdot \mathrm{d}x} \left[C - (1-n) \cdot \int q(x) \cdot \mathrm{e}^{\int (1-n)p(x) \cdot \mathrm{d}x}\, \mathrm{d}x\right]$ $y = z^{\frac{1}{1-n}} = \frac{1}{\sqrt[n-1]{z}}$	Rückführung auf DGL 1. Ordnung Lösung gemäß J9, j108
j114	Riccati-DGL DGL 1. Ordnung 2. Grades	$y' + p(x)y + q(x)y^2 = r(x)$	$y(x) = u(x) + y_1(x)$ dabei $y_1(x)$ bekannte partikuläre Lösung. $z(x) = \frac{1}{u(x)}$	$z' - [p(x) + 2q(x) \cdot y_1(x)] \cdot z = q(x)$ $y(x) = y_1(x) + \frac{1}{\mathrm{e}^{+\int [p(x)+2q(x)\cdot y_1(x)]\,\mathrm{d}x}} \cdot \frac{1}{\left[C + \int q(x) \cdot \mathrm{e}^{-\int [p(x)+2q(x)\cdot y_1(x)]\,\mathrm{d}x}\, \mathrm{d}x\right]}$	Inhomogene DGL in *z*; Lösung gemäß J9. Mindestens *eine* partikuläre Lösung muss bekannt sein.

Nr.	Art	Gestalt	Substitutions-Ansatz	Lösung	Bemerkung
j115	Homogene lineare DGL 2. Ordnung Eulersche DGL	$x^2 \cdot y'' + b_1 x y' + b_0 y = 0$	$y = x^r$ $y' = r \cdot x^{r-1}$ $y'' = r(r-1)x^{r-2}$	$y(x) = C_1 x^{r_1} + C_2 \cdot x^{r_2};\ r_1 \neq r_2$ mit $r_{1,2} = \frac{1-b_1}{2} \pm \sqrt{\frac{(b_1-1)^2}{4} - b_0}$ oder $y(x) = x^{\alpha}\left[A \cdot \cos(\beta \cdot \ln\lvert x\rvert) + \right.$ $\left. + B \cdot \sin(\beta \cdot \ln\lvert x\rvert)\right]$ für $r_1 = \alpha + \mathrm{i}\beta$ und $r_2 = \alpha - \mathrm{i}\beta$	C_1 und C_2 sind beliebige Konstanten. $A = C_1 + C_2$ $B = \mathrm{i}(C_1 - C_2)$
j116	y und y' Funktionen fehlen	$y'' = f(x)$		$y = C_1 + C_2 x + \int \left[\int f(x) \cdot \mathrm{d}x\right] \cdot \mathrm{d}x$	Beginn der Berechnung mit innerem Integral
j117	Homogene lineare DGL 2. Ordnung mit konstanten Koeffizienten	$y'' + a_1 y' + a_0 y = 0$	$y = \mathrm{e}^{rx}$ $y' = r \cdot \mathrm{e}^{rx}$ $y'' = r^2 \cdot \mathrm{e}^{rx}$	$y(x) = C_1 \mathrm{e}^{r_1 x} + C_2 \mathrm{e}^{r_2 x} = y_{hom}$ mit $r_{1,2} = -\frac{a_1}{2} \pm \sqrt{\frac{{a_1}^2}{4} - a_0}$ oder $y(x) = \mathrm{e}^{\alpha x}(A \cdot \cos\beta x + B \cdot \sin\beta x) = y_{hom}$ mit $r_1 = \alpha + \mathrm{i}\beta; r_2 = \alpha - \mathrm{i}\beta = \bar{r}_1$ oder $y(x) = C_1 \mathrm{e}^{r_1 x} + C_2 x \mathrm{e}^{r_1 x} = y_{hom}$ mit $r_1 = r_2$	C_1 und C_2 sind beliebige Konstanten. $A = C_1 + C_2$ $B = \mathrm{i}(C_1 - C_2)$
j118	Inhomogene lineare DGL 2. Ordnung mit konstanten Koeffizienten	$y'' + a_1 y' + a_0 y = q(x)$	$y = y_{hom} + y_{part}$	$y(x) = C_1 \cdot \mathrm{e}^{r_1 x} + C_2 \cdot \mathrm{e}^{r_2 x} + y_{part}$ mit $r_1 \neq r_2$ und reell siehe j117 oder $y(x) = C_1 \cdot \mathrm{e}^{r_1 x} + C_2 x \cdot \mathrm{e}^{r_1 x} + y_{part}$ mit $r_1 = r_2$ oder $y(x) = \mathrm{e}^{\alpha x}(A\cos\beta x + B\sin\beta x) + y_{part}$ mit $r_1 = \alpha + \mathrm{i}\beta;\ r_2 = \alpha - \mathrm{i}\beta = \bar{r}_1$	y_{part} abhängig von $q(x)$ Berechnung siehe J6, J7 siehe Bemerkung j115
j119	Homogene lineare DGL 2. Ordnung y fehlt	$y'' + p_1(x) \cdot y' = 0$	$y' = u$ $y'' = \frac{\mathrm{d}u}{\mathrm{d}x}$	$y = \int C_1 \mathrm{e}^{-\int p_1(x)\,\mathrm{d}x}\,\mathrm{d}x + C_2 = y_{hom}$	Durch Substitution Rückführung zunächst auf DGL 1. Ordnung, dann Lösung.

Differenzial-Gleichungen

Differenzial-Gleichungen 2. Ordnung

J12

Nr.	Art	Gestalt	Substitutions-Ansatz	Lösung	Bemerkung
j120	Inhom. lin. DGL 2. Ordnung, y fehlt	$y'' + p_1(x)y' = q(x)$	$y' = u$ $y'' = \frac{du}{dx}$ $y = y_h + y_p$	$y = \int\left[e^{-\int p_1(x)\,dx}\cdot\left(C_1 + \int q(x)\cdot e^{\int p_1(x)\,dx}\cdot dx\right)\right]dx + C_2$ $y_p = \left[e^{-\int p_1(x)\,dx}\cdot\left(\int q(x)^{\int p_1(x)\,dx}\cdot dx\right)\right]dx$	Zur Berechnung mit inneren Integralen beginnen.
j121	Nichtlineare DGL 2. Ordnung, y fehlt	$y'' + p_1(x)\cdot f(y') = 0$	$y' = u; \quad y'' = \frac{du}{dx}$ $f(y') = f(u)$	$\int \frac{du}{f(u)} = -\int p_1(x)\cdot dx + C_1$ $y = \int u \cdot dx + C_2$	
j122	DGL 2. Ordnung, y' fehlt	$y'' = f(y)$	$y' = u(y)$ $y'' = u(y)\cdot\frac{du}{dy}$	$x = \pm\int\frac{dy}{\sqrt{2\int f(y)\cdot dy + C_1}} + C_2$	
j123	DGL 2. Ord., y fehlt	$y'' = f(x, y')$	$y' = u(x)$	$\frac{du}{dx} = f(x, u); \quad y = \int u(x)\cdot dx + C$	Oft nicht lösbar.
j124	DGL 2. Ordnung, x und y fehlen	$y'' = f(y')$	$y' = u$ $y'' = u'$ $f(y') = f(u)$	$x = \int\frac{du}{f(u)} + C_1; \quad y = \int\frac{u\cdot du}{f(u)} + C_2$	Nach Elimination von u ergibt sich Lösung.
j125	DGL 2. Ordnung, x fehlt	$y'' = f(y, y')$	$y' = u$ $y'' = \frac{du}{dx} = f(y,u) = u\frac{du}{dy}$ $u = u(y); \quad y = y(x)$	$u\frac{du}{dy} = f(y, u)$ $x = \int\frac{dy}{u(y)} + C$	Zuletzt wird $y' = \frac{dy}{dx}$ für u gesetzt.
j126	Homogene lineare DGL 2. Ordnung	$y'' + p_1(x)\cdot y' + p_2(x)\cdot y = 0$	$v(x) = \frac{y}{y_1(x)}$ $v'(x) = w = \frac{d}{dx}\left(\frac{y}{y_1(x)}\right)$	Nach Überführung in: $y_1(x)\cdot w' + [2y_1'(x) + p_1(x)\cdot y_1(x)]w = 0$ $y = y_1 \cdot v(x)$ $y = y_1(x)\left[\int C_1\frac{1}{y_1{}^2(x)}\cdot e^{-\int p_1(x)\cdot dx}\cdot dx + C_2\right]$	$y_1(x)$ muss als partikuläre Lösung bekannt sein. Dann auf lineare homogene DGL 1. Ordnung überführbar. $y_1(x)$ s. J9

Statik

Allgemeine Begriffe

K1

Allgemeines

Die Statik behandelt die äußeren Kräfte und die Gleichgewichtsbedingungen der starren Körper sowie die Bestimmung von unbekannten Kräften (z. B. Auflagerkräfte). Inhalt der Blätter K1 … K14 bezieht sich auf die Kräfte in einer Ebene.

Die wichtigsten Größen der Statik

Länge l

Ist Basisgröße, siehe Erläuterungen.

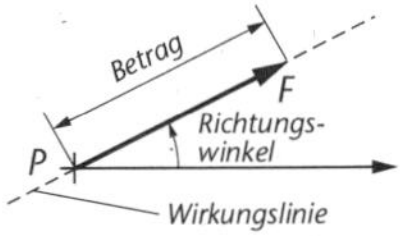

Kraft F (siehe Erläuterung auf M1)

Darstellung durch einen Vektor.

Pfeillänge: Betrag oder Größe
Richtungswinkel: Richtung von x
Angriffspunkt P: Lage

Gewichtskraft F_G

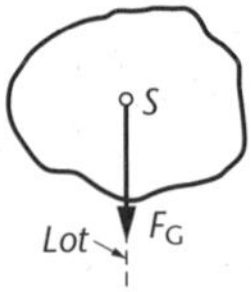

Definition: Erdanziehungskraft
Angriffspunkt: Schwerpunkt S
Wirkungslinie: Lot des Ortes
Sinn: nach unten (gegen Erdzentrum)
Größe: Bestimmung mit der Federwaage

Auflagerkraft F_A

Vom Lager A auf den Körper ausgeübte Reaktionskraft.

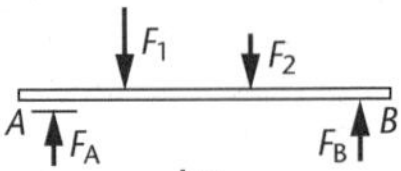

Resultierende Kraft F_R

Ermittelte Kraft, die die Wirkung anderer äußerer Kräfte ersetzt.

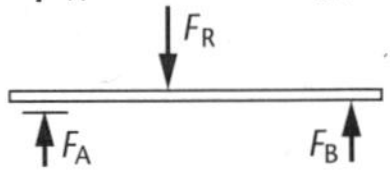

Moment M **einer Kraft** F **um einen Punkt** O

Durch O geht die Drehachse.

k1 Moment $M = \pm F l$

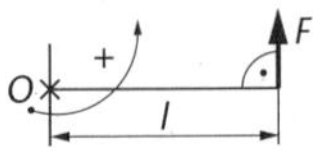

Wirkung einer Kraft F **bez. eines Punktes** O

Die Wirkung einer Kraft F bzgl. d. Punktes O wird ersetzt durch das Kräftepaar F–F'' und die Kraft F'.

k2 $F' = F; \qquad F'' = -F$

Moment des Kräftepaars

k3 $M = \pm\, F l$

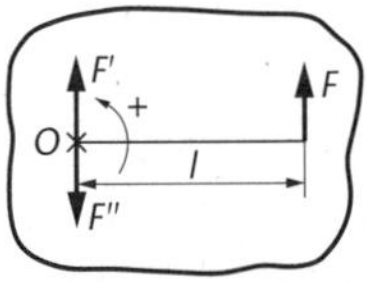

Momentensatz: Das Moment der resultierenden Kraft ist gleich der Summe der Momente der äußeren Kräfte.

Grafische Zusammensetzung von Kräften

Kräfteplan	Krafteck

Zwei Kräfte

k4

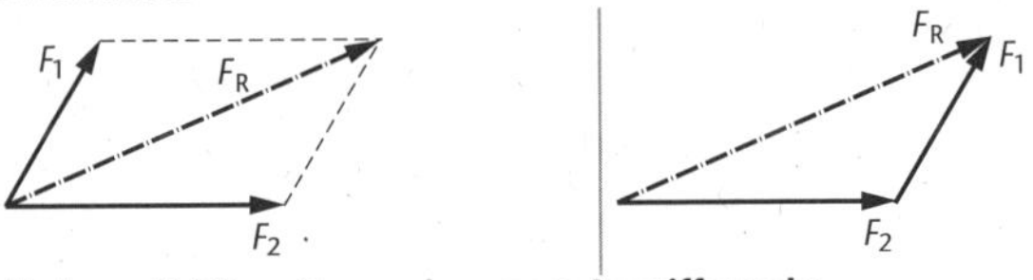

Mehrere Kräfte mit gemeinsamem Angriffspunkt

k5

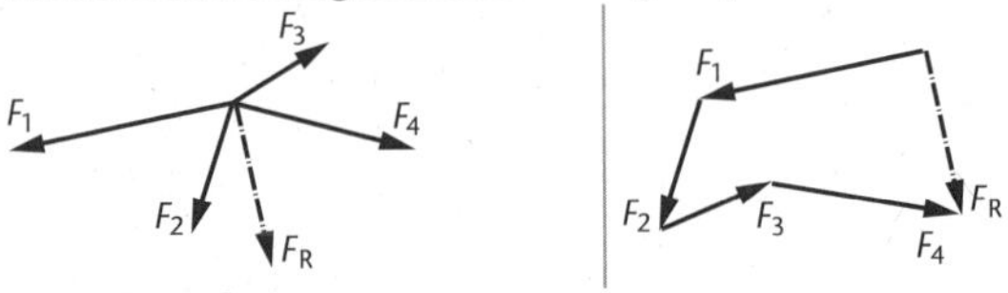

Parallele Kräfte

k6

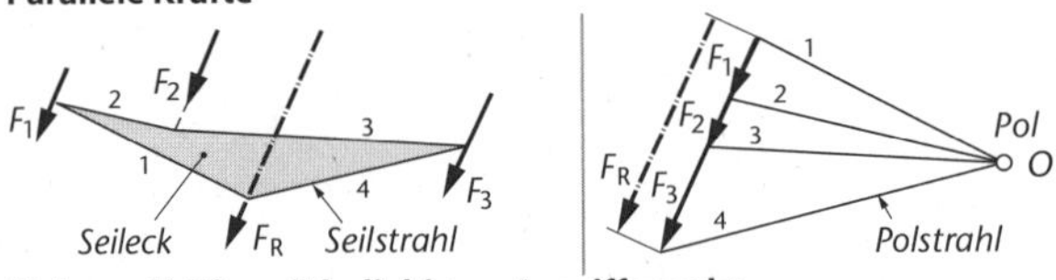

Mehrere Kräfte mit beliebigem Angriffspunkt

k7

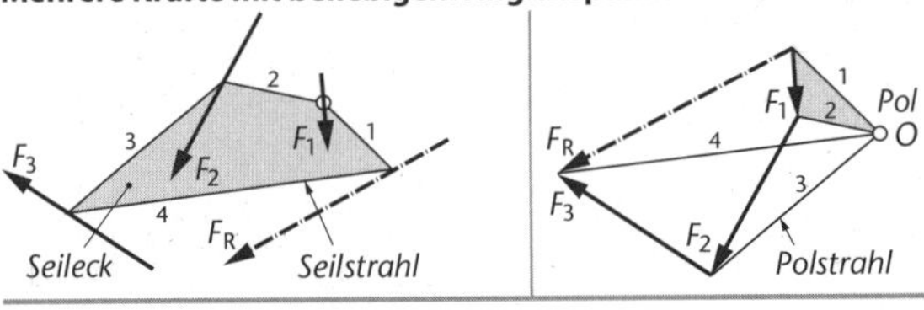

<u>Konstruktion des Seilecks:</u>

Krafteck zeichnen. Pol *O* so wählen, dass sich alle Seilstrahlen in der Figur schneiden, und Polstrahlen ziehen. Seileck so konstruieren, dass Seilstrahlen parallel zu den Polstrahlen verlaufen. Dabei muss jedem Dreieck im Krafteck ein Schnittpunkt im Seileck entsprechen (z. B. zum Dreieck F_1–1–2 des Kraftecks gehört der Schnittpunkt F_1–1–2 des Kräfteplans).

Rechnerische Zusammensetzung von Kräften

Zerlegung einer Kraft

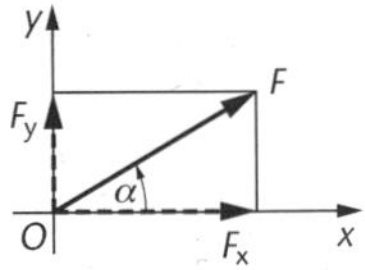

k8 $F_x = F \cdot \cos\alpha \qquad F_y = F \cdot \sin\alpha$

k9 $F = +\sqrt{F_x^2 + F_y^2} \qquad \tan\alpha = \dfrac{F_y}{F_x}$

(Vorzeichen der Winkelfunktionen von α nach unten stehender Tabelle)

Moment M_O einer Kraft in Bezug auf einen Punkt O

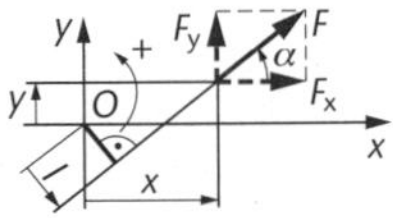

k10 $M_O = \pm F \cdot l = F_y x - F_x y$

(Bestimmung von F_x und F_y nach k8)

Resultierende F_R von beliebigen gegebenen Kräften

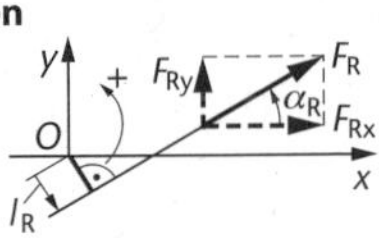

Komponenten

k11 $F_{Rx} = \sum F_x\,; \qquad F_{Ry} = \sum F_y$

k12 $F_R = +\sqrt{F_{Rx}^2 + F_{Ry}^2}$

Betrag Richtungswinkel α_R

k13 $\tan\alpha_R = \dfrac{F_{Ry}}{F_{Rx}}; \quad \sin\alpha_R = \dfrac{F_{Ry}}{F_R}; \quad \cos\alpha_R = \dfrac{F_{Rx}}{F_R}$

Abstand

k14 $l_R = \dfrac{\left|\sum M_O\right|}{|F_R|}$ (Momentensatz)

k15 Vorzeichen von $F_R \cdot l_R$ = Vorzeichen von $\sum M_O$

Vorzeichen der Winkelfunktionen in $x, y; F_x, F_y; F_{Rx}, F_{Ry}$

	Quadrant	α, α_R	$\cos\alpha$	$\sin\alpha$	$\tan\alpha$	x, F_x, F_{Rx}	y, F_y, F_{Ry}
k16	I	0 … 90°	+	+	+	+	+
k17	II	90 … 180°	−	+	−	−	+
k18	III	180 … 270°	−	−	+	−	−
k19	IV	270 … 360°	+	−	−	+	−

F_x, F_y	Komponenten von F in x- und y-Richtung
F_{Rx}, F_{Ry}	Komponenten von F_R in x- und y-Richtung
x, y	Koordinaten von F
α, α_R	Winkel von F bzw. F_R
l, l_R	Abstand von F bzw. F_R vom Bezugspunkt

Gleichgewichts-Bedingungen

Ein Körper ist im Gleichgewicht, wenn die Resultierende aller äußeren Kräfte und die Summe der Momente aller äußeren Kräfte in Bezug auf einen beliebigen Punkt null sind.

	Kräfte	grafisch	analytisch
k20	mit gemeinsamem Angriffspunkt	Krafteck geschlossen	$\sum F_x = 0;\ \sum F_y = 0$
k21	parallel zur y-Achse	Krafteck und Seileck geschlossen	$\sum F_y = 0;\ \sum M = 0$
k22	beliebig		$\sum F_x = 0;\ \sum F_y = 0;\ \sum M = 0$

Träger auf 2 Lagern

Gegeben: Größe und Lage von F_1 und F_2. Gesucht: F_A, F_B

Grafische Lösung:

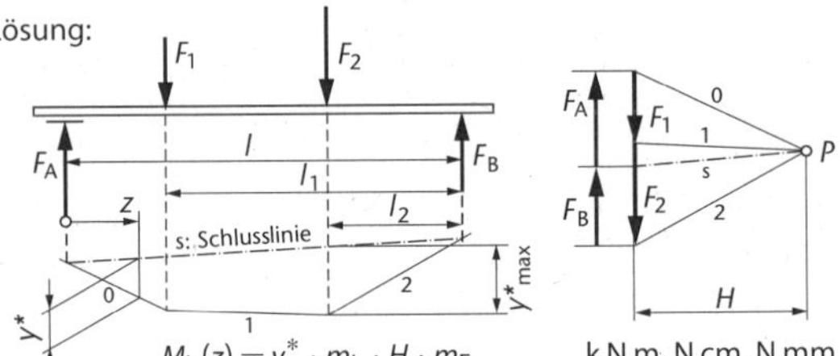

$M_b(z) = y^* \cdot m_L \cdot H \cdot m_F$ k N m, N cm, N mm

k23 m_L Lageplanmaßstab = wahre Länge / entspr. Länge in Zeichnung
k24 m_F Kräfteplanmaßstab = Kraft / entspr. Länge in Zeichnung
H Polabstand y^*: vertikaler Abstand zwischen Schlusslinie s und Seileck

k25 Rechnerische Lösung: $F_A = F_1 \cdot l_1/l + F_2 \cdot l_2/l$; $F_B = (F_1 + F_2) - F_A$

Streckenlasten werden in kleinere Abschnitte unterteilt und durch entsprechende im jeweiligen Abschnittsschwerpunkt angreifende Einzelkräfte ersetzt.

Wandkran: 3-Kräfte-Beispiel – Gesucht: F_{Ax}, F_{Ay}, F_B

Gegeben

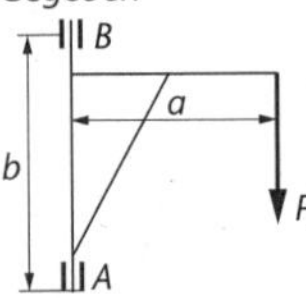

Lösung

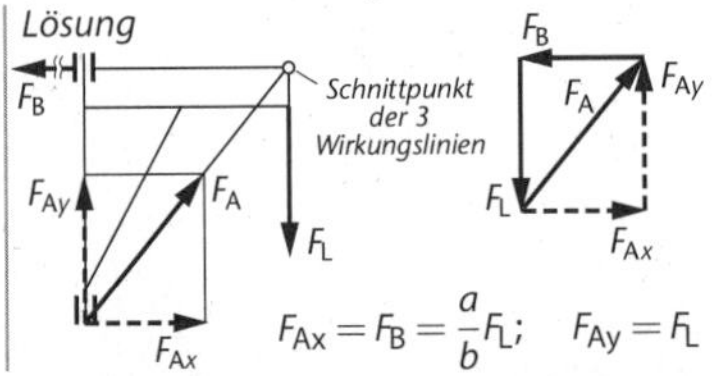

$F_{Ax} = F_B = \frac{a}{b} F_L$; $F_{Ay} = F_L$

Rechnerische Ermittlung der Stabkräfte

(Verfahren nach Ritter)

k26

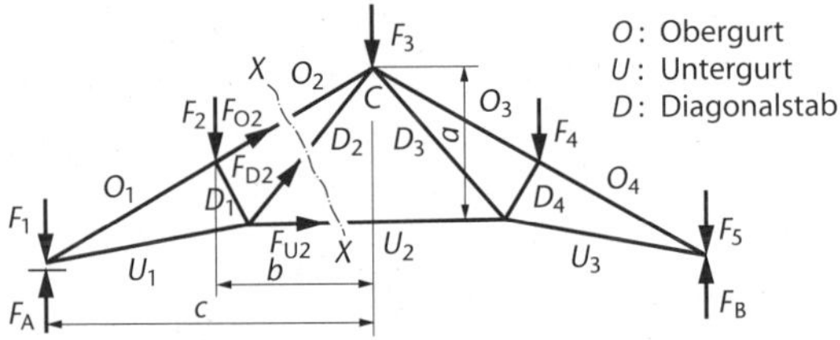

Ermittle die Auflagerkräfte nach K4 (Träger auf 2 Lagern) und lege durch Fachwerk so einen Schnitt $X \dots X$, dass davon der zu berechnende Stab getroffen wird und dabei nicht mehr als 3 Stäbe geschnitten werden. Es ist nun anzunehmen, alle Spannkräfte seien Zugkräfte. Dann ergeben sich Zugkräfte als positive und Druckkräfte als negative Werte.

Bilde die Momenten-Gleichung $\sum M = 0$ mit den äußeren und inneren Kräften bezogen auf den Schnittpunkt von 2 der unbekannten Kräfte. Die Einzelmomente der zuletzt genannten Kräfte werden dabei gleich null.

Regel für die Vorzeichen der Momente

Momente entgegen Uhrzeigersinn sind positiv.
" im " " negativ.

Beispiel zu obigem Träger

Aufgabe: Gesucht Kraft F_{U2} in Stab U_2

Lösung:

Lege Schnitt $X \dots X$ durch $O_2 - D_2 - U_2$. Da sich O_2 und D_2 in C schneiden, wird C als Bezugspunkt für die Momentengleichung gewählt, damit die Momente von O_2 und D_2 gleich null werden können.

Es ist nun zu bilden

$$\sum M_C = 0$$

$$+a \cdot F_{U2} + b \cdot F_2 - c(F_A - F_1) = 0$$

$$F_{U2} = \frac{-b \cdot F_2 + c(F_A - F_1)}{a}$$

Grafische Ermittlung der Kräfte in den Knoten

(Cremona-Verfahren)

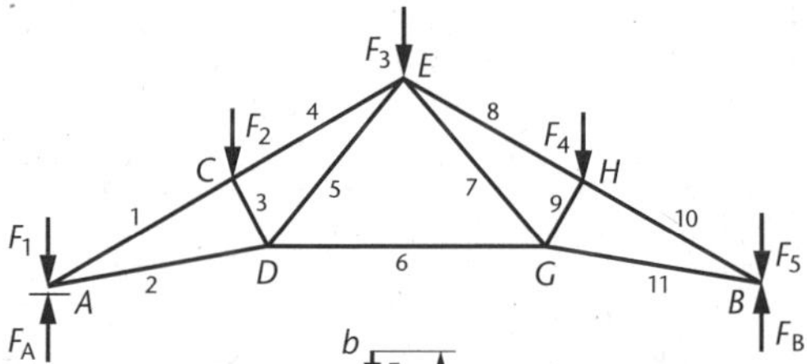

k27

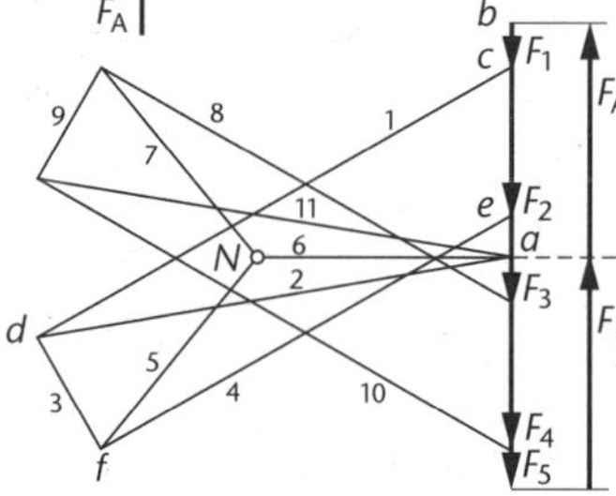

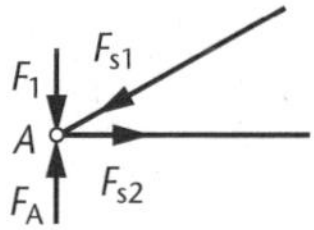

Grundsätze

Ein Stab reicht nur von Knoten bis Knoten. Die äußeren Kräfte greifen nur in Knotenpunkten an.

Arbeitsanleitung

Kräftemaßstab festlegen. Auflagerkräfte nach K4 ermitteln. Da ein Krafteck nur 2 Unbekannte enthalten darf, mit dem Knoten *A* beginnen. Für alle Knoten denselben Umfahrungssinn festlegen (z. B. $F_A - F_1 - F_{S1} - F_{S2}$).

Knoten *A*: Krafteck *a–b–c–d–a*.
Ob Druck- oder Zugstab, in einer Skizze oder Tabelle eintragen.

Knoten *C*: Krafteck *d–c–e–f–d*.
usw.

Kontrolle

Durch *einen* Knoten im Fachwerk gehende Kräfte müssen im Cremona-Plan ein Vieleck bilden.

Durch *einen* Punkt im Kräfteplan gehende Kräfte müssen im Fachwerk ein Dreieck bilden.

Kreisbogen

k28 $$y = \frac{r \cdot \sin\alpha \cdot 180^\circ}{\pi \cdot \alpha} = \frac{r \cdot s}{b}$$

k29 $y = 0{,}6366 \cdot r$ bei $2\alpha = 180^\circ$

k30 $y = 0{,}9003 \cdot r$ bei $2\alpha = 90^\circ$

k31 $y = 0{,}9549 \cdot r$ bei $2\alpha = 60^\circ$

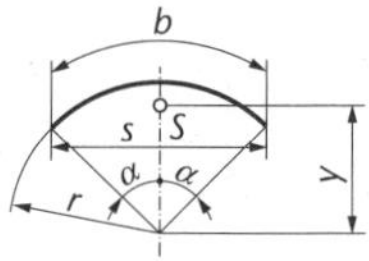

Dreieck

k32 $$y = \frac{1}{3}h$$

S liegt im Schnittpunkt der Seitenhalbierenden.

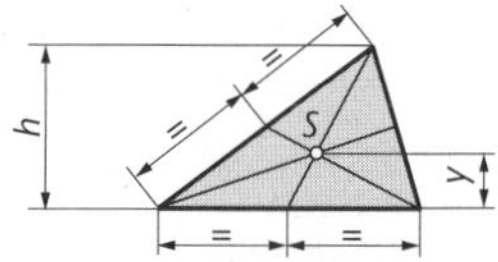

Kreisausschnitt

k33 $$y = \frac{2r \cdot \sin\alpha \cdot 180^\circ}{3 \cdot \pi \cdot \alpha} = \frac{2r \cdot s}{3b}$$

k34 $y = 0{,}4244 \cdot r$ bei $2\alpha = 180^\circ$

k35 $y = 0{,}6002 \cdot r$ bei $2\alpha = 90^\circ$

k36 $y = 0{,}6366 \cdot r$ bei $2\alpha = 60^\circ$

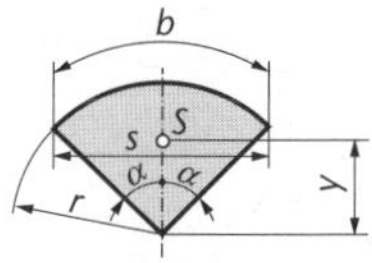

Trapez

k37 $$y = \frac{h}{3} \cdot \frac{a + 2b}{a + b}$$

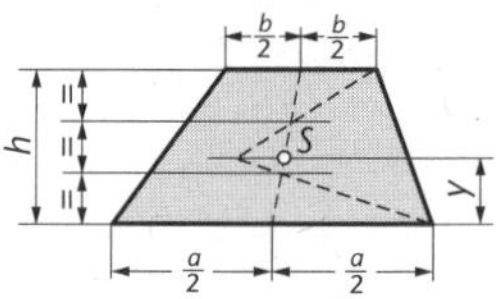

Kreisringstück

k38 $$y = \frac{2}{3} \cdot \frac{R^3 - r^3}{R^2 - r^2} \cdot \frac{\sin\alpha}{\operatorname{arc}\alpha}$$

k39 $$= \frac{2}{3} \cdot \frac{R^3 - r^3}{R^2 - r^2} \cdot \frac{s}{b}$$

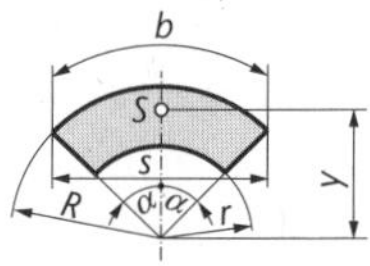

Kreisabschnitt

k40 $$y = \frac{2}{3} \cdot \frac{r \cdot \sin^3\alpha}{\widehat{\alpha} - \sin\alpha \cdot \cos\alpha} = \frac{s^3}{12 \cdot A}$$

Fläche A siehe unter B3

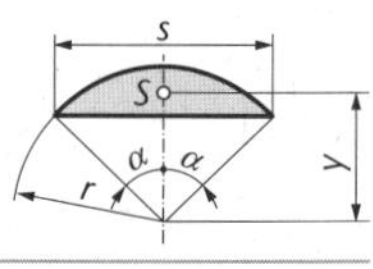

Bestimmung des Schwerpunktes S siehe auch unter I14

Schwerpunkt-Ermittlung für beliebige Flächen

Grafische Lösung: Zerlege Gesamtfläche A in Teilflächen $A_1, A_2, \ldots, A_n$, deren Schwerpunktlagen bekannt sind. Achsenkreuz durch möglichst viele Einzelschwerpunkte legen. Die Messzahl des Inhalts jeder Teilfläche fasst man als eine Kraft auf, die im Schwerpunkt der jeweiligen Teilfläche angreift. Mit dem Seileck gemäß K2 bestimmt man nun in 2 beliebigen Richtungen (am besten in um 90° versetzten) die Lagen der Mittelkräfte A_{Rx} und A_{Ry}. Schnittpunkt der Wirkungslinien dieser Mittelkräfte ergibt die Lage des Schwerpunktes S.

k41

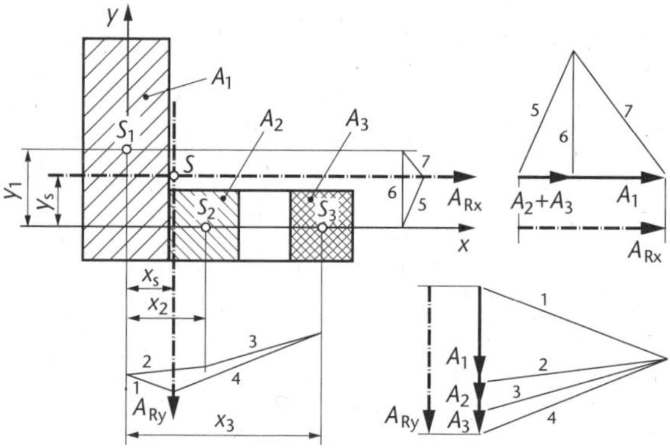

Rechnerische Lösung

Zerlege wie oben Gesamtfläche A in Teilflächen $A_1, A_2, \ldots, A_n$, dann ist der

	Abstand	allgemein	für obiges Beispiel
k42	$x_s =$	$\dfrac{\sum_{i=1}^{n} A_i \cdot x_i}{A}$	$\dfrac{A_1 \cdot x_1 + A_2 \cdot x_2 + A_3 \cdot x_3}{A}$
k43	$y_s =$	$\dfrac{\sum_{i=1}^{n} A_i \cdot y_i}{A}$	$\dfrac{A_1 \cdot y_1 + A_2 \cdot y_2 + A_3 \cdot y_3}{A}$

Anmerkung: In obigem Beispiel haben die Abstände x_1, y_2 und y_3 den Wert null.

Parallel zur Gleitebene angreifende Kraft

k44

Haftreibung	Gleitgrenze	Gleitreibung
$v = 0$	$v = 0$	$\rightarrow v > 0$

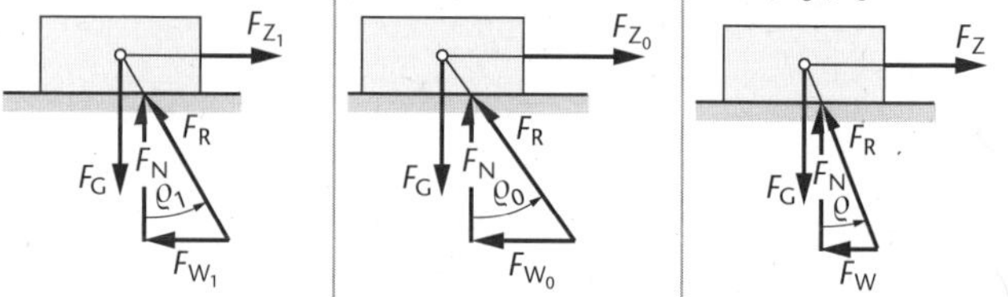

	Haftreibung	Gleitgrenze	Gleitreibung
k45	$F_{W_1} = -F_{Z_1} = F_G \tan \varrho_1$	$F_{W_0} = -F_{Z_0} = F_G \tan \varrho_0$	$F_W = -F_Z = F_G \tan \varrho$
k46	$F_N = -F_G$	$F_N = -F_G$	$F_N = -F_G$
k47	—	$\mu_0 = \tan \varrho_0 > \mu$	$\mu = \tan \varrho < \mu_0$
k48	$0 < \varrho_1$ (variabel) $< \varrho_0$	$\varrho_0 = \text{konst.} > \varrho$	$\varrho = \text{konst.} < \varrho_0$

Wird F_{Z_1} von null aus langsam erhöht, so steigt zunächst F_{W_1}, ohne dass der Körper sich bewegt. Erreicht dann F_{Z_1} den Wert

k49
$$F_{Z_0} = F_G \mu_0,$$

so beginnt der Körper zu gleiten. Damit sinkt F_Z auf $F_G \mu$ ab. Ein möglicher Kraft-Überschuss dient jetzt ausschließlich der Beschleunigung.

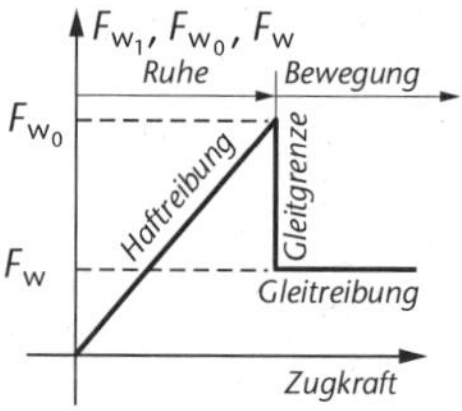

Schräg zur Gleitebene angreifende Kraft

Notwendige Kraft F zum In-Bewegung-setzen eines Körpers mit Gewicht F_G ($\alpha > \varrho_0$):

k50
$$F = F_G \frac{\mu_0}{\sin \alpha - \mu_0 \cos \alpha} = F_G \frac{\sin \varrho_0}{\sin(\alpha - \varrho_0)}$$

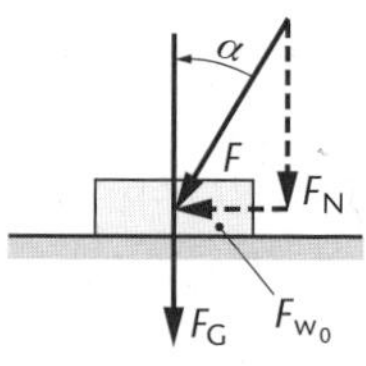

Die für die Bewegung mit konstanter Geschwindigkeit notwendige Kraft wird ermittelt, indem μ_0 durch μ ersetzt wird.

Bewegung ist unmöglich, wenn Ergebnis für F negativ ($\alpha < \varrho_0$).

F_{W_1}, F_{W_0}, F_W: Reibungskraft
F_{Z_1}, F_{Z_0}, F_Z: Zugkraft

—, μ_0, μ: Reibungszahl (siehe Z7)
ϱ_1, ϱ_0, ϱ: Reibungswinkel

Schiefe Ebene

Allgemein

Der Winkel α, unter dem ein Körper auf einer schiefen Ebene gleichförmig abgleitet, ist gleich dem Reibungswinkel ϱ, hieraus

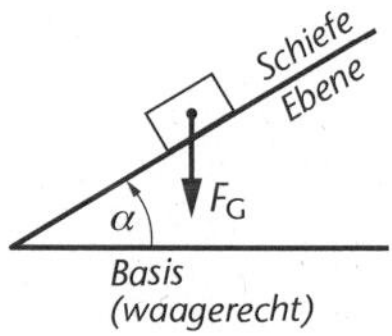

k51 $$\tan\alpha = \tan\varrho = \mu$$

Anwendung bei der experimentellen Ermittlung des Reibungswinkels ϱ bzw. der Reibungszahl

$$\mu = \tan\varrho$$

k52 **Bedingung für Selbsthemmung:** $\alpha < \varrho$

Reibungs-Verhältnisse

	Bewegung nach	Zugkraft F für die konstante Geschwindigkeit parallel zur schiefen Ebene	Zugkraft F für die konstante Geschwindigkeit parallel zur Basis
k53	oben $0 < \alpha < \alpha^*$	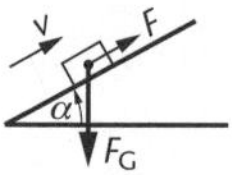 $F = F_G \dfrac{\sin(\alpha + \varrho)}{\cos\varrho}$	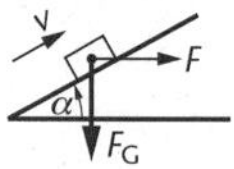 $F = F_G \cdot \tan(\alpha + \varrho)$
k54	unten $0 < \alpha < \varrho$	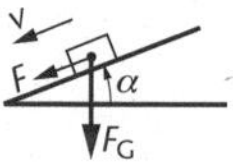 $F = F_G \dfrac{\sin(\varrho - \alpha)}{\cos\varrho}$	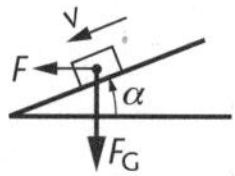 $F = F_G \cdot \tan(\varrho - \alpha)$
k55	unten $\varrho < \alpha < \alpha^*$	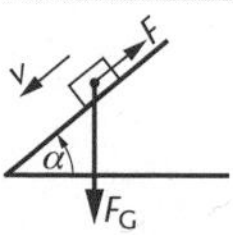 $F = F_G \dfrac{\sin(\alpha - \varrho)}{\cos\varrho}$	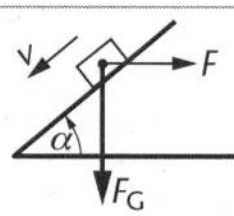 $F = F_G \cdot \tan(\alpha - \varrho)$

Bemerkung: Für den Fall der ruhenden Reibung μ durch μ_0 bzw. ϱ durch ϱ_0 ersetzen.

α^* Kippwinkel des Körpers

Keile

		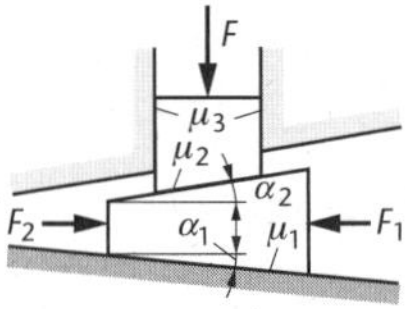	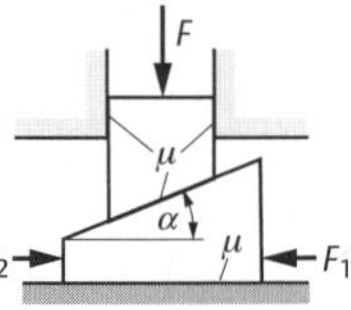
k56	Eintreiben	$F_1 = F\dfrac{\tan(\alpha_1+\varrho_1)+\tan(\alpha_2+\varrho_2)}{1-\tan\varrho_3\cdot\tan(\alpha_2+\varrho_2)}$	$F_1 = F\cdot\tan(\alpha+2\varrho)$
k57	Lockern	$F_2 = F\dfrac{\tan(\alpha_1-\varrho_1)+\tan(\alpha_2-\varrho_2)}{1+\tan\varrho_3\cdot\tan(\alpha_2-\varrho_2)}$	$F_2 = F\cdot\tan(\alpha-2\varrho)$
k58	Selbsthemmung	$\alpha_1+\alpha_2 \leqq \varrho_{0_1}+\varrho_{0_2}$	$\alpha \leqq 2\varrho_0$

Schrauben

			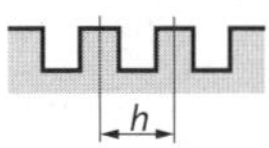	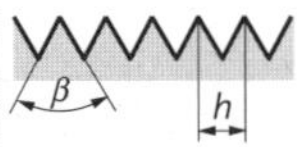
k59	Moment zum	Heben	$M_1 = F\cdot r\cdot\tan(\alpha+\varrho)$	$M_1 = F\cdot r\cdot\tan(\alpha+\varrho')$
k60		Senken	$M_2 = F\cdot r\cdot\tan(\alpha-\varrho)$	$M_2 = F\cdot r\cdot\tan(\alpha-\varrho')$
k61	Bedingung für Selbsthemmung beim Senken		$\alpha<\varrho$	$\alpha<\varrho'$
k62	Wirkungsgrad einer Schraube zum	Heben	$\eta = \dfrac{\tan\alpha}{\tan(\alpha+\varrho)}$	$\eta = \dfrac{\tan\alpha}{\tan(\alpha+\varrho')}$
k63		Senken	$\eta = \dfrac{\tan(\alpha-\varrho)}{\tan\alpha}$	$\eta = \dfrac{\tan(\alpha-\varrho')}{\tan\alpha}$

	M_1	Moment zum Heben	N m, [kp m]
	M_2	Moment zum Senken	N m, [kp m]
k64	α	Steigungswinkel $\left(\tan\alpha = \dfrac{h}{2\pi r}\right)$	
k65	ϱ	Reibungswinkel $(\tan\varrho = \mu)$	
	ϱ'	Reibungswinkel bei Spitz-, Säge- oder Trapezgewinde	
k66		$\left(\tan\varrho' = \dfrac{\mu}{\cos\beta/2}\right)$	
	r	mittlerer Gewinderadius	m, mm

Lagerreibung

	Trag- oder Querlager (Tragzapfenreibung)	Spur- oder Längslager (Stützzapfenreibung)
	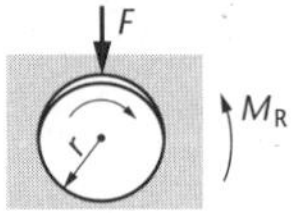	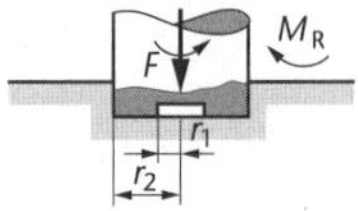
k67	$M_R = \mu_q \cdot r \cdot F$	$M_R = \mu_l \frac{r_1 + r_2}{2} F$

M_R Reibungsmoment
μ_q Querlagerreibungszahl (kein Festwert)
μ_l Längslagerreibungszahl (kein Festwert)

Anmerkung: μ_q und μ_l werden experimentell als Funktion des Lagerspiels,
k68 der Schmierung und des Lagerzustandes bestimmt. Im eingelaufenen
k69 Zustand: $\mu_0 \approx \mu_l \approx \mu_q$. Wegen Schmierung stets $r_1 > 0$ wählen.

Rollende Reibung

Rollen eines vollen Zylinders

k70 $$F = \frac{f}{r} F_N \approx \frac{f}{r} F_G$$

k71 Rollbedingung: $F_W < \mu_0 F_N$

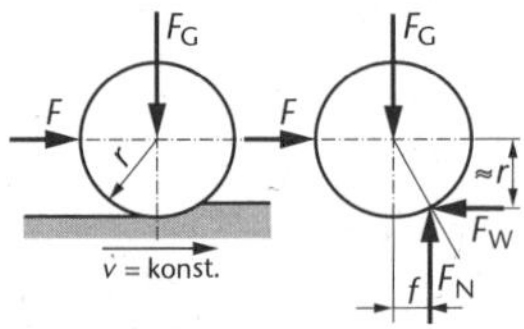

F_W Rollreibungskraft
f Hebelarm der Rollreibungskraft. Werte siehe Z7. (Durch Verformung von Rad und Unterlage verursacht)
μ_0 Haftreibungszahl zwischen Rollkörper und Rollbahn

Verschiebung einer auf Zylindern liegenden Platte

k72 $$F = \frac{(f_1 + f_2) F_{G1} + n f_2 F_{G2}}{2r}$$

k73 wenn $f_1 = f_2 = f$ und $n F_{G2} \ll F_{G1}$:

k74 $$F = \frac{f}{r} F_{G1}$$

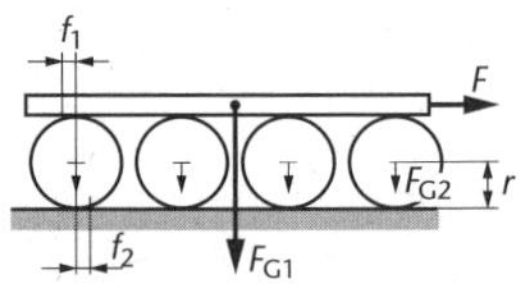

F_{G1} bzw. F_{G2} Gewicht der Platte bzw. eines Zylinders
F Zugkraft
f_1 und f_2 Hebelarme der Rollreibungskraft
r Radius der Zylinder | n Anzahl Zylinder

Seilreibung

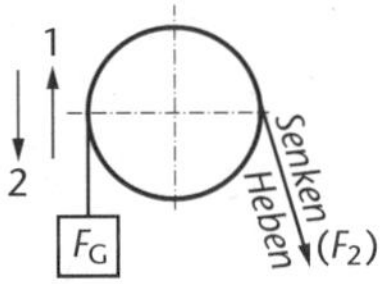

Zug- und Reibungskraft, um die Last

	zu heben	zu senken
k75	$F_1 = e^{\mu \widehat{\alpha}} \cdot F_G$	$F_2 = e^{-\mu \widehat{\alpha}} \cdot F_G$
k76	$F_R = \left(e^{\mu \widehat{\alpha}} - 1\right) F_G$	$F_R = \left(1 - e^{\mu \widehat{\alpha}}\right) F_G$

Gesetze gelten, wenn Zylinder fest und Seil sich mit konstanter Geschwindigkeit bewegt, z. B. Poller;

Seil fest und Zylinder in Bewegung, z. B. Bandbremse, Spilltrommel.

k77 **Gleichgewichtsfall:** $F_2 < F < F_1$; $\quad F_G \cdot e^{-\mu \widehat{\alpha}} < F < F_G \cdot e^{\mu \widehat{\alpha}}$

(F: Gleichgewichtskraft ohne Reibung)

Riementrieb

k78 $$F_U = \frac{M_a}{r}$$

k79 $$F_U = F_R$$

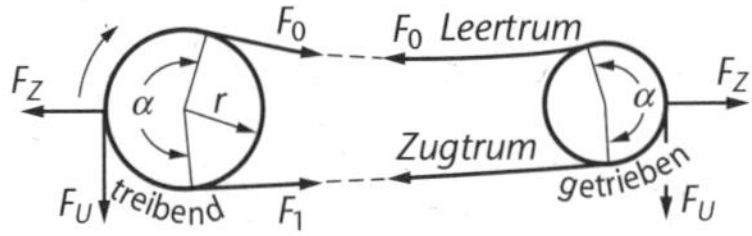

	Kräfte	in Bewegung	in Ruhe
k80	F_0	$F_0 = \dfrac{F_U}{e^{\mu \widehat{\alpha}} - 1}$	$F_0 = F_1 = \dfrac{F_Z}{2} \cdot \dfrac{\left(e^{\mu \widehat{\alpha}} + 1\right)}{\left(e^{\mu \widehat{\alpha}} - 1\right)}$
k81	F_1	$F_1 = F_U \dfrac{e^{\mu \widehat{\alpha}}}{e^{\mu \widehat{\alpha}} - 1}$	
k82	F_Z	$F_Z = F_U \dfrac{e^{\mu \widehat{\alpha}} + 1}{e^{\mu \widehat{\alpha}} - 1}$	

F_U Umfangskraft
F_R Seilreibungskraft
M_a Antriebsmoment
$\widehat{\alpha}$ Umschlingungswinkel. Hierbei stets den kleinsten Umschlingungswinkel in Formel einsetzen
μ Gleitreibungszahl (Erfahrungswert für Lederriemen auf Stahlscheibe
k83 $\mu = 0{,}22 + 0{,}012 v$ s/m)
v Riemengeschwindigkeit
e $= 2{,}718\,281\ \ldots$ (Basis der natürlichen Logarithmen)

Seil-Maschinen

Die nachstehenden Werte berücksichtigen nur die Seilsteifigkeit, jedoch nicht die Lagerreibung.

	Gesucht	feste Rolle	lose Rolle	gewöhnlicher Flaschenzug	Differenzial-Flaschenzug
		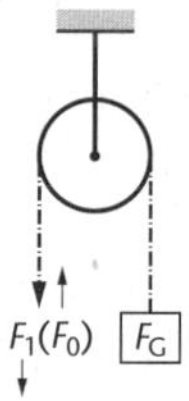			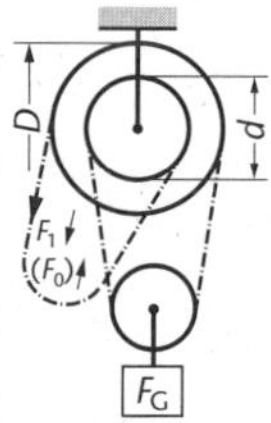
k84	$F_1 =$	$\varepsilon \cdot F_G$	$\frac{\varepsilon}{1+\varepsilon} F_G$	$\frac{\varepsilon^n(\varepsilon - 1)}{\varepsilon^n - 1} F_G$	$\frac{\varepsilon^2 - \frac{d}{D}}{\varepsilon + 1} F_G$
k85	$F_0 =$	$\frac{1}{\varepsilon} \cdot F_G$	$\frac{1}{1+\varepsilon} F_G$	$\frac{\frac{1}{\varepsilon^n}\left(\frac{1}{\varepsilon} - 1\right)}{\frac{1}{\varepsilon^n} - 1} F_G$	$\frac{\varepsilon}{1+\varepsilon}\left(\frac{1}{\varepsilon^2} - \frac{d}{D}\right) F_G$
k86	$F =$	F_G	$\frac{1}{2} \cdot F_G$	$\frac{1}{n} \cdot F_G$	$\frac{1}{2}\left(1 - \frac{d}{D}\right) F_G$
k87	$s =$	h	$2 \cdot h$	$n \cdot h$	$\frac{2}{1 - \frac{d}{D}} h$

k88 Übersetzungs-Verhältnis $i = \frac{\text{Kraft}}{\text{Last}} = \frac{F}{F_G} = \frac{h}{s}$

F_1 Kraft zum Hochziehen der Last ohne Lagerreibung
F_0 Kraft zum Ablassen der Last ohne Lagerreibung
F Kraft ohne Seilsteifigkeit und ohne Lagerreibung

k89 $\varepsilon = \frac{1}{\eta}$ Verlustfaktor für Seilsteifigkeit (bei Drahtseilen und Ketten $\approx 1{,}05$)

η Wirkungsgrad
n Anzahl der Rollen
s Weg der Kraft
h Länge des Lasthubes

Kinematik

Allgemeine Begriffe

L1

Allgemeines

Die Kinematik behandelt die Bewegung eines Körpers als Funktion der Zeit.

Die wichtigsten Größen der Kinematik und deren Einheiten

Länge *l*, siehe K1

Drehwinkel φ, siehe ebener Winkel E1

Zeit *t*

Ist Basisgröße, siehe Erläuterungen
Einheiten: s; min; h

Frequenz *f*

Die Frequenz einer Schwingung ist das Verhältnis der Zahl der Perioden (Vollschwingungen) zur Beobachtungsdauer.

I1 $$f = \frac{\text{Zahl der Schwingungen}}{\text{Beobachtungsdauer}}$$

Einheiten: Hz (Hertz) = 1/s = c/s; 1/min

Periodendauer *T*

Die Periodendauer *T* ist die Zeit, die während des Verlaufs einer Vollschwingung vergeht. Sie ist der Kehrwert der Frequenz *f*.

I2 $$T = \frac{1}{f}$$

Einheiten: s; min; h

Umdrehungsfrequenz (Drehzahl) *n*

Die Umdrehungsfrequenz *n* einer Welle ist das Verhältnis der Zahl der Wellenumläufe zur Beobachtungsdauer.

I3 $$n = \frac{\text{Zahl der Wellenumläufe}}{\text{Beobachtungsdauer}} = n\frac{\text{min}}{60\,\text{s}}$$

Einheiten: 1/s; 1/min

Der Kehrwert $1/n$ ist die Umlaufdauer.

Ist die Umlaufdauer $1/n$ einer Welle gleich der Periodendauer $1/f$ der mit der Wellendrehung fest gekoppelten Schwingung, so ist $n = f$.

Fortsetzung siehe L2

Fortsetzung von L1

Geschwindigkeit v

Die Geschwindigkeit v ist die 1. Ableitung der Weglänge s nach der Zeit t:

I4 $$v = \frac{ds}{dt} = \dot{s}$$

Bei zeitlich konstanter Geschwindigkeit gilt:

I5 $$v = \frac{s}{t}$$

Einheiten: m/s; km/h

Winkelgeschwindigkeit ω, Kreisfrequenz ω

Die Winkelgeschwindigkeit ω ist die 1. Ableitung des Drehwinkels φ nach der Zeit t:

I6 $$\omega = \frac{d\varphi}{dt} = \dot{\varphi}$$

Bei zeitlich konstanter Winkelgeschwindigkeit gilt:

I7 $$\omega = \frac{\varphi}{t}$$

Falls $f = n$ (siehe L1 Gleichung I3) ist die Winkelgeschwindigkeit ω gleich der Kreisfrequenz ω.

I8 $$\omega = 2\pi f = 2\pi n = \dot{\varphi}$$

Einheiten: 1/s; rad/s; 1°/s

Beschleunigung a

Die Beschleunigung a ist die 1. Ableitung der Geschwindigkeit v nach der Zeit t:

I9 $$a = \frac{dv}{dt} = \dot{v} = \frac{d^2s}{dt^2} = \ddot{s}$$

Einheiten: m/s^2; km/h^2

Winkelbeschleunigung α

Die Winkelbeschleunigung α ist die 1. Ableitung der Winkelgeschwindigkeit ω nach der Zeit t:

I10 $$\alpha = \frac{d\omega}{dt} = \dot{\omega} = \frac{d^2\varphi}{dt^2} = \ddot{\varphi}$$

Einheiten: $1/s^2$; rad/s^2; $1°/s^2$

Weg, Geschwindigkeit und Beschleunigung eines bewegten Massepunktes

Weg-Zeit-Diagramm

Von dem Bewegungsvorgang wird ein *st*-Diagramm aufgezeichnet. Die 1. Ableitung der so aufgenommenen Funktion ergibt die Geschwindigkeit *v* in jedem Augenblick.

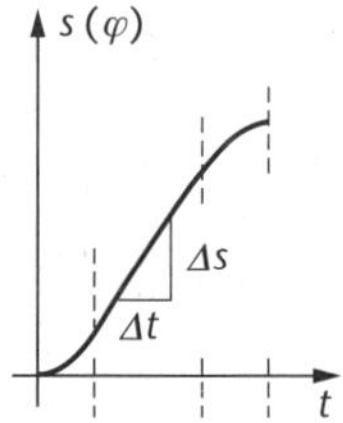

$$v \approx \frac{\Delta s}{\Delta t}$$

I11 $$v = \frac{ds}{dt} = \dot{s}$$

Geschwindigkeits-Diagramm

Der zeitliche Geschwindigkeitsverlauf wird in einem *vt*-Diagramm dargestellt. Die 1. Ableitung der so dargestellten Funktion ergibt die Beschleunigung *a* in jedem Augenblick. Damit ist die Beschleunigung die 2. Ableitung des Weg-Zeit-Diagramms.

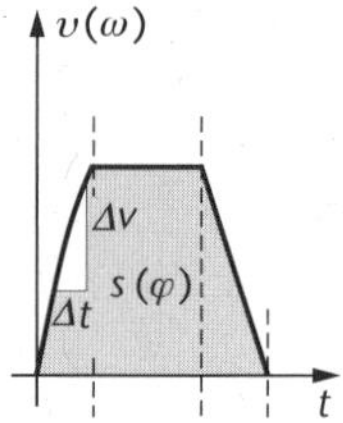

$$a \approx \frac{\Delta v}{\Delta t}$$

I12 $$a = \frac{dv}{dt} = \dot{v} = \ddot{s}$$

Markierte Fläche ist gleich dem Weg *s*(*t*).

Beschleunigungs-Diagramm

Der zeitliche Beschleunigungsverlauf wird in einem *at*-Diagramm dargestellt und lässt Extremwerte erkennen.

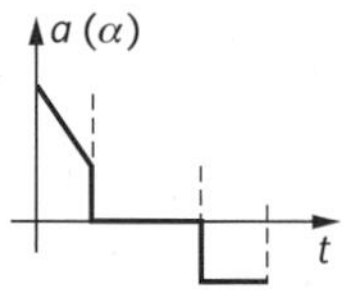

$a > 0$: positive Beschleunigung. Geschwindigkeit zunehmend.
$a < 0$: negative Beschleunigung (Verzögerung), Geschwindigkeit abnehmend.
$a = 0$: Geschwindigkeit konstant.

Anmerkung zu den Figuren

Die eingeklammerten Formelzeichen gelten für Drehbewegung (siehe L4 und L6).

Kinematik

Die wichtigsten Bewegungen

L4

Geradlinige Bewegung oder Translation

Bahnen sind Geraden (siehe L5). Alle Punkte eines Körpers beschreiben deckungsgleiche Bahnen.

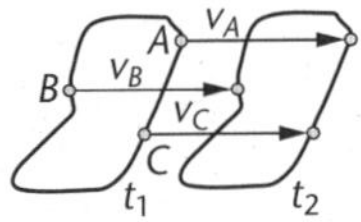

$v_A = v_B = v_C$

Spezielle geradlinige Bewegungen

gleichförmig	gleichmäßig beschleunigt
I13 $v = v_0 =$ konst.	$a = a_0 =$ konstant

Drehbewegung um eine feste Achse oder Rotation

Bahnen sind Kreise (siehe L6) mit Achse im Zentrum. Der Drehwinkel φ, die Winkelgeschwindigkeit ω sowie die Winkelbeschleunigung α haben für alle Punkte den gleichen Wert.

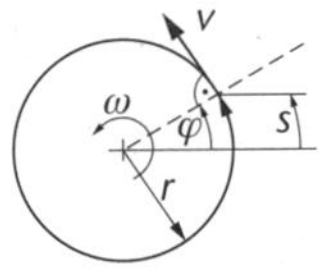

Spezielle Drehbewegungen

gleichförmig	gleichmäßig beschleunigt
I14 $\omega = \omega_0 =$ konst.	$\alpha = \alpha_0 =$ konstant

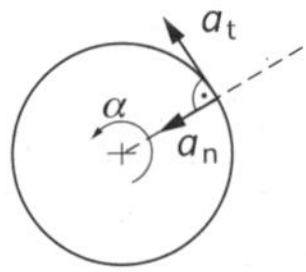

Der Weg s, die Geschwindigkeit v sowie die tangentiale Beschleunigung a_t sind dem Radius proportional:

I15 $s = r\widehat{\varphi}; \qquad v = r\omega: \qquad a = r\alpha = a_t$

Zentripetalbeschleunigung

I16 $a_n = \omega^2 r = \dfrac{v^2}{r}$

Harmonische Schwingung

Bahnen sind Kreise (siehe M7) oder Geraden (siehe L7, M6). Der Körper bewegt sich um eine Ruhelage hin und her. Der größte Ausschlag aus dieser Lage heißt „Amplitude".

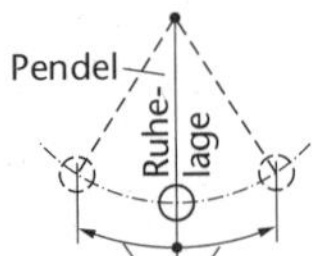

Für die harmonische Schwingung sind Lage, Geschwindigkeit und Beschleunigung Sinusfunktionen der Zeit.

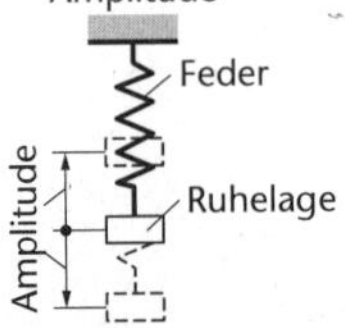

Gleichförmige und gleichmäßig beschleunigte geradlinige Bewegung

	Gesucht	gleichförmig $a = 0$ $v =$ konst.	gleichmäßig {beschleunigt $(a > 0)$; verzögert $(a < 0)$} $a =$ konstant, $v_0 = 0$	$v_0 > 0$	BE
		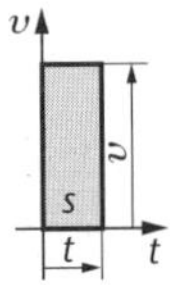	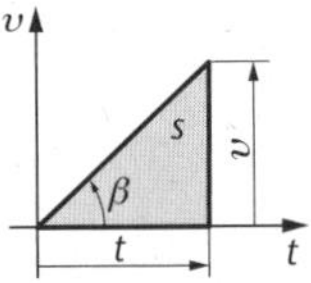	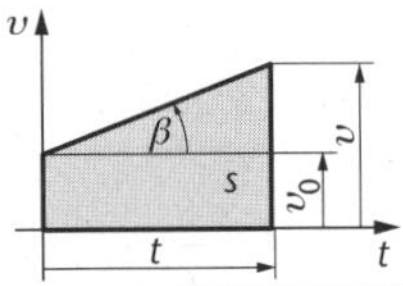	
I17	$s =$	vt	$\frac{vt}{2} = \frac{at^2}{2} = \frac{v^2}{2a}$	$\frac{t}{2}(v_0 + v) = v_0 t + \frac{1}{2}at^2$	m, cm, km
I18	$v =$	$\frac{s}{t}$	$\sqrt{2as} = \frac{2s}{t} = at$	$v_0 + at = \sqrt{v_0^2 + 2as}$	m/s, cm/s, km/h
I19	$v_0 =$	konst.	0	$v - at = \sqrt{v^2 - 2as}$	
I20	$a =$	0	$\frac{v}{t} = \frac{2s}{t^2} = \frac{v^2}{2s}$	$\frac{v - v_0}{t} = \frac{v^2 - v_0^2}{2s}$	m/s^2, cm/h^2, km/h^2
I21	$t =$	$\frac{s}{v}$	$\sqrt{\frac{2s}{a}} = \frac{v}{a} = \frac{2s}{v}$	$\frac{v - v_0}{a} = \frac{2s}{v_0 + v}$	s, min, h

Anmerkung

Die markierten Flächen stellen den während des Zeitabschnittes t zurückgelegten Weg s dar.

Der Tangens β stellt die Beschleunigung a dar.

Gleichförmige und gleichmäßig beschleunigte Drehbewegung um eine feste Achse

	Gesucht	gleichförmig $\alpha = 0$ $\omega = \text{konst.}$	gleichmäßig beschleunigt ($\alpha > 0$) / verzögert ($\alpha < 0$), $\alpha = \text{konstant}$: $\omega_0 = 0$	$\omega_0 > 0$	BE
		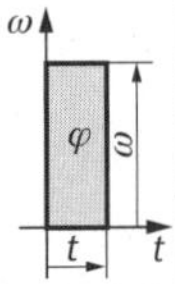	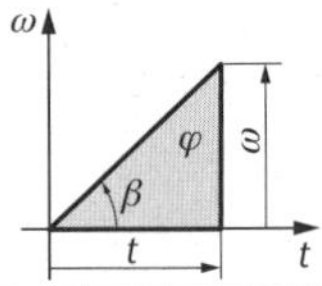	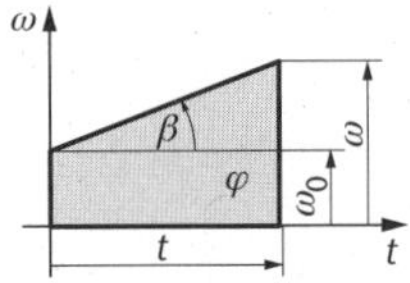	
122	$\varphi =$	ωt	$\frac{\omega t}{2} = \frac{\alpha t^2}{2} = \frac{\omega^2}{2\alpha}$	$\frac{t}{2}(\omega_0 + \omega) = \omega_0 t + \frac{1}{2}\alpha t^2$	— rad
123	$\omega =$	$\frac{\varphi}{t}$	$\sqrt{2\alpha\varphi} = \frac{2\varphi}{t} = \alpha t$	$\omega_0 + \alpha t = \sqrt{\omega_0^2 + 2\alpha\varphi}$	1/s m/m s rad/s
124	$\omega_0 =$	konst.	0	$\omega - \alpha t = \sqrt{\omega^2 - 2\alpha\varphi}$	
125	$\alpha =$	0	$\frac{\omega}{t} = \frac{2\varphi}{t^2} = \frac{\omega^2}{2\varphi}$	$\frac{\omega - \omega_0}{t} = \frac{\omega^2 - \omega_0^2}{2\varphi}$	$1/s^2$ $m/m\,s^2$ rad/s^2
126	$t =$	$\frac{\varphi}{\omega}$	$\sqrt{\frac{2\varphi}{\alpha}} = \frac{\omega}{\alpha} = \frac{2\varphi}{\omega}$	$\frac{\omega - \omega_0}{\alpha} = \frac{2\varphi}{\omega_0 + \omega}$	s min h

Anmerkung

Die markierten Flächen stellen den während des Zeitabschnittes t zurückgelegten Drehwinkel φ dar.

Drehwinkel $\varphi = 2 \cdot \pi \cdot$ Anzahl der Umläufe
$= 360^\circ \cdot$ Anzahl der Umläufe

Der Tangens β stellt die Winkelbeschleunigung α dar.

Geradlinige harmonische Schwingung

Die Bewegung eines an einer Feder aufgehängten Körpers stellt eine geradlinige harmonische Schwingung dar. Die Zeitfunktionen s, v und a dieser Bewegung sind gleich den Projektionen $\underline{s}$, $\underline{v}$ und $\underline{a}_n$ einer gleichförmigen Drehbewegung eines Massenpunktes.

gleichförmige Drehbewegung	Bahn (Projekt.)	harmonische Schwingungen

Lage — **Lage-Zeit-Diagramm**

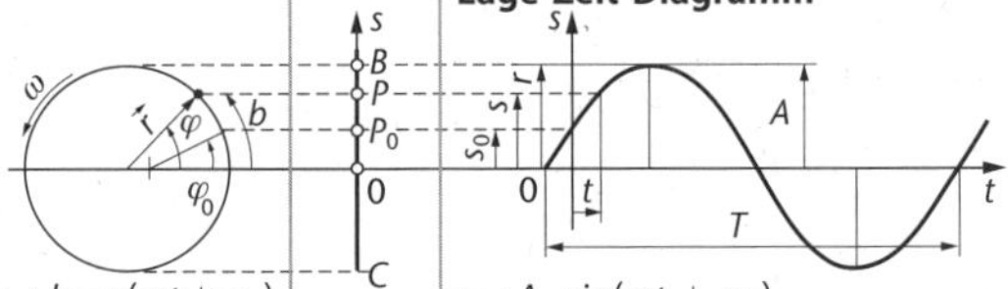

127 $\varphi = \omega t + \varphi_0$; $b = r(\omega t + \varphi_0)$ — $s = A \cdot \sin(\omega t + \varphi_0)$

Geschwindigkeit — **Geschwindigkeit-Zeit-Diagramm**

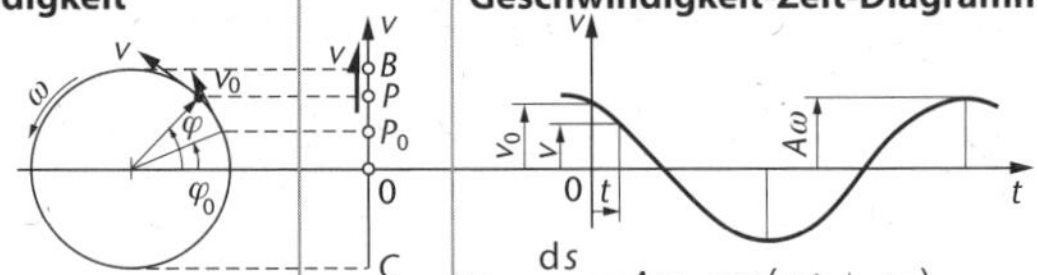

128 $v = r \cdot \omega$ — $v = \dfrac{ds}{dt} = A\omega \cdot \cos(\omega t + \varphi_0)$

Beschleunigung — **Beschleunigung-Zeit-Diagramm**

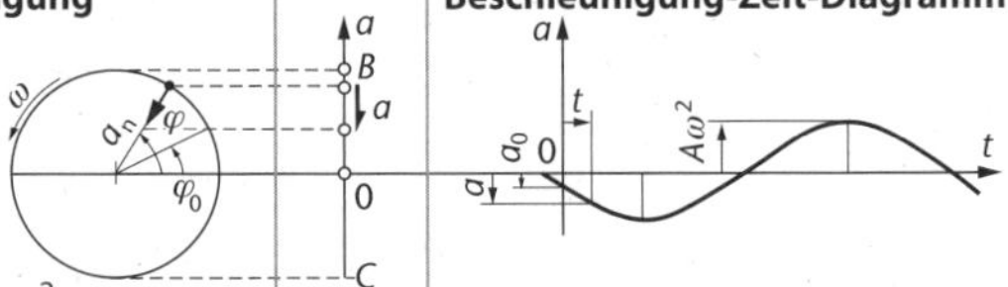

129 $\alpha = 0$; $a_n = \dfrac{v^2}{r} = r\omega^2$ — $a = \dfrac{dv}{dt} = -A\omega^2 \cdot \sin(\omega t + \varphi_0)$

Differenzial-Gleichung der harmonischen Schwingung

130 $$a = \frac{d^2 s}{dt^2} = -\omega^2 s$$

φ_0	Drehwinkel zur Zeit $t = 0$	s	Ausschlag
φ	Drehwinkel zur Zeit t	A	Amplitude (max. Ausschlag)
a_n	Zentripetalbeschleunigung	r	Radius des Kreises

$\vec{r}$ Radiusvektor (*Anfang*: Kreiszentrum – *Spitze*: Lage des Körpers)

B, C Umkehrpunkte des schwingenden Massepunktes

Freier Fall und senkrechter Wurf

	freier Fall $v_0 = 0$	senkrechter Wurf $\begin{cases} \text{aufwärts} & v_0 > 0 \\ \text{abwärts} & v_0 < 0 \end{cases}$
	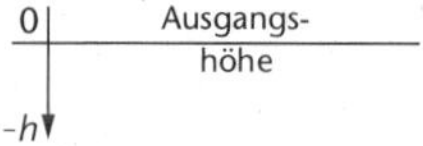	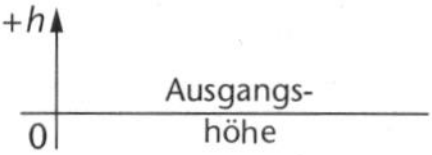
I31/1	$h = -g \cdot t^2/2 = -v \cdot t/2 = -v^2/(2g)$	$h = v_0 \cdot t - g \cdot t^2/2 = (v_0 + v) \cdot t/2$
I31/2	$v = +g \cdot t \quad = -2h/t = \sqrt{-2g \cdot h}$	$v = v_0 - g \cdot t \quad = \sqrt{v_0^2 - 2gh}$
I31/3	$t = +v/g \quad = -2h/v = \sqrt{-2h/g}$	$t = (v_0 - v)/g \quad = 2h/(v_0 + v)$
		$h_{max} = v_0^2/2g; \quad t_{h\,max} = v_0/g$

Schiefer Wurf (aufwärts $\varphi > 0$; abwärts $\varphi < 0$)

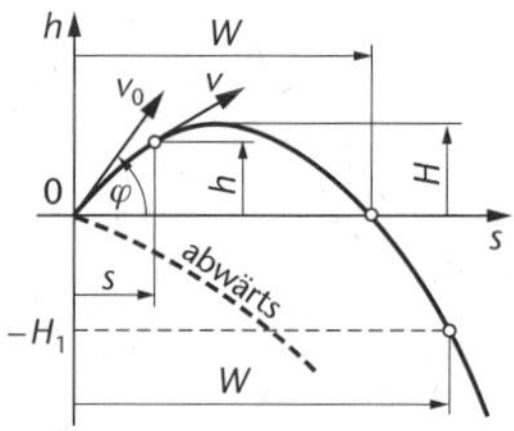

I32 $s = v_0 \cdot t \cdot \cos\varphi$

I33/1 $h = v_0 \cdot t \cdot \sin\varphi - g \cdot t^2/2$

I33/2 $\quad = s \cdot \tan\varphi - g \cdot s^2/(2v_0^2 \cdot \cos^2\varphi)$

I34/1 $v = \sqrt{v_0^2 - 2gh}$

I34/2 $\quad = \sqrt{v_0^2 + g^2 \cdot t^2 - 2g \cdot v_0 \cdot t \cdot \sin\varphi}$

I35 $H = v_0^2 \cdot \sin^2\varphi/(2g)$

I36 $W = v_0^2 \cdot \sin 2\varphi/g$

I37 $t_H = v_0 \cdot \sin\varphi/g; \quad t_W = 2v_0 \cdot \sin\varphi/g$

Maximalwerte bei $\varphi = 45°$:

I38 $W_{max} = v_0^2/g \qquad t_{H\,max} = v_0\sqrt{2}/(2g); \qquad t_{W\,max} = v_0\sqrt{2}/g$

I39/1 $H_1 = W_1 \cdot \tan\varphi - g \cdot W_1^2/(2 \cdot v_0^2 \cdot \cos^2\varphi)$

I39/2 $W_1 = \frac{1}{g} v_0 \cdot \cos\varphi \left(v_0 \cdot \sin\varphi \pm \sqrt{\sin^2\varphi \cdot v_0^2 - 2gH_1} \right)$

I39/3 $\tan\varphi = \frac{v_0^2}{g \cdot W_1} \left[1 \pm \sqrt{1 - \frac{g}{v_0^2}\left(2H_1 + \frac{g \cdot W_1^2}{v_0^2}\right)} \right]$

Waagerechter Wurf ($\varphi = 0$)

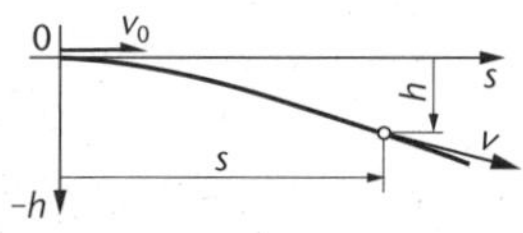

I40/1 $s = v_0 \cdot t = v_0 \cdot \sqrt{2h/g}$

I40/2 $h = -(g/2)t^2$

I40/3 $v = \sqrt{v_0^2 + g^2 \cdot t^2}$

t_H Steigzeit für Höhe H	v_0 Anfangsgeschwindigkeit
t_W Wurfzeit für Weite W	v Bahngeschwindigkeit nach Zeit t

Kinematik

Bewegung auf schiefer Ebene

Gleitende Bewegung auf schiefer Ebene

	Gesucht	ohne Reibung $\mu = 0$	mit Reibung $\mu > 0$
l41	$a =$	$g \cdot \sin\alpha$	$g(\sin\alpha - \mu \cdot \cos\alpha)$
l42			oder $g\dfrac{\sin(\alpha - \varrho)}{\cos\varrho}$
l43	$v =$	$at = \dfrac{2s}{t} = \sqrt{2as}$	
l44	$s =$	$\dfrac{at^2}{2} = \dfrac{vt}{2} = \dfrac{v^2}{2a}$	
	α	$0 \ldots \alpha^*$	$\varrho_0 \ldots \alpha^*$

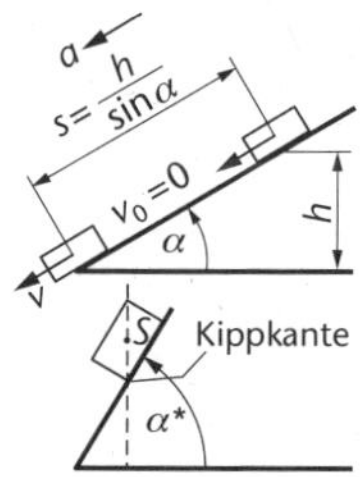

Rollende Bewegung auf schiefer Ebene

	Gesucht	ohne Reibung $f = 0$	mit Reibung $f > 0$
l45	$a =$	$\dfrac{g \cdot r^2}{r^2 + r_j^2}\sin\alpha$	$gr^2\dfrac{\sin\alpha - \dfrac{f}{r}\cos\alpha}{r^2 + r_j^2}$
l46	$v =$	wie oben l43	
l47	$s =$	wie oben l44	
l48	α	$0 \ldots \alpha_{max}$	α_{min}: $\tan\alpha_{min} = \dfrac{f}{r}$
l49		$\tan\alpha = \mu_0\dfrac{r^2 + r_j^2}{r_j^2}$	α_{max}: $\tan\alpha_{max} = \mu_0\dfrac{r^2 + r_j^2 - f \cdot r}{r_j^2}$

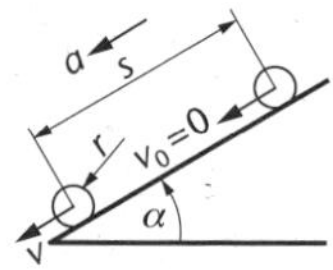

	Kugel	voller Zylinder	dünnwandiges Rohr
l50	$r_j^2 = \dfrac{2}{5}r^2$	$r_j^2 = \dfrac{r^2}{2}$	$r_j^2 = \dfrac{r_1^2 + r_2^2}{2} \approx r^2$

α^* Kippwinkel, wenn Schwerpunkt S senkrecht über Kippkante
μ Gleitreibungszahl (siehe Z7)
μ_0 Haftreibungszahl (siehe Z7)
l51 ϱ Gleitreibungswinkel ($\mu = \tan\varrho$)
l52 ϱ_0 Haftreibungswinkel ($\mu_0 = \tan\varrho_0$)

f Hebelarm der rollenden Reibung (siehe Z7 und k70)
r_j Trägheitsradius (siehe M2 und M3)
g Erdbeschleunigung ($g = 9{,}81\ \mathrm{m\,s^{-2}}$)

Kurbeltrieb

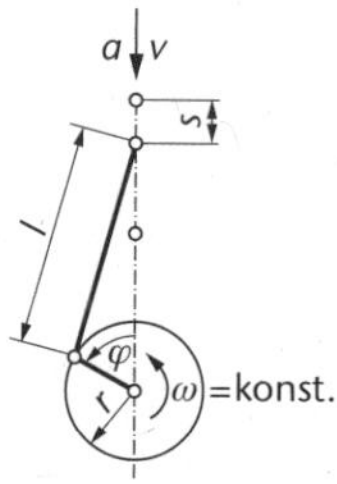

l53 $s = r(1 - \cos\varphi) + \frac{\lambda}{2} r \sin^2\varphi$

l54 $v = \omega r \sin\varphi (1 + \lambda \cos\varphi)$

l55 $a = \omega^2 r(\cos\varphi + \lambda \cos 2\varphi)$

l56 $\lambda = \frac{r}{l} = \frac{1}{4} \dots \frac{1}{6}$

l57 $\varphi = \omega t = 2\pi n t$

(λ ist das Lenkstangen-Verhältnis)

Kreuzschleife

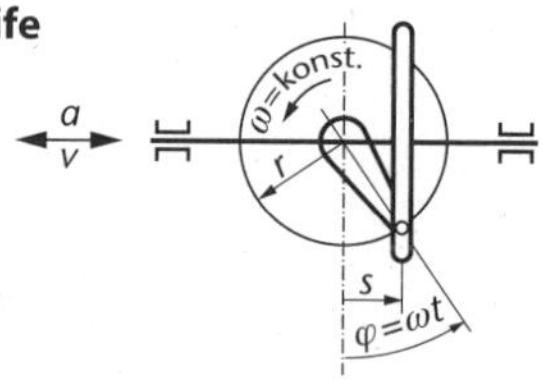

l58 $s = r \sin(\omega t)$

l59 $v = \omega r \cos(\omega t)$

l60 $a = -\omega^2 r \sin(\omega t)$

l61 $\omega = 2\pi n$

Bewegung: harmonische Schwingung

Kreuz-(Cardan-)Gelenk

Bei gleichförmigem Antrieb wird Abtrieb

ungleichförmig	gleichförmig durch Hilfswelle H	

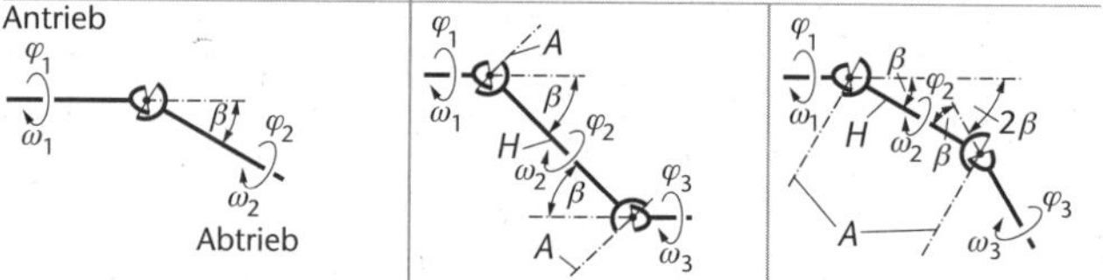

Sind alle Achsen in einer Ebene, dann gilt:

l62 $\tan\varphi_2 = \tan\varphi_1 \cdot \cos\beta$	$\tan\varphi_3 = \tan\varphi_1$	$\tan\varphi_3 = \tan\varphi_1$
l63 $\omega_2 = \omega_1 \frac{\cos\beta}{1 - \sin^2\beta \cdot \sin^2\varphi_1}$	$\omega_3 = \omega_1$	$\omega_3 = \omega_1$

l64 $$\alpha_2 = \omega_1^2 \frac{\sin^2\beta \cdot \cos\beta \cdot \sin 2\varphi_1}{(1 - \sin^2\beta \cdot \sin^2\varphi_1)^2}$$

	Beide Achsen A der Hilfswellengelenke müssen parallel verlaufen.

Je mehr Neigungswinkel β wächst, umso mehr steigt die max. Winkelbeschleunigung α und damit auch das beschleunigende Moment M_α an. Deshalb praktisch $\beta \leqq 45°$.

Dynamik

Allgemeine Begriffe

Allgemeines

Die Dynamik behandelt die Kräfte an bewegten Körpern und die Begriffe „Arbeit", „Energie" und „Leistung".

Die wichtigsten Größen der Dynamik und deren Einheiten

Masse m (Ist Basisgröße, siehe Erläuterungen)

Einheiten: kg; Mg = t; g (s. a. A2, A3, A4, A5)

1 kg ist die Masse des internationalen Prototyps.

Die Balkenwaage misst die Masse m in kg, Mg = t oder g.

Kraft F **und Gewichtskraft** F_G

Die Kraft F ist das Produkt aus der Masse m und der Beschleunigung a.

m1 $$F = ma$$

Die Gewichtskraft F_G ist die Wirkung der Erdbeschleunigung g auf die Masse m.

m2 $$F_G = mg$$

Die Federwaage misst das Gewicht als eine Gewichtskraft F_G.

Einheiten: N; (kp) (s. a. A2)

1 N ist die Kraft, die einem Körper mit der Masse $m = 1\text{ kg} = 1\text{ N s}^2\text{ m}^{-1}$ in 1 s die Endgeschwindigkeit 1 m s^{-1} erteilt bzw. ihm die Beschleunigung 1 m s^{-2} verleiht.

9,81 N (= 1 kp) ist die Gewichtskraft, die die Masse 1 kg im Schwerefeld der Erde erfährt.

Arbeit W

Die mechanische Arbeit ist das Produkt aus Kraft F und Weg s, wenn die konstante Kraft F auf einen geradlinig bewegten Körper in Richtung des Weges $\vec{s}$ wirkt ($W = Fs$).

Einheiten: N m = Joule = J = W s; (kp m; kcal; PS h) (s. a. A3, A5)

Wirkt eine Kraft von 1 N über den Weg 1 m, so wird die Arbeit (Energie) 1 N m umgesetzt.

Leistung P

Die Leistung P ist der Differenzialquotient der Arbeit nach der Zeit. Bei gleichmäßig wachsender oder abnehmender Arbeit (Energie) ist die Leistung der Quotient aus Arbeit und Zeitspanne ($P = W/t$).

Einheiten: W (Watt); (kp m s^{-1}; kcal/h; PS) (s. a. A3, A5)

1 W ist gleich der zeitlich konstanten Leistung, bei der während 1 s die Energie 1 J umgesetzt wird.

$$1\text{ W} = 1\text{ J/s}$$

Dynamik

Masse, Massen-Trägheitsmoment

Definition des Massen-Trägheitsmomentes J

Das Massen-Trägheitsmoment eines Körpers um eine Achse S ist die Summe der Produkte der Massenelemente mit den Quadraten ihrer Abstände zur Drehachse.

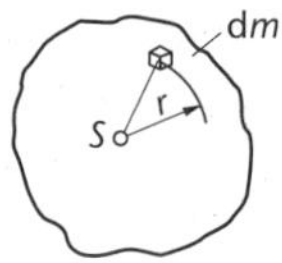

m3 $J = \sum r^2 \Delta m = \int r^2 \, \mathrm{d}m$ kg m², N m s²

Steiner'scher Satz (s. a. I16)

Ist für einen Körper mit Masse m in Bezug auf seine durch den Schwerpunkt verlaufende Drehachse S das Massen-Trägheitsmoment J_s, so ist dieses in Bezug auf die parallele Achse O im Abstand l_s

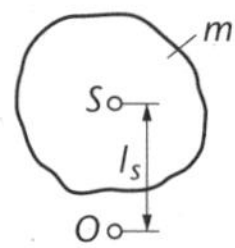

m4 $J = J_s + m l_s^2$ kg m², N m s²

Trägheitsradius r_j

Der Trägheitsradius r_j ist der Radius eines unendlich dünnen Zylinders, auf dem man sich die gesamte Masse m eines Körpers, der das Massen-Trägheitsmoment J besitzt, konzentriert denkt,

m5 $m r_j^2 = J$, hieraus $r_j = \sqrt{\dfrac{J}{m}}$ m, cm, mm

Schwungmoment

m6 Schwungmoment $= F_G d_j^2 = 4gJ$ kg m³ s⁻², N m²

m7 $d_j^2 = 4 r_j^2$ (Formeln siehe M3)

Reduzierte Masse (für rollende Körper)

m8 $m_{red} = \dfrac{J}{r_j^2}$ kg, N m⁻¹ s²

Grundformeln

	Geradlinige Bewegung		Rotation	
	Formel	BE	Formel	BE
m9	$F_a = ma$	N, [kp]	$M_a = J\alpha$	N m, [kp m]
m10	$W = Fs$ (F = konst.)	W s, [kp m]	$W = M\varphi$ (M = konst.)	W s, [kp m]
m11	$W_K = \frac{1}{2} m v^2$	W s, [kp m]	$W_K = \frac{1}{2} J \omega^2$	W s, [kp m]
m12	$W_P = F_G h$	W s, [kp m]	$\omega = 2\pi n$	s^{-1}, min^{-1}
m13	$W_F = \frac{1}{2} F \Delta l$	W s, [kp m]	$W_F = \frac{1}{2} M \Delta \beta$	W s, [kp m]
m14	$P = \frac{\mathrm{d}W}{\mathrm{d}t} = Fv$	W, kW, [PS]	$P = \frac{\mathrm{d}W}{\mathrm{d}t} = M\omega$	W, kW, [PS]

Formelzeichen siehe M4

Dynamik

Massen-Trägheitsmoment

M3

	Bezogen auf Achse a–a (Drehachse)	Bezogen auf Achse b–b, die durch den Schwerpunkt S geht	Körper
m15	$J = mr^2$	$J = \frac{1}{2}mr^2$	Kreisreifen 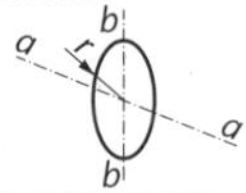
m16	$d_j^2 = 4r^2$	$d_j^2 = 2r^2$	
m17	$J = \frac{1}{2}mr^2$	$J = \frac{m}{12}(3r^2 + h^2)$	Zylinder 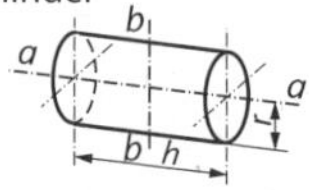
m18	$d_j^2 = 2r^2$	$d_j^2 = \frac{1}{3}(3r^2 + h^2)$	
m19	$J = \frac{1}{2}m(R^2 + r^2)$	$J = \frac{m}{12}(3R^2 + 3r^2 + h^2)$	Hohlzylinder 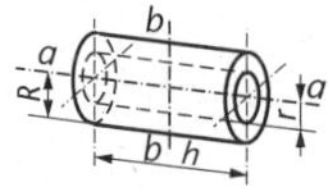
m20	$d_j^2 = 2(R^2 + r^2)$	$d_j^2 = \frac{1}{3}(3R^2 + 3r^2 + h^2)$	
m21	$J = \frac{3}{10}mr^2$	$J = \frac{3}{80}m(4r^2 + h^2)$	Kegel 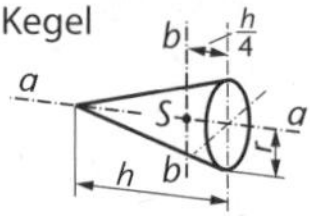
m22	$d_j^2 = \frac{6}{5}r^2$	$d_j^2 = \frac{3}{20}(4r^2 + h^2)$	
m23	$J = \frac{4}{10}mr^2$	$J = \frac{4}{10}mr^2$	Kugel 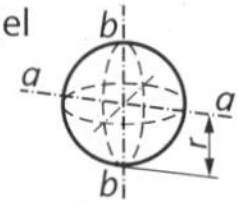
m24	$d_j^2 = \frac{8}{5}r^2$	$d_j^2 = \frac{8}{5}r^2$	
m25	$J = m\left(R^2 + \frac{3}{4}r^2\right)$	$J = m\frac{4R^2 + 5r^2}{8}$	Kreisring 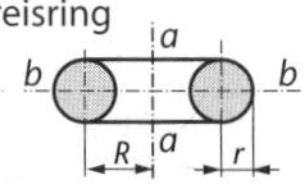
m26	$d_j^2 = 4R^2 + 3r^2$	$d_j^2 = \frac{1}{2}(4R^2 + 5r^2)$	
m27	Quader: $J = \frac{m}{12}(d^2 + 4l^2)$ dünner Stab: $(d, c \ll l)$ $J = \frac{m}{3}l^2$	$J = \frac{m}{12}(d^2 + c^2)$	Quader, dünner Stab 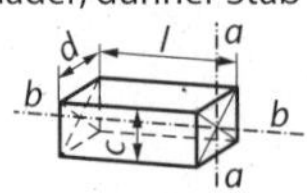
m28	$d_j^2 = \frac{4}{3}l^2$	$d_j^2 = \frac{1}{3}(d^2 + c^2)$	

Dynamik

Rotation

Gesamte kinetische Energie eines Körpers

m29 $$W_K = \frac{1}{2} m v_s^2 + \frac{1}{2} J_s \omega^2$$ W s, [kp m]

Kinetische Energie eines rollenden Körpers – kein Gleiten

m30 $$W_K = \frac{1}{2}(m + m_{red}) v_s^2$$ W s, [kp m]

m31 $$v_s = \omega r$$ m/s, km/h

Moment einer Dreh-Bewegung

m32 $$M = \frac{P}{\omega} = \frac{P}{2\pi n}$$ N m, [kp m]

$$= \left[973{,}4 \frac{P}{n \text{ min kW}} \text{ kp m} = 716 \frac{P}{n \text{ min PS}} \text{ kp m} \right]$$

Übersetzungsverhältnisse

Übersetzungsverhältnis

m33 $$i = \frac{d_2}{d_1} = \frac{z_2}{z_1} = \frac{n_1}{n_2} = \frac{\omega_1}{\omega_2}$$

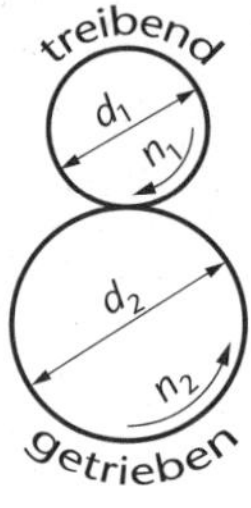

Momentenverhältnis

m34 $$\frac{\text{Kraftmoment}}{\text{Lastmoment}} = \frac{M_F}{M_L} = \frac{1}{i\eta}$$

Wirkungsgrad

m35 $$\eta = \frac{\text{abgegebene Leistung}}{\text{zugeführte Leistung}}$$

Gesamt-Wirkungsgrad bei mehreren Übersetzungen

m36 $$\eta = \eta_1 \cdot \eta_2 \cdot \eta_3 \cdot \ldots$$

---

m_{red}	siehe m8	
v_s	Translationsgeschwindigkeit des Schwerpunktes	
F_a	Beschleunigungskraft	N, [kp]
M_a	beschleunigendes Moment	N m, [kp m]
W_K	kinetische Energie	J, [kp m]
W_P	potenzielle Energie	J, [kp m]
W_F	Energie einer gespannten Schraubenfeder	J, [kp m]
Δl	Längenänderung einer Schraubenfeder	
$\Delta \widehat{\beta}$	Winkeländerung einer Spiralfeder im Bogenmaß	

Fliehkraft

m37 $F_Z = m\omega^2 r = \dfrac{mv^2}{r}$ N, kN

m38 $ = 4\pi^2 m n^2 r$ N, kN

m39 $v = 2\pi r n$ m/s, km/h

m40 $\omega = 2\pi n$ 1/s, 1/min

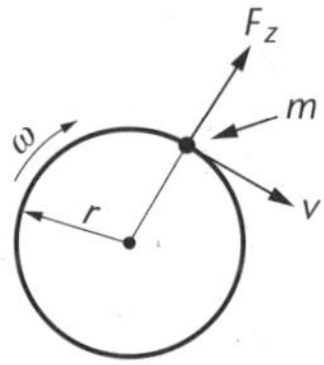

Spannungen in rotierenden Körpern

(Faustformeln)

Scheibe

m41 $\sigma_Z = \dfrac{\omega^2 r^2 \varrho}{3} = \dfrac{v^2 \varrho}{3}$ N/m², N/mm²

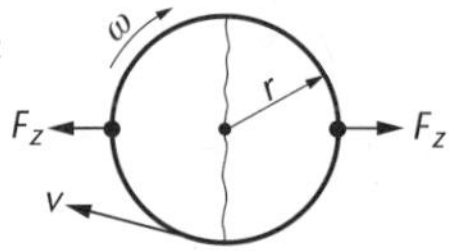

Ring

m42 $\sigma_Z = \dfrac{\omega^2 \varrho}{3}\left(r_1^2 + r_1 r_2 + r_2^2\right)$ N/m², N/mm²

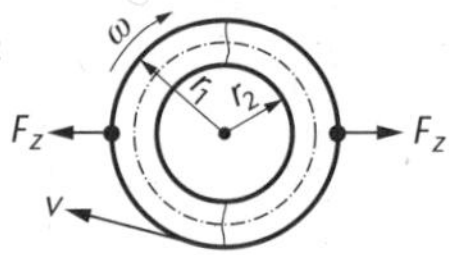

l_S	Schwerpunktabstand	m, cm, mm
e	maximaler Pendelausschlag	m, cm, mm
f	augenblicklicher Pendelausschlag	m, cm, mm
F_Z	Zentrifugalkraft	N, kN
J_O	Massen-Trägheitsmoment bezogen auf O	kg m², N m s²
J_S	bezogen auf S	kg m², N m s²
M_1	Moment bei Verdrehung der Feder um $\Delta\varphi \approx 57{,}3^\circ = 1$	N m, kN m
σ_Z	Zugspannung	N/m², N/mm²
T	Dauer einer Bewegung von B nach B' und wieder zurück nach B (Periodendauer)	s, min
v_E	Geschwindigkeit in E	m/s, cm/s, km/h
v_F	Geschwindigkeit in F	m/s, cm/s, km/h
W_{KE}	kinetische Energie in E	N m, kN m

Mechanische Schwingungen

(Erläuterungen siehe L4 und L7)

Allgemeines

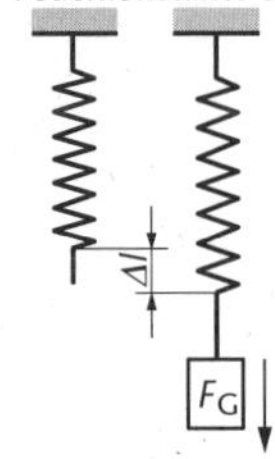

m43	Periodendauer	$T = 2\pi\sqrt{\dfrac{m}{c}}$		s, min
m44	Federkonstante	$c = \dfrac{F_G}{\Delta l}$		N/m; [kp/m]
m45	Frequenz	$f = \dfrac{1}{T}$	(s. a. L1)	s^{-1}, min^{-1}
m46	Kreisfrequenz	$\omega = 2\pi f = \sqrt{\dfrac{c}{m}}$		s^{-1}, min^{-1}

Biegekritische Drehfrequenz(-zahl) n_k einer Welle

m47
$$n_k = \frac{1}{2\pi}\sqrt{\frac{c_q}{m}}$$

m48
$$= 300\sqrt{\frac{10\, c_q\, \text{mm}}{9{,}81\ \text{N}} \cdot \frac{\text{kg}}{m}}\ \text{min}^{-1}$$

Federkonstante c_q für Welle		
in 2 Lagern, Belastung symmetrisch	in 2 Lagern, Belastung unsymmetrisch	mit fliegender Lagerung
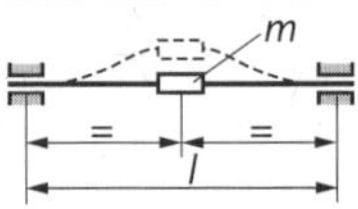	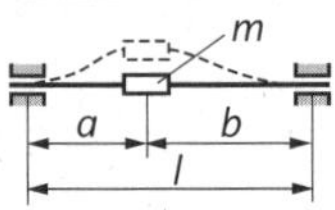	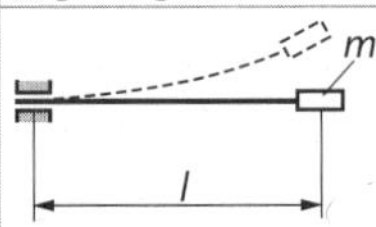
m49 $c_q = \dfrac{48\, EI}{l^3}$	$c_q = \dfrac{3\, EIl}{a^2 \cdot b^2}$	$c_q = \dfrac{3\, EI}{l^3}$

- c_q Federkonstante für elastische Quer-Schwingungen
- Δl Durchbiegung bzw. Verlängerung der Feder
- m Masse. Dabei wird bei Ermittlung der biegekritischen Drehfrequenz die Masse m (z. B. die einer Riemenscheibe) als in einem Punkt vereinigt gedacht. Die Wellenmasse ist durch einen kleinen Zuschlag zu berücksichtigen.
- E Elastizitätsmodul, Werte siehe Z16, Z17
- I Flächen-Trägheitsmoment des Wellenquerschnittes

Pendel

(Erläuterungen siehe L4)

Fliehkraft-Pendel (Kegel-Pendel)

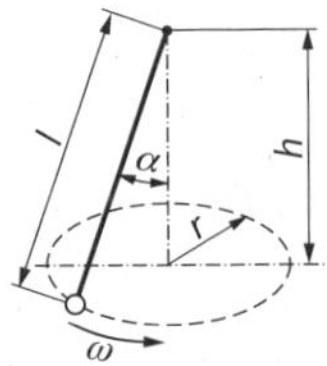

m50 $$T = 2\pi\sqrt{\frac{h}{g}} = 2\pi\sqrt{\frac{l \cdot \cos\alpha}{g}} \qquad \text{s, min}$$

m51 $$\tan\alpha = \frac{r\omega^2}{g} = \frac{r}{h}$$

m52 $$\omega = \sqrt{\frac{g}{h}}; \qquad h = \frac{g}{\omega^2} \qquad \text{m, cm}$$

Mathematisches Pendel

Pendelarm masselos, gesamte Masse in *einem* Punkt zusammengefasst.

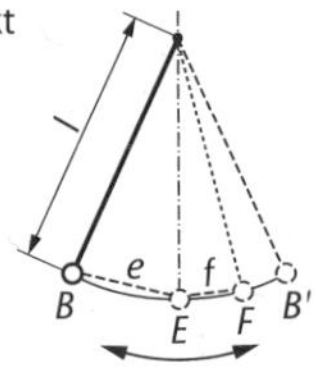

m53 $$T = 2\pi\sqrt{\frac{l}{g}} \qquad \text{s, min}$$

m54 $$v_E = e\sqrt{\frac{g}{l}}; \qquad v_F = \sqrt{\frac{g}{l}(e^2 - f^2)} \qquad \text{m/s, km/h}$$

m55 $$W_{KE} = mg\frac{e^2}{2l} \qquad \text{N m, [kp cm]}$$

Physikalisches Pendel

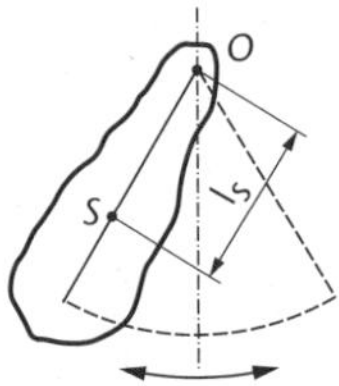

m56 $$T = 2\pi\sqrt{\frac{J_O}{F_G l_S}}$$

m57 $$J_O = J_S + m l_S^2 \qquad \text{N m s}^2\text{, [kp cm s}^2\text{]}$$

m58 $$J_S = F_G l_S \left(\frac{T^2}{4\pi^2} - \frac{l_S}{g}\right) \qquad \text{N m s}^2\text{, [kp cm s}^2\text{]}$$

Wird ein Drehkörper mit Schwerpunkt S im Abstand l_S in O als Pendel aufgehängt, sodann Periodendauer T praktisch ermittelt, so liefert m58 dessen Massenträgheitsmoment J_S bezogen auf S.

Drill-Pendel

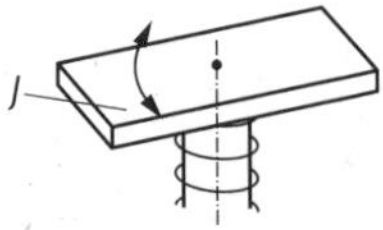

m59 $$T = 2\pi\sqrt{\frac{J}{M_1}} \qquad \text{s, min}$$

Stoß

m60 Prallen 2 Körper mit den Massen m_1 und m_2 sowie mit den Geschwindigkeiten v_{11} und v_{21} aufeinander, so bleibt der Gesamtimpuls $p = m \cdot v$ während des Stoßvorganges konstant (Geschwindigkeiten ändern sich in v_{12} und v_{22}):

m61 $$p = m_1 \cdot v_{11} + m_2 \cdot v_{21} = m_1 \cdot v_{12} + m_2 \cdot v_{22}$$

Stoß-Richtungen

Gerader und zentraler Stoß	Geschwindigkeit parallel zur Stoßnormalen gerichtet	Stoßnormale verläuft durch die Schwerpunkte beider Körper
Schiefer und zentraler Stoß	beliebig gerichtete Geschwindigkeiten	
Schiefer und exzentrischer Stoß		Stoßnormale verläuft beliebig

Stoß-Arten

		Elastischer Stoß [1]	Plastischer Stoß
	Relativ-Geschwindigkeit	vor und nach dem Stoß gleich groß	nach dem Stoß gleich null
m62	Geschwindigkeit nach dem Stoß, wenn dieser gerade und zentral	$v_{12} = \frac{v_{11}(m_1 - m_2) + 2m_2 \cdot v_{21}}{m_1 + m_2}$	$v_{02} = \frac{m_1 \cdot v_{11} + m_2 \cdot v_{21}}{m_1 + m_2}$
m63		$v_{22} = \frac{v_{21}(m_2 - m_1) + 2m_1 \cdot v_{11}}{m_1 + m_2}$	
m64	Stoß-Zahl	$\varepsilon = 1$	$\varepsilon = 0$

Stoß-Zahl ε

Sie gibt an, um welchen Faktor sich die Relativgeschwindigkeit vor (v_{r1}) und nach (v_{r2}) dem Stoß unterscheiden:

m65 $$\varepsilon = \frac{v_{r2}}{v_{r1}}, \qquad \text{dabei ist} \qquad 0 \leqq \varepsilon \leqq 1$$

[1] Beim schief zentral elastischen Stoß wird der Geschwindigkeitsvektor $\vec{v}$ in Normal- und Tangential-Komponenten zerlegt. Normal-Komponente v_n verursacht einen geraden Stoß (siehe o.), Tangential-Komponente v_t ist für den Stoß ohne Einfluss.

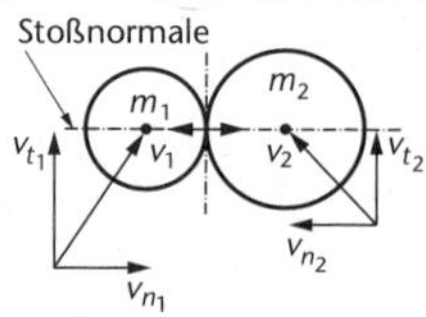

Hydraulik

Allgemeine Begriffe – Hydrostatik

N1

Allgemeines

Die Hydraulik behandelt das Verhalten tropfbarer Stoffe, also Flüssigkeiten. Flüssigkeiten sind näherungsweise als inkompressibel zu betrachten, d. h. ihre Dichten ändern sich infolge einer Druckänderung nur vernachlässigbar wenig.

Größen

Druck p siehe O1

Dichte ϱ siehe O1 (Werte siehe Z5)

Dynamische Viskosität η

BE: $\text{Pa s} = \dfrac{\text{kg}}{\text{m s}} = \dfrac{\text{N s}}{\text{m}^2} = (10\ \text{P})$

Die dynamische Viskosität ist ein Stoffwert, wofür gilt:

n1 $$\eta = f(p, t)$$

Oft kann die Druckabhängigkeit vernachlässigt werden, dann gilt

n2 $$\eta = f(t) \qquad \text{(Werte siehe Z14)}$$

Kinematische Viskosität ν

BE: $\dfrac{\text{m}^2}{\text{s}} = (10^4\ \text{St}) = (10^6\ \text{cSt})$

Die kinematische Viskosität ist das Verhältnis der dynamischen Viskosität η zur Dichte ϱ:

n3 $$\nu = \frac{\eta}{\varrho}$$

Hydrostatik

Druckverteilung in einer Flüssigkeit

n4 $$p_1 = p_0 + g\varrho h_1$$

n5 $$p_2 = p_1 + g\varrho(h_2 - h_1) = p_1 + g\varrho\Delta h$$

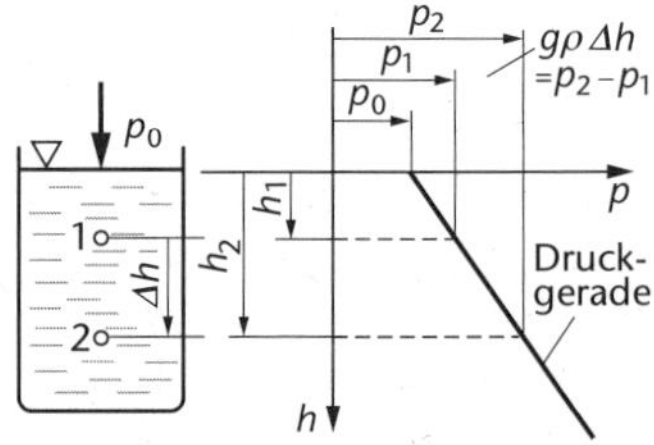

Fortsetzung siehe N2

Flüssigkeitsdruckkraft auf ebene Flächen

Unter der Flüssigkeitsdruckkraft F wird die Kraft verstanden, die allein die Flüssigkeit – also ohne Berücksichtigung des Druckes p_0 – auf die Wand ausübt.

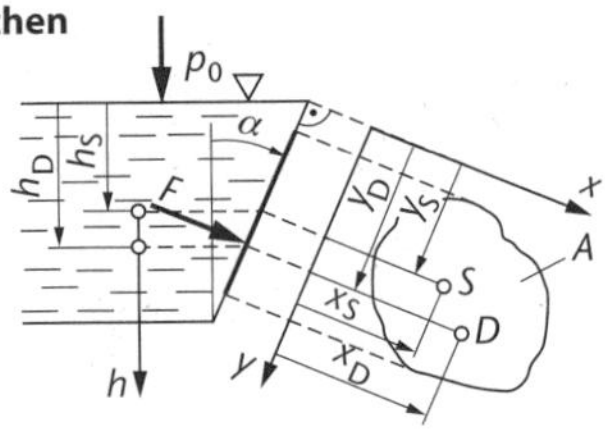

n6 $$F = g\varrho y_S A \cos\alpha = g\varrho h_S A$$

n7 $$y_D = \frac{I_x}{y_S A} = y_S + \frac{I_S}{y_S A}; \qquad x_D = \frac{I_{xy}}{y_S A} \qquad \text{m, mm}$$

Flüssigkeitsdruckkraft auf gekrümmte Flächen

Die Flüssigkeitsdruckkraft auf die gekrümmte Fläche 1, 2 wird in horizontale Komponente F_H und vertikale Komponente F_V zerlegt.

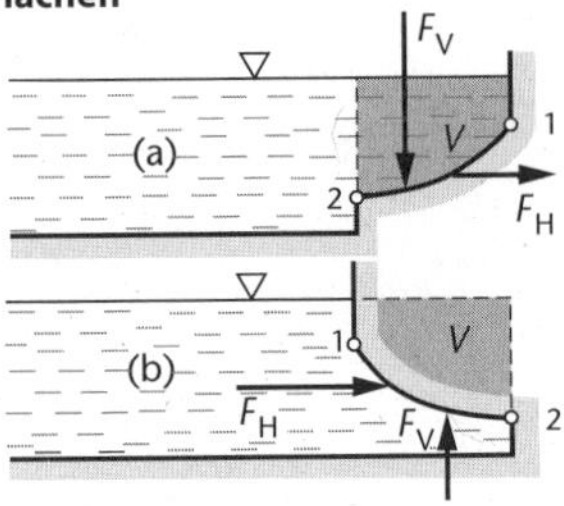

F_V ist gleich der Gewichtskraft der über der Fläche 1, 2 befindlichen (*a*) oder befindlich zu denkenden (*b*) Flüssigkeit mit dem Volumen V. Die Wirkungslinie verläuft durch den Volumenschwerpunkt.

n8 $$|F_V| = g\varrho V \qquad \text{N, kN}$$

F_H ist gleich der Flüssigkeitsdruckkraft auf die Projektion der betrachteten Fläche 1, 2 auf die zu F_H senkrechte Ebene. Berechnung erfolgt nach n6 und n7.

S Schwerpunkt der Fläche A

D Druckmittelpunkt = Angriffspunkt der Kraft F

I_x Trägheitsmoment der Fläche A in Bezug auf Achse x

I_S Trägheitsmoment der Fläche A in Bezug auf eine durch den Schwerpunkt parallel zur x-Achse verlaufende Achse (siehe I17 und P10)

I_{xy} Zentrifugalmoment der Fläche A bezogen auf die x-Achse und y-Achse (siehe I17)

Auftrieb

Die Auftriebskraft F_A ist gleich der Gewichtskraft der verdrängten Flüssigkeiten mit den Dichten ϱ und ϱ'.

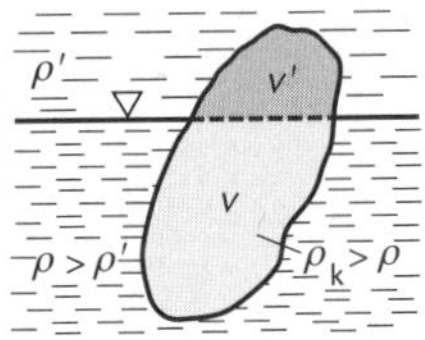

n9 $F_A = g\varrho V + g\varrho' V'$ N, kN

Handelt es sich bei dem Fluid mit der Dichte ϱ' um ein Gas, dann gilt:

n10 $F_A \approx g\varrho V$ N, kN

Mit ϱ_k Dichte des Körpers gilt:

n11 $\varrho > \varrho_k$ der Körper schwimmt
n12 $\varrho = \varrho_k$ " " schwebt
n13 $\varrho < \varrho_k$ " " sinkt

} in der schwereren Flüssigkeit.

Bestimmung der Dichte ϱ für feste und flüssige Körper

Fester Körper mit größerer Dichte als die benutzte Flüssigkeit	Fester Körper mit kleinerer Dichte als die benutzte Flüssigkeit	Bei Flüssigkeiten zuerst F_1 und m eines beliebigen Körpers in einer Flüssigkeit mit bekannter Dichte ϱ_b bestimmen, dann ist:
n14–n16 $\varrho = \varrho_F \dfrac{1}{1 - \dfrac{F}{mg}}$	$\varrho = \varrho_F \dfrac{1}{1 + \dfrac{F_H - F}{mg}}$	$\varrho = \varrho_b \dfrac{1 - \dfrac{F}{mg}}{1 - \dfrac{F_1}{mg}}$
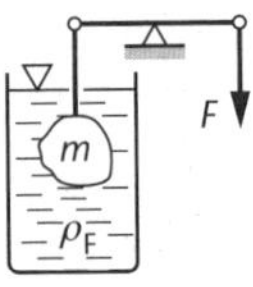	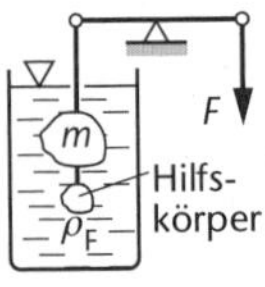	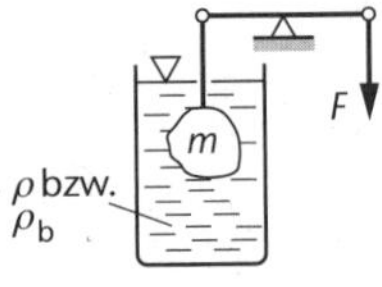

m Masse des in der Flüssigkeit schwebenden Körpers
F aufzubringende Gleichgewichtskraft
F_H im Vorversuch aufzubringende Gleichgewichtskraft, und zwar nur für den Hilfskörper
ϱ_F Dichte der Flüssigkeit, in der die Wägung erfolgt

Hydrodynamik

(für stationäre Strömung)

Kontinuitätsgleichung (Satz von der Erhaltung der Masse)

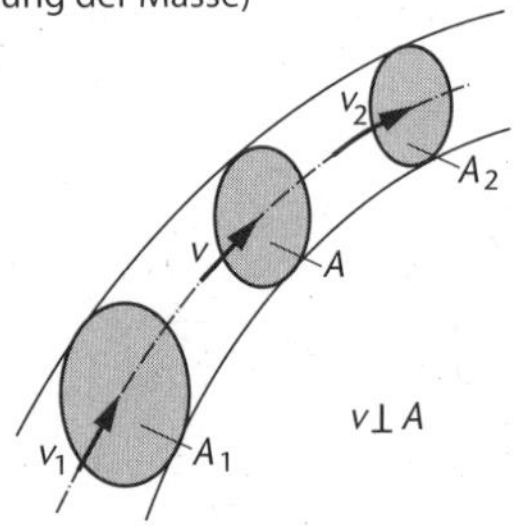

Kontinuitätsgleichung:

n17 $$A_1 v_1 \varrho_1 = A v \varrho = A_2 v_2 \varrho_2$$

Massenstrom:

n18 $$\dot{m} = \dot{V} \varrho \qquad \frac{\text{kg}}{\text{s}}, \frac{\text{g}}{\text{s}}$$

Volumenstrom:

n19 $$\dot{V} = A v \qquad \frac{\text{m}^3}{\text{s}}, \frac{\text{cm}^3}{\text{s}}$$

Bernoulli'sche Gleichung (Satz von der Erhaltung der Energie)

Reibungsfreie Strömung:

n20 $$\frac{p_1}{\varrho} + g z_1 + \frac{{v_1}^2}{2} = \frac{p}{\varrho} + g z + \frac{v^2}{2} = \frac{p_2}{\varrho} + g z_2 + \frac{{v_2}^2}{2} \qquad \frac{\text{J}}{\text{kg}}$$

$\frac{p}{\varrho}$ massebezogene Druckenergie

gz massebezogene potenzielle Energie

$\frac{v^2}{2}$ massebezogene kinetische Energie

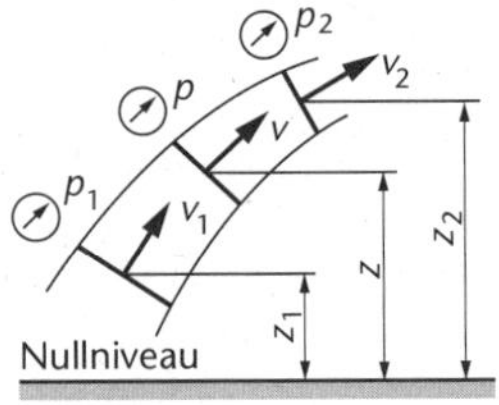

Reibungsbehaftete Strömung:

n21 $$\frac{p_1}{\varrho} + g z_1 + \frac{{v_1}^2}{2} = \frac{p_2}{\varrho} + g z_2 + \frac{{v_2}^2}{2} + w_{R1,2} \qquad \frac{\text{J}}{\text{kg}}$$

---

v Geschwindigkeit

$w_{R1,2}$ massebezogene Reibungsarbeit auf dem Weg von 1 nach 2 (Berechnung siehe N6).

Leistung *P* einer hydraulischen Maschine

n22 $$P = \dot{m} w_{t1,2} \qquad \text{kW, W}$$

massebezogene technische Arbeit:

n23 $$w_{t1,2} = \frac{1}{\varrho}(p_2 - p_1) + g(z_2 - z_1) + \frac{1}{2}(v_2^2 - v_1^2) + w_{R1,2} \qquad \frac{\text{J}}{\text{kg}}$$

n24 bei Kraftmaschinen: $w_{t1,2} < 0$

n25 bei Arbeitsmaschinen: $w_{t1,2} > 0$

Impulssatz

Für die durch einen ortsfesten „Kontroll"-Raum strömende Flüssigkeit gilt die Vektorgleichung:

n26 $$\sum \vec{F} = \dot{m}(\vec{v}_2 - \vec{v}_1) \qquad \text{N, kN}$$

$\sum \vec{F}$ sind die auf die im Kontrollraum befindliche Flüssigkeit wirkenden Kräfte. Dies können sein:

- Volumenkräfte (z. B. Gewichtskraft)
- Druckkräfte
- Reibungskräfte

$\vec{v}_2$ Austritts-Geschwindigkeit der Flüssigkeit aus dem Kontrollraum

$\vec{v}_1$ Eintritts-Geschwindigkeit der Flüssigkeit in den Kontrollraum

Drallsatz

Durch einen ortsfesten, rotationssymmetrischen Kontrollraum wird auf die durchströmende Flüssigkeit das Moment *M* ausgeübt:

n27 $$M = \dot{m}(v_{2,u} \cdot r_2 - v_{1,u} \cdot r_1) \qquad \text{N m}$$

$v_{2,u}$ und $v_{1,u}$ sind die Umfangskomponenten der Austritts- bzw. Eintritts-Geschwindigkeit in den Kontrollraum.

r_2 bzw. r_1 sind die zu v_2 bzw. v_1 gehörigen Halbmesser.

Reibungsarbeit bei der Rohrströmung

n28 massebezogene Reibungsarbeit $w_{R1,2} = \sum \left(\zeta \cdot a \frac{v^2}{2} \right)$ hieraus

n29 Druckverlust $\Delta p_V = \varrho \cdot w_{R1,2}$

Ermittlung des Widerstandsbeiwerts ζ und des Formfaktors a:

(*Re*: Reynolds Zahl)

	kreisförmige Rohre	nicht kreisförmige Rohre
n30	$Re = \frac{v \cdot d \cdot \varrho}{\eta}$	$Re = \frac{v \cdot d_h \cdot \varrho}{\eta}$

n31 Ist $Re < 2320$, herrscht laminare Strömung.

n32 Ist $Re > 2320$, herrscht turbulente Strömung.

	Strömung		Strömung	
	laminar	turbulent[1]	laminar	turbulent[1]
n33	$\zeta = \frac{64}{Re}$	$\zeta = f(Re, \frac{k}{d})$	$\zeta = \varphi \frac{64}{Re}$	$\zeta = f(Re, \frac{k}{d_h})$

n34 $a = \frac{l}{d}$ bei geraden Rohren $\qquad a = \frac{l}{d_h}$ bei geraden Rohren

n35 $a = 1$ bei Armaturen und Formstücken

Ermittlung des Beiwertes φ

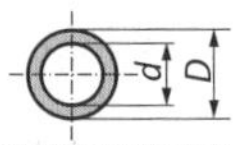

n36 Für ringförmige Querschnitte:

D/d	1	3	5	7	10	30	50	70	100	∞
φ	1,50	1,47	1,44	1,42	1,40	1,32	1,29	1,27	1,25	1,00

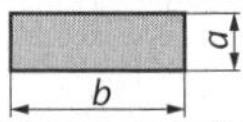

n37 Für rechteckige Querschnitte:

a/b	0	0,1	0,2	0,3	0,4	0,5	0,6	0,7	0,8	1,0
φ	1,50	1,34	1,20	1,10	1,02	0,97	0,94	0,92	0,90	0,89

n38
- d lichter Rohr-⌀
- l Rohrlänge
- $d_h = 4A/U$ hydraulischer Durchmesser
- A von der Flüssigkeit senkrecht durchströmter Querschnitt
- U benetzter Umfang
- k/d und k/d_h relative Rauigkeit
- k mittlere Höhe aller Rauigkeiten (siehe Z9)
- η dynamische Viskosität (s. a. N1; Werte siehe Z14)

[1] ζ wird aus Diagramm Z8 entnommen

Ausfluss von Flüssigkeiten aus Gefäßen

Gefäß mit Bodenöffnung

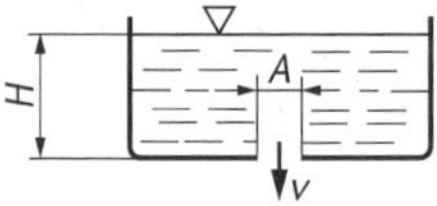

n39 $v = \varphi\sqrt{2gH}$

n40 $\dot{V} = \varphi\varepsilon A\sqrt{2gH}$

Gefäß mit kleiner Seitenöffnung

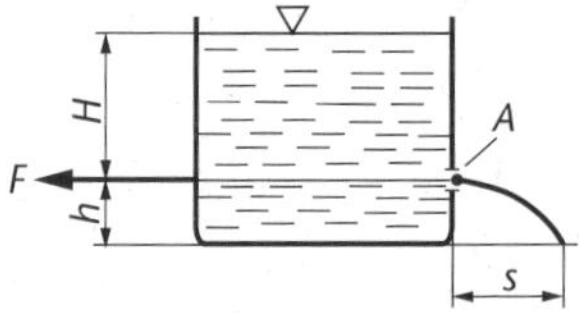

n41 $v = \varphi\sqrt{2gH}$

n42 $s = 2\sqrt{Hh}$

(ohne jegliche Reibwerte)

n43 $\dot{V} = \varphi\varepsilon A\sqrt{2gH}$

n44 $V = \varrho\dot{V}v$

Gefäß mit großer Seitenöffnung

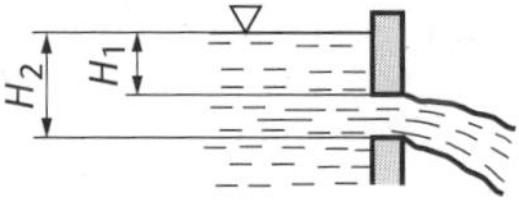

n45 $\dot{V} = \frac{2}{3}\varepsilon b\sqrt{2g}\left(H_2^{3/2} - H_1^{3/2}\right)$

Gefäß mit Überdruck auf Flüssigkeitsspiegel

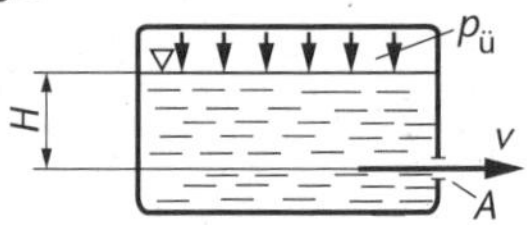

n46 $v = \varphi\sqrt{2\left(gH + \frac{p_ü}{\varrho}\right)}$

n47 $\dot{V} = \varphi\varepsilon A\sqrt{2\left(gH + \frac{p_ü}{\varrho}\right)}$

Gefäß mit Überdruck an Ausflussstelle

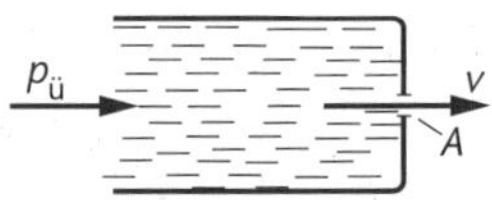

n48 $v = \varphi\sqrt{2\frac{p_ü}{\varrho}}$

n49 $\dot{V} = \varphi\varepsilon A\sqrt{2\frac{p_ü}{\varrho}}$

---

v Ausflussgeschwindigkeit m/s

$p_ü$ Überdruck gegenüber Außendruck

φ Flüssigkeits-Reibungsbeiwert (für Wasser $\varphi = 0{,}97$)

ε Einschnürzahl ($\varepsilon = 0{,}62$ für scharfkantige Öffnung)
($\varepsilon = 0{,}97$ für gut gerundete Öffnung)

F Reaktionskraft

$\dot{V}$ Volumenstrom m^3/s, m^3/h

b Öffnungsbreite m, cm

Wärme

Thermische Zustandsgrößen

Thermische Zustandsgrößen sind der Druck p, die Temperatur t und die Dichte ϱ bzw. das spezifische Volumen v.

Druck p BE: $\mathrm{N/m^2 = Pa}$; bar (s. a. A3)

$$1\,\mathrm{Pa} = 1\,\mathrm{N/m^2} = 10^{-5}\,\mathrm{bar} = (7{,}5 \cdot 10^{-3}\,\mathrm{Torr}) = (1{,}019 \cdot 10^{-5}\,\mathrm{at})$$

Der Druck ist das Verhältnis der Kraft F zur Fläche A:

o1 $$p = \frac{F}{A}$$

Der absolute Druck kann gedeutet werden als die Gesamtwirkung der Stöße der Moleküle auf die Wand. Der mit einem Manometer gemessene Druck wird als Differenzdruck Δp gegenüber Umgebungsdruck p_u gemessen; bei Überdruck gilt $\Delta p > 0$ und bei Unterdruck $\Delta p < 0$. Insofern ergibt sich der absolute Druck p zu:

o2 $$p = p_\mathrm{u} + \Delta p$$

Temperatur T, t Basisgröße siehe Erläuterungen

Einheit der Temperatur T ist das Kelvin K, definiert durch die Gleichung

o3 $$1\,\mathrm{K} = \frac{T_\mathrm{TR}}{273{,}15}$$

wobei T_TR die Temperatur des Tripelpunktes von reinem Wasser ist. Neben der Kelvin-Skala ist die Celsius-Skala in Gebrauch; die Temperatur t dieser Skala wurde international wie folgt vereinbart:

o4 $$t = \left(\frac{T}{\mathrm{K}} - 273{,}15\right)\,^\circ\mathrm{C}; \qquad T = \left(\frac{t}{^\circ\mathrm{C}} + 273{,}15\right)\,\mathrm{K}$$

Dichte ϱ BE: $\mathrm{kg/m^3}$ (Werte siehe Z5)

Die Dichte ist das Verhältnis der Masse m zum Volumen V:

o5 $$\varrho = \frac{m}{V}$$

Spezifisches Volumen v BE: $\mathrm{m^3/kg}$

Das spezifische Volumen ist das Verhältnis des Volumens V zur Masse m:

o6 $$v = \frac{V}{m} = \frac{1}{\varrho}$$

Molares Volumen V_m BE: $\mathrm{m^3/mol}$

Das molare Volumen ist das Verhältnis des Volumens zur in dem Volumen enthaltenen Stoffmenge:

o7 $$V_\mathrm{m} = \frac{V}{n}$$

Stoffmenge n Basisgröße siehe Erläuterungen

Erwärmung fester und flüssiger Körper

Wärme Q BE: J

Wärme ist Energie, die an der Grenze zwischen Systemen verschiedener Temperaturen auftritt, wenn diese Systeme über diatherme Wände miteinander in Berührung sind.

Spezifische Wärme q BE: J/kg

Die massebezogene Wärme q ist das Verhältnis der Wärme Q zur Masse m:

o8 $$q = \frac{Q}{m}$$

Spezifische Wärmekapazität c_p BE: J/(kg K)

Die spezifische Wärmekapazität c_p gibt an, welche Wärme Q einer Masse m zuzuführen bzw. zu entziehen ist, um seine Temperatur um die Differenz Δt zu ändern:

o9 $$c_p = \frac{Q}{m\,\Delta t} = \frac{q}{\Delta t}$$

Die spezifische Wärmekapazität ist abhängig von der Temperatur. Zahlenwerte siehe Z1 … Z5.

Spezifische latente Wärme l BE: J/kg (Werte siehe Z10)

Latente Wärme ist solche, bei deren Zu- oder Abfuhr ein Körper ohne Temperatur-Änderung von einer Phase in eine andere überführt wird. Die latente Wärme wird unterteilt in:

o10	l_f	Spezifische Schmelzwärme	Sie ist die Wärme, die notwendig ist, um	einen festen Körper bei der Schmelztemperatur in Flüssigkeit	gleicher Temperatur umzuwandeln
o11	l_d	Spezifische Verdampfungswärme		Flüssigkeit bei der Siedetemperatur (abhängig vom Druck) in gesättigten Dampf	
o12	l_s	Spezifische Sublimationswärme		unterhalb der Tripeltemperatur einen festen Körper bei der Sublimationstemperatur (abhängig vom Druck) direkt in gesättigten Dampf	

Erwärmung fester und flüssiger Körper

Ausdehnung fester Körper

Ein fester Körper ändert bei Temperatur-Änderung seine Abmessungen. Mit α als von der Temperatur abhängigem „linearem Ausdehnungskoeffizienten" (Zahlenwerte siehe Z11) gilt für:

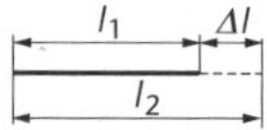

o13 Länge $l_2 = l_1 \left[1 + \alpha(t_2 - t_1)\right]$

o14 $\Delta l = l_2 - l_1 \approx l_1 \alpha(t_2 - t_1)$

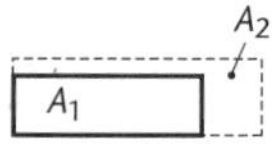

o15 Fläche $A_2 \approx A_1 \left[1 + 2\alpha(t_2 - t_1)\right]$

o16 $\Delta A = A_2 - A_1 \approx A_1 2\alpha(t_2 - t_1)$

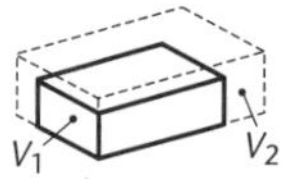

o17 Volumen $V_2 \approx V_1 \left[1 + 3\alpha(t_2 - t_1)\right]$

o18 $\Delta V = V_2 - V_1 \approx V_1 3\alpha(t_2 - t_1)$

Ausdehnung flüssiger Körper

Mit γ als von der Temperatur abhängigem „Volumen-Ausdehnungskoeffizienten" (Zahlenwerte siehe Z11) gilt:

o19 $V_2 = V_1 \cdot \left[1 + \gamma(t_2 - t_1)\right]$

$\Delta V = V_2 - V_1 = V_1 \cdot \gamma(t_2 - t_1)$

Mischung flüssiger Stoffe mit flüssigen oder/und festen Stoffen

Werden mehrere Stoffe mit den Massen $m_1, m_2, m_3, \ldots$ den entsprechenden Temperaturen $t_1, t_2, t_3, \ldots$ und den spezifischen Wärmekapazitäten $c_{p1}, c_{p2}, c_{p3}, \ldots$ miteinander gemischt, ohne dass Wärme nach außen abgeführt noch nach innen zugeführt wird und ohne dass deren Aggregatzustand sich ändert, wird die Mischtemperatur t_m (ggf. Wärmemenge des Mischgefäßes mit einbeziehen):

o20 $t_m = \dfrac{m_1 \cdot c_{p1} \cdot t_1 + m_2 \cdot c_{p2} \cdot t_2 + m_3 \cdot c_{p3} \cdot t_3 + \ldots}{m_1 \cdot c_{p1} + m_2 \cdot c_{p2} + m_3 \cdot c_{p3} + \ldots}$ (Werte für c_p siehe Z1 … Z5)

Wärme-Ausbiegung *A*

Eine Wärme-Ausbiegung tritt bei Bimetallstreifen auf. Letzterer krümmt sich bei Erwärmung nach der Seite, auf der sich das Metall mit der kleineren Ausdehnung befindet. Mit α_b als „spezifische thermische Ausbiegung" ($\alpha_b \approx 14 \cdot 10^{-6}$/K, genaue Zahlenwerte siehe DIN 1715) wird die Wärme-Ausbiegung:

o21 $A = \dfrac{\alpha_b L^2 \Delta t}{s}$

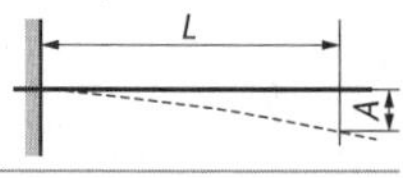

l_1 Länge bei $t = t_1$	A_1 Fläche bei $t = t_1$
l_2 Länge bei $t = t_2$	A_2 Fläche bei $t = t_2$
V_1 Volumen bei $t = t_1$	t_1 Temperatur vor Erwärmung
V_2 Volumen bei $t = t_2$	t_2 Temperatur nach Erwärmung
s Dicke	Δt Temperaturdifferenz

Thermische Zustandsgleichung für ideale Gase

Der Zustand eines Gases oder Dampfes ist durch 2 thermische Zustandsgrößen festgelegt, sodass die 3. thermische Zustandsgröße aus der thermischen Zustandsgleichung berechnet werden kann. Für ideale Gase lautet die Gleichung mit R als spezieller, für jedes Gas verschiedener Gaskonstanten (siehe Z12):

o22 $$pv = RT \quad \text{oder} \quad pV = mRT \quad \text{oder} \quad p = \varrho RT$$

Bezieht man die Gaskonstante auf die Stoffmenge, dann gilt mit $R_m = 8314{,}5\,\mathrm{J/(kmol\,K)}$ als universelle Gaskonstante für alle idealen Gase:

o23 $$pV_m = R_m T$$

wobei mit M als Molmasse (siehe Z12) gilt:

o24 $$R_m = MR$$

Thermischer Zustand für nicht ideale Gase und Dämpfe

Der thermische Zustand realer Gase und Dämpfe wird aus speziellen Gleichungen oder Diagrammen bestimmt.

Zustandsänderungen

Zustandsänderungen werden hervorgerufen durch Wechselwirkungen des Systems mit der Umgebung. Diese Wechselwirkungen werden mit dem 1. und 2. Hauptsatz berechnet:

1. Hauptsatz für geschlossene Systeme	1. Hauptsatz für offene Systeme	2. Hauptsatz für alle Systeme
o25 $q_{1,2} + w_{1,2} = u_2 - u_1$	o26 $q_{1,2} + w_{t\,1,2} = h_2 - h_1$	o27 $q_{1,2} = \int_1^2 T\,ds$

In diesen Formeln sind zugeführte Energien (also $q_{1,2}$, $w_{1,2}$, $w_{t\,1,2}$) positiv und abgeführte Energien negativ.

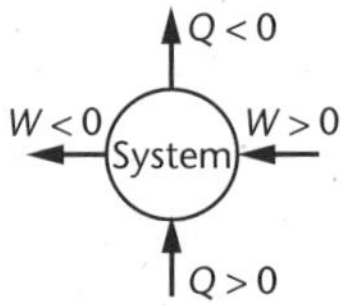

h spezifische Enthalpie

s spezifische Entropie

u spezifische innere Energie

$w_{1,2}$ spezifische Volumenänderungsarbeit (siehe O7)

$w_{t\,1,2}$ spezifische technische Arbeit (siehe O7)

Zustandsänderungen idealer Gase

Die aus den Formeln o25 … o27 entwickelten Beziehungen für verschiedene Zustandsänderungen zeigt die Tabelle auf Seite O6. Zu dieser Tabelle gehören folgende Erläuterungen:

Jede Zustandsänderung lässt sich darstellen in der Form

o28 $$pv^n = \text{const.}$$

In der 1. Spalte sind die jeweiligen Polytropenexponenten n angegeben.

c_{pm} und c_{vm} sind die mittleren spezifischen Wärmekapazitäten bei konstantem Druck bzw. konstantem Volumen zwischen den Temperaturen t_1 und t_2. Dabei gelten folgende Zusammenhänge (Werte für c_{pm} siehe Z13):

o29 $$c_{pm} = c_{pm}\Big|_{t_1}^{t_2} = \frac{c_{pm}\Big|_0^{t_2} t_2 - c_{pm}\Big|_0^{t_1} t_1}{t_2 - t_1}$$

o30 $$c_{vm} = c_{vm}\Big|_{t_1}^{t_2} = c_{pm}\Big|_{t_1}^{t_2} - R$$

o31 $$\varkappa = \varkappa_m = \varkappa_m\Big|_{t_1}^{t_2} \approx c_{pm}\Big|_{t_1}^{t_2} \Big/ c_{vm}\Big|_{t_1}^{t_2}$$

Die bei den Zustandsänderungen auftretende Entropieänderung ist:

o32 $$s_2 - s_1 = c_{pm} \ln\left(\frac{T_2}{T_1}\right) - R \ln\left(\frac{p_2}{p_1}\right) = c_{vm} \ln\left(\frac{T_2}{T_1}\right) + R \ln\left(\frac{v_2}{v_1}\right)$$

Zustandsänderungen realer Gase und Dämpfe

Die aus den Formeln o25 … o27 entwickelten Beziehungen für verschiedene Zustandsänderungen zeigt untenstehende Tabelle. Die dort auftretenden thermischen Zustandsgrößen p, v, T und kalorischen Zustandsgrößen u, h, s werden i. Allg. geeigneten Diagrammen entnommen.

	Zustandsänderung, konstante Größe	Spezifische Volumenänderungsarbeit $w_{1,2} = -\int_1^2 p\,dv$	Spezifische technische Arbeit $w_{t1,2} = \int_1^2 v\,dp$	Spezifische Wärme $q_{1,2}$
o33	Isochore $v = \text{const.}$	0	$v(p_2 - p_1)$	$u_2 - u_1 = (h_2 - h_1) - v(p_2 - p_1)$
o34	Isobare $p = \text{const.}$	$p(v_1 - v_2)$	0	$h_2 - h_1$
o35	Isotherme $T = \text{const.}$	$(u_2 - u_1) - T(s_2 - s_1) = (h_2 - h_1) - T(s_2 - s_1) - -(p_2v_2 - p_1v_1)$	$(h_2 - h_1) - T(s_2 - s_1)$	$T(s_2 - s_1)$
o36	Isentrope $s = \text{const.}$	$u_2 - u_1 = (h_2 - h_1) - (p_2v_2 - p_1v_1)$	$h_2 - h_1$	0

Wärme

Zustandsänderungen idealer Gase

O6

	Zustandsänderung, konstante Größe, Polytropenexponent	Zusammenhang zwischen Zustand 1 und Zustand 2	Volumenänderungsarbeit $w_{1,2} = -\int_1^2 p\,\mathrm{d}v$	Spezifische technische Arbeit $w_{t1,2} = \int_1^2 v\,\mathrm{d}p$	Wärme $q_{1,2}$	p-v-Diagramme	T-s-Diagramme
o37	Isochore $v = \text{konst.}$ $n = \infty$	$\frac{p_2}{p_1} = \frac{T_2}{T_1}$	0	$v(p_2 - p_1) = R(T_2 - T_1)$	$c_{vm}(T_2 - T_1)$	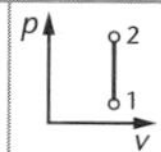	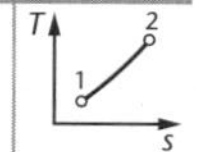
o38	Isobare $p = \text{konst.}$ $n = 0$	$\frac{v_2}{v_1} = \frac{T_2}{T_1}$	$p(v_1 - v_2) = R(T_1 - T_2)$	0	$c_{pm}(T_2 - T_1)$	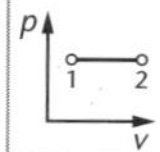	flacher als Isochore 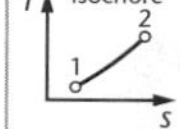
o39	Isotherme $T = \text{konst.}$ $n = 1$	$\frac{p_2}{p_1} = \frac{v_1}{v_2}$	$RT \ln\left(\frac{v_1}{v_2}\right) = RT \ln\left(\frac{p_2}{p_1}\right)$	$w_{1,2}$	$-w_{1,2}$	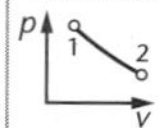	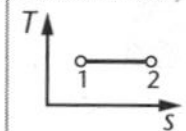
o40	Isentrope $s = \text{konst.}$ $n = \varkappa$	$\frac{p_2}{p_1} = \left(\frac{v_1}{v_2}\right)^{\varkappa}$ $\frac{p_2}{p_1} = \left(\frac{T_2}{T_1}\right)^{\frac{\varkappa}{\varkappa-1}}$ $\frac{v_2}{v_1} = \left(\frac{T_1}{T_2}\right)^{\frac{1}{\varkappa-1}}$	$u_2 - u_1 = c_{vm}(T_2 - T_1)$ $= c_{vm} T_1 \left[\left(\frac{p_2}{p_1}\right)^{\frac{\varkappa-1}{\varkappa}} - 1\right]$ $= \frac{1}{\varkappa - 1} R T_1 \left[\left(\frac{p_2}{p_1}\right)^{\frac{\varkappa-1}{\varkappa}} - 1\right]$	$h_2 - h_1 = c_{pm}(T_2 - T_1)$ $= c_{pm} T_1 \left[\left(\frac{p_2}{p_1}\right)^{\frac{\varkappa-1}{\varkappa}} - 1\right]$ $= \frac{\varkappa}{\varkappa - 1} R T_1 \left[\left(\frac{p_2}{p_1}\right)^{\frac{\varkappa-1}{\varkappa}} - 1\right]$	0	steiler als Isotherme 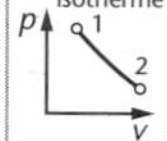	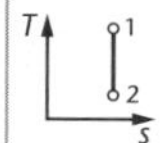
o41	Polytrope beliebig $n = \text{konst.}$	$\frac{p_2}{p_1} = \left(\frac{v_1}{v_2}\right)^{n}$ $\frac{p_2}{p_1} = \left(\frac{T_2}{T_1}\right)^{\frac{n}{n-1}}$ $\frac{v_2}{v_1} = \left(\frac{T_1}{T_2}\right)^{\frac{1}{n-1}}$	$\frac{1}{n-1} R(T_2 - T_1)$ $= \frac{1}{n-1} R T_1 \left[\left(\frac{p_2}{p_1}\right)^{\frac{n-1}{n}} - 1\right]$	$\frac{n}{n-1} R(T_2 - T_1)$ $= \frac{n}{n-1} R T_1 \left[\left(\frac{p_2}{p_1}\right)^{\frac{n-1}{n}} - 1\right]$	$c_{vm} \frac{n - \varkappa}{n - 1}(T_2 - T_1)$	beliebig	beliebig

p-v-Diagramm

Bei reversiblen Prozessen stellt die Fläche zwischen der Kurve der Zustandsänderung und der v-Achse die spezifische Volumenänderungsarbeit, die Fläche zwischen der Kurve und der p-Achse die spezifische technische Arbeit dar.

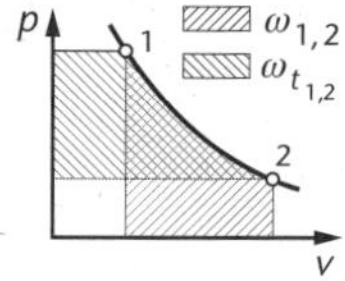

T-s-Diagramm

Bei reversiblen Prozessen stellt die Fläche zwischen der Kurve und der s-Achse die spezifische Wärme q dar.

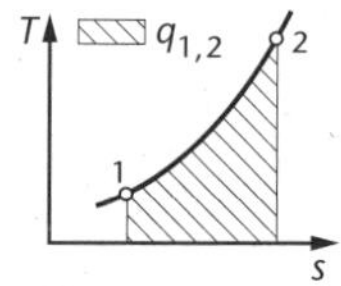

Gesamte zu- oder abgeführte Wärme

Die einem geschlossenen System einmalig zu- oder abgeführte Wärme ist:

o42 $$Q_{1,2} = m q_{1,2} \qquad \text{J}$$

Der einem offenen System kontinuierlich zu- oder abgeführte Wärmestrom ist:

o43 $$\Phi_{1,2} = \dot{Q}_{1,2} = \dot{m} q_{1,2} \qquad \text{W}$$

wobei $\dot{m}$ der Massenstrom (BE: kg/s) ist.

Gesamte zu- oder abgeführte Arbeit

Die einem geschlossenen System einmalig zu- oder abgeführte Arbeit ist:

o44 $$W_{1,2} = m w_{1,2} \qquad \text{J}$$

Die einem offenen System kontinuierlich zu- oder abgeführte Leistung ist:

o45 $$P_{1,2} = \dot{m} w_{t1,2} \qquad \text{W}$$

Masse m einer Mischung aus den Komponenten $m_1, m_2, \ldots$

o46 $$m = m_1 + m_2 + \ldots + m_n = \sum_{i=1}^{i=n} m_i$$

Massenanteile ξ_i einer Mischung

o47 $$\xi_i = \frac{m_i}{m} \quad \text{und} \quad \sum_{i=1}^{i=n} \xi_i = 1$$

Stoffmenge n einer Mischung aus den Komponenten $n_1, n_2, \ldots$

o48 $$n = n_1 + n_2 + \ldots + n_n = \sum_{i=1}^{i=n} n_i$$

Stoffmengenanteile ψ_i einer Mischung

o49 $$\psi_i = \frac{n_i}{n} \quad \text{und} \quad \sum_{i=1}^{i=n} \psi_i = 1$$

Scheinbare molare Masse M einer Mischung

Für die molare Masse gilt:

o50 $$M_i = \frac{m_i}{n} \quad \text{und} \quad M = \frac{m}{n}$$

wobei M die „scheinbare" molare Masse der Mischung und wie folgt zu berechnen ist:

o51 $$M = \sum_{i=1}^{i=n} (M_i \cdot \psi_i) \quad \text{bzw.} \quad \frac{1}{M} = \sum_{i=1}^{i=n} \left(\frac{\xi_i}{M_i}\right)$$

Umrechnung von Massen- in Stoffmengenanteile

o52 $$\xi_i = \frac{M_i}{M} \psi_i$$

Druck p der Mischung und Partialdrücke p_i der Komponenten

o53 $$p = \sum_{i=1}^{i=n} p_i \quad \text{wobei} \quad p_i = \psi_i \cdot p$$

Fortsetzung siehe O9

Fortsetzung von O8

Raumanteile r_i einer Mischung

o54 $$r_i = \frac{V_i}{V} = \psi_i \quad \text{und} \quad \sum_{i=1}^{i=n} r_i = 1$$

Dabei versteht man unter dem Teilvolumen V_i das Volumen, das die Komponente bei der Temperatur T und dem Gesamtdruck p des Gemisches einnähme. Für ideale Gase gilt:

o55 $$V_i = \frac{m_i R_i T}{p} = \frac{n_i R_\mathrm{m} T}{p} \quad \text{und} \quad \sum_{i=1}^{i=n} V_i = V$$

Kalorische Zustandsgrößen einer Mischung

o56 $$u = \sum_{i=1}^{i=n} (\xi_i \cdot u_i); \qquad h = \sum_{i=1}^{i=n} (\xi_i \cdot h_i)$$

Aus diesen Formeln lässt sich die Mischungstemperatur bestimmen, und zwar bei realen Gasen und Dämpfen u. a. aus Diagrammen und bei idealen Gasen wie folgt:

o57	adiabates System	geschlossen	$t = \dfrac{c_{\mathrm{v}\,m1} \cdot t_1 m_1 + c_{\mathrm{v}\,m2} \cdot t_2 m_2 + \ldots + c_{\mathrm{v}\,mn} \cdot t_n m_n}{c_{\mathrm{v}\,m} \cdot m}$
o58		offen	$t = \dfrac{c_{\mathrm{p}\,m1} \cdot t_1 m_1 + c_{\mathrm{p}\,m2} \cdot t_2 m_2 + \ldots + c_{\mathrm{p}\,mn} \cdot t_n m_n}{c_{\mathrm{p}\,m} \cdot m}$

wobei die spezifischen Wärmekapazitäten des Gemisches wie folgt zu bestimmen sind:

o59 $$c_{\mathrm{v}\,m} = c_{\mathrm{p}\,m} - R$$

o60 $$c_{\mathrm{p}\,m} = \sum_{i=1}^{i=n} (\xi_i \cdot c_{\mathrm{p}\,mi})$$

Aufgrund des Temperatur-Unterschiedes zwischen zwei Punkten strömt Wärme von dem Punkt höherer Temperatur zum Punkt geringerer Temperatur. Zu unterscheiden sind folgende Arten des Wärmetransportes:

Wärmeleitung

o61 in ebener Wand: $\Phi = \dot{Q} = \lambda A \dfrac{t_{W1} - t_{W2}}{s}$

o62 in Rohrwand: $\Phi = \dot{Q} = \lambda A_m \dfrac{t_{W1} - t_{W2}}{s}$

Die mittlere logarithmische Fläche ist

o63 $A_m = \pi d_m L;$ dabei $d_m = \dfrac{d_a - d_i}{\ln\left(\dfrac{d_a}{d_i}\right)}$

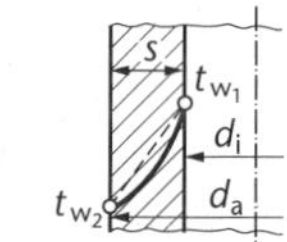

--- ebene Wand
— Rohr
L: Rohrlänge

Wärmeübertragung infolge Konvektion

Darunter wird der Wärmetransport von einem Fluid an eine feste Wand oder umgekehrt verstanden. Die Moleküle als Träger der Masse führen die Wärme infolge ihrer Strömung mit. Bildet sich die Strömung von allein aus (Auftrieb), spricht man von freier Konvektion und, wird die Strömung erzwungen, von einer erzwungenen Konvektion.

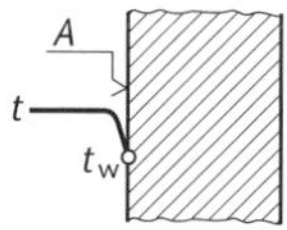

o64 $\Phi = \dot{Q} = \alpha A (t - t_W)$

Wärmeübergang infolge Strahlung

Dieser Wärmetransport ist nicht an Masse gebunden (z. B. Wärmeeinstrahlung von der Sonne durch den luftleeren Raum). Die Berechnung erfolgt nach o64.

Wärmedurchgang

Unter dem Wärmedurchgang versteht man die Zusammenfassung aller am Wärmetransport beteiligten Einzelvorgänge:

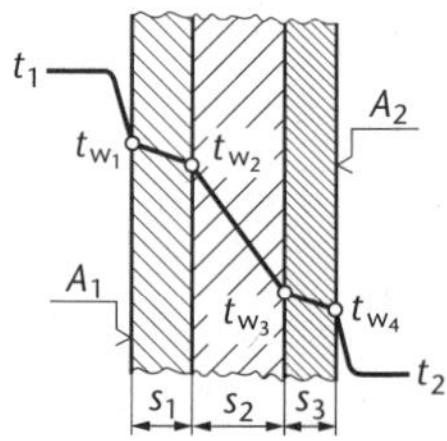

o65 $\Phi = \dot{Q} = kA(t_1 - t_2)$

Für den Wärmedurchgangskoeffizient k gilt (Näherungswerte siehe Z11):

o66 ebene Wand: $\dfrac{1}{k} = \dfrac{1}{\alpha_1} + \sum_{i=1}^{i=n} \left(\dfrac{s}{\lambda}\right)_i + \dfrac{1}{\alpha_2}$

o67 Rohr: $\dfrac{1}{kA} = \dfrac{1}{\alpha_1 A_1} + \sum_{i=1}^{i=n} \left(\dfrac{s}{\lambda A_m}\right) + \dfrac{1}{\alpha_2 A_2}$

λ Wärmeleitfähigkeit (Werte siehe Z1 … Z6)

α Wärmeübergangskoeffizient (Berechnung siehe O12)

Wärmeaustauscher

Wärmeaustauscher dienen dazu, Wärme von einem Fluid auf ein anderes zu übertragen. Für den Wärmestrom gilt:

o68 $$\Phi = \dot{Q} = k \cdot A \cdot \Delta t_m$$

Dabei ist Δt_m die mittlere logarithmische Temperaturdifferenz. Für Gleich- und Gegenstromapparate gilt:

o69 $$\Delta t_m = (\Delta t_{groß} - \Delta t_{klein}) \Big/ \ln \frac{\Delta t_{groß}}{\Delta t_{klein}}$$

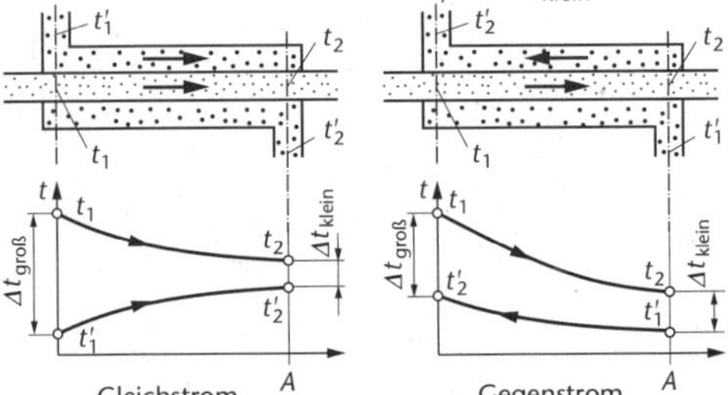

Gleichstrom   Gegenstrom

Bei Gegenströmern kann $\Delta t_{groß}$ bzw. Δt_{klein} auch auf der jeweils anderen Seite des Wärmeübertragers liegen.

Formelzeichen für Seite O12:

A_1 umhüllte Fläche ($A_1 < A_2$)
A_2 umhüllende Fläche ($A_1 < A_2$)
d Innendurchmesser des Rohres
D Außendurchmesser des Rohres
Gr Grashof'sche Zahl
Nu Nusselt'sche Zahl
H Plattenhöhe
L Rohrlänge
C_1, C_2 Strahlungs-Konstanten der im Strahlungsaustausch stehenden Flächen (Werte siehe Z12)
$C_s \approx 5{,}67 \cdot 10^{-8}\,\text{W}/(\text{m}^2\,\text{K}^4)$: Strahlungskonstante des schwarzen Körpers
o70 Pr Prandtl-Zahl; $Pr = (\eta \cdot c_p)/\lambda$ (Werte siehe Z14)
$\Delta t = |t_W - t_\infty|$ absolute Temperatur-Differenz zwischen Wand und Flüssigkeit bzw. Gas im thermisch nicht beeinflussten Gebiet
t_∞ Temperatur der ungestörten Umgebung ($T_\infty = t_\infty + 273{,}15°$)
ν kinematische Zähigkeit ($\nu = \eta/\varrho$)
η dynamische Zähigkeit (Werte siehe Z14)
η_{Fl} dynamische Zähigkeit bei der mittleren Flüssigkeitstemperatur
η_W dynamische Zähigkeit bei der Wandtemperatur
λ Wärmeleitfähigkeit des Fluids (Werte siehe Z5, Z6)
γ Volumen-Ausdehnungskoeffizient (siehe Z11 und o77)
β^* Temperaturfaktor
v: Geschwindigkeit

Berechnung des Wärmeübergangskoeffizienten α [1)]

Bei freier Konvektion (nach Grigull)

o71	an senkrechter Platte	$\alpha = \frac{Nu\,\lambda}{H}$	$Nu = 0{,}55\,\sqrt[4]{Gr \cdot Pr}$, wenn $1700 < Gr \cdot Pr < 10^8$
o72			$Nu = 0{,}13\,\sqrt[3]{Gr \cdot Pr}$, wenn $Gr \cdot Pr > 10^8$
o73			$Gr = \frac{g\gamma\,\Delta t\,H^3}{\nu^2} = \frac{g\gamma\,\Delta t\,\varrho^2 H^3}{\eta^2}$
o74	an waagerechtem Rohr	$\alpha = \frac{Nu\,\lambda}{D}$	$Nu = 0{,}41\,\sqrt[4]{Gr \cdot Pr}$, wenn $Gr \cdot Pr < 10^5$
o75			$Gr = \frac{g\gamma\,\Delta t\,D^3}{\nu^2} = \frac{g\gamma\,\Delta t\,\varrho^2 D^3}{\eta^2}$

o76 Stoffwerte sind zu beziehen auf Bezugstemperatur $t_B = (t_W + t_\infty)/2$

o77 Bei Gasen gilt für den Ausdehnungskoeffizienten $\gamma_{Gas} = 1/T_\infty$

Bei erzwungener Konvektion in Rohren (nach Hausen)

o78 $$\alpha = Nu\,\lambda/d$$

	Strömung		
o79	laminar $Re < 2320$		$Nu = \left[3{,}65 + \frac{0{,}0668\,(Re\,Pr\,d/L)}{1 + 0{,}045\,(Re\,Pr\,d/L)^{2/3}}\right]\left(\frac{\eta_{Fl}}{\eta_W}\right)^{0{,}14}$
o80			wenn $10^4 > Re \cdot Pr\,d/L > 10^{-1}$, dabei $Re = v d\varrho/\eta$
o81	turbulent $Re > 2320$		$Nu = 0{,}116\left(Re^{2/3} - 125\right)Pr^{1/3}\left[1 + \left(\frac{d}{L}\right)^{2/3}\right]\left(\frac{\eta_{Fl}}{\eta_W}\right)^{0{,}14}$ wenn $2320 < Re < 10^6$; $0{,}6 < Pr < 500$; $1 < L/d < \infty$

Mit Ausnahme von η_W werden alle Stoffwerte auf die mittlere Flüssigkeitstemperatur bezogen.
Bei Gasen fällt der Faktor $(\eta_{Fl}/\eta_W)^{0{,}14}$ weg.

Bei Strahlung (Wärmeübergangskoeffizient: α_{str})

o82 $$\alpha_{str} = \beta^* C_{1,2}$$

o83, o84	zwischen parallelen Flächen:	$\beta^* = \frac{T_1^4 - T_2^4}{T_1 - T_2}$	$C_{1,2} = \frac{1}{\frac{1}{C_1} + \frac{1}{C_2} - \frac{1}{C_s}}$
o85	zwischen umhüllenden Flächen:		$C_{1,2} \approx \frac{1}{\frac{1}{C_1} + \frac{A_1}{A_2}\left(\frac{1}{C_2} - \frac{1}{C_s}\right)}$

1) α in J/(m^2 s K) oder W/(m^2 K)

Erläuterung der Formelzeichen siehe O11

Festigkeit

Allgemeine Begriffe

P1

Mechanische Spannung

Die mechanische Spannung ist die auf die beanspruchte Querschnittsfläche *A* bezogene verursachende Kraft *F*.

Normalspannungen entstehen aus senkrecht (d. h. normal) zum Querschnitt angreifenden Kräften oder Kraftkomponenten.

p1 Normalspannungen $\sigma = \frac{F}{A}$ $\quad$ N/mm²

Zugkraft ⇒ Zugspannung mit positivem Wert
Druckkraft ⇒ Druckspannung mit negativem Wert

Tangential- oder Schubspannungen entstehen aus tangential zum Querschnitt angreifenden Kräften oder Kraftkomponenten.

p2 Tangentialspannungen $\tau = \frac{F}{A}$ $\quad$ N/mm²

Spannungs-Dehnungs-Diagramme (Zugversuch)

Werkstoffe mit ausgeprägter | nicht ausgeprägter Streckgrenze

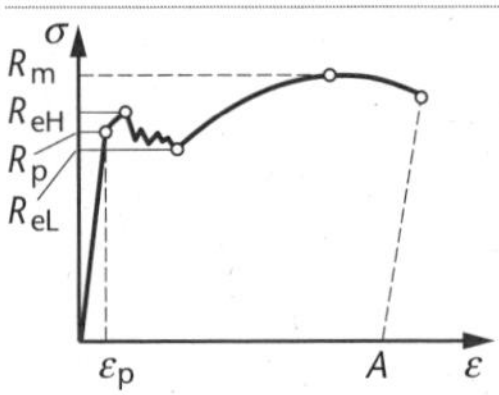

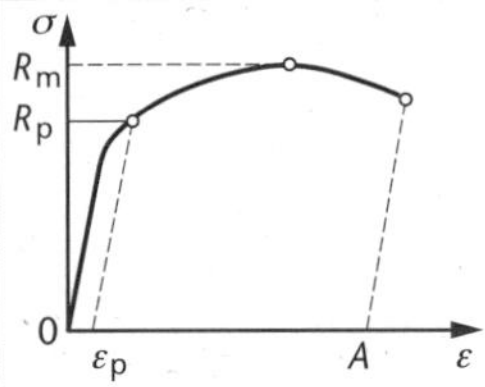

Erklärung der Formelzeichen für P1 und P2: Die Formelzeichen entsprechen den nach DIN EN 10 002 genormten. Die in [ ] Klammern angegebenen Formelzeichen entsprechen den früher üblichen.

p3 $R_m = \frac{F}{S_0}$; $\left[\sigma_B = \frac{F}{A_0}\right]$: Zugfestigkeit, dabei

F: Zugkraft
S_0; [A_0]: Ausgangsquerschnittsfläche des unbelasteten Stabes

p4 $\varepsilon = \frac{\Delta L}{L_0} \cdot 100\,\%$; $\left[\varepsilon = \frac{\Delta l}{l_0} \cdot 100\,\%\right]$: Dehnung, dabei

L_0; [l_0]: Ausgangslänge des unbelasteten Stabes
ΔL; [Δl]: Längenänderung des belasteten Stabes

Fortsetzung siehe P2

Festigkeit

Allgemeine Begriffe

P2

Fortsetzung von P1 (Spannungs-Dehnungs-Diagramm)

R_p; $[\sigma_p]$: Spannung bei einer näher zu definierenden, nichtproportionalen Dehnung ε_p.

Technische Elastizitätsgrenze:

$$\varepsilon_p = 0{,}01\,\% \Rightarrow R_{p0,01}; \quad [\sigma_p]$$

Streckgrenze (Fließgrenze): bei Werkstoffen <u>mit</u> ausgeprägter Streckgrenze

R_{eH}; $[\sigma_{So}]$: obere Streckgrenze
R_{eL}; $[\sigma_{Su}]$: untere Streckgrenze

Streckgrenze (Fließgrenze): bei Werkstoffen *ohne* ausgeprägte Streckgrenze wird die 0,2 %-Dehnungsgrenze als solche festgelegt:

$$\varepsilon_p = 0{,}2\,\% \Rightarrow R_{p0,2}; \quad [\sigma_{0,2}]$$

p5 $$R_m = \frac{F_m}{S_0}; \qquad \left[\sigma_B = \frac{F_{max}}{A_0}\right]: \quad \text{Zugfestigkeit}$$

p6 $$A = \frac{\Delta L}{L_0} \cdot 100\,\%; \qquad \left[\delta = \frac{\Delta l_{max}}{l_0} \cdot 100\,\%\right]: \quad \text{Bruchdehnung}$$

Abhängig vom Verhältnis Ausgangslänge zu Querschnitt des Probestabes. Kennzeichnung durch Indizes, z. B. A_5; $[\delta_5]$ bei $L_0/d_0 = 5$; $[l_0/d_0 = 5]$ mit d_0 als Ausgangsdurchmesser einer Probe mit Kreisquerschnitt.

Zulässige Spannung

Sie muss unterhalb der Elastizitätsgrenze liegen. Es ist die

zulässige Beanspruchung $$\sigma_{zul} = \frac{R_m}{\nu}$$

R_m: Festigkeit des Werkstoffes
ν : Sicherheitsfaktor, stets $\nu > 1$.
Sicherheit gegen Bruch: $\nu_B = 2 \ldots 3 \ldots 4$
Sicherheit gegen Fließen: $\nu_S = 1{,}2 \ldots 1{,}5 \ldots 2$

Belastungsfälle

Belastungsfall	Beanspruchung	Belastungs-Diagramm
I	ruhend	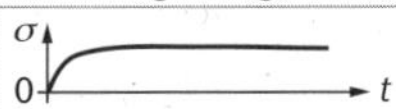
II	schwellend	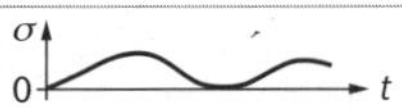
III	wechselnd	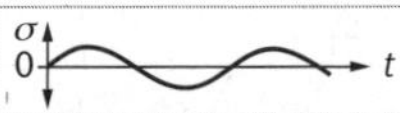

Festigkeit

Zug- und Druckbeanspruchung

Elastizitätsmodul E**:** Der Zusammenhang zwischen σ und ε (Hooke'sches Gesetz) gilt im elastischen Bereich, also unterhalb der Elastizitätsgrenze (Werte für E siehe Z16, Z17).

p7 $$\sigma = E \cdot \varepsilon = E \frac{\Delta l}{l_0}; \qquad E = \frac{\sigma}{\varepsilon} = \frac{\sigma l_0}{\Delta l}$$

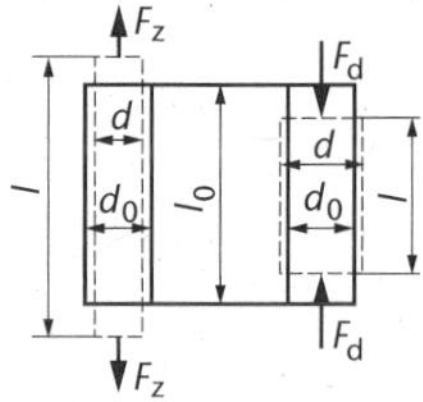

Zug- und Druckspannungen σ_z und σ_d

p8 $$\sigma_z = \frac{F_z}{A} \leqq \sigma_{z\,zul}; \qquad \sigma_d = \frac{F_d}{A} \leqq \sigma_{d\,zul}$$

Dehnung ε bei Zug

p9 $$\varepsilon = \frac{\Delta l}{l_0} = \frac{l - l_0}{l_0} = \frac{\sigma_z}{E} = \frac{F_z}{E \cdot A}$$

Stauchung ε_d bei Druck

p10 $$\varepsilon_d = \frac{\Delta l}{l_0} = \frac{l_0 - l}{l_0} = \frac{\sigma_d}{E} = \frac{F_d}{E \cdot A}$$

$E \cdot A$ = Zug- bzw. Drucksteifigkeit

Querkontraktion bei Zugbeanspruchung (Poisson-Zahl)

Für Kreisquerschnitt:

p11 $$\mu = \frac{\varepsilon_{quer}}{\varepsilon_{längs}}; \qquad \text{dabei} \quad \varepsilon_{längs} = \frac{l - l_0}{l_0} \quad \text{und} \quad \varepsilon_{quer} = \frac{d_0 - d}{d_0}$$

Die Poisson-Zahl kann für die meisten Metalle mit $\mu = 0{,}3$ angenommen werden.

Wärmespannungen: Durch verhinderte Wärmedehnung (s. a. o13 und o14) entstehen Zug- oder Druckspannungen:

p12 $$\sigma_{th} = E \cdot \varepsilon_{th} = E \cdot \alpha \cdot \Delta t \qquad (\varepsilon_{th} = \alpha\, \Delta t)$$

Δt ist die Temperatur-Differenz zwischen dem spannungsfreien Ausgangszustand und dem zu betrachtenden Zustand

$\Delta t > 0$ Zugspannungen mit positiven Werten

$\Delta t < 0$ Druckspannungen mit negativen Werten.

Bei vorgespannten und zusätzlich wärmebeaufschlagten Stäben setzt sich die Gesamt-Dehnung zusammen aus:

p13 $$\varepsilon_{ges} = \varepsilon_{el} + \varepsilon_{th} = F/(E \cdot A) + \alpha \cdot \Delta t; \qquad \varepsilon_{el} = F/(E \cdot A)$$

Zug- und Druckspannungen in dünnwandigen zylindrischen Hohlkörpern (Kesselformel)

Maximale Spannung wirkt tangential zum Kreisringquerschnitt:

p14 Zugspannung: $\sigma_{max} = p_i d_i/(2s)$

p15 Druckspannung: $\sigma_{max} = -p_a d_a/(2s)$

gültig für $\dfrac{d_a}{d_i} \leqq 1{,}2$

p_i bzw. p_a : innerer bzw. äußerer Druck

d_i bzw. d_a : innerer bzw. äußerer Durchmesser

$s = 0{,}5(d_a - d_i)$: Wandstärke

Zugspannungen in rotierenden Körpern: siehe M5

Zugspannungen in einem Schrumpfring (Faustformeln)

Schrumpfring auf rotierender Welle:

Schrumpfkraft F_H des Schrumpfringes muss mindestens doppelt so groß sein wie seine Fliehkraft F_C.

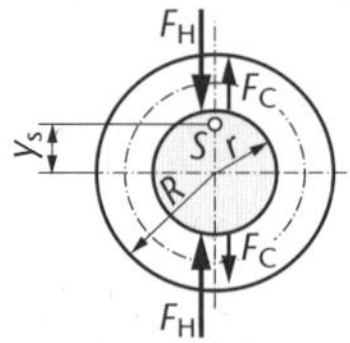

p16 $$F_H \geqq 2F_C$$

p17 $$F_C = m \cdot y_s \cdot \omega^2 = 4\pi^2 \cdot m \cdot y_s \cdot n^2$$

p18 $$y_s = \frac{4}{3\pi} \cdot \frac{R^3 - r^3}{R^2 - r^2}$$

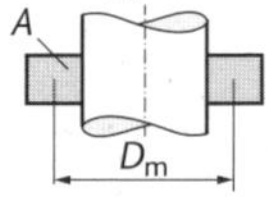

p19 Querschnitt $$A = \frac{F_H}{2 \cdot \sigma_{z\,zul}}$$

p20 Schrumpfmaß $$\lambda = \frac{1}{E} D_m \cdot \sigma_{z\,zul}$$

(Schrumpfringinnen-∅ ist um λ kleiner als Wellen-∅)

Schrumpfring zum Zusammenspannen

2-geteilter und rotierender Maschinenteile.

F_C setzt sich zusammen aus:

Fliehkraft F_{CR} für Schrumpfring

Fliehkraft F_{CM} für zusammenzuspannende Maschinenteile.

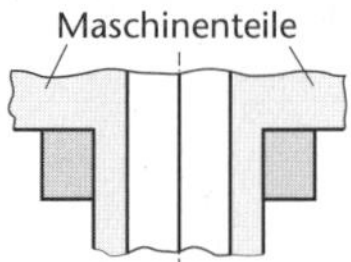

p21 also $F_H \geqq 2(F_{CR} + F_{CM})$; dann wie p19 und p20

Formänderungsarbeit W_F

Absolute, im ganzen Stab gespeicherte Formänderungsarbeit:

p22 $$W_F = w \cdot V; \quad \text{darin}$$

p23 $$W = \frac{1}{2}\sigma \cdot \varepsilon = \frac{1}{2}E \cdot \varepsilon^2 = \frac{\sigma^2}{2E} \quad \text{und}$$ V : Stabvolumen

Grenzquerschnitte für gleichartige Spannungen

Greift eine Zug-(Druck-)Kraft innerhalb der punktierten Kernfläche an, so entstehen im ganzen Querschnitt nur Zug-(Druck-)Spannungen. Andernfalls werden Biegespannungen hervorgerufen.

	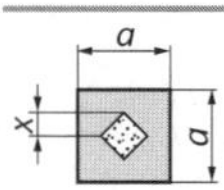	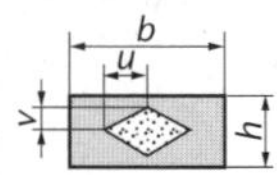	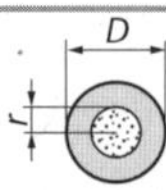	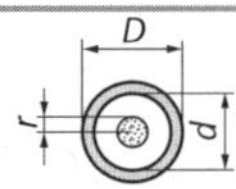
p24	$x = \frac{a}{6}$	$u = \frac{b}{6}; \quad v = \frac{h}{6}$	$r = \frac{D}{8}$	$r = \frac{D}{8}\left[1 + \left(\frac{d}{D}\right)^2\right]$

S : Schwerpunkt des Halbringes (siehe K7)

D_m : mittlerer Durchmesser ($D_m = R + r$)

Festigkeit

Schnittgrößen

P5

Alle äußeren Belastungen (einschl. Auflagerreaktionen und evtl. Eigengewicht) eines Trägers bewirken in ihm innere Kräfte bzw. Momente, die seinen Werkstoff beanspruchen. Durch „Schneiden" des Trägers an beliebiger Stelle z werden dort die sog. Schnittgrößen F_n, F_q, M_b und M_t sichtbar.

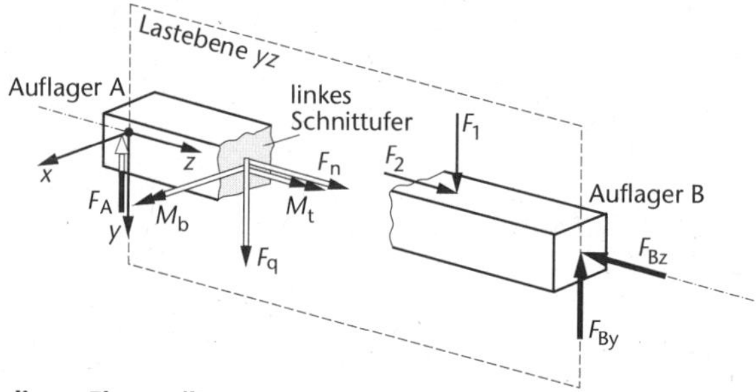

Für die *y*-*z*-Ebene gilt:

Kräfte in Richtung der	*z*-Achse	bewirken	Normalkräfte	F_n
	y-Achse		Querkräfte	F_q
Momente um die	*x*-Achse		Biegemomente	M_b
	z-Achse		Torsionsmomente	M_t

Betrachtung der Schnittgrößen erfolgt stets am <u>linken</u> Schnittufer.

An jedem „abgeschnittenen" Trägerstück muss Gleichgewicht zwischen allen äußeren und inneren Kräften bzw. Momenten herrschen:

p25
$$F_n + \sum_{i=1}^{n} F_{iz} = 0$$

p26
$$F_q + \sum_{i=1}^{n} F_{iy} = 0$$

p27
$$M_b + \sum_{i=1}^{n} M_{ix} = 0$$

p28
$$M_t + \sum_{i=1}^{n} M_{iz} = 0$$

Rechnungsgang:

1. Auflagerkräfte bzw. deren Komponenten ermitteln.
2. Träger in Bereiche einteilen. Bereichsgrenzen sind:
   2.1 Angriffspunkte einer Einzellast bzw. Beginn oder Ende einer Streckenlast $q(z)$.
   2.2 Stellen, wo Trägerachse ihre Richtung ändert (z. B. Kröpfungen, Krümmungen).

Fortsetzung siehe P6

Fortsetzung von P5 (Rechnungsgang)

3. „Schneiden" des Trägers an der zu untersuchenden Stelle; für das linke „abgeschnittene" Trägerstück. Berechnung der Schnittgrößen nach p25 … p28.
4. Wird Schnittgrößenverlauf für ganzen Träger ermittelt, erfolgt übersichtliche grafische Darstellung so, dass positive Schnittgrößen in Richtung der positiven *y*-Achse längs der Trägerachse aufgetragen werden.

Beziehungen zwischen $q(z)$, $F_q(z)$ **und** $M_b(z)$ **an beliebiger Stelle** z**:**

p29 $$\frac{dM_b(z)}{dz} = F_q(z)$$
p30 $$\frac{dF_q(z)}{dz} = -q(z)$$

Regeln:

M_b besitzt Extremwerte dort, wo $F_q = 0$.
In Bereichen ohne Belastung ist $F_q =$ konst.

Beispiel: Gerader Träger (bei *A* festes Gelenk).
Die Auflagerreaktionen ergeben sich zu:

$F_{Ay} = 2{,}5$ kN; $F_{Az} = 3$ kN; $F_B = 1{,}5$ kN

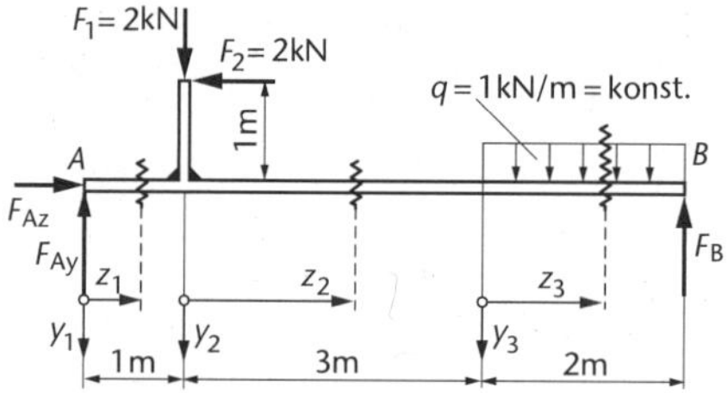

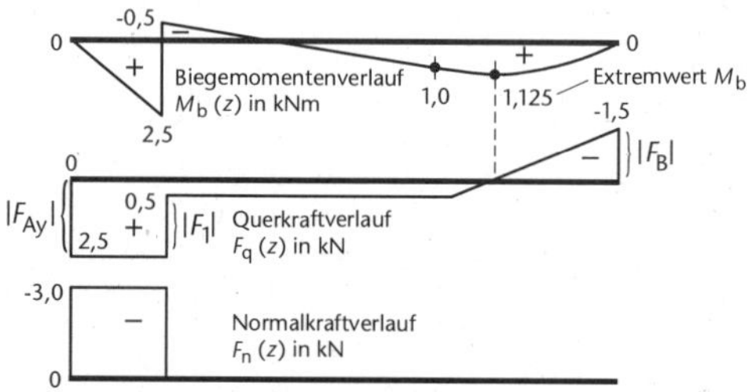

Berechnung siehe P7

Fortsetzung von P6 (Beispiel: Gerader Träger)

Bereich 1 $0 \leqq z_1 \leqq 1\,\text{m}$ nach Formel	p27	$M_{b1} - F_{Ay} \cdot z_1 = 0; \quad M_{b1} = F_{Ay} \cdot z_1 = 2{,}5\,\text{kN} \cdot z_1$ 1)
	p26	$F_{q1} - F_{Ay} = 0; \quad F_{q1} = F_{Ay} = 2{,}5\,\text{kN} = \text{konst.}$
	p29	oder $F_{q1} = \dfrac{d(2{,}5\,\text{kN} \cdot z_1)}{dz_1} = 2{,}5\,\text{kN} = \text{konst.}$
	p25	$F_{n1} + F_{Az} = 0; \quad F_{n1} = -F_{Az} = -3\,\text{kN}$
Bereich 2 $0 \leqq z_2 \leqq 3\,\text{m}$ nach Formel	p27	$M_{b2} - F_{Ay}(1\,\text{m} + z_2) + F_1 \cdot z_2 + F_2 \cdot 1\,\text{m} = 0; \quad M_{b2} = 0{,}5\,\text{kN} \cdot z_2 - 0{,}5\,\text{kN m}$ 1)
	p26	$F_{q2} - F_{Ay} + F_1 = 0; \quad F_{q2} = F_{Ay} - F_1 = 2{,}5\,\text{kN} - 2\,\text{kN} = 0{,}5\,\text{kN} = \text{konst.}$
	p29	oder $F_{q2} = \dfrac{d(0{,}5\,\text{kN} \cdot z_2 - 0{,}5\,\text{kN m})}{dz_2} = 0{,}5\,\text{kN} = \text{konst.}$
	p25	$F_{n2} + F_{Az} - F_2 = 0; \quad F_{n2} = F_2 - F_{Az} = 3\,\text{kN} - 3\,\text{kN} = 0$
Bereich 3 $0 \leqq z_3 \leqq 2\,\text{m}$ nach Formel	p27	$M_{b3} - F_{Ay}(4\,\text{m} + z_3) + F_1(3\,\text{m} + z_3) + F_2 \cdot 1\,\text{m} + q \cdot z_3 \dfrac{z_3}{2} = 0; \; M_{b3} = 1\,\text{kN m} + 0{,}5\,\text{kN} \cdot z_3 - 0{,}5\,\dfrac{\text{kN}}{\text{m}} z_3^2$ 2)
	p26	$F_{q3} - F_{Ay} + F_1 + q \cdot z_3 = 0; \quad F_{q3} = F_{Ay} - F_1 - q \cdot z_3 = 2{,}5\,\text{kN} - 2\,\text{kN} - 1\,\dfrac{\text{kN}}{\text{m}} z_3 = 0{,}5\,\text{kN} - 1\,\dfrac{\text{kN}}{\text{m}} z_3$ 1)
	p29	oder $F_{q3} = \dfrac{d(1\,\text{kN m} + 0{,}5\,\text{kN} \cdot z_3 - 0{,}5\,\text{kN/m} \cdot z_3^2)}{dz_3} = 0{,}5\,\text{kN} - 1\,\dfrac{\text{kN}}{\text{m}} z_3$
	p25	$F_{n3} + F_{Az} - F_2 = 0; \quad F_{n3}' = F_2 - F_{Az} = 3\,\text{kN} - 3\,\text{kN} = 0$

1) Geradengleichung 2) Parabelgleichung

Fortsetzung siehe P8

Fortsetzung von P7

Beispiel: Eingespannter gekrümmter Träger ($r =$ konst.)

Bei eingespannten Trägern ergeben sich die Auflagerreaktionen aus den an der Einspannstelle vorliegenden Schnittgrößen.

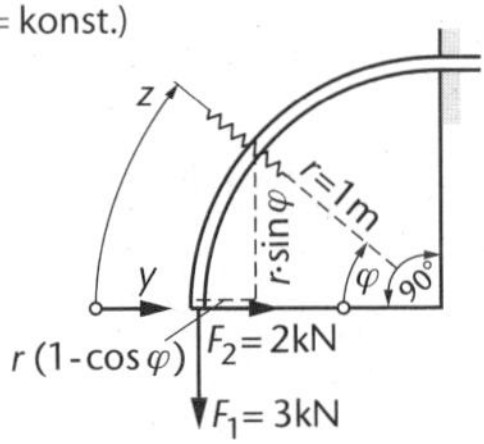

Bereichsgrenzen: $0 \leqq \varphi \leqq 90°$

bzw.: $0 \leqq z \leqq r\dfrac{\pi}{2}$

Biegemoment:

p31 $M_b(\varphi) + F_1 \cdot r(1 - \cos\varphi) + F_2 \cdot r \cdot \sin\varphi = 0$

p32 $M_b(\varphi) = -F_1 \cdot r + F_1 \cdot r \cdot \cos\varphi - F_2 \cdot r \cdot \sin\varphi$

F_1 und F_2 werden an die unter Winkel φ liegende Schnittstelle parallel verschoben, dann in tangentiale und radiale Komponenten zerlegt:

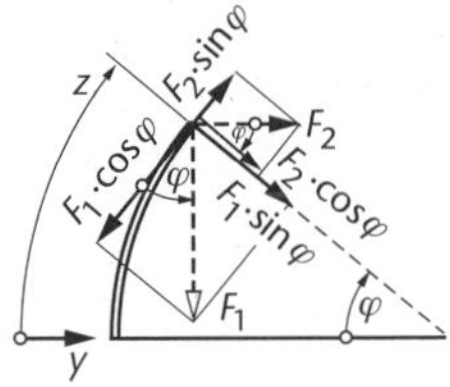

Querkraft:

p33 $F_q(\varphi) + F_1 \cdot \sin\varphi + F_2 \cdot \cos\varphi = 0$

p34 $F_q(\varphi) = -F_1 \cdot \sin\varphi - F_2 \cdot \cos\varphi$

oder nach p30:

p35 $$F_q(\varphi) = \frac{\mathrm{d}M_b(\varphi)}{\mathrm{d}z} = \frac{1}{r} \cdot \frac{\mathrm{d}M_b(\varphi)}{\mathrm{d}\varphi} \quad (\text{wegen } z = r \cdot \varphi;\ \mathrm{d}z = r \cdot \mathrm{d}\varphi)$$

p36 $$= \frac{1}{r} \cdot \frac{\mathrm{d}(-F_1 \cdot r + F_1 \cdot r \cdot \cos\varphi - F_2 \cdot r \cdot \sin\varphi)}{\mathrm{d}\varphi} = -F_1 \sin\varphi - F_2 \cos\varphi$$

Normalkraft:

p37 $F_n(\varphi) - F_1 \cdot \cos\varphi + F_2 \cdot \sin\varphi = 0$

p38 $F_n(\varphi) = F_1 \cdot \cos\varphi - F_2 \cdot \sin\varphi$

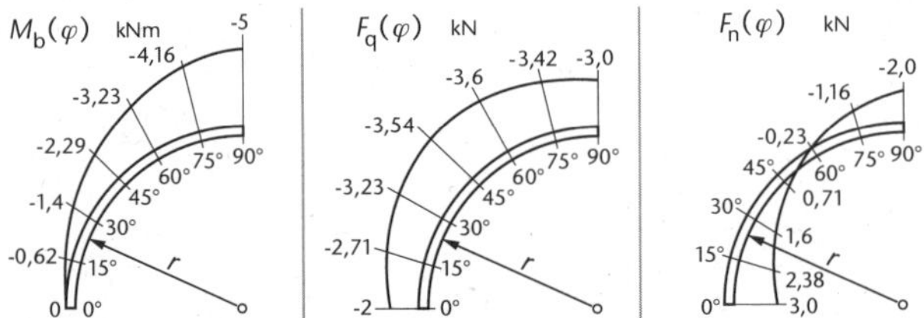

Grafische Ermittlung des Biegemomentenverlaufs

Siehe K4

Maximale Biegespannung

p39 $$\sigma_{b\,max} = \frac{M_b(z) \cdot e_{max}}{I_x}$$

p40 $$= \frac{M_b(z)}{W_{b\,min}} \leqq \sigma_{b\,zul}$$

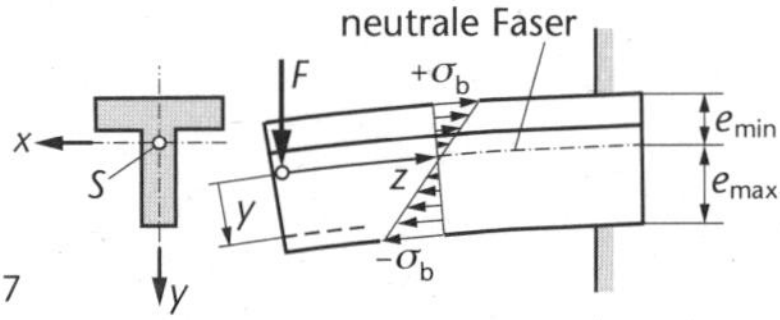

Werte für $\sigma_{b\,zul}$ s. Z16, Z17

e_{max}/e_{min}: maximaler/minimaler Randfaserabstand, gemessen von der durch den Flächen-Schwerpunkt S verlaufenden z-Achse (Nulllinie oder neutrale Faser)

I_x: Flächen-Trägheitsmoment um Schwerpunktachse x

Biegespannung in beliebigem Abstand y von Nulllinie

p41 $$\sigma_b(y) = \frac{M_b(z)}{I} \cdot y$$

Widerstandsmoment $W_{b\,min}$

p42 $$W_{b\,min} = \frac{I}{e_{max}}$$

Flächen-Trägheitsmomente

Axiale Flächen-Trägheitsmomente siehe I17 und Tabelle P10
Polare Flächen-Trägheitsmomente siehe I17
Zentrifugalmoment siehe I17

Hauptflächen-Trägheitsmomente und Lage der Hauptachsen

Hauptflächen-Trägheitsmomente $I_1 = I_{max}$ und $I_2 = I_{min}$ ergeben sich bei unsymmetrischen Flächen für ein um den Winkel φ_0 gedrehtes Hauptachsensystem.

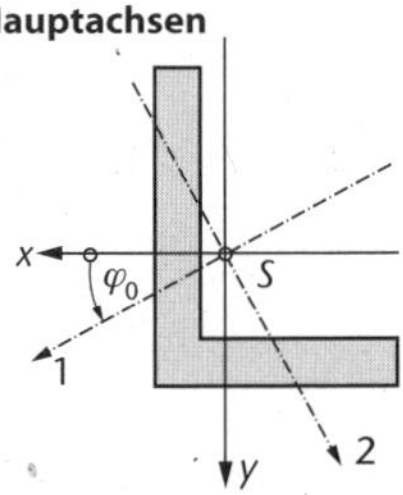

p43 $$I_{\substack{1\\2}} = I_{\substack{max\\min}} = \frac{1}{2}(I_y + I_x) \pm \frac{1}{2}\sqrt{(I_y - I_x)^2 + 4I_{xy}{}^2}$$

p44 $$\tan 2\varphi_0 = \frac{2I_{xy}}{I_y - I_x}$$

Berechnung von I_{xy} siehe I17, I18.

Hauptträgheitsachsen stehen stets senkrecht aufeinander.

Bei symmetrischen Querschnitts-Flächen ist (sind) die Symmetrieachse(n) Hauptachse(n); z. B. $I_1 = I_x$.

Axiale Flächen-Trägheitsmomente I_x und I_y sowie minimale Widerstandsmomente $W_{b\,min\,x}$ und $W_{b\,min\,y}$

(Schwerpunktlage bzw. Lage der Biegelinie siehe K7)

	I_x bzw. I_y um x- bzw. y-Achse	$W_{b\,min\,x}$ bzw. $W_{b\,min\,y}$ um x- bzw. y-Achse	Querschnittsform, Fläche A
p45	$I_x = b \cdot h^3/12$	$W_{b\,min\,x} = b \cdot h^2/6$	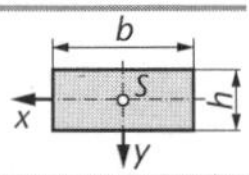
p46	$I_y = h \cdot b^3/12$	$W_{b\,min\,y} = h \cdot b^2/6$	
p47	$I_x = I_y = \pi \cdot d^4/64$	$W_{b\,min\,x} = W_{b\,min\,y} = \dfrac{\pi \cdot d^3}{32} \approx \dfrac{d^3}{10}$	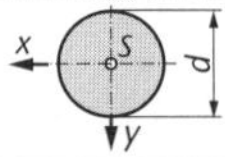
p48	$I_x = I_y = \dfrac{\pi}{64}(D^4 - d^4)$	$W_{b\,min\,x} = W_{b\,min\,y} = \dfrac{\pi}{32} \cdot \dfrac{D^4 - d^4}{D} \approx \dfrac{D^4 - d^4}{10D}$	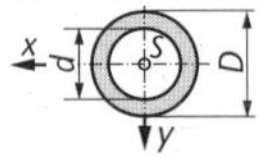
p49	$I_x = I_y = 0{,}060\,14 \cdot s^4$	$W_{b\,min\,x} = 0{,}1203 \cdot s^3$	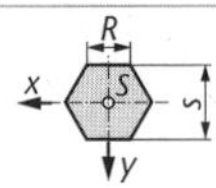
p50	$= 0{,}5412 \cdot R^4$	$= 0{,}6250 \cdot R^3$	
p51		$W_{b\,min\,y} = 0{,}1042 \cdot s^3$	
p52		$= 0{,}5413 \cdot R^3$	
p53	$I_x = \pi \cdot a \cdot b^3/4$	$W_{b\,min\,x} = \pi \cdot a \cdot b^2/4$	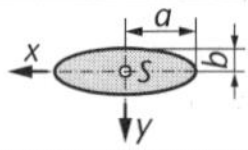
p54	$I_y = \pi \cdot a^3 \cdot b/4$	$W_{b\,min\,y} = \pi \cdot a^2 \cdot b/4$	
p55	$I_x = b \cdot h^3/36$	$W_{b\,min\,x} = b \cdot h^2/24$	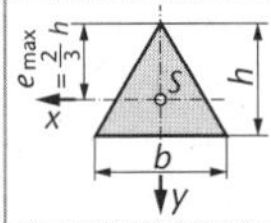
	I_x und $W_{b\,min\,x}$ gelten auch für nichtgleichschenklige Dreiecke.		
p56	$I_y = b^3 \cdot h/48$	$W_{b\,min\,y} = b^2 \cdot h/24$	
p57	$I_x = \dfrac{h^3}{36} \cdot \dfrac{(a+b)^2 + 2ab}{a+b}$	$W_{b\,min\,x} = \dfrac{h^2}{12} \cdot \dfrac{(a+b)^2 + 2ab}{2a+b}$	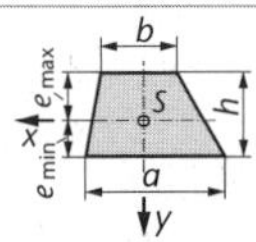
p58	$e_{max} = h/3 \cdot (2a+b)/(a+b)$		
p59	$e_{min} = h/3 \cdot (a+2b)/(a+b)$		

Steiner'scher Satz (Umrechnung von Flächen-Trägheitsmomenten auf parallele Achsen)

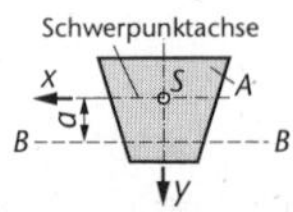

p60 $$I_{B-B} = I_x + A \cdot a^2$$

Träger mit gleichbleibendem Querschnitt

Gleichung der elastischen Linie

Für jeden Trägerbereich (siehe P5, Rechnungsgang Punkt 2) gilt:

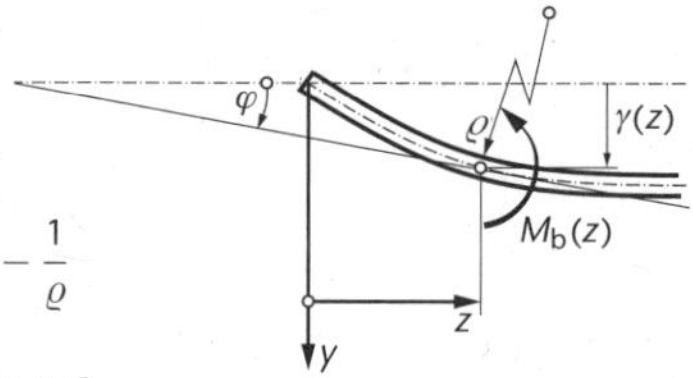

p61 $$\frac{d^2y(z)}{dz^2} = y''(z) = -\frac{M_b(z)}{E \cdot I_x} = -\frac{1}{\varrho}$$

p62 $$E \cdot I_x \cdot y''(z) = -M_b(z)$$

p63 $$E \cdot I_x \cdot y'(z) = -\int M_b(z)\,dz + C_1$$

p64 $$E \cdot I_x \cdot y(z) = -\iint M_b(z)\,dz \cdot dz + C_1 \cdot z + C_2$$

ϱ: Krümmungsradius der elastischen Linie an Stelle z

p65 $y'(z) = \tan \varphi p(z)$: Steigung der Tangente an die elastische Linie an der Stelle z

$y(z) =$ Durchbiegung des Trägers an Stelle z

C_1 und C_2 aus bekannten Randbedingungen ermitteln.

Zum Beispiel:

$y(z) = 0$	In den Auflagern
$y(z)_i = y(z)_{i+1}$	Am Übergang von Bereich i in Bereich $(i+1)$
$y'(z) = 0$	Im Auflager des eingespannten Trägers; in Trägermitte bei symmetrischer Belastung
$y'(z)_i = y'(z)_{i+1}$	Am Übergang von Bereich i in Bereich $(i+1)$

Formänderungsarbeit W_F bei Biegung

Für ein Trägerstück der Länge l:

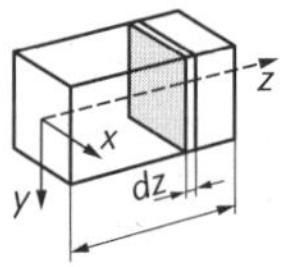

p66 $$W_F = \frac{1}{2} \int_{z=0}^{z=l} \frac{M_b{}^2(z)}{E \cdot I_x}\,dz$$

Für gesamten Träger (n Bereiche):

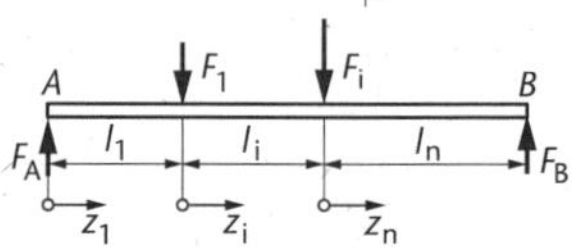

p67 $$W_{F\,ges} = \frac{1}{2E}\left(\int_{z_1=0}^{z_1=l_1} \frac{M_b{}^2(z_1)}{I_{x1}}\,dz_1 + \ldots + \int_{z_n=0}^{z_n=l_n} \frac{M_b{}^2(z_n)}{I_{xn}}\,dz_n\right)$$

p71 p70 p69 p68

Belastungsfall	Auflager-Reaktionen	$M_{b\,max}$ an der Stelle (…)	Gleichung elastische Linie / Biegewinkel	Durchbiegung y_C bei C; $y_m \hat{=}$ Max.
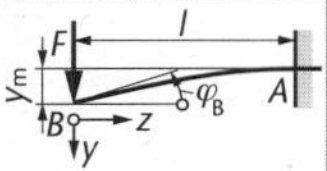	$\uparrow F_A = F$ $\circlearrowright M_A = F \cdot l$	$F \cdot l$ (A)	$y(z) = \frac{Fl^3}{6EI}\left(2 - 3\frac{z}{l} + \frac{z^3}{l^3}\right)$ $\tan\varphi_B = -\frac{Fl^2}{2EI}$	$y_m = \frac{Fl^3}{3EI}$
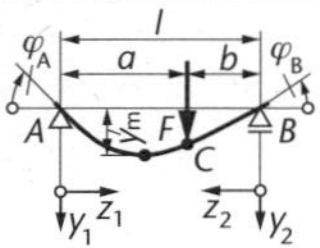 Beachte: $a > b$	$\uparrow F_A = F\frac{b}{l}$ $\uparrow F_B = F\frac{a}{l}$	$F\frac{ab}{l}$ (C)	$y_1(z_1) = \frac{Fl^3}{6EI}\cdot\frac{a}{l}\cdot\frac{b^2}{l^2}\cdot\frac{z_1}{l}\left(1 + \frac{l}{b} - \frac{z_1^2}{ab}\right)$ $y_2(z_2) = \frac{Fl^3}{6EI}\cdot\frac{b}{l}\cdot\frac{a^2}{l^2}\cdot\frac{z_2}{l}\left(1 + \frac{l}{a} - \frac{z_2^2}{ab}\right)$ $\tan\varphi_A = \frac{y_C}{2a}\left(1 + \frac{l}{b}\right)$; $\tan\varphi_B = \frac{y_C}{2b}\left(1 + \frac{l}{a}\right)$	$y_C = \frac{Fl^3}{3EI}\cdot\frac{a^2}{l^2}\cdot\frac{b^2}{l^2}$ $y_m = y_C\frac{l+b}{3b}\sqrt{\frac{l+b}{3a}}$ y_m an der Stelle $z_1 = a\sqrt{\frac{l+b}{3a}}$
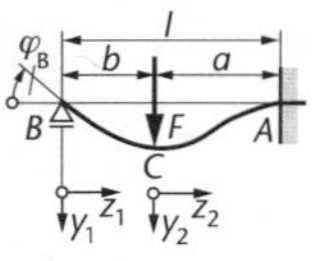 Beachte: $a > b$	$\uparrow F_A = F - F_B$ $\uparrow F_B = F\frac{a^2}{l^2}\left(\frac{a}{l} + \frac{3b}{2l}\right)$ $\circlearrowright M_A = F\frac{l+b}{2}\cdot\frac{a}{l}\cdot\frac{b}{l}$	M_A (A) wenn $b = 0{,}414\,l$: $0{,}171Fl$ (C) $-0{,}171Fl$ (A)	$y_1(z_1) = \frac{F_Bl^3}{6EI}\left(3\frac{z_1}{l} - \frac{z_1^3}{l^3}\right) - \frac{F\cdot a^2\cdot z_1}{2\cdot E\cdot I}$ $y_2(z_2) = \frac{F\cdot a^3}{6EI}\left(2 - 2\frac{z_2}{a} + \frac{z_2^3}{a^3}\right) - \frac{F_Bl^3}{6EI}\left(2 - 3\frac{z_1}{l} + \frac{z_1^3}{l^3}\right)$ $\tan\varphi_B = Fa^2b/(4EIl)$	$y_C = \frac{F_Bl^3}{6EI}\left(3\frac{b}{l} - \frac{b^3}{l^3}\right) - \frac{Fa^2b}{2EI}$
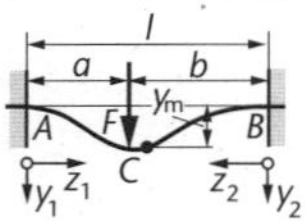 Beachte: $a < b$	$\uparrow F_A = F\frac{b^2}{l^2}\left(3 - 2\frac{b}{l}\right)$ $\uparrow F_B = F\frac{a^2}{l^2}\left(3 - 2\frac{a}{l}\right)$ $\circlearrowleft M_A = Fab^2/l^2$ $\circlearrowright M_B = Fba^2/l^2$	$-Fa\frac{b^2}{l^2}$ (A) $-Fb\frac{a^2}{l^2}$ (B) $2Fl\frac{a^2b^2}{l^2l^2}$ (C)	$y_1(z_1) = \frac{F}{6EI}\cdot\frac{b^2}{l^2}\left(3az_1^2 - 3z_1^3 + 2\frac{b}{l}z_1^3\right)$ $y_2(z_2) = \frac{F}{6EI}\cdot\frac{a^2}{l^2}\left(3bz_2^2 - 3z_2^3 + 2\frac{a}{l}z_2^3\right)$ $\tan\varphi_A = \tan\varphi_B = 0$	$y_m = \frac{2Fl^3}{3EI}\cdot\frac{b^3}{l^3}\cdot\frac{a^2}{l^2}\left(\frac{l}{2b+l}\right)^2$ y_m an der Stelle $z_2 = \frac{2l\cdot b}{2b+l}$ $y_C = \frac{F}{3EI}\cdot\frac{a^3b^3}{l^3}$

p75 p74 p73 p72

Belastungsfall	Auflager-Reaktionen	$M_{b\,max}$ an der Stelle (…)	Gleichung elastische Linie / Biegewinkel	Durchbiegung y_C bei C; $y_m \mathrel{\hat{=}}$ Max.
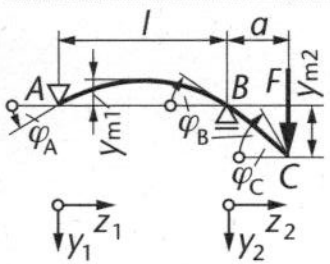	$\downarrow F_A = F\frac{a}{l}$ $\uparrow F_B = F\left(1+\frac{a}{l}\right)$	$-F \cdot a$ (B)	$y_1(z_1) = \frac{Fal^2}{6EI}\left(\frac{x^3}{l^3} - \frac{x}{l}\right)$ $y_2(z_2) = \frac{F}{6EI}(2alz_2 + 3az_2{}^2 - z_2{}^3)$ $\tan\varphi_A = -\frac{Fal}{6EI}$; $\tan\varphi_B = \frac{Fal}{3EI}$; $\tan\varphi_C = \frac{Fa}{6EI}(2l+3a)$	$y_{m1} = -\frac{Fal^2}{9\sqrt{3EI}}$ y_{m1} an der Stelle $z_1 = 0{,}577 \cdot l$ $y_{m2} = y_C = \frac{Fa^2}{3EI}(l+a)$
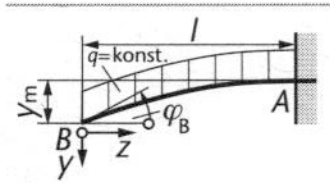	$\uparrow F_A = ql$ $\curvearrowleft M_A = \frac{1}{2}ql^2$	$\frac{1}{2}q \cdot l^2$ (A)	$y(z) = \frac{ql^4}{24EI}\left(\frac{z^4}{l^4} - 4\frac{z}{l} + 3\right)$ $\tan\varphi_B = -\frac{ql^3}{6EI}$	$y_m = \frac{q \cdot l^4}{8EI}$
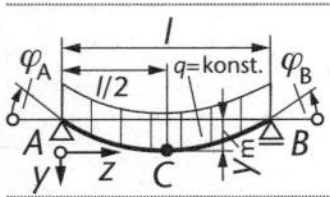	$\uparrow F_A = \uparrow F_B = \frac{ql}{2}$	$\frac{q \cdot l^2}{8}$ (C)	$y(z) = \frac{ql^4}{24EI} \cdot \frac{z}{l}\left(1 - 2\frac{z^2}{l^2} + \frac{z^3}{l^3}\right)$ $\tan\varphi_A = \frac{ql^3}{24EI} = -\tan\varphi_B$	$y_m = \frac{5ql^4}{384EI}$
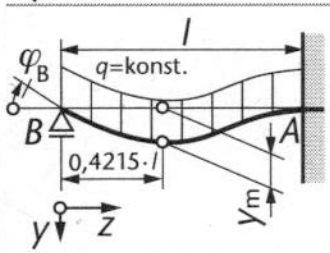	$\uparrow F_B = \frac{3}{8}ql$ $\uparrow F_A = \frac{5}{8}ql$ $\curvearrowleft M_A = \frac{1}{8}ql^2$	M_A (A)	$y(z) = \frac{ql^4}{48EI}\left(\frac{z}{l} - 3\frac{z^3}{l^3} + 2\frac{z^4}{l^4}\right)$ $\tan\varphi_B = \frac{ql^3}{48EI}$	$y_m = \frac{ql^4}{185EI}$ y_m an der Stelle $z = 0{,}4215 \cdot l$
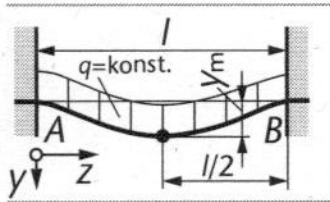	$\uparrow F_A = q \cdot l/2$ $\uparrow F_B = q \cdot l/2$ $\curvearrowright M_A = q \cdot l^2/12$ $\curvearrowleft M_B = q \cdot l^2/12$	$-\frac{ql^2}{12}$ (A, B) $\frac{ql^2}{24}$ (C)	$y(z) = \frac{ql^4}{24EI}\left(\frac{z^2}{l^2} - 2\frac{z^3}{l^3} + \frac{z^4}{l^4}\right)$ $\tan\varphi_A = \tan\varphi_B = 0$	$y_m = \frac{ql^4}{384EI}$

Formeln für $y(z)$ und y_m berücksichtigen nicht den Einfluss der Verformung durch Schubkräfte.

Mohr'sche Analogie

Grafisches Verfahren

1. Ermittlung der Biegemomentkurve mittels Seileck-Konstruktion (siehe auch K4).

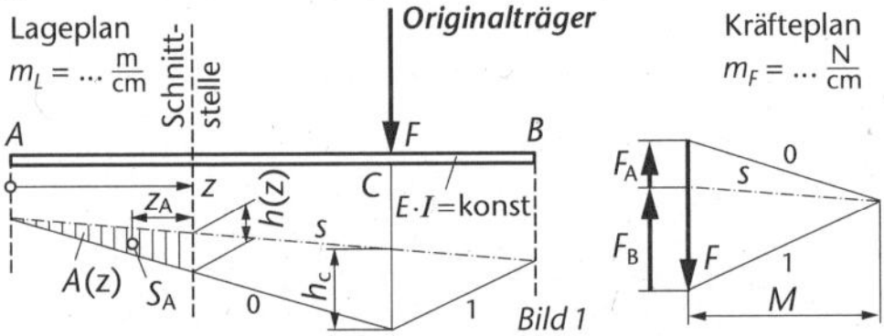

Bild 1

2. Seileckfläche als Ersatzstreckenlast $q^*(z)$ auf Ersatzträger aufbringen. Erneute Seileckkonstruktion liefert die Tangenten an die elastische Linie.

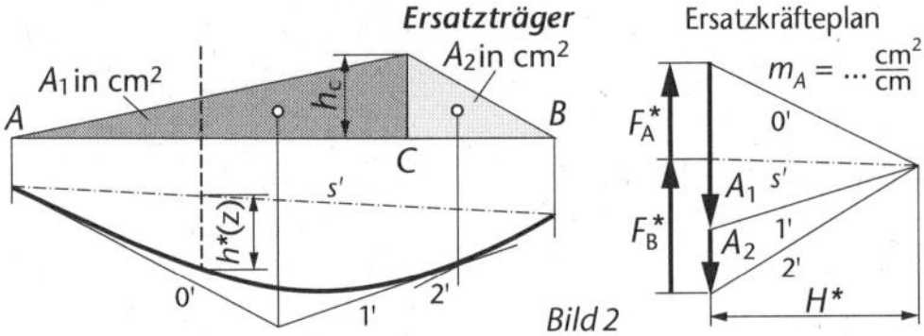

Bild 2

3. Durchbiegung des Originalträgers an der Stelle z:

p76 $$y(z) = h^*(z) \frac{H \cdot H^*}{E \cdot I} m_F \cdot m_A \cdot m_L{}^3$$

Biegewinkel in den Auflagern A und B:

p77 $$\tan \varphi_A = F_A^* \frac{H}{E \cdot I} m_F \cdot m_A \cdot m_L{}^2 \quad \text{bzw.} \quad \tan \varphi_B = F_B^* \frac{H}{E \cdot I} m_F \cdot m_A \cdot m_L{}^2$$

Rechnerisches Verfahren

p78 1. Ersatzauflagerkraft F_A^* des mit Ersatzstreckenlast $q^* = A_1 + \dots + A_n$ belasteten Ersatzträgers berechnen (siehe Bild 2).
2. An zu untersuchender Stelle z Ersatzbiegemoment $M_b{}^*(z)$ und Ersatzquerkraft $F_q^*(z)$ ermitteln:

p79 $$M_b{}^*(z) = F_A^* \cdot z - A(z) \cdot z_A; \quad F_q^*(z) = F_A^*(z) - A(z) \quad \text{(siehe Bilder 1 und 2)}$$

z_A: Schwerpunktabstand der Ersatzstreckenlast $A(z)$ von der Schnittstelle.

p80 3. Durchbiegung $y(z) = \dfrac{M_b{}^*(z)}{E \cdot I}$; Biegewinkel $\tan \varphi(z) = \dfrac{F_q^*(z)}{E \cdot I}$

Fortsetzung siehe P15

Festigkeit

Formänderung des Trägers durch Biegung

P15

Fortsetzung von P14 (Mohr'sche Analogie)

Wahl des Ersatzträgers

Der Ersatzträger muss in seiner Lagerung so ausgebildet sein, dass sein maximales Ersatzbiegemoment $M^*_{b\,max}$ an der Stelle liegt, an der der Originalträger seine maximale Durchbiegung aufweist.

	Originalträger	Ersatzträger
Stützträger		
eingespannter Träger		

Träger mit veränderlichem Querschnitt

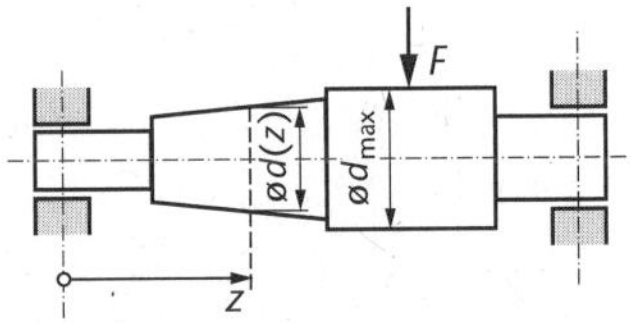

Bild 1
Originalträger,
z. B. Welle

Biegemomenten-Verlauf ermitteln und als Ersatzstreckenlast $q^*(z)$ auf einen glatten Ersatzträger auftragen, dessen Querschnitt dem maximalen Flächen-Trägheitsmoment $I_{x\,max}$ des Original-Trägers entspricht.

(Siehe P14, Punkt 1).

$q^*(z)$ im Verhältnis $\dfrac{I_{x\,max}}{I_x(z)}$ verzerren:

p81

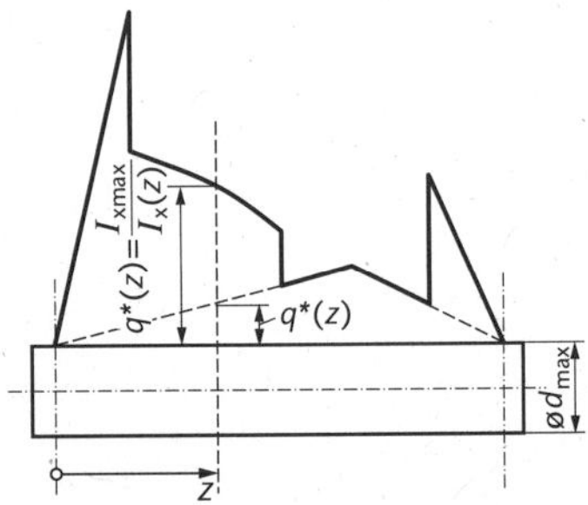

Bild 2
Ersatzträger
der Welle nach Bild 1

Anschließend nach P14 (Punkte 2 und 3) oder p78 … p80 berechnen.

Festigkeit

Träger gleicher Biegebeanspruchung

	Querschnitts-abmessung	Höhe $y=$ bzw. Breite $x=$	Maximale Durchbiegung $f=$	Form des Trägers
p82	$h=\sqrt{\dfrac{6F\cdot l}{b\cdot\sigma_{\text{b zul}}}}$	$\sqrt{\dfrac{6F\cdot z}{b\cdot\sigma_{\text{b zul}}}}$	$\dfrac{8F}{b\cdot E}\left(\dfrac{l}{h}\right)^3$	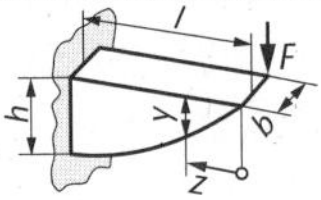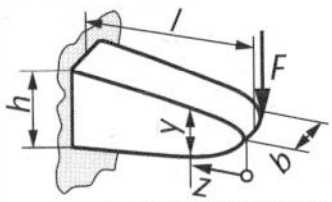
p83	$b=\dfrac{6F\cdot l}{h^2\cdot\sigma_{\text{b zul}}}$	$\dfrac{6F\cdot z}{h^2\cdot\sigma_{\text{b zul}}}$	$\dfrac{6F}{b\cdot E}\left(\dfrac{l}{h}\right)^3$	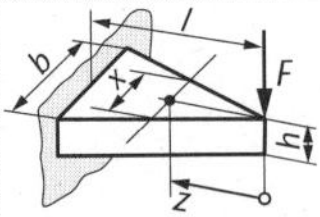
p84	$h=\sqrt{\dfrac{3q\cdot l^2}{b\cdot\sigma_{\text{b zul}}}}$	$z\sqrt{\dfrac{3q\cdot l}{b\cdot l\cdot\sigma_{\text{b zul}}}}$	$\dfrac{3q\cdot l}{b\cdot E}\left(\dfrac{l}{h}\right)^3$	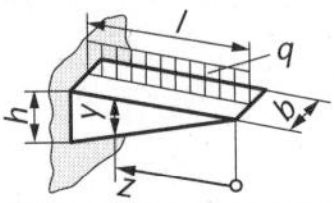
p85	$h=\dfrac{3q\cdot l^2}{h^2\cdot\sigma_{\text{b zul}}}$	$\dfrac{3q\cdot l\cdot z^2}{h^2\cdot l\cdot\sigma_{\text{b zul}}}$		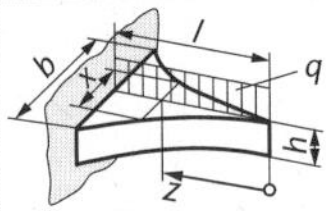
p86	$h=\sqrt{\dfrac{3q\cdot l^2}{4\cdot b\cdot\sigma_{\text{b zul}}}}$	$\sqrt{\dfrac{3q\cdot l^2}{4b\cdot\sigma_{\text{b zul}}}\left(1-\dfrac{4z^2}{l^2}\right)}$	$\dfrac{q\cdot l^4}{64\cdot E\cdot I}$	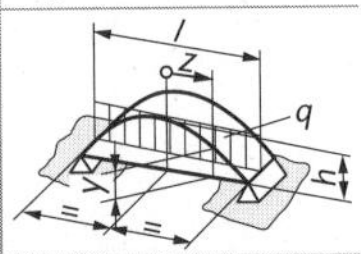
p87	$d=\sqrt[3]{\dfrac{32F\cdot l}{\pi\cdot\sigma_{\text{b zul}}}}$	$\sqrt[3]{\dfrac{32F\cdot z}{\pi\cdot\sigma_{\text{b zul}}}}$	$\dfrac{192}{5}\cdot\dfrac{F\cdot l^3}{E\cdot\pi\cdot d^4}$	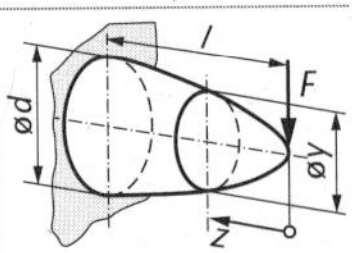

F: Einzellast

q: Last gleichmäßig über Träger verteilt

$\sigma_{\text{b zul}}$: zulässige Biegespannung

(siehe Z17)

Statisch unbestimmtes System (Bild 1) in statisch bestimmbares (Bild 2) umwandeln, d. h. ein Auflager durch seine Auflagerreaktion (F_C in Bild 2) ersetzen.

Bild 1

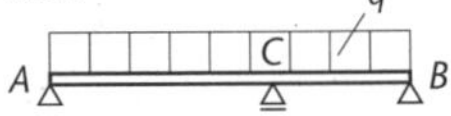

Bild 2

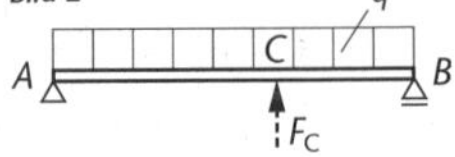

Zerlegung in Teilsysteme 1 und 2. Ermittlung der Durchbiegungen an der Stelle des statisch unbestimmbaren Auflagers (siehe P11 bis P15).

Da im Auflager C keine Durchbiegung auftreten kann, gilt:

$$|y_{C1}| = |y_{C2}|$$

1. Teilsystem

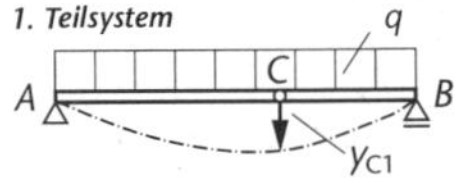

2. Teilsystem

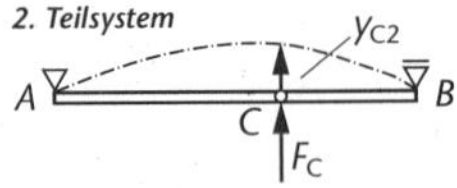

p88

Daraus die Auflagerkraft bei C und anschließend die restlichen Auflagerreaktionen errechnen.

Lösungssystematik für einfache statisch unbestimmte Systeme

Statisch unbestimmtes System	Statisch bestimmbares System	1. Teilsystem	2. Teilsystem
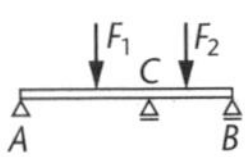	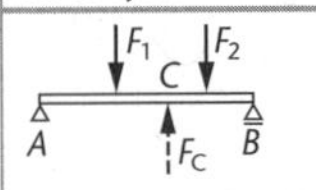	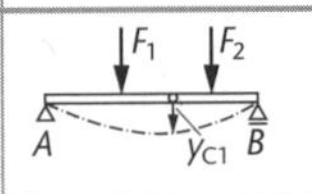	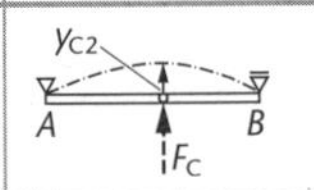
	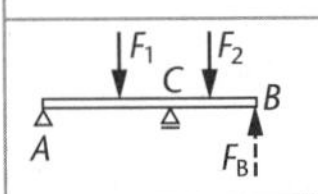	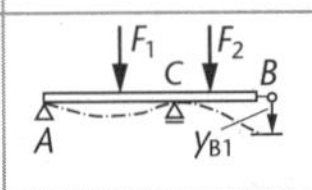	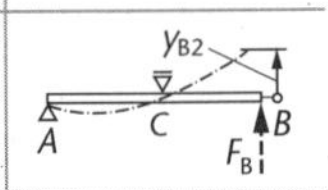
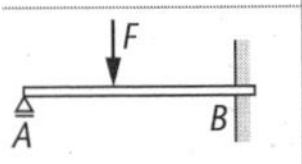	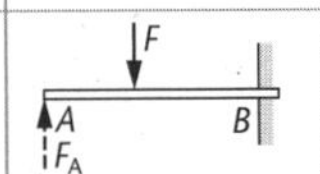	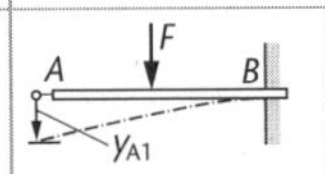	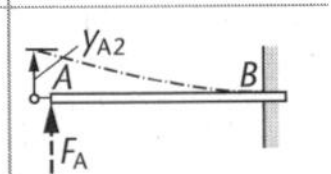
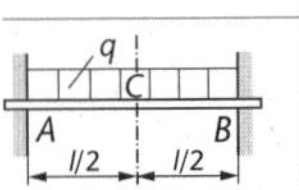	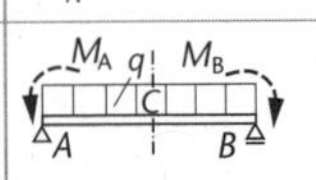	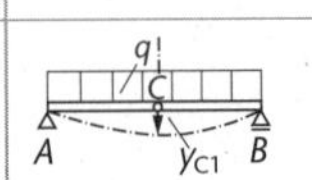	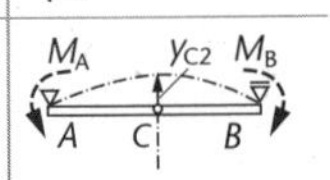

↑↗ statische unbestimmte Auflagerreaktionen und Momente

Hooke'sches Gesetz für Schubbeanspruchung

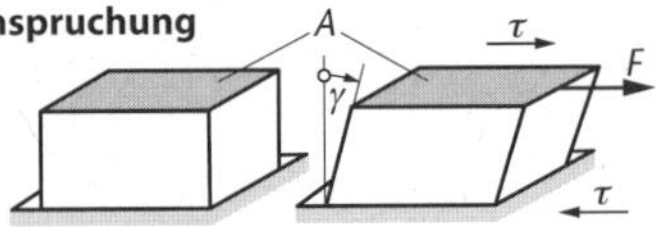

p89 $\tau = G \cdot \gamma$

G: Schubmodul
γ: Schiebung

Beziehung zwischen Schub- und Elastizitätsmodul

p90 $G = \dfrac{E}{2(1+\mu)} \approx 0{,}385 \cdot E$ (entsprechend P3 mit $\mu = 0{,}3$)

Mittlere Schubspannung τ_a

p91 $\tau_a = \dfrac{F}{A} \leqq \tau_{a\,zul}$

Zulässige Scherfestigkeit $\tau_{a\,zul}$ (Werte für $R_{p0,2}$ siehe Z16)

Belastungsart (siehe P2)	ruhend	$\tau_{a\,zul} \approx R_{p0,2}/1{,}5$
	schwellend	$\tau_{a\,zul} \approx R_{p0,2}/2{,}2$
	wechselnd	$\tau_{a\,zul} \approx R_{p0,2}/3{,}0$

Abscherspannung $\tau_{a\,B}$ (Werte für R_m siehe Z16)

p92 $\tau_{a\,B} = \dfrac{F_{max}}{A}$

für zähe Metalle: $\tau_{a\,B} \approx 0{,}8 \cdot R_m$
für Grauguss: $\tau_{a\,B} \approx R_m$

Scherkraft F

Schlagschere: kreuzschneidend	Schlagschere: parallelschneidend	Schneidwerkzeug (lochen …)
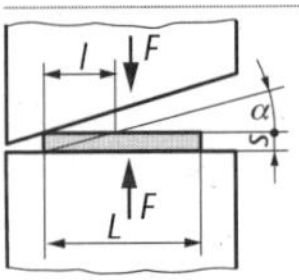	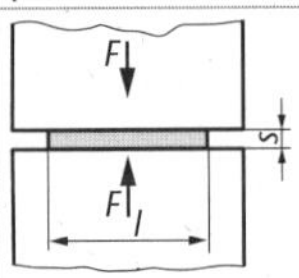	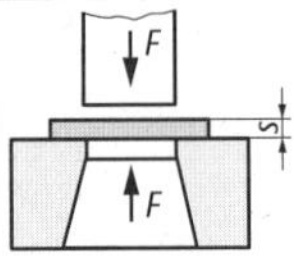
p93 $F = \dfrac{1{,}2\tau_{a\,B} \cdot s^2}{2\tan\alpha}$	$F = 1{,}2\tau_{a\,B} \cdot l \cdot s$	$F = 1{,}2\tau_{a\,B} \cdot l_u \cdot s$
$\tan\alpha = s/l;\quad l \leqq L$		l_u: Schnittumfang

Satz von den zugeordneten Schubspannungen

Die Schubspannungen in zwei zueinander senkrecht stehenden Schnittebenen sind gleich groß, stehen senkrecht zu deren gemeinsamen Schnittkanten und zeigen entweder auf diese hin oder von ihnen weg.

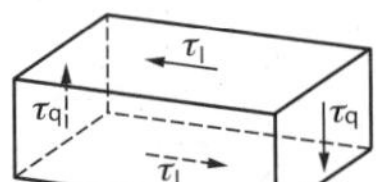

p94 $$\tau_l = \tau_q$$

τ_q: Querschubspannung (quer zur Trägerachse) als Folge der Querkraft F_q
τ_l: Längsschubspannung (parallel zur Trägerachse)

Längsschubspannungen durch Querkräfte

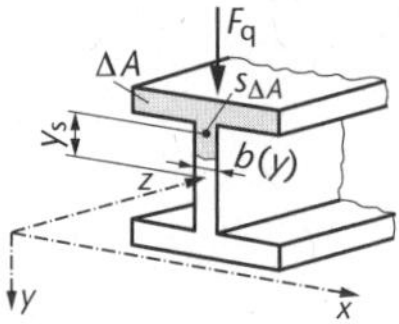

p95 $$\tau_l = \frac{F_q(z) \cdot H_x(z)}{b(y) \cdot I_x(z)} = \tau_q$$

p96 $$H_x(z) = \Delta A \cdot y_s$$

$\tau_l = 0$ für $\sigma_b = \sigma_{b\,max}$

$\tau_{l\,max}$ tritt auf, wo $\sigma_b = 0$, d. h. in Biegeebene xz.

Maximale Schubspannung für verschiedene Querschnittsformen

$$\tau_{l\,max} = \tau_{q\,max} = k \frac{F_q(z)}{A}$$

	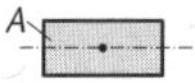	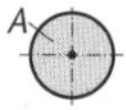	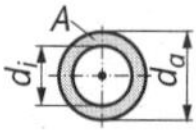
p97 k	$\frac{3}{2}$	$\frac{4}{3}$	$\frac{4}{3} \cdot \frac{d_a^2 + d_a \cdot d_i + d_i^2}{d_a^2 + d_i^2}$ wenn dünnwandig ($d_a \approx d_i$): 2

Volumenbezogene Formänderungsarbeit w

p98 $$w = \frac{1}{2} \tau \cdot \gamma = \frac{\tau^2}{2G}$$

Schubverformung des Biegeträgers

p99 $$y_\tau(z) = \varkappa \frac{M_b(z)}{G \cdot A} + C = \varkappa \frac{2{,}6 \cdot M_b(z)}{E \cdot A} + C$$

Die Konstante C ist aus bekannten Randbedingungen zu bestimmen, z. B. $y_\tau = 0$ in den Auflagern.

p100 Der Faktor $$\varkappa = A \int_{(A)} \left[\frac{H_x(z)}{b(z) \cdot I_x(z)} \right]^2 \mathrm{d}A$$

berücksichtigt die Querschnittsformen. Es ist z. B. für

			I 80	I 240	I 500
$\varkappa =$	1,2	1,1	2.4	2,1	2,0

$F_q(z)$ Querkraft an Stelle z des Trägers
G Schubmodul
$H_x(z)$ Flächenmoment 1. Grades (statisches Moment) der „abgeschnitten" betrachteten Teilfläche A, bezogen auf die Biegeebene xz
$I_x(z)$ Flächen-Trägheitsmoment der gesamten Querschnittsfläche A um die x-Achse
$b(y)$ Schnittfläche an der Stelle y
$S_{\Delta A}$ Schwerpunkt der „abgeschnittenen" Teilfläche ΔA

Allgemeines

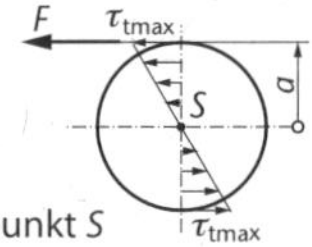

p101 Torsionsspannung $\tau_t = M_t/W_t \leqq \tau_{t\,zul}$

p102 Torsionsmoment $M_t = P/\omega = P/(2 \cdot \pi \cdot n) = F \cdot a$

P: Leistung; a: Abstand zwischen Randfaser und Schwerpunkt S

Torsionsstäbe mit Kreis- und Ringquerschnitt

Verdrehwinkel

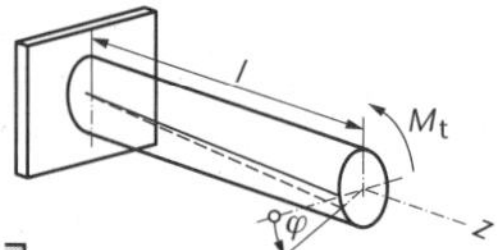

p103 $$\varphi = \frac{M_t \cdot l}{I_p \cdot G} = \frac{180^\circ}{\pi} \cdot \frac{M_t \cdot l}{I_p \cdot G}$$ (siehe e5)

Abgesetzte Torsionsstäbe:

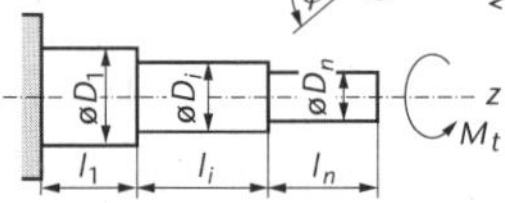

p104 $$\varphi = \frac{M_t}{G} \cdot \sum_{i=1}^{n} \frac{l_i}{I_{pi}}$$

p105 $$= \frac{180^\circ}{\pi} \cdot \frac{M_t}{G} \cdot \sum_{i=1}^{n} \frac{l_i}{I_{pi}}$$ (siehe e5)

	Pol. Flächen-Trägheitsmoment I_p	Polares Widerstandsmoment W_p	Max. Verdrehspannung $\tau_{t\,max}$	Querschnittsform
p106	$\frac{\pi D^4}{32}$	$\frac{\pi D^3}{16}$	$\approx 5{,}1 \cdot \frac{M_t}{D^3}$	
p107	$\frac{\pi}{32} \cdot (D^4 - d^4)$	$\frac{\pi}{16} \cdot \frac{D^4 - d^4}{D}$	$\approx 5{,}1 \cdot M_t \frac{D}{D^4 - d^4}$	

Torsionsstäbe mit nicht kreisförmigem Voll- oder dünnwandigem Hohlquerschnitt

p108 **Verdrehwinkel** $$\varphi = \frac{M_t \cdot l}{I_t \cdot G} = \frac{180^\circ}{\pi} \cdot \frac{M_t \cdot l}{I_t \cdot G}$$

	Torsions-Trägheitsmoment I_t	Widerstandsmoment W_t	Ort und Betrag von τ_t	Querschnittsform
p109	$c_1 \cdot h \cdot b^3$	$\frac{c_1}{c_2} h \cdot b^2$	in 1: $\tau_{t1} = \tau_{t\,max} = \frac{c_2 \cdot M_t}{c_1 \cdot h \cdot b^2}$ in 2: $\tau_{t2} = c_3 \cdot \tau_{t\,max}$ in 3: $\tau_{t3} = 0$	$h/b \geqq 1$ 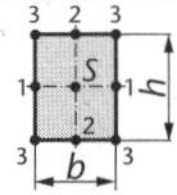

$h/b =$	1	1,5	2	3	4	6	8	10	∞
c_1	0,141	0,196	0,229	0,263	0,281	0,298	0,307	0,312	0,333
c_2	0,675	0,852	0,928	0,977	0,990	0,997	0,999	1,000	1,000
c_3	1,000	0,858	0,796	0,753	0,745	0,743	0,743	0,743	0,743

Fortsetzung siehe P21

Festigkeit

Verdrehung (Torsion)

Nr.	Torsions-Trägheitsmoment I_t	Widerstandsmoment W_t	Ort und Betrag von τ_t	Querschnittsform
p110 p111	$\frac{a^4}{46{,}19} \approx \frac{h^4}{26}$	$\frac{a^3}{20} \approx \frac{h^3}{13}$	in 1: $\tau_{t1} = \tau_{t\,max} = \frac{20 \cdot M_t}{a^3} \approx \frac{13 \cdot M_t}{h^3}$ in 2: $\tau_{t2} = 0$	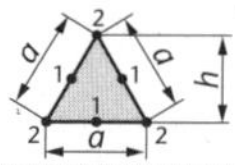
p112 p113 p114	$0{,}1154 \cdot s^4 = 0{,}0649 \cdot d^4$	$0{,}1888 \cdot s^3 = 0{,}1226 \cdot d^3$	in 1: $\tau_{t1} = \tau_{t\,max} = 5{,}297 \cdot M_t/s^3 = 8{,}157 \cdot M_t/d^3$	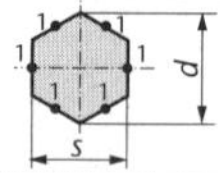
p115 p116	$\frac{\pi}{16} \cdot \frac{D^3 \cdot d^3}{D^2 + d^2}$	$\frac{\pi}{16} \cdot D \cdot d^2$	in 1: $\tau_{t1} = \tau_{t\,max} \approx 5{,}1 \frac{M_t}{D \cdot d^2}$ in 2: $\tau_{t2} = \tau_{t\,max} \cdot \frac{d}{D}$	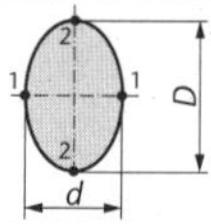
p117 p118 p119	$\frac{\pi}{16} \cdot \frac{n^3(d^4 - d_i^4)}{n^2 + 1}$ $D/d = D_i/d_i = n \geqq 1$	$\frac{\pi}{16} \cdot \frac{n(d^4 - d_i^4)}{d}$	in 1: $\tau_{t1} = \tau_{t\,max} \approx 5{,}1 \cdot \frac{M_t \cdot d}{n(d^4 - d_i^4)}$ in 2: $\tau_{t2} = \tau_{t\,max} \cdot \frac{d}{D}$	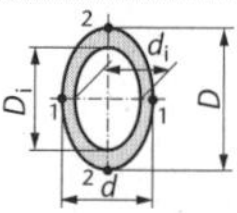
p120 p121 p122	bei veränderlicher Wandstärke: $\frac{4A_m^2}{\sum_{i=1}^{n} \frac{\Delta U_i}{s_i}}$	$2 \cdot A_m \cdot s_{min}$	in 1: $\tau_{t1} = \tau_{t\,max} = \frac{M_t}{2 \cdot A_m \cdot s_{min}}$ in 2: $\tau_{t2} = \frac{M_t}{2 \cdot A_m \cdot s_i}$	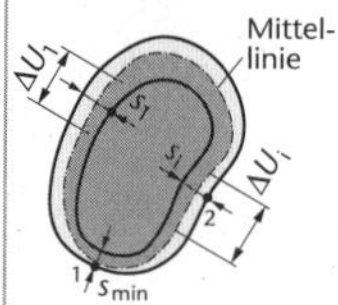
p123	bei gleichbleibender kleiner Wandstärke: $\frac{4 \cdot A_m^2 \cdot s}{U_m}$	$2 \cdot A_m \cdot s$	$\tau_t = \frac{M_t}{2 \cdot A_m \cdot s}$	
p124	$\frac{\eta}{3} \cdot \sum_{i=1}^{n} b_i^3 \cdot h_i$	$\frac{\eta}{3 b_{max}} \cdot \sum_{i=1}^{n} b_i^3 \cdot h_i$	$\tau_{t\,max} = \frac{M_t}{W_t}$ in der Mitte der langen Seite h der Rechteckfläche mit maximaler Dicke b_{max} (z. B. Punkt 1 in Skizze)	Profile bestehen aus Rechteckquerschnitten 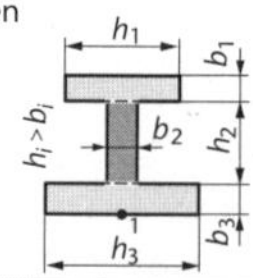

Korrekturfaktor nach A. Föppl:

	I $n=3$	L $n=2$	⊥ $n=2$
η	$\approx 1{,}3$	$\approx 1{,}0$	1,12
	⊏ $n=3$		+ $n=2$
η	$1 < \eta < 1{,}3$		1,17

A_m: von der Mittellinie eingeschlossene Rasterfläche
U_m: Länge der Mittellinie
s, (s_{min}): Wandstärke, (minimale Wandstärke)
ΔU_i: Teillänge der Mittellinie bei der Wandstärke $s_i =$ konst.

Einspannfälle

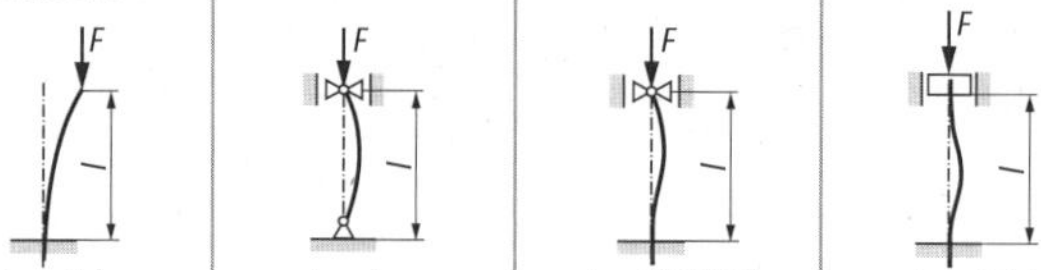

$l_k = 2 \cdot l$ | $l_k = l$ | $l_k = 0{,}707 \cdot l$ | $l_k = 0{,}5 \cdot l$

Euler'sche Knickgleichung

Gültigkeit im elastischen Bereich, d. h. für Knickspannung

$$\sigma_k \leqq \sigma_{d0,01}$$

Kleinste Kraft bzw. Spannung, bei der Knickung auftritt:

p125 p126 $$F_k = \frac{\pi^2 \cdot E \cdot I_{min}}{l_k^2} = F \cdot \nu_k; \quad \sigma_k = \frac{F_k}{A} = \frac{\pi^2 \cdot E \cdot I_{min}}{l_k^2 \cdot A} = \frac{\pi^2 \cdot E}{\lambda_g^2} = \sigma_{d\,zul} \cdot \nu_k$$

p127 Zul. Betriebslast $F = F_k / \nu_k$

p128 Schlankheitsgrad $\lambda = l_k \sqrt{\frac{A}{I_{min}}}$

p129 Grenz-Schlankheitsgrad $\lambda_{g0,01} = \pi \sqrt{\frac{E}{\sigma_{d0,01}}}$ bzw. $\lambda_{g0,2} = \pi \sqrt{\frac{E}{\sigma_{d0,2}}}$

Tetmajer-Formel

Gültigkeit im Bereich $\sigma_{d0,01} \leqq \sigma_k \leqq \sigma_{d0,2}$

p130 $$\sigma_k = a - b \cdot \lambda + c \cdot \lambda^2 = \sigma_{d\,zul} \cdot \nu_k$$

Werkstoff nach EN neu (DIN alt)	a	b	c	gültig für $\lambda =$
		N/mm²		
Baustahl S235JR (St 37)	310	1,14	0	60 … 100
Baustahl S355 (St 52)	335	0,62	0	60 … 100
Grauguss EN-GJL-150 (GG 14)	776	12,000	0,053	5 … 80
Nadelholz	30	0,20	0	2 … 100
Eiche oder Buche	38	0,25	0	0 … 100

Rechnungsgang

Zunächst nach Euler das erforderliche minimale Flächen-Trägheitsmoment ermitteln:

p131 $$I_{min} = \frac{F_k \cdot l_k^2}{\pi^2 \cdot E}; \quad F_k = \nu_k \cdot F$$

Damit geeignetes Profil, d. h. I und A auswählen.

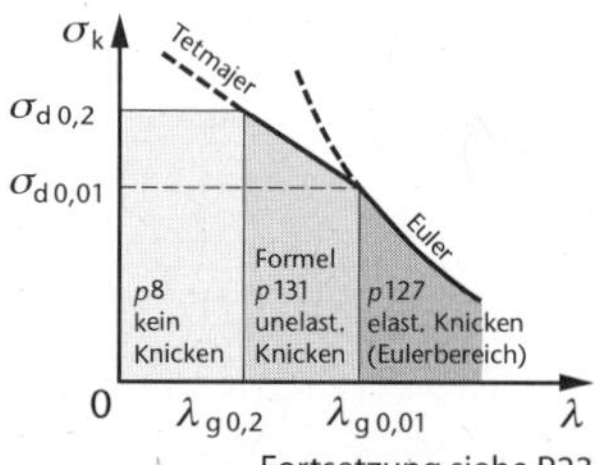

Fortsetzung siehe P23

Fortsetzung von P22 (Rechnungsgang)

$\nu_k = 3 \dots 5$ im Tetmajer-Bereich
$\nu_k = 4 \dots 6$ im Euler-Bereich für große Maschinen
$\nu_k = 6 \dots 8$ für kleine Maschinen

Schlankheitsgrad λ_{vorh} errechnen nach p128
Grenzschlankheitsgrad $\lambda_{g0,01}$ und $\lambda_{g0,2}$ errechnen nach p129

Knick- bzw. Druckspannung ermitteln für:

$\lambda_{vorh} \geqq \lambda_{g0,01}$ nach p126
$\lambda_{g0,01} > \lambda_{vorh} \geqq \lambda_{g0,2}$ nach p130
$\lambda_{vorh} < \lambda_{g0,2}$ nach p8

Falls $\sigma_k < \frac{F}{A} \nu_k$, neue Dimensionierung mit größeren Querschnittsabmessungen.

ω-**Verfahren** (DIN 4114)
Vorgeschrieben für Hoch- und Brückenbau, Stahlbau, Krananlagen.

p132 Knickzahl $$\omega = \frac{\sigma_{d\,zul}}{\sigma_{k\,zul}} = \frac{\text{zulässige Druckspannung}}{\text{zulässige Knickspannung}}$$

p133 $$\sigma_\omega = \omega \frac{F}{A} \leqq \sigma_{d\,zul} \qquad \text{mit } \omega = f(\lambda)$$

	Knickzahl ω für			
λ	S235JR	S355	Al Cu Mg 1	Grauguss
20	1,04	1,06	1,03	1,05
40	1,14	1,19	1,39	1,22
60	1,30	1,41	1,99	1,67
80	1,55	1,79	3,36	3,50
100	1,90	2,53	5,25	5,45
120	2,43	3,65	7,57	nicht zulässiger Bereich
140	3,31	4,96	10,30	
160	4,32	6,48	13,45	
180	5,47	8,21	17,03	
200	6,75	10,31	21,02	

Rechnungsgang:
ω schätzen, aus p133 Querschnitt A und I_{min} und daraus λ bestimmen. Mit zugehörigem neuem ω Rechnungsgang wiederholen.

Zusammensetzung von Normalspannungen

Zweiachsige Biegung mit Normalkraft

Die sich aus Biegungen und Normalkraft ergebenden Spannungen σ sind zu addieren.

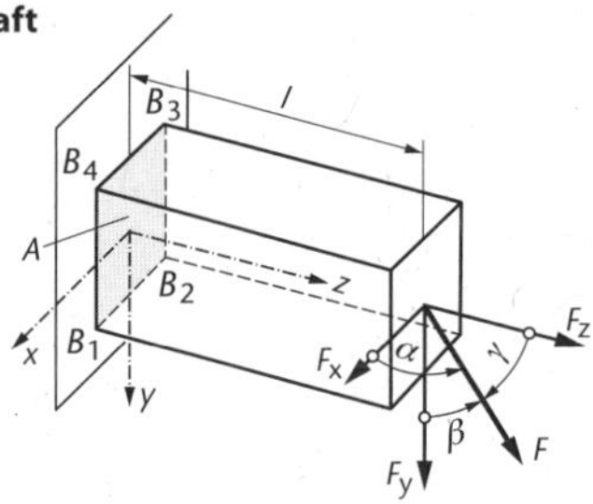

p134 $F_x = F \cdot \cos\alpha$

p135 $F_y = F \cdot \cos\beta$

p136 $F_z = F \cdot \cos\gamma$

p137 mit $\cos^2\alpha + \cos^2\beta + \cos^2\gamma = 1$.

Für jeden beliebigen Punkt $P(x, y)$ im Querschnitt B_1 B_2 B_3 B_4 ist die resultierende Normalspannung in z-Richtung:

p138 $$\sigma_{z\,\text{res}} = \frac{F_z}{A} - \frac{F_y \cdot l}{I_x} y - \frac{F_x \cdot l}{I_y} x$$

Vorzeichen von x und y beachten! Ist F_z eine Druckkraft, liegen α, β und γ in anderen Quadranten. Vorzeichenregel für Kosinusfunktion siehe E2.

Lange Träger bei Druck auf Knickung untersuchen!

Nulllinie mit $\sigma_{z\,\text{res}} = 0$ ist die Gerade:

p139 $$y = -\frac{F_x}{F_y} \cdot \frac{I_x}{I_y} \cdot x + \frac{F_z}{F_y} \cdot \frac{I_x}{A \cdot l}$$

mit den Achsenabschnitten:

p140 $$x_0 = \frac{F_z}{F_x} \cdot \frac{I_y}{A \cdot l}; \qquad y_0 = \frac{F_z}{F_y} \cdot \frac{I_x}{A \cdot l}$$

Bei nichtsymmetrischen Querschnittsflächen F in die Richtungen der Hauptachsen zerlegen (siehe P9).

Einachsige Biegung mit Normalkraft

F_x oder F_y in Formeln p138 … p140 sind gleich null.

Bei Biegung mit

- Zug erfolgt Verschiebung der Nulllinie zur Biegedruck-Zone hin.
- Druck erfolgt Verschiebung der Nulllinie zur Biegezug-Zone hin.

Spannungen am stark gekrümmten Träger ($R < 5 \cdot h$)

An dem am höchsten beanspruchten Querschnitt A wirken die Schnittgrößen F_n und M_{bx} (siehe P8).

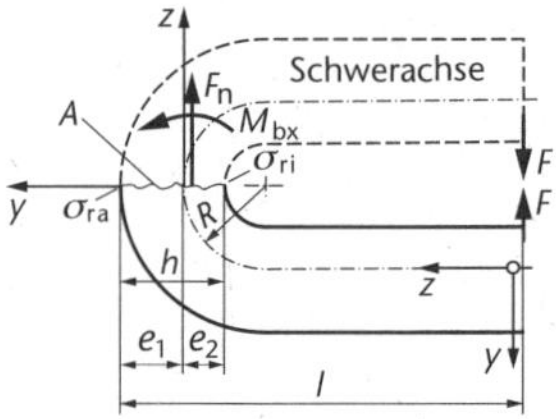

Für die Spannungsverteilung über dem Querschnitt gilt:

p141 $$\sigma_z = \frac{F_n}{A} + \frac{M_{bx}}{A \cdot R} + \frac{M_{bx} \cdot R}{Z} \cdot \frac{y}{R + y}$$

Die Randspannungen sind:

p142 $$\sigma_{ra} = \frac{F_n}{A} + \frac{M_{bx}}{A \cdot R} + \frac{M_{bx} \cdot R}{Z} \cdot \frac{|e_1|}{R + |e_1|} \leqq \sigma_{z\,zul}$$

p143 $$\sigma_{ri} = \frac{F_n}{A} + \frac{M_{bx}}{A \cdot R} - \frac{M_{bx} \cdot R}{Z} \cdot \frac{|e_2|}{R - |e_2|} \leqq \sigma_{z\,zul}$$

Formeln für Beiwert Z:

p144 $$Z = b \cdot R^3 \left[\ln\left(\frac{1 + h/2R}{1 - h/2R} - \frac{h}{R}\right)\right]$$

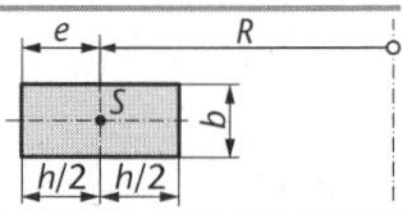

p145 $$Z = e^2 \pi R^2 \frac{1 - \sqrt{1 - (e/R)^2}}{1 + \sqrt{1 - (e/R)^2}}$$

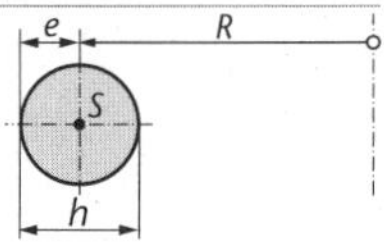

p146 $$Z = R^4 \left[\frac{a - b}{h}\left(1 + \frac{ae_1 + be_2}{R(a - b)}\right) \times \times \ln\left(\frac{1 + e_1/R}{1 - e_2/R}\right) - \frac{a - b}{R} - \frac{(a + b)h}{2R^2}\right]$$

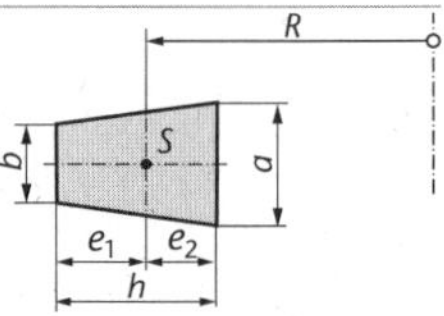

Lage des Schwerpunktes siehe K7

p147 $$Z = R^4 \left[\frac{b}{3h}\left(3 + 2\frac{h}{R}\right) \ln\left(\frac{3 + 2h/R}{3 - h/R}\right) - \frac{b}{R} - \frac{bh}{2R^2}\right]$$

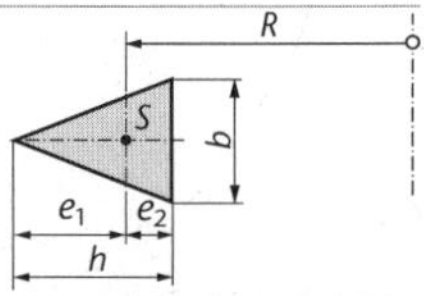

Zusammensetzung von Tangentialspannungen

Bei vernachlässigbar kleiner Biegespannung (sehr kurze Stäbe) sind die sich aus Schub und Verdrehung an jedem beliebigen Querschnittspunkt ergebenden Spannungen vektoriell zu addieren.

Die maximale Tangentialspannung τ_{res} tritt auf im Punkt 1. Sie wirkt sowohl in der Querschnittsebene als auch senkrecht dazu.

	Maximale Tangentialspannung τ_{res} im Punkt 1	Querschnitt
p148	$\frac{5{,}1 \cdot M}{d^3} + \frac{1{,}7 \cdot F}{d^2} \leqq \tau_{t\,zul}$	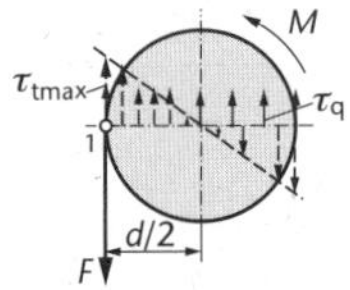
	mit $M = F\frac{d}{2}$:	
p149	$4{,}244 \cdot \frac{F}{d^2} \leqq \tau_{t\,zul}$	
p150	$\frac{5{,}1 \cdot M \cdot D}{D^4 - d^4} + 1{,}7 \cdot F \cdot \frac{D^2 + Dd + d^2}{D^4 - d^4} \leqq \tau_{t\,zul}$	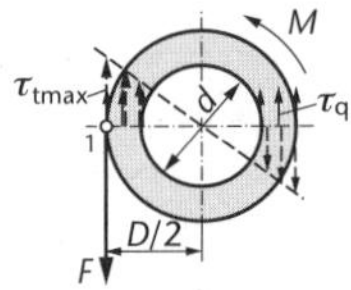
	mit $M = F\frac{D}{2}$:	
p151	$F\frac{4{,}244 \cdot D^2 + 1{,}7 \cdot d(D + d)}{D^4 - d^4} \leqq \tau_{t\,zul}$	
	für kleine Wandstärken:	
p152	$\frac{5{,}1 \cdot M \cdot D}{D^4 - d^4} + \frac{2{,}55 \cdot F}{D^2 - d^2} \leqq \tau_{t\,zul}$	
p153	$2{,}55 \cdot F \cdot \frac{2D^2 + d^2}{D^4 - d^4} \leqq \tau_{t\,zul}$	
p154	$\frac{c_2}{c_1} \cdot \frac{M}{b^2 h} + \frac{1{,}5 \cdot F}{b \cdot h} \leqq \tau_{t\,zul}$	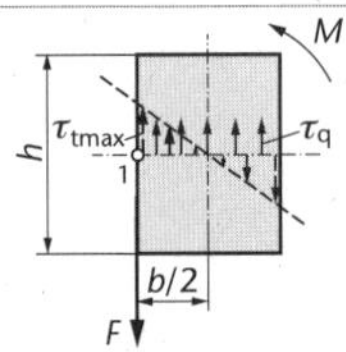
	mit $M = F\frac{b}{2}$:	
p155	$\frac{F}{2 \cdot b \cdot h}\left(\frac{c_2}{c_1} + 3\right) \leqq \tau_{t\,zul}$	

$\tau_{t\,zul}$: zulässige Torsionsspannung (siehe Z17)
τ_q : Querschubspannung
$\tau_{t\,max}$: wirkliche maximale Torsionsspannung
c_1, c_2 : siehe P20
F : Torsion erzeugende Kraft
M : durch F erzeugtes wirkliches Torsionsmoment

Zusammensetzung von Normal- und Schubspannungen

Werkstoff-Festigkeitswerte lassen sich nur für einachsige Spannungszustände ermitteln. Mehrachsige Spannungszustände werden deshalb unter Anwendung von Festigkeitshypothesen (siehe P29) in einachsige Vergleichsspannungen σ_V umgerechnet. Dann gilt je nach Art der Belastung

$$\sigma_V \leqq \sigma_{z\,zul} \quad \text{oder} \quad \sigma_{d\,zul} \quad \text{oder} \quad \sigma_{b\,zul}$$

Der zweiachsige (ebene) Spannungszustand

Ein Körperelement werde beansprucht durch

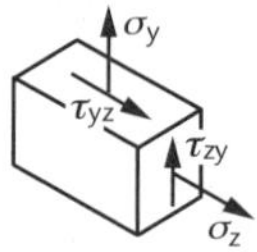

Normalspannungen	Schubspannungen	
σ_z in *z*-Richtung	$\tau_{zy} = \tau$	in *y*-*z*-Ebene
σ_y in *y*-Richtung	$\tau_{yz} = \tau$	

Durch Drehen des Körperelementes im Winkel φ_σ wird der gemischte Spannungszustand umgerechnet in reine

Hauptnormalspannungen

p156 $$\sigma_1, \sigma_2 = 0{,}5(\sigma_z + \sigma_y) \pm \sqrt{(\sigma_z - \sigma_y)^2 + 4\tau^2}$$

Richtung der größten Hauptnormalspannung σ_1 aus

p157 $$\tan 2\varphi_\sigma = \frac{2\tau}{\sigma_z - \sigma_y}\ ^{1)}$$

Bei Drehwinkel φ_σ wird die Schubspannung null.

Durch Drehen des Körperelementes um den Winkel φ_τ ergeben sich die *Hauptschubspannungen*

p158 $$\tau_{max}, \tau_{min} = \pm 0{,}5\sqrt{(\sigma_z - \sigma_y)^2 + 4\tau^2} = \pm 0{,}5(\sigma_1 - \sigma_2)$$

Gleichzeitig wirkt dabei noch die Normalspannung

p159 $$\sigma_M = 0{,}5(\sigma_z + \sigma_y) = 0{,}5(\sigma_1 + \sigma_2)$$

Richtung der größten Hauptschubspannung τ_{max} aus

p160 $$\tan 2\varphi_\tau = -\frac{\sigma_z - \sigma_y}{2\tau}\ ^{1)}$$

Hauptnormal- und Hauptschubspannungen stehen unter einem Winkel von 45° zueinander.

---

1) Lösung ergibt 2 Winkel. Das bedeutet, dass die Extremwerte sowohl der Hauptnormal- als auch der Hauptschubspannungen jeweils in 2 zueinander senkrechten Richtungen auftreten.

Der dreiachsige (räumliche) Spannungszustand

Die ungleichartigen Spannungen lassen sich ersetzen durch die

Hauptnormalspannungen $\sigma_1, \sigma_2, \sigma_3$

Sie sind die 3 Lösungen der Gleichung:

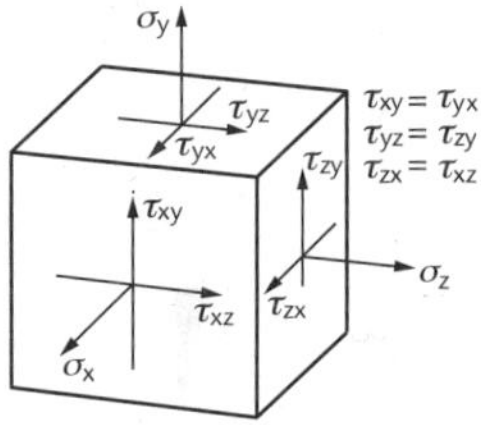

p161 $$\sigma^3 - R \cdot \sigma^2 + S \cdot \sigma - T = 0$$

mit

p162 $$R = \sigma_x + \sigma_y + \sigma_z$$

p163 $$S = \sigma_x \cdot \sigma_y + \sigma_y \cdot \sigma_z + \sigma_z \cdot \sigma_x - \tau_{xy}{}^2 - \tau_{yz}{}^2 - \tau_{zx}{}^2$$

p164 $$T = \sigma_x \sigma_y \sigma_z + 2\tau_{xy}\tau_{yz}\tau_{zx} - \sigma_x \tau_{yz}{}^2 - \sigma_y \tau_{zx}{}^2 - \sigma_z \tau_{xy}{}^2$$

Ermittlung der drei Lösungen σ_1, σ_2 und σ_3 der kubischen Gleichung p161:

Auf rechter Seite 0 durch y ersetzen. Dann $y = f(\sigma)$ auftragen. Schnittpunkte mit Nulllinie ergeben Lösungen. Diese Werte in p161 einsetzen und durch Probieren und Interpolieren genauere Werte errechnen.

Mit $\sigma_1 > \sigma_2 > \sigma_3$ ergibt sich die maximale Hauptschubspannung

$$\tau_{max} = 0{,}5(\sigma_1 - \sigma_3)$$

Biegung mit Torsion bei Welle mit Kreisquerschnitt

Nach Hypothese der größten Gestaltänderungsarbeit ist:

Vergleichsspannung

p165 $$\sigma_{v\,Ge} = \sqrt{\sigma_b^2 + 3(\alpha_0 \cdot \tau_t)^2} \leqq \sigma_{b\,zul}$$

Vergleichsmoment

p166 $$M_{v\,Ge} = \sqrt{M_b^2 + 0{,}75(\alpha_0 \cdot M_t)^2}$$

Zur Dimensionierung der Welle erforderliches Biegewiderstandsmoment W_x ermitteln nach:

p167 $$W_{x\,erf} = \frac{M_{v\,Ge}}{\sigma_{b\,zul}}$$

σ_b : wirkliche Biegespannung
τ : wirkliche Verdrehspannung
M_b : wirkliches Biegemoment
M_t : wirkliches Torsionsmoment
α_0 : nach P29

		Festigkeitshypothese der größten Normalspannung	Schubspannung	Gestaltsänderungsarbeit [1]
Dreiachsiger Spannungszustand		Zug: $\sigma_1 > 0$: $\sigma_{vN} = \sigma_1 = \sigma_{max}$ Druck: $\sigma_3 < 0$: $\sigma_{vN} = \sigma_3 = \sigma_{min}$	$\sigma_{vS} = 2\tau_{max} = \sigma_1 - \sigma_3$	$\sigma_{v\,Ge} = \sqrt{0{,}5\left[(\sigma_1-\sigma_2)^2+(\sigma_2-\sigma_3)^2+(\sigma_3-\sigma_1)^2\right]}$
Zweiachsiger Spannungszustand		Zug: $\sigma_1 > 0$: $\sigma_{vN} = \sigma_1 = \sigma_{max}$ $= 0{,}5\left[(\sigma_z+\sigma_y) + \sqrt{(\sigma_z-\sigma_y)^2+4(\alpha_0\cdot\tau)^2}\right]$ Druck: $\sigma_2 < 0$: $\sigma_{vN} = \sigma_2 = \sigma_{min}$ $= 0{,}5\left[(\sigma_z+\sigma_y) - \sqrt{(\sigma_z-\sigma_y)^2+4(\alpha_0\cdot\tau)^2}\right]$	$\sigma_{vS} = 2\tau_{max} = \sigma_1 - \sigma_2$ $= \sqrt{(\sigma_z-\sigma_y)^2+4(\alpha_0\cdot\tau)^2}$	$\sigma_{v\,Ge} = \sqrt{\sigma_1^2+\sigma_2^2-\sigma_1\cdot\sigma_2}$ $= \sqrt{\sigma_z^2+\sigma_y^2-\sigma_z\cdot\sigma_y+3(\alpha_0\cdot\tau)^2}$
Belastungsfall I; II, III für σ und τ	gleich	$\alpha_0 = 1$	$\alpha_0 = 1$	$\alpha_0 = 1$
	ungleich	$\alpha_0 = \dfrac{\sigma_{zul}\text{ I, II, III}}{\tau_{zul}\text{ I, II, III}} = \dfrac{\sigma_{grenz}\text{ I, II, III}}{\tau_{grenz}\text{ I, II, III}}$	$\alpha_0 = \dfrac{\sigma_{zul}\text{ I, II, III}}{2\cdot\tau_{zul}\text{ I, II, III}} = \dfrac{\sigma_{grenz}\text{ I, II, III}}{2\cdot\tau_{grenz}\text{ I, II, III}}$	$\alpha_0 = \dfrac{\sigma_{zul}\text{ I, II, III}}{1{,}73\cdot\tau_{zul}\text{ I, II, III}} = \dfrac{\sigma_{grenz}\text{ I, II, III}}{1{,}73\cdot\tau_{grenz}\text{ I, II, III}}$
Anwendung bei	Beanspruchungsart und Werkstoff	Zug, Biegung, Verdrehung von spröden Werkstoffen: Grauguss, Glas, Steine	Druck bei spröden und zähen Werkstoffen. Zug, Biegung, Verdrehung bei Stahl mit ausgeprägter Streckgrenze	Alle Beanspruchungen bei zähen Werkstoffen: Walz-, Schmiedestahl, Stahlguss, Aluminium, Bronze
	zu erwartendem Versagen durch	Trennbruch	Schiebebruch, Fließen, Verformung	Dauer-, Schiebe-, Trennbruch, Fließen, Verformung

[1] liefert die beste Übereinstimmung mit Versuchsergebnissen
σ_{grenz}, τ_{grenz} sind geeignete Werkstoffkennwerte, z. B. R_m; τ_{aB}.

σ_1, σ_2, σ_3 siehe P27 und P28

Bewegungs-Schrauben (siehe K11)

Befestigungs-Schrauben

Schrauben-Verbindungen (Überschlagsrechnung)

Vorgespannt

	axiale Betriebskraft F_A	reine Querkraft F_Q
		Berechnung auf Reibungsschluss:
q1	$A_3 \approx A_s = \dfrac{F_{max}}{\sigma_{zul}}$	$A_3 \approx A_s = \dfrac{F_{K\,erf}}{(0{,}25 \ldots 0{,}5) R_{p\,0,2}}$
q2	$F_{max} = (1{,}3 \ldots 1{,}6) F_A$	
	(Berücksichtigung des Verspannungs-Schaubildes)	
q3	$\sigma_{zul} = (0{,}25 \ldots 0{,}5) R_{p\,0,2}$	$F_{K\,erf} = \dfrac{\nu \cdot F_Q}{\mu \cdot m \cdot n}$
	(Berücksichtigung von Torsion und Sicherheit)	(Werte für μ siehe Z7)

Hochbeanspruchte Schraubenverbindungen (siehe VDI 2230)

Konsolartige Anschlüsse (exakte Rechnung nicht möglich)

Sinnvolle Annahme:
Druckmittelpunkt als Drehpunkt, z. B.

q4 $a \approx h/4$

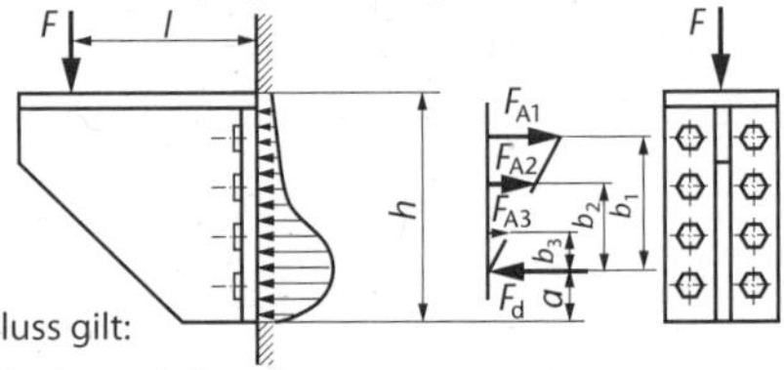

Für biegesteifen (!) Anschluss gilt:

q5 $F \cdot l = F_{A1} \cdot b_1 + F_{A2} \cdot b_2 + \ldots + F_{An} \cdot b_n$

q6 $F_{A1} : F_{A2} : \ldots : F_{An} = b_1 : b_2 \ldots : b_n$

Zusätzliche Querkraft $F_Q = F$ berücksichtigen! Auch unter Last muss in gesamter Anschlussebene noch Druckspannung sein.

A_3 Kernquerschnitt

A_s Spannungsquerschnitt, $A_s = \dfrac{\pi}{4} \cdot \left(\dfrac{d_2 + d_3}{2}\right)^2$

$F_{K\,erf}$ erforderliche Klemmkraft

m Zahl der Schrauben

n Zahl der Schnitte

Beispiele

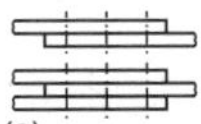

$m = 3; n = 1$

$m = 3; n = 2$

ν Sicherheitsbeiwert gegen Rutschen, $\nu = 1{,}5 \ldots (2)$

$R_{p\,0,2}$ (Ersatz-)Streckgrenze

σ_{zul} zulässige Zugspannung

d_2 Flankendurchmesser

d_3 Kerndurchmesser

Achsen und Wellen (Näherungsberechnung)

Festigkeit

	Achsen	erforderliches Widerstandsmoment gegen Biegung (äquatorial)	Vollachse mit Kreisquerschnitt ($W_b \approx d^3/10$)	zulässige Biege-Nennspannung[2)]
q7	fest[1)]			$\sigma_{b\,zul} = \dfrac{\sigma_{b\,Sch}}{(3\ldots5)}$
q8		$W_{b\,erf} = \dfrac{M_b}{\sigma_{b\,zul}}$	$d = \sqrt[3]{\dfrac{10 \cdot M_b}{\sigma_{b\,zul}}}$	
q9	umlaufend			$\sigma_{b\,zul} = \dfrac{\sigma_{b\,W}}{(3\ldots5)}$
	Wellen	erforderliches Widerstandsmoment gegen Verdrehung (polar)	Durchmesser für Vollwelle ($W_p \approx d^3/5$)	zulässige Verdreh-Nennspannung[2)]
q10	reine Torsion			$\tau_{t\,zul} = \dfrac{\tau_{t\,Sch}}{(3\ldots5)}$
q11		$W_{p\,erf} = \dfrac{T}{\tau_{t\,zul}}$	$d = \sqrt[3]{\dfrac{5 \cdot T}{\tau_{t\,zul}}}$	
q12	Torsion + Biegung			$\tau_{t\,zul} = \dfrac{\tau_{t\,Sch}}{(10\ldots15)}$

Flächenpressung

am Zapfen

q13 $$p_m = \frac{F}{d \cdot b} \leqq p_{zul} \quad \text{(siehe Z18)}$$

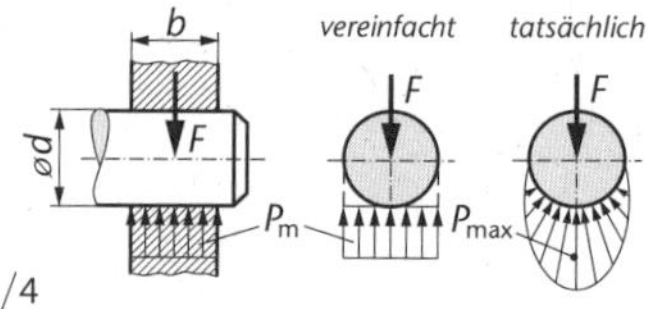

Schub durch Querkraft

Berechnung entfällt, wenn
bei Kreis-Querschnitt $l > d/4$
bei Rechteck-Querschnitt $l > 0{,}325 \cdot h$

Formänderung

durch Biegung siehe P12
durch Verdrehung siehe P20

Schwingungen siehe M6

1) Feste Achsen bevorzugen, da nur ruhende oder schwellende Beanspruchung und Leichtbauprofile (I, □) möglich.

2) In $\sigma_{b\,zul}$ und $\tau_{t\,zul}$ sind berücksichtigt: Formfaktor, Rauigkeitsfaktor, Größenfaktor und Sicherheitsbeiwert. In $\tau_{t\,zul}$ außerdem: Biegemoment.

l Hebelarm für die Kraft F
M_b, T Biege- bzw. Drehmoment
p_m, (p_{zul}) mittlere (zulässige) Flächenpressung (p_{zul} siehe Z18)
p_{max} siehe q47 für hydrodynamisch geschmierte Gleitlager, andere Fälle, siehe Z18
$\sigma_{b\,Sch}$, $\sigma_{b\,W}$, $\tau_{t\,Sch}$ Werte siehe Z16

Kraftschlüssige Verbindungen

Handelsübliche Elemente (z. B. Ringfeder-Spannelement, Spieth-Hülse, Sternscheibe, Schrumpfscheibe, Doko-Spannelement usw.): siehe Firmenschriften.

Presspassungen: DIN 7190 (grafische Bestimmung).

Klemmverbindung

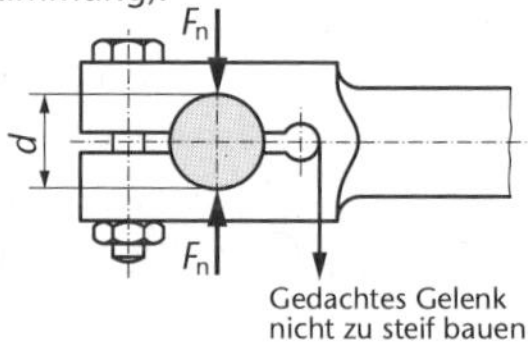

q14 $$F_n = \frac{T \cdot \nu}{\mu \cdot d}$$

Kegelverbindung

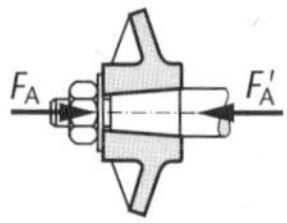

q15 Kegel $1 : x = (D - d) : l$

Kegelige Wellenenden siehe DIN 1448, 1449.

Näherungsformel für Axialkraft F_A der Mutter:

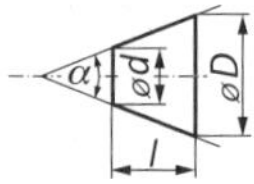

q16 $$F_A = \frac{2 \cdot T \cdot \nu}{\mu \cdot d_m} \tan\left(\frac{\alpha}{2} + \varrho\right)$$

q17 $$d_m = \frac{D + d}{2}$$

Formschlüssige Verbindungen

Handelsübliche Elemente (z. B. Polygonprofil): siehe Firmenschriften

Passfeder (Überschlagsrechnung)

Berechnung erfolgt auf Flächen-Pressung in der Nut des schwächeren Werkstoffes. Unter Berücksichtigung der Wellenkrümmung und der Kantenbrechung r_1 kann als tragende Höhe der Passfeder etwa t_2 angenommen werden.

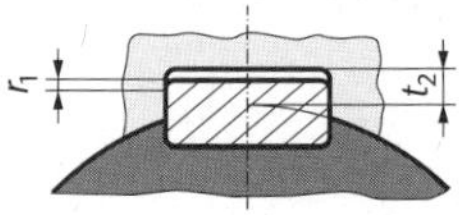

Für die tragende Länge l gilt:

q18 $$l = \frac{2 \cdot T}{d \cdot t_2 \cdot p_{zul}}$$

Abmessungen nach DIN 6885, vorzugsweise Blatt 1.
Bei Form A Zuschlag für Rundungen!

Exakte Berechnung nach Mielitzer, Forschungsvereinigung.
Antriebstechnik e. V., Frankfurt, Forschungsheft 26, 1975.

Fortsetzung siehe Q4

Fortsetzung von Q3

Keilwelle

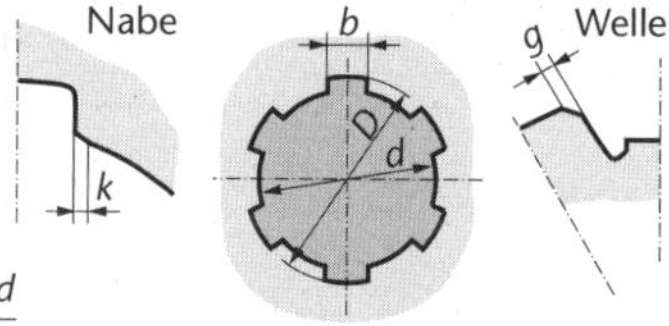

q19 $$l = \frac{2T}{d_m \cdot h \cdot \varphi \cdot n \cdot p_{zul}}$$

q20 $$d_m = \frac{D + d}{2}$$

q21 $$h = \frac{D - d}{2} - g - k \approx \frac{D - d}{2}$$

Es tragen nicht alle Flächen gleich gut. Daher Berücksichtigung des Traganteils durch Faktor φ:

Zentrierungsart	φ
Innenzentrierung	0,75
Flankenzentrierung	0,9

Querschnittsabmessungen nach DIN ISO 14, DIN 5464.

Nabenabmessungen

Ermittlung nach Diagramm auf Seite Q5.

Beispiel: Gesucht L und s für $T = 3000$ N m, Nabe aus GS, Passfederverbindung.

1. Aufsuchen des Bereichs „Nabenlänge L, GS/St, Gruppe e“, Grenzlinien verfolgen bis $T = 3000$ N m.
   Ergebnis: $L = 110 \ldots 140$ mm.
2. Aufsuchen des Bereichs „Nabendicken s, GS/St, Gruppe I“. Grenzlinien verfolgen bis $T = 3000$ N m.
   Ergebnis: $s = 43 \ldots 56$ mm.

F_n Normalkraft der übertragenden Fläche
l tragende Länge der Verbindung
n Zahl der Keilnuten
μ Gleitreibungsbeiwert (siehe Z7)
ν Sicherheitsbeiwert (siehe Q1)
ϱ Reibungswinkel ($\varrho = \arctan \mu$)
p_{zul} zulässige Flächenpressung. Für Überschlagsrechnung gilt:

Werkstoff	p_{zul} in N mm^{-2}	
Grauguss (GG)	40 … 50	(in Einzelfällen höher)
Gussstahl (GS), Stahl (St)	90 … 100	

Diagramm zu Q4

Diese Erfahrungswerte gelten in Verbindung mit einer Stahlwelle aus S275JR, jedoch nicht für Sonderfälle (wie große Fliehkräfte u. Ä.). Bei Kippkräften *L* verlängern.

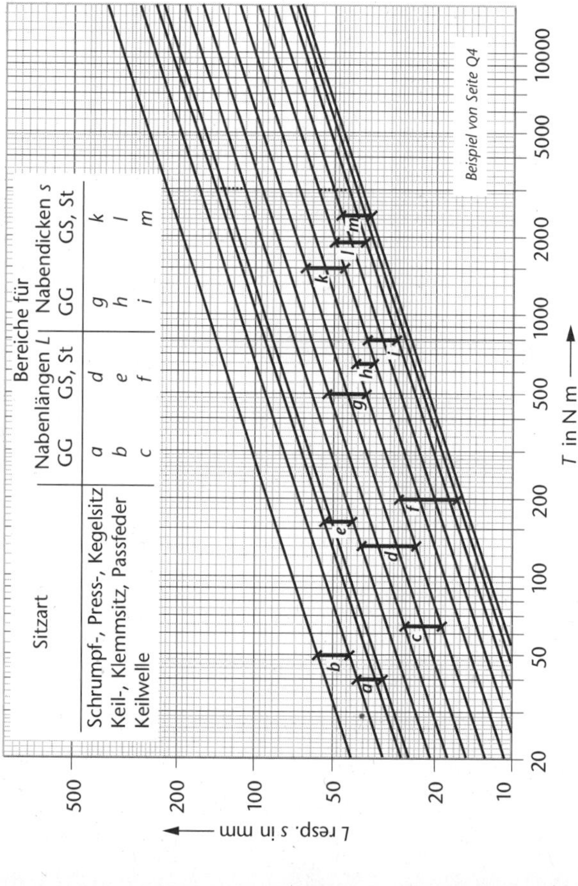

Federrate R und Federarbeit W

	Kennlinie allgemein	Kennlinie konstant
q22 R	$\mathrm{d}F/\mathrm{d}s$	F/s
q23 W_1	$\int_0^{s_1} F \cdot \mathrm{d}s$	$F \cdot \frac{s_1}{2}$

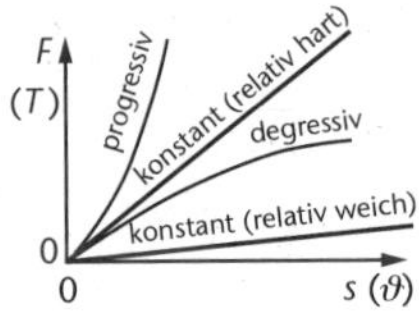

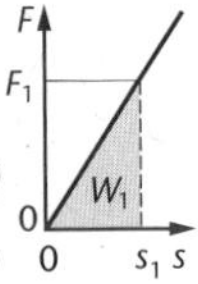

	parallel geschaltete Federn	hintereinander geschaltete Federn
	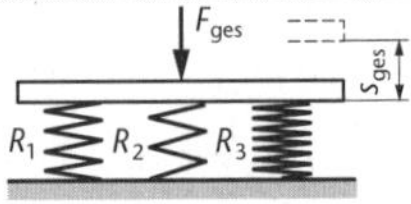	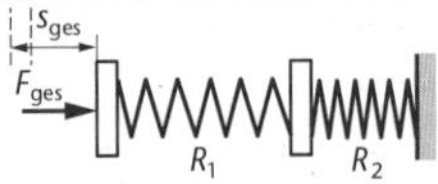
q24 $s_{ges} =$	$s_1 = s_2 = s_3 = \ldots = s_i$	$s_1 + s_2 + s_3 + \ldots + s_i$
q25 $F_{ges} =$	$F_1 + F_2 + F_3 + \ldots + F_i$	$F_1 = F_2 = F_3 = \ldots = F_i$
q26 $R \quad =$	$R_{ges} = R_1 + R_2 + R_3 + \ldots + R_i$	$\frac{1}{R_{ges}} = \frac{1}{R_1} + \frac{1}{R_2} + \ldots + \frac{1}{R_i}$

Auf Zug und Druck beanspruchte Federn

Zum Beispiel Ringfeder (Ringfeder GmbH, Krefeld)

Auf Biegung beanspruchte Federn

Rechteck-, Trapez-, Dreieckfedern

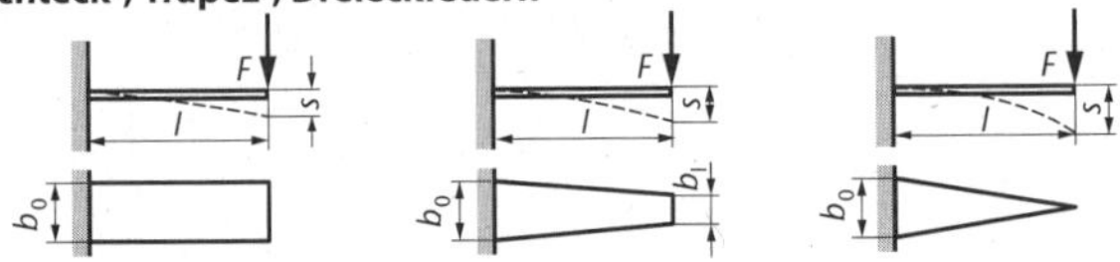

q27 Biegespannung $\sigma_b = \frac{6 \cdot F \cdot l}{b_0 \cdot h^2}$

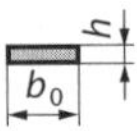

q28 zulässige Belastung $F = \frac{b_0 \cdot h^2 \cdot \sigma_{b\,zul}}{6 \cdot l}$

q29 Federweg $s = 4\psi \cdot \frac{l^3}{b_0 \cdot h^3} \cdot \frac{F}{E}$

b_l/b_0	1 [1]	0,8	0,6	0,4	0,2	0 [2]
ψ	1,000	1,054	1,121	1,202	1,315	1,5

[1] Rechteckfeder
[2] Dreieckfeder

Fortsetzung siehe Q7

Fortsetzung von Q6

Geschichtete Blattfeder

Geschichtete Blattfedern lassen sich als in Streifen geschnittene und neu angeordnete Trapezfedern auffassen (gemäß Schemaskizze mit *zwei parallel geschalteten* Trapezfedern) mit Gesamt-Federbreite:

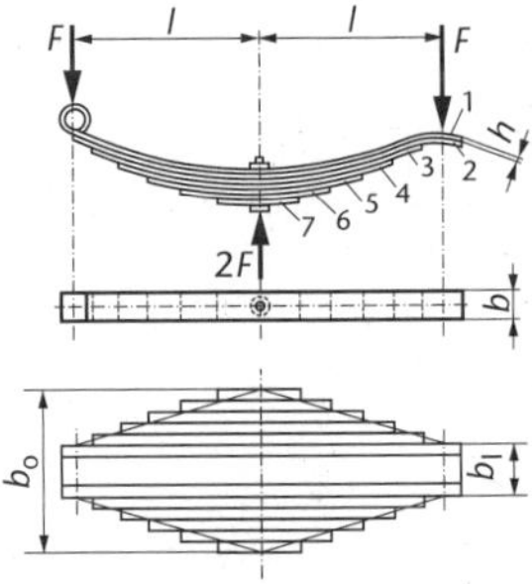

q30 $$b_0 = z \cdot b$$

z Zahl der Federblätter

Dann ist (wie q28):

q31 $$F \approx \frac{b_0 \cdot h^2 \cdot \sigma_{b\,zul}}{6 \cdot l}$$

Haben die Federblätter 1 und 2 (wie in Zeichnung) gleiche federnde Länge, wird

q32 $$b_l = 2b$$

Ergebnis der Rechnung berücksichtigt keine Reibung. Tatsächlich erhöht sich die Tragkraft durch Reibung um 2 ... 12 %.

Genaue Berechnung gemäß Merkblatt 394, 1. Auflage 1974 der Beratungsstelle für Stahlverwendung, Düsseldorf.

Tellerfeder

Durch Kombination von n gleichsinnig und i wechselsinnig geschichteten Einzel-Tellern werden verschiedene Kennlinien erzielt

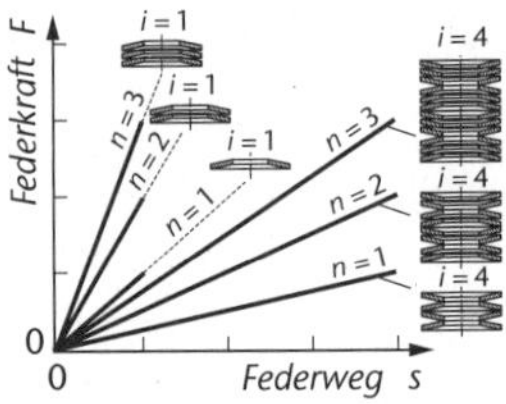

q33 $$F_{ges} = n \cdot F_{einzeln}$$

q34 $$s_{ges} = i \cdot s_{einzeln}$$

DIN 2092 Genaue Berechnung von Einzel-Tellerfedern

DIN 2093 Maße und Kennlinien von Norm-Tellerfedern (Reihen A und B fast linear, Reihe C Degression nicht vernachlässigbar)

Werkstoffwerte: Warmgeformte Stähle für Federn nach DIN EN 10 089; z. B. für Blattfedern „51 Si 7: 50 Cr V 4".

E-Modul	200 000 N/mm²
$\sigma_{b\,zul}$	statisch 910 N/mm²
	schwingend (500 ± 225) N/mm², Walzhaut entfernt, vergütet

Fortsetzung siehe Q8

Fortsetzung von Q7

Schenkelfeder: In Zeichnung ist Ausführung mit beidseitig nicht fest eingespannten Schenkeln dargestellt. Sie erfordert Führung auf Dorn. Besser sind fest eingespannte Schenkel.

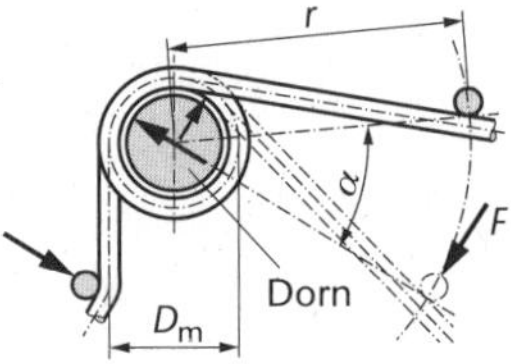

q35 zulässige Belastung [1] $F_{zul} \approx \frac{W_b \cdot \sigma_{b\,zul}}{r}$

q36 Ausschlagwinkel $\alpha \approx \frac{F \cdot r \cdot l}{I \cdot E}$

q37 federnde Windungslänge $l \approx D_m \cdot \pi \cdot i_f$

i_f: Anzahl Windungen

Zusätzliche Korrektur für Durchbiegung langer Schenkel.

Genaue Berechnung siehe DIN 2088.

Auf Verdrehung beanspruchte Federn

Drehstabfeder

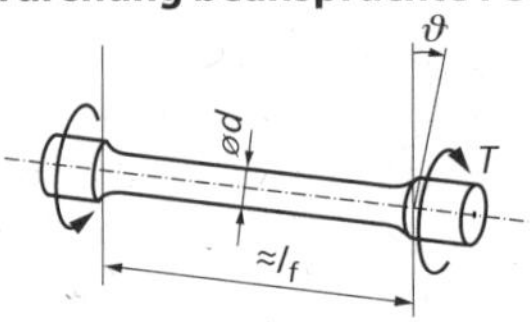

	Schubspannung	zulässige Belastung	Verdrehungswinkel
q38	$\tau = \frac{5T}{d^3}$	$T = \frac{d^3}{5}\tau_{t\,zul}$	$\vartheta = \frac{T \cdot l_f}{G \cdot I_p} \approx \frac{10T \cdot l_f}{G \cdot d^4}$

l_f: federnde Länge entsprechend Skizze

Zulässige Spannung $\tau_{t\,zul}$ und Dauerfestigkeit τ_D in N/mm²

	statisch			schwingend [2]		
q39	$\tau_{t\,zul}$	nicht vorgesetzt vorgesetzt	700 1020	$\tau_D = \tau_m \pm \tau_A$	$d = 20$ mm $d = 60$ mm	500 ± 350 500 ± 240

τ_m: Mittelspannung; τ_A: Spannungs-Ausschlag der Dauerfestigkeit

Genaue Berechnung, vor allem der federnden Länge, siehe DIN 2091.

[1] Ohne Berücksichtigung des aus Drahtkrümmung folgenden Spannungsbeiwertes.

[2] Oberfläche geschliffen und kugelgestrahlt, Edelstahl DIN EN 10 089

Fortsetzung siehe Q9

Fortsetzung von Q8

Zylindrische Schraubenfeder (Zug- und Druckfeder)

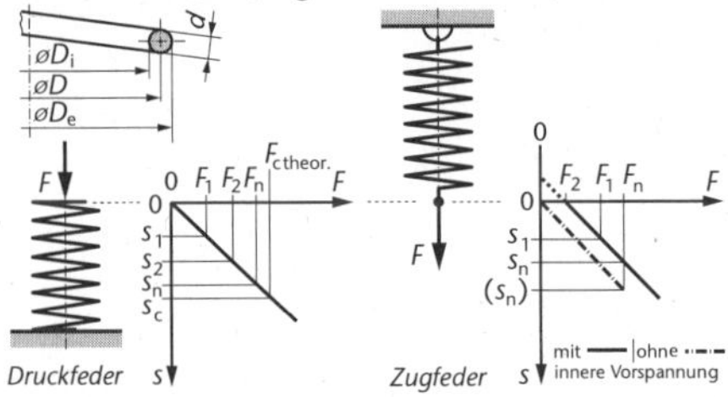

q40 Übliches Wickelverhältnis: $D/d = 5 \dots 15$; $D = (D_e + D_i)/2$

Statische Beanspruchung:

	Druckfeder	Zugfeder
q41 D bekannt	$d \geqq \sqrt[3]{\dfrac{8 \cdot F_{c\,theor} \cdot D}{\pi \cdot \tau_{zul}}}$	$d \geqq \sqrt[3]{\dfrac{8 \cdot F_n \cdot D}{\pi \cdot \tau_{zul}}}$
q42 D unbekannt, dann D/d schätzen	$d \geqq \sqrt{\dfrac{8 \cdot F_{c\,theor}}{\pi \cdot \tau_{zul}} \cdot \dfrac{D}{d}}$	$d \geqq \sqrt{\dfrac{8 \cdot F_n}{\pi \cdot \tau_{zul}} \cdot \dfrac{D}{d}}$
q43 max. zulässiger Federweg	$s_n = s_c - S_A$	
q44 Summe der Mindestabstände der Federdrähte	$S_A = x \cdot d \cdot n$ mit $x = 0{,}2 \dots 0{,}7$ bei $D/d = 4 \dots 20$	
q45 Zahl der wirksamen Windungen	$n = \dfrac{s}{F} \cdot \dfrac{G \cdot d^4}{8 \cdot D^3}$	
zulässige Schubspannung[1)]	$\tau_{zul} = \tau_{c\,zul} = 0{,}56 \cdot R_m$ siehe Diagramm	$\tau_{zul} = 0{,}45 \cdot R_m$ Diagramm $\times 0{,}8$

[1)] Bei erhöhter Anforderung an Relaxation siehe DIN EN 13 906-1

s_c: theoretischer Federweg bei Blocklänge

$F_{c\,theor}$: theoretische Federkraft bei Blocklänge

$\tau_{c\,zul}$: Schubspannung bei Blocklänge (Druckfeder)

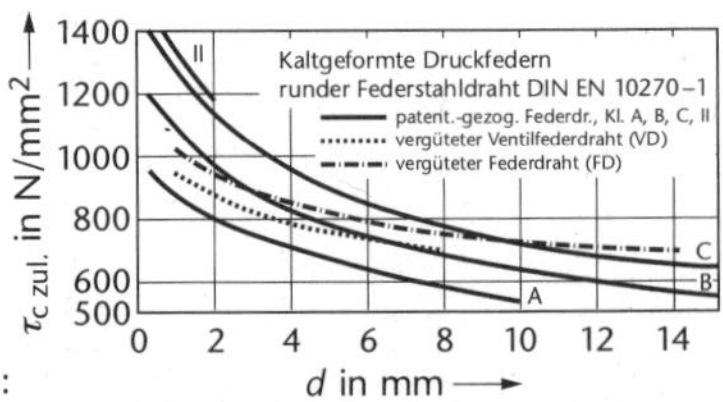

Schwingende Beanspruchung:

In Rechnung einbeziehen: Beiwert k für Drahtkrümmung sowie Dauerfestigkeit der Federstähle (siehe DIN EN 13 906-1)

Maschinen-Elemente

Lager

Wälzlager

Berechnungsformeln, Tragzahlen und Abmessungen nach den Katalogen der Hersteller.

Gleitlager

Hydrodynamisch geschmierte Radialgleitlager, stationär
(s. a. DIN 31 651 und VDI 2204)

Ziel der Rechnung
Kein Heißlaufen und kein unzulässig hoher Verschleiß, also Trennung von Zapfen und Lager durch Schmierfilm.

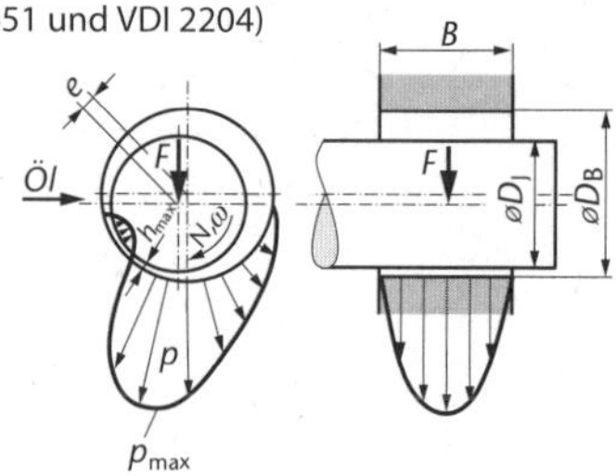

Druckverteilung in Quer- und Längsschnitt

Breitenverhältnis $B^* = B/D$

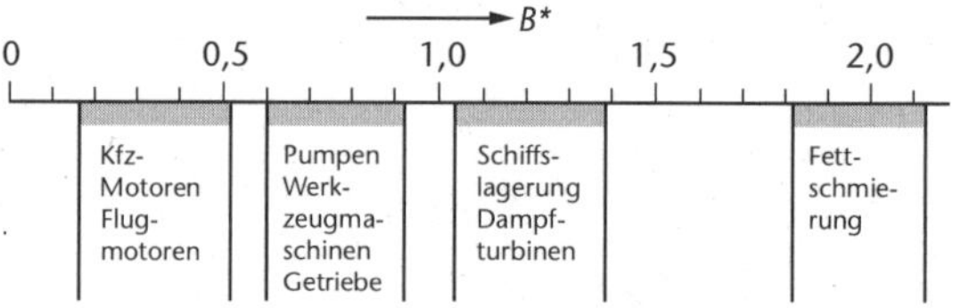

Allgemeine Eigenschaften

schmale Lager	breite Lager
großer seitlicher Druckabfall, daher gute Kühlung bei entsprechendem Ölstrom; gut für hohe Drehfrequenzen; geringe Tragfähigkeit bei niederen Drehfrequenzen.	geringer seitlicher Druckabfall, daher zuverlässig hohe Tragkraft auch bei niederen Drehfrequenzen; schlechte Kühlmöglichkeit; Gefahr der Kantenpressung.

Fortsetzung siehe Q11

Fortsetzung von Q10 (Gleitlager)

Flächenpressung $\overline{p}$, p_{max}

Mittlere Flächenpressung

q46 $$\overline{p} = \frac{F}{D \cdot B}$$

Maximale Flächenpressung

q47 $$p_{max} \leqq \frac{2}{3}\sigma_{dF}$$

Wenn σ_{dF} unbekannt, verwende $R_{p0,2}$.

p_{max} ist vor allem abhängig von der relativen Mindestschmierfilmdicke h^*_{min} (siehe Sommerfeldzahl q55).

Nebenstehendes Diagramm gibt das Verhältnis des Maximaldruckes zum mittleren Lagerdruck in Abhängigkeit von der relativen Schmierfilmdicke wieder.

(Nach Bauer – VDI 2204).

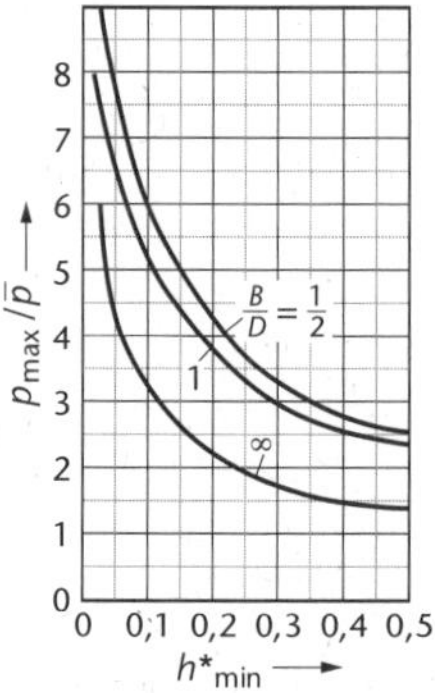

Lagerspiel C, relatives Lagerspiel ψ

q48 $C = D_B - D_J$; $\psi = C/D$

ψ ist grundsätzlich das sich im Betrieb einstellende relative Lagerspiel (einschließlich Wärmedehnung und elastischer Verformungen).

q49 Übliche Werte $\psi = (0{,}3 \ldots 1 \ldots 3)10^{-3}$ [1)]

Kriterien für die Wahl von ψ:

	untere Werte	obere Werte
Lagerwerkstoff	weich (z. B. Weißmetall)	hart (z. B. Bronzen)
Viskosität	relativ niedrig	relativ hoch
Umfangsgeschwindigkeit	relativ niedrig	relativ hoch
Flächenpressung	relativ hoch	relativ niedrig
Breitenverhältnis	$B^* \leqq 0{,}8$	$B^* \geqq 0{,}8$
Abstützung	selbsteinstellend	starr

q50 Mindestwerte für Kunststoffe $\psi \geqq (3 \ldots 4)10^{-3}$

q51 Sintermetalle $\psi \geqq (1{,}5 \ldots 2)10^{-3}$

q52 1) Fettgeschmierte Gleitlager: $\psi = (2 \ldots 3)10^{-3}$

Fortsetzung siehe Q12

Fortsetzung von Q11 (Gleitlager)

Mindestzulässige Schmierfilmdicke im Betrieb h_{lim} in µm

theoretisch	tatsächlich
q53 $h_{\text{min}} \geqq h_{\text{lim}}$ = Wellendurchbiegung + Lagerverformung + Summe der Rautiefen $(R_{zB} + R_{zJ})$	$h_{\text{lim}} = [(1) \ldots 3{,}5 \ldots 10 \ldots (15)]$ ↙ Sonderfälle, z. B. einige Pkw-Kurbelwellenlager; ↓ kleine | ↘ große Wellendurchmesser

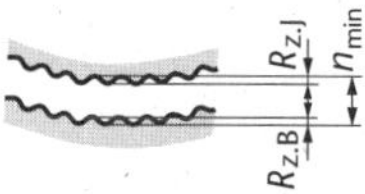

Relative Schmierfilmdicke h^*_{min}

q54

$$h^*_{\text{min}} = \frac{h_{\text{min}}}{C/2} = \frac{2h_{\text{min}}}{\psi \cdot D}$$

Für stationär belastete Lager:

$h^*_{\text{min}} \leqq 0{,}35$

sonst Instabilität.

Relative Exzentrizität ε

$$\varepsilon = \frac{e}{C/2} = 1 - h^*_{\text{min}}$$

Sommerfeldzahl So

(Einheit 1)

q55

$$So = \frac{\overline{p} \cdot \psi^2}{\eta_{\text{eff}} \cdot \omega}$$

Durch Einsetzen von So in nebenstehendes Diagramm wird h^*_{min} und damit auch h_{min} bestimmt.

η_{eff} in erster Näherung auf Austrittstemperatur beziehen, besser auf:

$$T_{\text{eff}} = 0{,}5(T_{\text{en}} + T_{\text{ex}})$$

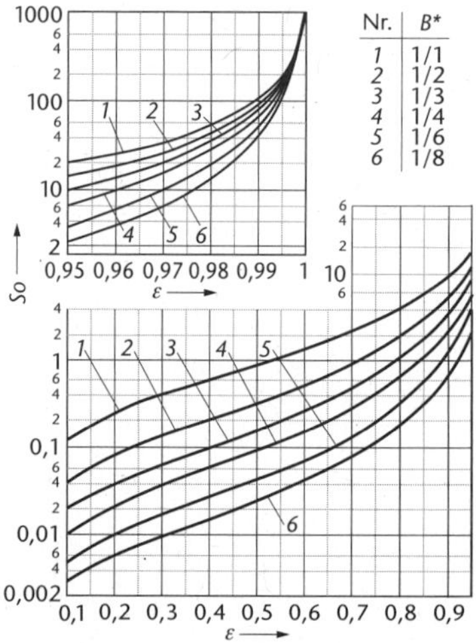

Nr.	B*
1	1/1
2	1/2
3	1/3
4	1/4
5	1/6
6	1/8

Fortsetzung siehe Q13

Fortsetzung von Q12 (Gleitlager)

Schmierstoffdurchsatz infolge hydrodynamischer Druckentwicklung Q_3
Zur Aufrechterhaltung der hydrodynamischen Schmierung ist in 1. Näherung erforderlich (genauere Werte DIN 31 652):

q56 $Q_3 = 0{,}5 B\,u(C - 2h_{\text{min}})$

Regeln: Ölzufuhr möglichst in dem sich erweiternden Teil des Gleitlagers.
Ölgeschwindigkeit v

q57 in Zufuhrleitungen $v = 2\,\text{m/s}$; $p_{\text{en}} = 0{,}05 \ldots 0{,}2\,\text{MPa}$

q58 in Rücklaufleitungen $v = 0{,}5\,\text{m/s}$; $p_{\text{en}} = 0$

Öltaschen, Ölnuten (Tiefe $\approx 2 \cdot C$) nie in belasteten Zonen; keine Verbindung mit Außenbereich des Lagers; bei höheren Drücken nur kurze Ölnuten oder -taschen; größere Öltaschen nur in Ausnahmefällen für größere Wärmeabfuhr.

Wärmeabfuhr

Forderung:

q59 Reibungsleistung $P_{\text{f}} = f \cdot F \cdot u = P_{\text{th}}$ (abgeführte Wärmeleistung).
(Hierzu f über nachstehendes Diagramm berechnen, wobei *So* nach q55 ermittelt wird.)

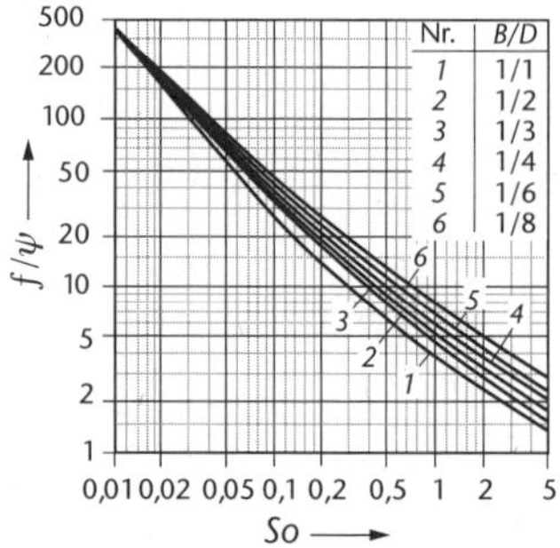

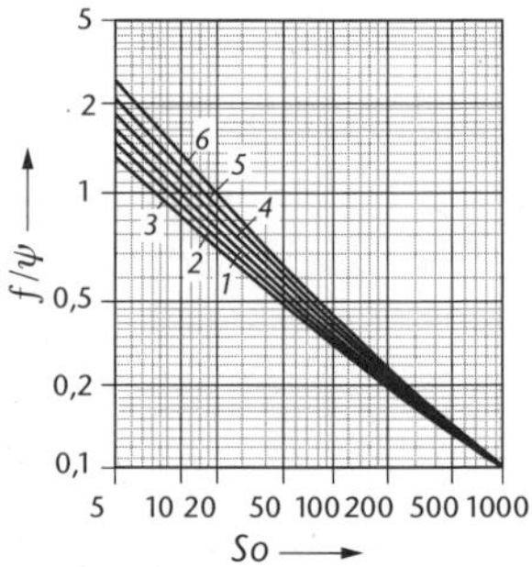

Wärmeabfuhr durch Konvektion an der Gehäuseoberfläche A

q60 $P_{\text{th, amb}} = k \cdot A(T_{\text{B}} - T_{\text{amb}})$ mit empirischer Formel für k:

$$\frac{k}{\text{W}/(\text{m}^2\,\text{K})} = 7 + 12\sqrt{\frac{w_{\text{amb}}}{\text{m}\,\text{s}^{-1}}}$$ (zugeschnittene Größengleichung)

Fortsetzung siehe Q14

Fortsetzung von Q13 (Gleitlager)

Falls Größe der wärmeabgebenden Oberfläche A unbekannt, Anhaltswert für Stehlager:

q61 $$A \approx \pi \cdot H_H \left[B_H + \frac{H_H}{2} \right]$$

Da η temperaturabhängig und die sich im Betrieb einstellende Öltemperatur zunächst unbekannt, Iterationsrechnung durch vorläufiges und aus den Rechenergebnissen dann lfd. verbessertes Schätzen von T_B nach q60, bis gemäß q59 $P_{th,\,amb} = P_f$.

Wärmeabfuhr durch den Schmierstoff $P_{th,\,L}$:

Ölkreislauf, ggf. mit Ölkühler (Konvektion, Strahlung, Wärmeleitung werden vernachlässigt)

q62 $$P_{th,\,L} = Q_3 \cdot c_p \cdot \varrho (T_{ex} - T_{en})$$

Anhaltswerte für einfache Rechnungen bei Mineralölen:

q63 $$c_p \cdot \varrho \approx (1{,}6 \ldots 1{,}8) \times 10^6\ \mathrm{J\,m^{-3}\,K^{-1}}$$

Formelzeichen für Gleitlager:

c_p	spezifische Wärmekapazität des Schmierstoffs (Werte siehe Z5)
f	Reibungszahl (Werte siehe Z7)
h_{min}	minimale Schmierfilmdicke im Betrieb
k	Wärmedurchgangskoeffizient
p_{en}	Schmierstoffzuführdruck
$\overline{p}$, p_{max}	mittlere, maximale Flächenpressung
u	Umfangsgeschwindigkeit des Lagerzapfens
w_{amb}	Anströmgeschwindigkeit der Kühlluft
B_H	Gehäusebreite, in Achsrichtung
C	Lagerspiel
D	Lagernenndurchmesser
F	radiale Lagerkraft
H_H	Höhe des Lagergehäuses
N	Drehzahl
$P_{th,\,amb}$	Wärmestrom an die Umgebung
Q_3	Schmierstoffdurchsatz
R_{zJ}	gemittelte Rautiefe der Wellengleitfläche
R_{zB}	gemittelte Rautiefe der Lagergleitfläche
T_{amb}	Umgebungstemperatur
T_{en}, T_{ex}	Eintritts-, Austritts-Temperatur des Schmierstoffs
T_B	Lagertemperatur (= Gehäusetemperatur bei Konvektionskühlung)
η	dynamische Viskosität des Schmierstoffs (siehe N1)
η_{eff}	effektive dynamische Viskosität des Schmierstoffs
ϱ	Dichte des Schmierstoffs
σ_{dF}	Quetschgrenze
ψ	relatives Lagerspiel
ω	Winkelgeschwindigkeit

Geradführung

Eine Geradführung arbeitet nur dann einwandfrei, wenn

q64 $\tan\alpha < \dfrac{l}{(2\cdot h + l)\cdot\mu}$ oder

das Längenverhältnis

q65 $\dfrac{l}{h} = \lambda > \dfrac{2\mu\tan\alpha}{1-\mu\tan\alpha}$

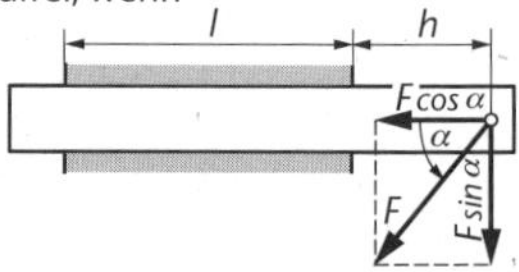

Werden obige Bedingungen für $\tan\alpha$ nicht erreicht, besteht Gefahr des „Eckens" bzw. „Klemmens".

Reibschlüssige Schaltkupplungen

Verlustarbeit und Rutschzeit je Schaltung

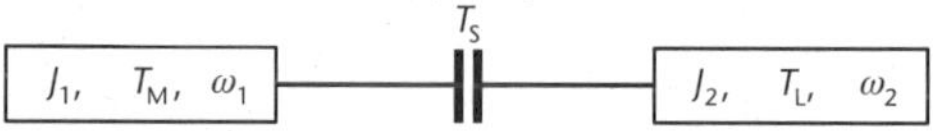

Für die Überschlagsrechnung genügt ein vereinfachtes Modell mit folgenden Bedingungen:

Beschleunigung der Abtriebsseite von $\omega_2 = 0$ auf $\omega_2 = \omega_1$,
$\omega_1 = \text{const.}$; $T_L = \text{const.}$; $T_S = \text{const.} > T_L$. Dann wird je Schaltung:

q66 Verlustarbeit $W_V = J_2 \cdot \dfrac{\omega_1^2}{2} \cdot \left(1 + \dfrac{T_L}{T_S - T_L}\right)$

q67 Rutschzeit $t_r = \dfrac{J_2 \cdot \omega_1}{T_S - T_L}$

Berechnung der Reibflächen

ebene				
Einflächen-	Zweiflächen-	Mehrflächen-, Mehrscheiben-, Lamellen-	kegelige	zylindrische
Kupplungen			Kupplungen	

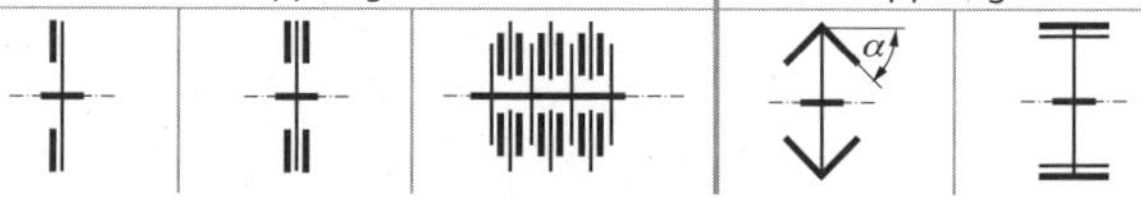

Zahl und Größe der Reibflächen ergeben sich aus der
zulässigen Flächenpressung p_{zul} und der
zulässigen flächenbezogenen Wärmeleistung q_{zul}.

Fortsetzung siehe Q16

Formelzeichen siehe Q17

Fortsetzung von Q15 (Reibschlüssige Schaltkupplungen)

Berechnung auf Flächenpressung p, p_{zul} (Werte siehe Z19)

Für alle Reibflächenformen gilt:

q68 $$i \cdot A \geqq \frac{T_S}{p_{zul} \cdot \mu_{dyn} \cdot R_m}$$

mit

q69 $$R_m = \frac{2}{3} \cdot \frac{{R_a}^3 - {R_i}^3}{{R_a}^2 - {R_i}^2} \approx \frac{R_a + R_i}{2}$$

		ebene	kegelige *Reibflächen*	zylindrische
q70	axiale Schaltkraft	$F_a = A \cdot p$	$F_a = Ap \sin\alpha$	—
q71		für Lamellen-Kupplungen üblich:	Bedingung: $\tan\alpha > \mu_{stat}$, sonst Festklemmen	$R_a = R_i = R_m$
q72		$\frac{R_i}{R_a} = 0{,}6 \dots 0{,}8$		

Für Wellenberechnung: $T_ü = T_S \cdot \frac{\mu_{stat}}{\mu_{dyn}}$

Berechnung auf zulässige Erwärmung

Im *Schwerlastanlauf* wird die höchste Temperatur bereits bei einer *Schaltung* erreicht. Sie ist abhängig von der Verlustarbeit, der Rutschzeit, der Wärmeleitung, der Wärmekapazität und der Kühlung. Diese Beziehungen sind nicht in einer allgemeinen Gleichung darzustellen.

Bei *Dauerschaltungen* stellt sich eine konstante Temperatur erst nach *mehreren* Schaltvorgängen ein. Für die zulässige flächenbezogene Wärmeleistung q_{zul} bei Dauerschaltungen gibt es Erfahrungswerte. (Werte siehe Z19)

Reibungsleistung

q73 $$P_f = W_V \cdot z$$

Bedingung

q74 $$i \cdot A \geqq \frac{W_V \cdot z}{\cdot q_{zul}}$$

Reibungsbremsen

Sämtliche reibschlüssigen Schaltkupplungen können auch als Bremsen eingesetzt werden. Außerdem noch:

(Teil-)Scheibenbremsen
mit Bremssattel oder Bremszange

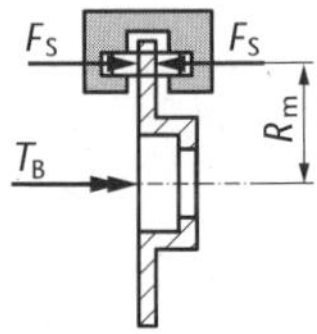

q75 $T_B = 2 \cdot \mu \cdot F_S \cdot j \cdot R_m$

Innenbackenbremsen
(Bild: Simplex-Bremsen, vereinfachte Darstellung der an den Backen angreifenden Kräfte)

auflaufende Backe	ablaufende Backe
q76 q77 $F_{n1} = \dfrac{F_S \cdot l}{a - \mu \cdot c}$ (Servowirkung)	$F_{n2} = \dfrac{F_S \cdot l}{a + \mu \cdot c}$

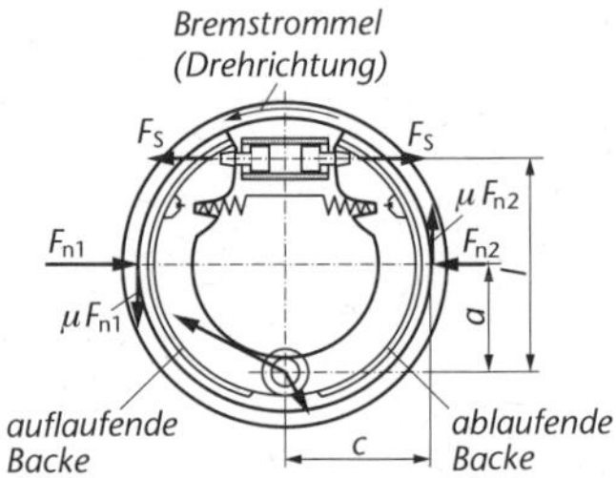

Bremsmoment T_B:

q78 $T_B = (F_{n1} + F_{n2}) \cdot \mu \cdot R$

Bandbremsen siehe K13

Formelzeichen für Reibungskupplungen und -bremsen:

A	Flächeninhalt der Reibfläche
T_B	Bremsmoment
T_L	Lastmoment
T_M	Motordrehmoment
T_S	Schaltmoment der Kupplung
$T_ü$	übertragbares Moment der Kupplung
R	Reibflächenradius
R_m, R_a, R_i	mittlerer, äußerer, innerer Reibradius
W_V	Verlustarbeit je Schaltvorgang
i	Zahl der Reibflächen
j	Zahl der Bremszangen auf einer Bremsscheibe
z	Schaltfrequenz (BE: s^{-1}; h^{-1})
$\mu, \mu_{dyn}, \mu_{stat}$	Reibungs-, Gleitreibungs-, Haftreibungsbeiwert
ω	Winkelgeschwindigkeit

(Eigenschaften der Reibstoffe siehe Z19)

Zahnradgetriebe mit Evolventenverzahnung

Stirnradgetriebe, Geometrie

q79 Zähnezahlverhältnis $u = \dfrac{z_2}{z_1}$

q80 Übersetzung $i = \dfrac{\omega_a}{\omega_b} = \dfrac{n_a}{n_b} = -\dfrac{z_b}{z_a}$ [1)]

q81 Übersetzung in einem mehrstufigen Getriebe $i_{ges} = i_I \cdot i_{II} \cdot i_{III} \cdot \ldots \cdot i_n$

q82 Evolventenfunktion $\text{inv}\,\alpha = \tan\alpha - \widehat{\alpha}$ (sprich „involut α")

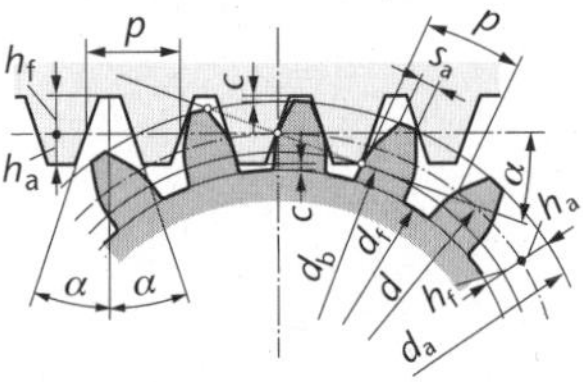

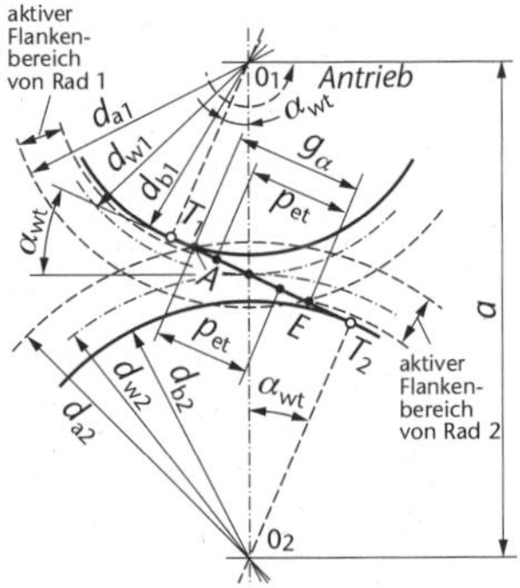

Ermittlung der Eingriffsstrecke
weitere Einzelheiten s. DIN 3960

Liegen A und E außerhalb der Strecke von T_1 und T_2, liegt Unterschneidung vor. Dann Einsatz von V-Rädern nach Q20.

[1)] Bei Außenradpaaren negativ, da Drehrichtungsumkehr. Bei Innenradpaaren positiv. In der Regel kann das Vorzeichen fortgelassen werden.

	Nullräder mit Verzahnung nach DIN 867	
	geradverzahnt	schrägverzahnt
q83 Normalteilung	$p = \dfrac{\pi \cdot d}{z} = m \cdot \pi$	$p_n = m_n \cdot \pi$
q84 q85 Stirnteilung		$p_t = \dfrac{m_n \cdot \pi}{\cos\beta}$
q86 Normalmodul	$m = \dfrac{p}{\pi} = \dfrac{d}{z}$	$m_n = \dfrac{p_n}{\pi} = \dfrac{d}{z} \cdot \cos\beta$
q87 q88 Stirnmodul		$m_t = \dfrac{m_n}{\cos\beta} = \dfrac{d}{z}$
q89 Kopfhöhe	$h_a = h_{aP} = m$	
q90 Fußhöhe	$h_f = h_{fP} = m + c$	
q91 Kopfspiel	$c = (0{,}1 \ldots 0{,}4)\ m \approx 0{,}2 \cdot m$	

Fortsetzung siehe Q19

Formelzeichen siehe Q29, Indizes siehe Q23

Maschinen-Elemente

Stirnräder

Fortsetzung von Q18 (Stirnradgetriebe)

		Nullräder	
		geradverzahnt	schrägverzahnt
q92 q93	Teilkreis-∅	$d = m \cdot z$	$d = \frac{m_n \cdot z}{\cos \beta} = m_t \cdot z$
q94	Kopfkreis-∅	$d_a = d + 2 \cdot h_a$	
q95	Fußkreis-∅	$d_f = d - 2 \cdot h_f$	
q96 q97	Eingriffswinkel	$\alpha = \alpha_n = \alpha_t = \alpha_p$	$\alpha_n = \alpha_p$ $\tan \alpha_t = \frac{\tan \alpha_n}{\cos \beta}$
q98 q99	Grundkreis-∅	$d_b = d \cdot \cos \alpha$	$d_b = d \cdot \cos \alpha_t$
q100	Ersatzzähnezahl		$z_n = z \frac{1}{\cos^2 \beta_b \cdot \cos \beta}$ (Tabelle siehe DIN 3960)
q101			$\approx \frac{z}{\cos^3 \beta}$
q102 q103 q104	Mindest-(Grenz-)zähnezahl Zur Vermeidung von Unterschnitt bei Herstellung mit Zahnstangenwerkzeug	theoretisch: $z_g = \frac{2}{\sin^2 \alpha} \approx 17$ für $\alpha_p = 20°$ praktisch: $z'_g \approx 14$	$z_{gs} \approx 17 \cdot \cos^3 \beta$ $z'_{gs} \approx 14 \cdot \cos^3 \beta$
q105	Sprung		$g_\beta = b \cdot \tan \lvert \beta \rvert$

		Nullgetriebe	
		geradverzahnt	schrägverzahnt
q106 q107	Achsabstand	$a_d = \frac{d_1 + d_2}{2} = m \frac{z_1 + z_2}{2}$	$a_d = \frac{d_1 + d_2}{2} = m_n \frac{z_1 + z_2}{2 \cdot \cos \beta}$
q108	Eingriffsstrecke (Gesamtlänge)	$g_\alpha = \frac{1}{2} \left[\sqrt{d_{a1}^2 - d_{b1}^2} + \sqrt{d_{a2}^2 - d_{b2}^2} - (d_{b1} + d_{b2}) \cdot \tan \alpha_t \right]$	
q109 q110	Profilüberdeckung	$\varepsilon_\alpha = \frac{g_\alpha}{p \cdot \cos \alpha}$	$\varepsilon_\alpha = \frac{g_\alpha}{p_t \cdot \cos \alpha_t}$
q111	Sprungüberdeckung		$\varepsilon_\beta = \frac{b \cdot \sin \lvert \beta \rvert}{m_n \cdot \pi}$
q112	Gesamtüberdeckung		$\varepsilon_\gamma = \varepsilon_\alpha + \varepsilon_\beta$

Fortsetzung siehe Q20

Formelzeichen siehe Q29, Indizes siehe Q23

Fortsetzung von Q19 (Stirnradgetriebe)

Nr.		V-Räder, V-Getriebe geradverzahnt	V-Räder, V-Getriebe schrägverzahnt
	$p, p_n, p_t, z, z_n, m, m_n, m_t, d, d_b$	vgl. Nullräder	
q113	Profilverschiebung	$x \cdot m$	$x \cdot m_n$
q114 q115 q116	Profilverschiebungsfaktor: Zur Vermeidung von Unterschnitt	$x_{min} = -\frac{z \cdot \sin^2 \alpha}{2} + \frac{h_{a0} \cdot \varrho_{a0}(1 - \sin \alpha)}{m}$ kann um maximal 0,17 kleiner sein	$x_{min} = -\frac{z \cdot \sin^2 \alpha_t}{2 \cdot \cos \beta} + \frac{h_{a0} \cdot \varrho_{a0}(1 - \sin \alpha_n)}{m_n}$
q117 q118	desgl.[1]	$x \approx \frac{14 - z}{17}$	$x \approx \frac{14 - (z/\cos^3 \beta)}{17}$
q119	Zur Einhaltung eines Achsabstandes (Summe!)	$x_1 + x_2 = \frac{(z_1 + z_2) \cdot (\text{inv}\, \alpha_{wt} - \text{inv}\, \alpha_t)}{2 \cdot \tan \alpha_n}$	
q120	α_{wt} wird errechnet aus	$\cos \alpha_{wt} = \frac{(z_1 + z_2) \cdot m_t}{2 \cdot a} \cdot \cos \alpha_t$	
q121	oder	$\text{inv}\, \alpha_{wt} = \text{inv}\, \alpha_t + 2 \cdot \frac{x_1 + x_2}{z_1 + z_2} \cdot \tan \alpha_n$	
q122	Achsabstand	$a = a_d \cdot \frac{\cos \alpha_t}{\cos \alpha_{wt}}$	
q123	Kopfhöhenänderung	$k^* \cdot m_n = a - a_d - m_n \cdot (x_1 + x_2)$ [2]	
q124	Kopfhöhe	$h_a = h_{aP} + x \cdot m_n + k^* \cdot m_n$	
q125	Fußhöhe	$h_f = h_{fP} - x \cdot m_n$	
q126	Kopfkreis-∅	$d_a = d + 2 \cdot h_a$	
q127	Fußkreis-∅	$d_f = d - 2 \cdot h_f$	
q128	Eingriffsstrecke	$g_\alpha = \frac{1}{2}\left[\sqrt{d_{a1}^2 - d_{b1}^2} + \sqrt{d_{a2}^2 - d_{b2}^2} - (d_{b1} + d_{b2}) \cdot \tan \alpha_{wt}\right]$	
q129 q130	Profilüberdeckung	$\varepsilon_\alpha = g_\alpha / (p \cdot \cos \alpha)$	$\varepsilon_\alpha = g_\alpha / (p_t \cdot \cos \alpha_t)$
q131	Sprungüberdeckung		$\varepsilon_\beta = b \cdot \sin \lvert\beta\rvert / (m_n \cdot \pi)$
q132	Gesamtüberdeckung		$\varepsilon_\gamma = \varepsilon_\alpha + \varepsilon_\beta$

[1] für ein praktisches Grenzrad bei $\alpha_P = 20°$.

[2] Vorzeichengerecht! Bei Außenpaaren wird $k^* \cdot m_n < 0$!
Bei $k^* < 0{,}1$ kann häufig auf Kopfhöhenänderung verzichtet werden.

Formelzeichen siehe Q29, Indizes siehe Q23

Stirnradgetriebe, Auslegung

Die Abmessungen ergeben sich aus der

- Zahnfuß-Tragfähigkeit und der
- Flanken-Tragfähigkeit,

die jede für sich eingehalten werden müssen.

Die *Nachrechnung* eines Getriebes erfolgt nach DIN 3990. Durch Umformung und grobe Zusammenfassung einzelner Faktoren lassen sich Überschlagsformeln entwickeln.

Zahnfuß-Tragfähigkeit (Überschlagsrechnung)

Sicherheitsfaktor S_F gegen Zahnfuß-Dauerbruch:

q133 $$S_F = \frac{\sigma_{F\,lim} \cdot Y_{ST} \cdot Y_{NT} \cdot Y_{\sigma\,rel\,T} \cdot Y_{R\,rel\,T} \cdot Y_X}{\frac{F_t}{b \cdot m_n} \cdot K_A \cdot K_v \cdot K_{F\alpha} \cdot K_{F\beta} \cdot \underbrace{Y_{Fa} \cdot Y_{Sa}}_{= Y_{Fs}} \cdot Y_\varepsilon \cdot Y_\beta} \geqq S_{F\,min}$$

Daraus mit den Vereinfachungen:

$(K_{F\alpha} \cdot Y_\varepsilon \cdot Y_\beta) \approx 1; \quad Y_{ST} = 2; \quad Y_{NT} \approx 1;$

$(Y_{\delta\,rel\,T} \cdot Y_{R\,rel\,T} \cdot Y_X) \approx 1$

q134 $$m_n \geqq \frac{F_t}{b} \cdot \frac{(K_A \cdot K_v) \cdot K_{F\beta} \cdot Y_{Fs} \cdot S_{F\,min}}{2 \cdot \sigma_{F\,lim}}$$

Y_{Fs} Kopffaktor für Außenverzahnung (siehe Diagramm)

q135 $K_A \cdot K_v = 1 \ldots 3$, selten mehr, (berücksichtigt äußere Stöße und Ungleichförmigkeiten, die Nennmoment überschreiten; innere dynamische Zusatzkräfte, abhängig von Zahnfehlern und Umfangsgeschwindigkeiten)

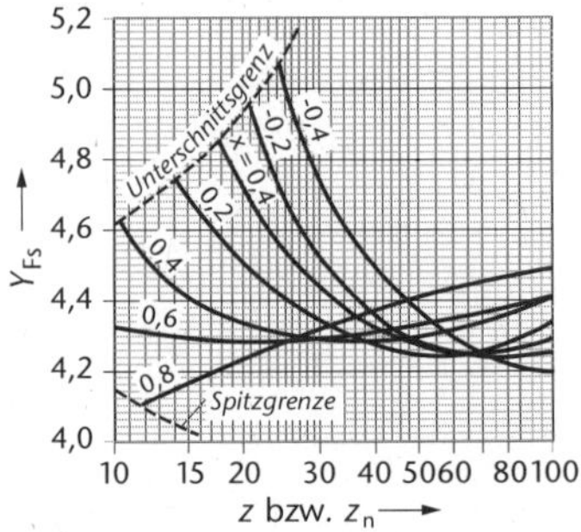

q136 $S_{F\,min}$ = 1,7 (Anhaltswert)

q137 $\sigma_{F\,lim}$ Anhaltswerte siehe Tabelle auf Q22

Fortsetzung siehe Q22

Formelzeichen siehe Q29, Indizes siehe Q23, $K_{F\beta}$ siehe q171 auf Q25

Fortsetzung von Q21 (Stirnradgetriebe, Auslegung)

Flanken-Tragfähigkeit (Überschlagsrechnung)

Sicherheitsfaktor S_H gegen Grübchenbildung

q138 $$S_H = \frac{\sigma_{H\,lim} \cdot Z_{NT} \cdot (Z_L \cdot Z_v \cdot Z_R) \cdot Z_W \cdot Z_X}{\sqrt{\frac{u+1}{u} \cdot \frac{F_t}{b \cdot d_1}} \cdot Z_H \cdot Z_E \cdot Z_\varepsilon \cdot Z_\beta \cdot \sqrt{K_A \cdot K_v \cdot K_{H\alpha} \cdot K_{H\beta}}} \geqq S_{H\,min}$$

Für Metalle wird Elastizitätsfaktor Z_E vereinfacht zu:

q139 $$Z_E = \sqrt{0{,}175 \cdot E} \quad \text{mit} \quad E = \frac{2 \cdot E_1 \cdot E_2}{E_1 + E_2}$$

Damit wird die Überschlagsformel:

q140 $$d_1 \geqq \sqrt{\frac{2 \cdot T_1}{b} \cdot \frac{u+1}{u} 0{,}175 \cdot E \cdot \cos\beta \cdot \frac{Z_H \cdot \overbrace{Z_\varepsilon \cdot \sqrt{K_{H\alpha}}}^{\approx 1} \cdot \sqrt{K_A \cdot K_v} \cdot \sqrt{K_{H\beta}}}{\underbrace{(Z_L \cdot Z_v \cdot Z_R)}_{\text{siehe q144}} \cdot \underbrace{(Z_{NT} \cdot Z_W \cdot Z_X)}_{\approx 1}} \cdot \frac{S_{H\,min}}{\sigma_{H\,lim}}}$$

Anhaltswerte für Festigkeit
(Diagramme in DIN 3990, Teil 5)

Werkstoff (alte DIN-Bez.)	$\sigma_{F\,lim}$ N/mm²	$\sigma_{H\,lim}$ N/mm²
EN-GJL-350 (GG 35)	80	360
EN-GJS-800-2 (GGG 80)	230	560
GS 60 (GS 60)	170	420
E 335 (St 60)	200	400
C 60 (CK 60 V)	220	620
42 Cr Mo 4		
vergütet	290	670
oberflächengehärtet	350	1360
nitriert	430	1220
15 Cr Ni 6		
einsatzgehärtet	500	1630

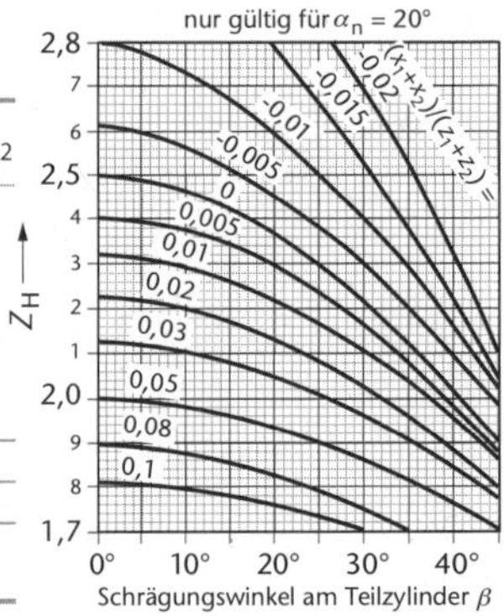

Z_H für $\alpha_n = 20°$

Fortsetzung siehe Q23

Z_H	Zonenfaktor (siehe Diagramm)
q141 $K_A \cdot K_v$	siehe Zahnfußtragfähigkeit (q135)
q142 $S_{H\,min}$	$\approx 1{,}2$ (als Anhaltswert)
q143 $\sigma_{H\,lim}$	Anhaltswerte siehe Tabelle
q144 $(Z_L \cdot Z_v \cdot Z_R)$	$\approx 0{,}85$ für wälzgefräste, -gehobelte oder -gestoßene Verzahnung
	$\approx 0{,}92$ für geschliffene oder geschabte Zähne mit $R_{z100} > 4\,\mu m$

Übrige Formelzeichen siehe Q29, Indizes siehe Q23

Fortsetzung von Q22 (Stirnradgetriebe, Auslegung)

In q134, q138 und q140 müssen b bzw. b und d bekannt sein. Zur Abschätzung dienen nachstehende Verhältniswerte, mit denen zunächst gerechnet werden sollte:

Ritzelabmessungen

	Entweder:	$\frac{d_1}{d_{\text{Welle 1}}}$
q145	Schaftritzel	1,2 ... 1,5
q146	aufgesetztes Ritzel	2

Oder:
aus Übersetzung i und einem vorgeschriebenen Achsabstand. (Siehe q106–q107–q122)

Zahnbreitenverhältnisse

	Zahn- und Lagergüte	$\frac{b}{m_t}$	$\frac{b}{d_1}$
q147	Zähne sauber gegossen oder brenngeschnitten	6 ... 10	
q148	Zähne bearbeitet; Lagerung auf Stahlkonstruktion oder Ritzel fliegend gelagert	(6) ... 10 ... 15	
q149	Zähne gut bearbeitet; Lagerung in Getriebegehäuse	15 ... 25	
q150	Zähne fein bearbeitet; gute Lagerung und Schmierung in Getriebekasten: $n_1 \leqq 50\,s^{-1}$	20 ... 40	
q151	fliegendes Ritzel		$\leqq 0{,}7$
q152	beidseitig gelagerte Welle		$\leqq 1{,}5$

Erläuterung der Indizes für Q18 ... Q25

- a treibendes Rad
- b getriebenes Rad
- m Zahnmitte, mittlere Teilkegellänge (Kegelräder)
- n Normalschnitt
- o Werkzeug
- t Stirnschnitt bzw. Tangentialrichtung
- v Ergänzungsstirnrad (Kegelräder)
- 1 kleines Rad
- 2 großes Rad

Formelzeichen siehe Q29

Kegelräder

(Geradverzahnt, für Achswinkel $\Sigma = 90^\circ$)

Kegelradgetriebe, Geometrie

Es gelten die Gleichungen q79 … q81, außerdem:

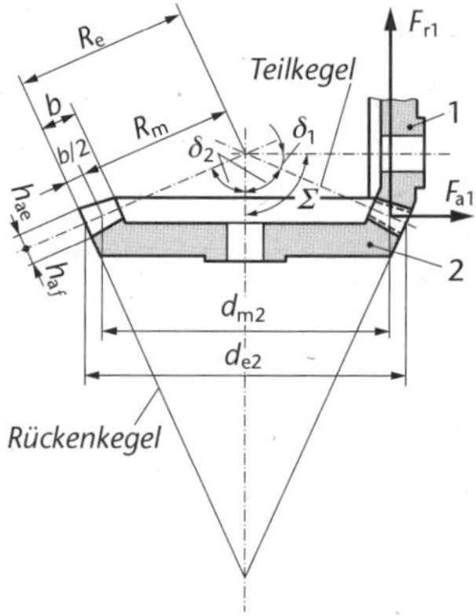

Dargestellt sind nur die Axial- und Radialkraft, die im Eingriff auf Rad 1 wirken.

Teilkegelwinkel δ

q153 $$\tan \delta_1 = \frac{\sin \Sigma}{\cos \Sigma + u};$$

q154 $$\left(\Sigma = 90^\circ \Rightarrow \tan \delta_1 = \frac{1}{u}\right)$$

q155 $$\tan \delta_2 = \frac{\sin \Sigma}{\cos \Sigma + 1/u};$$

q156 $$(\Sigma = 90^\circ \Rightarrow \tan \delta_2 = u)$$

Achsenwinkel

q157 $$\Sigma = \delta_1 + \delta_2$$

Äußere Teil-Kegellänge

q158 $$R_e = \frac{d_e}{2 \cdot \sin \delta}$$

Abwicklung des Rückenkegels zur Untersuchung der Eingriffsverhältnisse und zur Tragfähigkeitsberechnung ergibt das (virtuelle = Index „v") Ersatz- bzw. Ergänzungsstirnrad mit den Größen:

Geradzahn-Kegelrad

q159 $$z_v = \frac{z}{\cos \delta}; \qquad u_v = \frac{z_{v2}}{z_{v1}}; \qquad d_v = \frac{d_m}{\cos \delta}$$

In der Mantelfläche des Rückenkegels gelten die Gleichungen q85, q88 … q93 sinngemäß (Index „e").

Kegelradgetriebe, Auslegung

Die Auslegung wird auf die *Mitte der Zahnbreite b* bezogen (Index „m") mit den Größen:

q160 $$R_m = R_e - \frac{b}{2};$$
q161 $$m_{mn} = \frac{d_m}{z}$$

q162 $$d_m = 2 \cdot R_m \cdot \sin \delta;$$
q163 $$F_{mt} = \frac{2 \cdot T}{d_m}$$

Fortsetzung siehe Q25

Fortsetzung von Q24

Axial- und Radialkraft im Eingriff

q164 Axialkraft $F_a = F_{m\,t} \cdot \tan\alpha \cdot \sin\delta$

q165 Radialkraft $F_r = F_{m\,t} \cdot \tan\alpha \cdot \cos\delta$

Zahnfuß-Tragfähigkeit (Überschlagsrechnung)

Sicherheitsfaktor S_F gegen Zahnfuß-Dauerbruch:

q166
$$S_F = \frac{\sigma_{F\,lim} \cdot Y_{ST} \cdot Y_{\delta\,rel\,T} \cdot Y_{R\,rel\,T} \cdot Y_X}{\dfrac{F_{m\,t}}{b_{e\,F} \cdot m_{m\,n}} \cdot Y_{FS} \cdot Y_\varepsilon \cdot Y_K \cdot (K_A \cdot K_v \cdot K_{F\alpha} \cdot K_{F\beta})} \geqq S_{F\,min}$$

Mit Ausnahme von Y_{ST} werden die Faktoren Y für die Ersatzstirnräder (Index „v") ermittelt.

Daraus Überschlagsformel:

q167
$$m_{m\,n} \geqq \frac{F_{m\,t}}{\underbrace{b_{e\,F}}_{0,85\cdot b}} \cdot Y_{FS} \cdot \underbrace{Y_\varepsilon \cdot K_{F\alpha}}_{\approx 1} \cdot \underbrace{Y_K}_{\approx 1} \cdot (K_A \cdot K_v) \overbrace{K_{F\beta}}^{\text{s. q171}} \cdot \frac{S_{F\,min}}{\underbrace{Y_{ST}}_{2} \cdot \underbrace{(Y_{\delta\,rel\,T} \cdot Y_{R\,rel\,T} \cdot Y_X)}_{\approx 1} \cdot \sigma_{F\,lim}}$$

Y_{FS}: Hierzu Zähnezahl des Ergänzungs-Stirnrades z_v einsetzen. Dann gilt das Diagramm für Stirnräder auf Seite Q21 auch für Kegelräder.

Alle anderen Angaben siehe q135, q136 und q137.

Flanken-Tragfähigkeit (Überschlagsrechnung)

Sicherheitsfaktor S_H gegen Grübchenbildung

q168
$$S_H = \frac{\sigma_{H\,lim} \cdot (Z_L \cdot Z_v \cdot Z_R) \cdot Z_X}{\sqrt{\dfrac{F_{m\,t}}{d_{v1} \cdot b_{e\,H}} \cdot \dfrac{u_v + 1}{u_v}} \cdot Z_H \cdot Z_E \cdot Z_\varepsilon \cdot Z_K \cdot \sqrt{K_A \cdot K_v \cdot K_{H\alpha} \cdot K_{H\beta}}} \geqq S_{H\,min}$$

Für Metalle wird Faktor Z_E vereinfacht zu

q169
$$Z_E = \sqrt{0{,}175 \cdot E} \quad \text{mit} \quad E = \frac{2E_1 \cdot E_2}{E_1 + E_2}$$

Daraus Überschlagsformel:

q170
$$d_{m1} \geqq \sqrt{\frac{2 \cdot T_1 \cdot \cos\delta_1}{\underbrace{b_{e\,H}}_{0,85\cdot b}} \cdot \frac{u_v + 1}{u_v} \cdot 0{,}175 \cdot E} \cdot \frac{\overbrace{Z_H}^{\text{s. q172}} \cdot \overbrace{Z_K}^{\approx 1} \cdot \overbrace{Z_\varepsilon \sqrt{K_{H\alpha}}}^{\approx 1} \sqrt{K_A \cdot K_v} \overbrace{\sqrt{K_{H\beta}}}^{\text{s. q171}} \cdot S_{H\,min}}{\underbrace{(Z_L \cdot Z_v \cdot Z_R)}_{\text{s. q144}} \cdot \underbrace{Z_X}_{\approx 1} \cdot \sigma_{H\,lim}}$$

q171 $K_{H\beta} = K_{F\beta} \approx 1{,}65$ bei beidseitiger Lagerung von Ritzel und Rad
$\approx 1{,}88$ bei einer fliegenden und einer beidseitigen Lagerung
$\approx 2{,}25$ bei fliegender Lagerung von Ritzel und Rad

q172 Z_H: siehe Diagramm für Z_H (Seite Q22), jedoch nur gültig für $(x_1 + x_2)/(z_1 + z_2) = 0$ mit $\beta = \beta_m$
$Z_H = 2{,}495$ bei $\alpha = 20°$ und Null- oder V-Null-Getrieben.

Alle anderen Angaben siehe q141 … q144.

Formelzeichen siehe Q29, Indizes siehe Q23

Geschwindigkeitspläne und Winkelgeschwindigkeiten

(bezogen auf den festen Raum, nicht z. B. auf den umlaufenden Steg)

q173

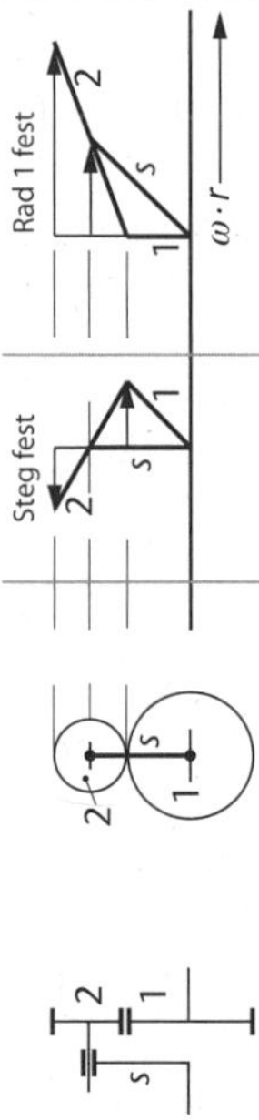

Steg fest: $\omega_2 = -\omega_1 \frac{r_1}{r_2}$

Rad 1 fest: $\omega_2 = \omega_s \left(1 + \frac{r_1}{r_2}\right)$

q174

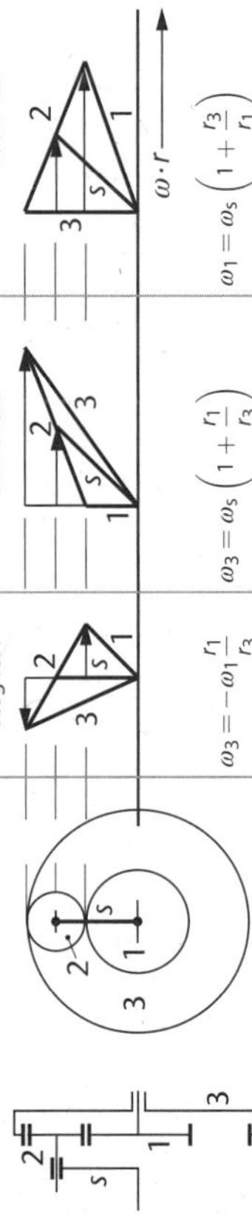

Steg fest: $\omega_3 = -\omega_1 \frac{r_1}{r_3}$

Rad 1 fest: $\omega_3 = \omega_s \left(1 + \frac{r_1}{r_3}\right)$

Rad 3 fest: $\omega_1 = \omega_s \left(1 + \frac{r_3}{r_1}\right)$

q175

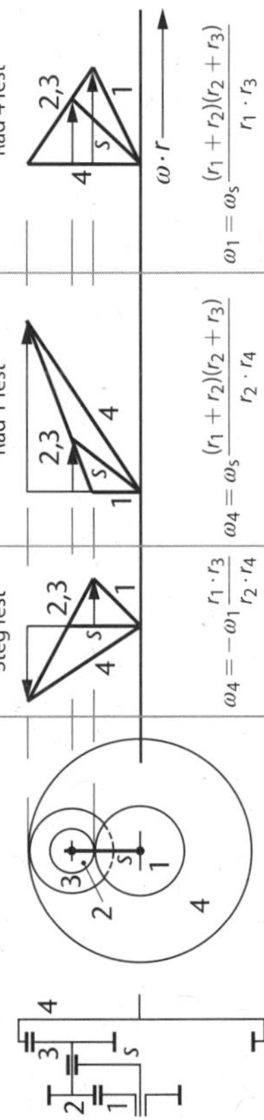

Steg fest: $\omega_4 = -\omega_1 \frac{r_1 \cdot r_3}{r_2 \cdot r_4}$

Rad 1 fest: $\omega_4 = \omega_s \frac{(r_1 + r_2)(r_2 + r_3)}{r_2 \cdot r_4}$

Rad 4 fest: $\omega_1 = \omega_s \frac{(r_1 + r_2)(r_2 + r_3)}{r_1 \cdot r_3}$

Schneckengetriebe, Geometrie

(Zylinderschneckengetriebe, Normmodul im Achsschnitt, DIN 3976, Achswinkel $\Sigma = 90^\circ$).

Treibende Schnecke:

Dargestellt sind nur die Kräfte, die im Eingriff auf die Schnecke wirken.

Im *Beispiel*:
$z_1 = 2$, rechtssteigend.

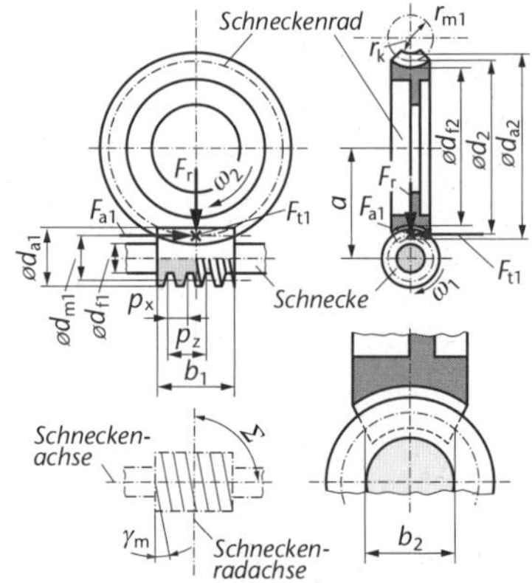

Zähnezahlverhältnis und Übersetzung nach q79 … q81

		Schnecke (1)	Schneckenrad (2)
q176	Modul	$m_x = m = m_t$	
q177	Teilung	$p_x = m \cdot \pi = p_2 = d_2\pi/z_2$	
q178	Mittenkreis-∅ [frei wählbar, Normwerte DIN 3976 bzw. Mittenkehlhalbmesser (2)]	$d_{m1} = 2 \cdot r_{m1}$	
q179	Formzahl	$q = d_{m1}/m$	
q180	Mittensteigungswinkel	$\tan \gamma_m = \frac{m \cdot z_1}{d_{m1}} = \frac{z_1}{q}$	
q181	Teilkreis-∅		$d_2 = m \cdot z_2$
q182	Kopfhöhe	$h_{a1} = m$	$h_{a2} = m(1 + x)$ [1]
q183	Fußhöhe	$h_{f1} = m(1 + c_1^*)$	$h_{f2} = m(1 - x + c_2^*)$
q184	Kopfspielfaktor	$c_1^* = (0{,}167 \ldots \underline{0{,}2} \ldots 0{,}3) = c_2^*$	
q185	Kopfkreis-∅	$d_{a1} = d_{m1} + 2h_{a1}$	$d_{a2} = d_2 + 2h_{a2}$
q186	Kopfkehlhalbmesser		$r_k = a - d_{a2}/2$
q187	Zahnbreite	$b_1 \geqq \sqrt{d_{a2}^2 - d_2^2}$	$b_2 \approx 0{,}9 \cdot d_{m1} - 2m$
q188	Fußkreis-∅	$d_{f1} = d_{m1} - 2h_{f1}$	$d_{f2} = d_2 - 2 \cdot h_{f2}$
q189	Achsabstand	$a = (d_{m1} + d_2)/2 + x \cdot m$	

[1] Profil-Verschiebungs-Faktor x zur Einhaltung eines bestimmten Achsabstandes, sonst $x = 0$.

Fortsetzung siehe Q28

Formelzeichen siehe Q29, Indizes siehe Q23

Fortsetzung von Q27

Schneckengetriebe, Auslegung

		Schnecke	Schneckenrad
q190	Umfangskraft	$F_{t1} = \frac{2 \cdot T_1}{d_{m1}} K_A \cdot K_v$	$F_{t2} = F_{a1}$
q191	Axialkraft	$F_{a1} = F_{t1} \cdot \frac{1}{\tan(\gamma + \varrho)}$	$F_{a2} = F_{t1}$
q192	Radialkraft	$F_{r1} = F_{t1} \cdot \frac{\cos \varrho \cdot \tan \alpha_n}{\sin(\gamma + \varrho)}$	$= F_r \quad = F_{r2}$
q193	Gleitgeschwindigkeit	$v_g = \frac{d_{m1}}{2} \cdot \frac{\omega_1}{\cos \gamma_m}$	

Wirkungsgrad der Verzahnung

	treibende Schnecke	treibendes Schneckenrad
q194	$\eta = \tan \gamma_m / \tan(\gamma_m + \varrho)$	$\eta' = \tan(\gamma_m - \varrho) / \tan \gamma_m$ $(\gamma_m < \varrho) \Rightarrow$ Selbsthemmung!

Reibungsbeiwerte (Anhaltswerte): $\mu = \tan \varrho$

	$v_g \approx 1$ m/s	$v_g \approx 10$ m/s
Schnecke gehärtet, Flanken geschliffen	0,04	0,02
Schnecke vergütet, gefräst oder gedreht	0,08	0,05

Berechnung auf Durchbiegung der Schneckenwelle siehe P12

Berechnung von Modul *m*

Zahnfuß- und Flankentragfähigkeit sowie Erwärmung werden in einer Überschlagsformel zusammengefasst:

q195 $F_{t2} = C \cdot b_2 \cdot p_2;$ hierbei ist $b_2 \approx 0{,}8 \cdot d_{m1}; \quad p_2 = m \cdot \pi$

q196 $m \approx \sqrt[3]{\frac{0{,}8 \cdot T_2}{C_{zul} \cdot q \cdot z_2}}$ $F_{t2} = 2 \cdot T_2 / d_2 = 2 \cdot T_2 / (m \cdot z_2)$

q197 $q \approx 10$ für $i = 10, 20, 40$

$q \approx 17$ für $i = 80$, selbsthemmend

Annahme für normale, nicht künstlich gekühlte Schneckengetriebe (Schnecke St, gehärtet, geschliffen; Schneckenrad aus Bronze):

v_g	$m\,s^{-1}$	1	2	5	10	15	20
C_{zul}	$N\,mm^{-2}$	8	8	5	3,5	2,4	2,2

Bei guter Kühlung kann bei allen Geschwindigkeiten eingesetzt werden:

q198 $$C_{zul} \geqq 8\ N\,mm^{-2}$$

Formelzeichen siehe Q21, Q29; Indizes siehe Q23

Erläuterung der Formelzeichen für Q18 ... Q28

(Erläuterung der Indizes siehe Q23)

a	Achsabstand (a_d: Null-Achsabstand)
b	Zahnbreite
b_{eF}/b_{eH}	effektive Zahnbreite (Zahnfuß/Flanke) bei Kegelrädern
h_{ao}	Kopfhöhe des Schneidwerkzeuges
h_{aP}	Kopfhöhe des Bezugsprofils (z. B. DIN 867)
h_{fP}	Fußhöhe des Bezugsprofils
k^*	Kopfhöhen-Änderungsfaktor
u	Zähnezahlverhältnis z_2/z_1
z	Zähnezahl (z_n Ersatz-Zähnezahl)
E; E_1; E_2	Elastizitätsmodul
F_t	Umfangskraft am Teilzylinder (Stirnschnitt)
K_A	Anwendungsfaktor („Stoßfaktor" für äußere Einflüsse)
K_v	Dynamikfaktor (berücksichtigt dynamische Zusatzkräfte aus Verzahnungsabweichungen und Zahnbiegeschwingungen)
$K_{F\alpha}/K_{F\beta}$	Stirn-/Breitenfaktor für Zahnfußbeanspruchung
$K_{H\alpha}/K_{H\beta}$	Stirn-/Breitenfaktor für Zahnflankenbeanspruchung
R_e/R_m	äußere/mittlere Teilkegellänge
T	Drehmoment
Y_{Fa}	Formfaktor für Kraftangriff am Zahnkopf
Y_{Fs}	Kopffaktor
Y_{Sa}	Spannungs-Korrekturfaktor für Kraftangriff am Zahnkopf
Y_{ST}	Spannungs-Korrekturfaktor (Index „T": für Standard-Bedingungen)
Y_{NT}	Lebensdauerfaktor (Index „T": für Standard-Bedingungen)
$Y_{R\,rel\,T}$	relativer Oberflächenfaktor (Index „T": für Standard-Bedingungen)
$Y_{\delta\,rel\,T}$	relative Stützziffer (Index „T": für Standard-Bedingungen)
$Y_K/Y_\beta/Y_\varepsilon$	Größen-/Schrägen-/Überdeckungsfaktor für Zahnfuß
$Z_E/Z_H/Z_L$	Elastizitäts-/Zonen-/Schmierstoffaktor
$Z_{NT}/Z_R/Z_v$	Lebensdauer-/Rauheits-/Geschwindigkeitsfaktor
Z_W	Werkstoffpaarungsfaktor
Z_K/Z_X	Kegelrad-/Größenfaktor für Flanke
Z_β/Z_ε	Schrägen-/Überdeckungsfaktor für Flanke
α_n	Normaleingriffswinkel
α_P	Profilwinkel des Bezugsprofils (DIN 867: $\alpha = 20^\circ$)
α_w	Betriebseingriffwinkel
β	Schrägungswinkel für Schrägungsverzahnung für Teilzylinder
β_b	Schrägungswinkel für Schrägverzahnung für Grundzylinder
ϱ	Gleitreibungswinkel ($\tan \varrho = \mu$)
ϱ_{aO}	Kopfkanten-Rundungshalbmesser am Werkzeug
$\sigma_{F\,lim}$	Dauerfestigkeitswert für Zahnfußspannung
$\sigma_{H\,lim}$	Dauerfestigkeitswert für Hertz'sche Pressung (Flankenpressung)

Tragfähigkeitsberechnung von Stirnrädern		DIN 3990
Begriffe und Bestimmungsgrößen für	Stirnräder und Stirnradpaare	DIN 3960
	Kegelräder und Kegelradpaare	DIN 3971
	Zylinderschneckengetriebe	DIN 3975

Allgemeines für Aufbau von Werkzeug-Maschinen

Bauteile im Wirkkreis von Werkzeug-Maschinen (Gestelle mit Füge- und Führungsflächen, Schlitten und Tische, Arbeitsspindeln mit Lagern) werden nach der zugelassenen Verformung und für extreme Dauergenauigkeiten ausgelegt. Zulässige Auslenkung an der Wirkstelle (Span-Entstehungsstelle) bis ca. 0,03 mm. Dauergenauigkeit erreichbar durch kleine Reibwerte, kleine Pressungen sowie einfaches Austauschen, Nacharbeiten und/oder Nachstellen. Auslenkung f von Spindeln siehe P13, Kräfte an der Wirkstelle siehe r4.

Schnittantriebe (Hauptantriebe) mit $v =$ konstant im gesamten Arbeitsbereich (maximaler und minimaler Werkstück- bzw. Werkzeug-Durchmesser) nur erreichbar mit geometrischer Abstufung der Abtriebsdrehzahlen:

r1 $$n_k = n_1 \varphi^{k-1}$$

Drehzahlen $n_1, \ldots, n_k$ werden DIN 804 entnommen mit

r2 $$\varphi = \sqrt[k-1]{\frac{n_k}{n_1}}$$

und Auswahl der Normreihe.

Genormte Stufensprünge φ: 1,12–1,25–1,4–1,6–2,0.

Drehzahl-Grundreihe R_{20} mit $\varphi = \sqrt[20]{10} = 1{,}12$:
… 100–112–125–140–160–180–200–224–250–280–315–355–400–450–500–560–630–710–800–900–1000– … 1/min.

Schnittgetriebe werden nach der Wellen- und Stufenzahl bezeichnet.

Beispiel: III/6-Getriebe besitzt 3 Wellen und 6 Abtriebs-Drehzahlen. Darstellung des Getriebes wie folgt (für $k = 6$; $\varphi = 1{,}4$; $n_1 = 180$; $n_k = 1000$):

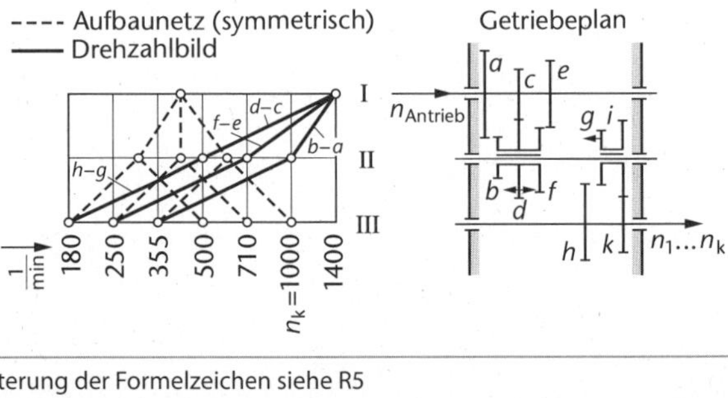

Erläuterung der Formelzeichen siehe R5

Fertigung

Abspantechnik

R2

Schnittleistung P_c

		Allgemein	Bohren
r3 Schnittleistung	$P_c =$	$\dfrac{F_c \cdot v}{\eta_{mech} \cdot \eta_{elektr}}$	$\dfrac{F_c(D+d)\pi \cdot n}{2 \cdot \eta_{mech} \cdot \eta_{elektr}}$
r4 Schnittkraft	$F_c =$	$K \cdot k_{c1.1} \cdot b \left(\dfrac{h}{mm}\right)^{1-mc} mm \cdot z_e$	

Tabelle für die Werte K, b, h, z_e ($k_{c1.1}$; $1 - mc$ siehe Z17)

	Verfahren	Skizze	$K =$	$b =$	$h =$	$z_e =$	Hinweise
r5	Drehen außen längs	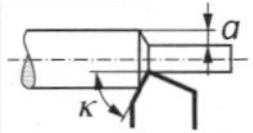	1 HM + HSS				
r6	innen	analog r5	1,2	$\dfrac{a}{\sin \varkappa}$	$s \cdot \sin \varkappa$	1	
r7	Hobeln und Stoßen	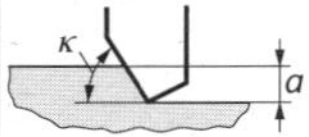	1,1 HM 1,2 HSS				
r8	Bohren ins Volle und Aufbohren	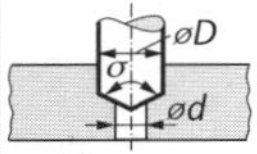	0,85 HM 1 HSS	$\dfrac{D-d}{2 \sin \dfrac{\sigma}{2}}$	$s_z \cdot \sin \dfrac{\sigma}{2}$ $s_z = 0{,}5s$	2 bei Spiralbohrer	$d = 0$ bei Vollbohren $\sigma = 118°$ bei Stahl
r9	Walzenfräsen (Gleich- und Gegenlauf)	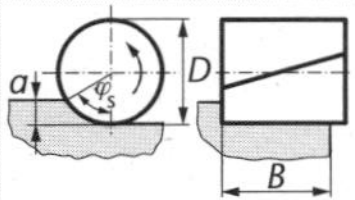	1,1 HM 1,2 HSS	B	$\dfrac{2a}{D\varphi_s} s_z$	$\dfrac{\varphi_s z_s}{360°}$	$\cos \varphi_s = 1 - 2\dfrac{a}{D}$
r10	Stirnfräsen (Gleich- und Gegenlauf)	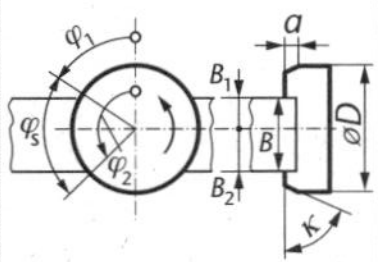		$\dfrac{a}{\sin \varkappa}$	$(\cos \varphi_1 - \cos \varphi_2) \cdot \dfrac{1}{\varphi_s} s_z \cdot \sin \varkappa$		$\varphi_s = \varphi_2 - \varphi_1$ $\cos \varphi_1 = \dfrac{2B_1}{D}$ $\cos \varphi_2 = \dfrac{2B_2}{D}$ φ_1 und φ_2 in Drehrichtung rechnen

Erläuterung der Formelzeichen siehe R5

	Verfahren	Skizze	$K=$	$b=$	$h=$	$z_e=$	Hinweise
r11	Umfang-schleifen, flach	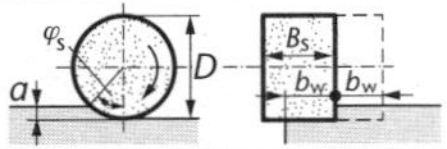	Tab. 1		$\frac{l_K \cdot u}{v}\sqrt{\frac{a}{D}}$	$\frac{D\varphi_s}{2l_k}$	$\cos\varphi_s = 1 - 2a/D$
r12	Rund-schleifen, außen innen	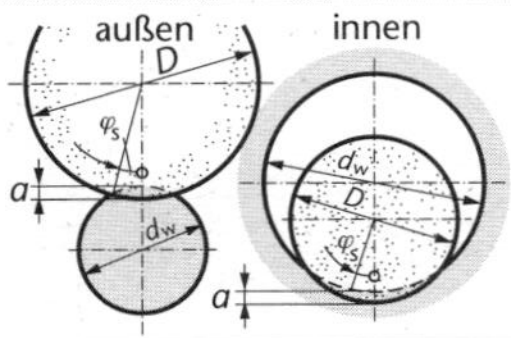		b_w	$\frac{l_K \cdot u}{v}\sqrt{a\left(\frac{1}{D} \pm \frac{1}{d_w}\right)}$ + außen − innen		$\varphi_s = \sqrt{\frac{4a}{D(1 \pm D/d_w)}}$ + außen − innen
r13	Einstechen rund						
r14	Stirn-schleifen	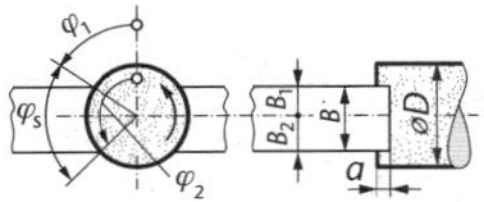		a	$(\cos\varphi_1 - \cos\varphi_2) \cdot \frac{1}{\varphi_s} \cdot \frac{l_K \cdot u}{v}$		Winkel φ_s wie bei r10

Tabelle 1

	h in mm	0,001	0,002	0,003	0,004
		Korrekturfaktor K			
Körnung	40	5,1	4,3	4,0	3,6
	60	4,5	3,9	3,5	3,2
	80	4,0	3,6	3,2	3,0
	120	3,4	3,0	2,8	2,5
	150	3,2	2,8	2,6	2,3
	180	3,0	2,6	2,4	2,2

Tabelle 2

		Schruppen			Schlichten			
	a in mm	0,01	0,02	0,03	0,003	0,004	0,005	0,006
		wirksamer Kornabstand l_K						
Körnung	40	24	14	9	—	—	—	—
	60	32	23	15	39	38	37	36
	80	40	31	24	47	46	45	44
	120	53	44	37	60	59	58	57
	150	56	48	40	64	63	62	61
	180	58	50	42	66	65	64	63

Erläuterung der Formelzeichen siehe R5

Vorschub-Antriebe

Vorschübe in mm geometrisch gestuft nach DIN 803 mit Stufensprung $\varphi = 1{,}12–1{,}25–1{,}4–1{,}6–2{,}0$.

Vorschub-Geschwindigkeit

	Verfahren	Vorschub-geschwindigkeit	Hinweise
r15	Drehen längs (außen und innen)	$u = n \cdot s$	
r16	Bohren	$u = n \cdot s_z \cdot z_s$	Bei Spiralbohrern ist $z_e = z_s = 2$ $s_z = 0{,}5s$
r17	Hobeln, Stoßen	$u = v$	
r18	Fräsen, Walzen und Stirnen	$u = n \cdot s_z \cdot z_s$	

Schnittzeit t_s

r19 $$t_s = \frac{l_1}{u}; \qquad \text{dabei ist} \quad l_1 = l + l'$$

Zur Berechnung von Zyklus- und Arbeits-Zeiten je Werkstück müssen Vorschub- und Zustellwege sowie Verfahrwege ohne Schnitt, geteilt durch die entsprechenden Geschwindigkeiten, berücksichtigt werden.

Vorschubleistung P_V

r20 Vorschubleistung $$P_V = \frac{u(F_R + F_V)}{\eta_{mech} \cdot \eta_{elektr}}$$

r21 Vorschubkraft $F_V = 0{,}2F_c$ (F_c nach r4)

r22 Reibungskraft $F_R = m_b \cdot g \cdot \mu$

mit m_b als bewegte Masse, z. B. bei Fräsmaschinen zusammengesetzt aus Tisch- und Werkstückmasse.

Zu prüfen ist, ob die nach r20 errechnete Vorschubleistung ausreicht zum Beschleunigen der bewegten Bauteile in einer vorgegebenen Zeit t_b auf Eilgeschwindigkeit u_E (bei Produktionsmaschinen $u_E \approx 0{,}2$ m/s).

Sonst gilt

r23 $$P_V = u_E \cdot m_b \left(\mu \cdot g + \frac{u_E}{t_b} \right) \frac{1}{\eta_{mech} \cdot \eta_{elektr}}$$

Erläuterung der Formelzeichen siehe R5

Erläuterung der Formelzeichen

zu den Seiten R1 … R4

a	Zustellung
b	Spanbreite
b_W	wirksame Breite Schruppschleifen $b_W = B_S/1{,}4$ Schlichtschleifen $b_W = B_S/3$
d	Durchmesser der Vorbohrung
d_W	Werkstück-Außen- bzw. Innen-Durchmesser
g	Fallbeschleunigung
h	Spandicke
k	Anzahl der Abtriebs-Drehzahlen
$k_{c1.1}$	flächenbezogene Grund-Schnittkraft
l	Schnittweg
l_1	Arbeitsweg
l'	Vor- oder Überlaufweg mit Vorschubkraftgeschwindigkeit u
l_K	wirksamer Kornabstand nach Tabelle 2
m_b	bewegte Masse
n	Drehzahl
n_1	kleinste Abtriebsdrehzahl
n_k	größte Abtriebsdrehzahl
s	Vorschub
s_Z	Vorschub je Schneide
t_b	Beschleunigungszeit
t_s	Schnittzeit
u	Vorschubgeschwindigkeit
u_E	Eilgangs-Geschwindigkeit
v	Schnitt-Geschwindigkeit
z_e	Anzahl der Schneiden im Eingriff
z_s	Anzahl der Schneiden am Werkzeug
B	Fräsbreite, Schleifbreite
B_1, B_2	Fräsbreite oder Schleifbreite vom Mittelpunkt des Werkzeuges gemessen
B_s	Schleifscheibenbreite
D	Werkzeug-Durchmesser
F_R	Reibungskraft
F_c	Schnittkraft
F_V	Vorschubkraft
K	Verfahrensfaktor
M_c	Schnittmoment
P_c	Schnittleistung
P_V	Vorschubleistung
ε_s	Schlankheitsgrad ($\varepsilon_s = a/s$)
η_{elektr}	elektrischer Wirkungsgrad
η_{mech}	mechanischer Wirkungsgrad
$\varkappa$	Einstellwinkel
μ	Reibungswert, siehe Z7
σ	Spitzenwinkel am Bohrer
φ	Stufensprung
φ_s	Eingriffswinkel beim Fräsen bzw. Schleifen
HM	Hartmetall-Schleifen
HSS	Hochleistungsstahl-Schneide

Blechumformen (kalt)

Tiefziehen

Ausgangsronden-Durchmesser *D*

r24 $D=\sqrt{\frac{4}{\pi}\cdot\sum A_{mi}}$

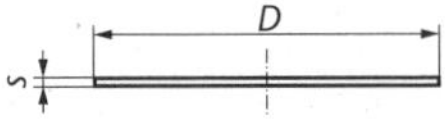

A_{mi} sind die berechenbaren Mantelflächenteile des fertigen Werkstücks. Dazu dienen die Formeln b30, c12, c16, c21, c25, c27 und c30. Die Mantelflächenteile an den Übergangsradien für Ziehring und Stempel werden wie folgt ermittelt:

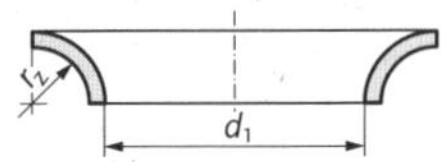

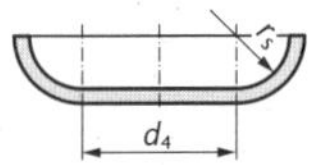

r25 $A_m=\frac{\pi}{4}\left[2\pi d_1 r_z+4(\pi-2){r_z}^2\right]$ | $A_m=\frac{\pi}{4}(2\pi d_4+8r_s)r_s+\frac{\pi}{4}{d_4}^2$

Beispiel (Annahme $r_s=r_z=r$):

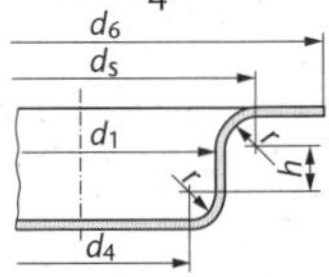

r26 $D=\sqrt{d_4^2+d_6^2-d_5^2+4d_1h+2\pi r(d_1+d_4)+4\pi r^2}$

1. und 2. Zug

	1. Zug	2. Zug
	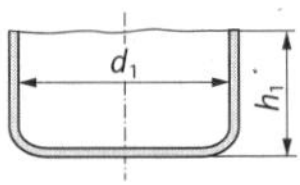	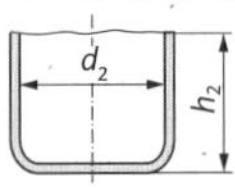
r27	$\beta_1=\frac{D}{d_1}$	$\beta_2=\frac{d_1}{d_2}$
r28	$\beta_{1\,max}=\beta_{100}+0{,}1-\left(\frac{d_1}{s}\cdot 0{,}001\right)$	$\beta_{2\,max}=\beta_{100}+0{,}1-\left(\frac{d_2}{s}\cdot 0{,}001\right)$
r29	$F_{z1}=\pi d_1 s\,k_{fm1}\varphi_1\frac{1}{\eta_{F1}}$	$F_{z2}=\frac{F_{z1}}{2}+\pi d_2 s\,k_{fm2}\varphi_2\frac{1}{\eta_{F2}}$
r30	$\varphi_1=\left\lvert\ln\sqrt{0{,}6{\beta_1}^2-0{,}4}\right\rvert$	$\varphi_2=\left\lvert\ln\sqrt{0{,}6{\beta_2}^2-0{,}4}\right\rvert$
r31		ohne Zwischenglühen $k_{fm2}=(k_{f1}+k_{f2})/2$
r32	$k_{fm1}=\frac{w}{\varphi_1}$	mit Zwischenglühen
r33		$k_{fm2}=w/\varphi_2$

Fortsetzung siehe R7

Fortsetzung von R6

Die volumenbezogene Arbeit w und die Formänderungsfestigkeit k_f werden für das jeweilige logarithmische Formänderungsverhältnis φ aus den Fließkurven entnommen (siehe hierzu Z20).

Niederhaltekräfte F_{N1} und F_{N2}

	1. Zug	2. Zug
r34	$F_{N1} = (D^2 - d_1^2)\frac{\pi}{4}\frac{R_m}{400}\left[(\beta_1 - 1)^2 + \frac{d_1}{s}\right]$	$F_{N2} = (d_1^2 - d_2^2)\frac{\pi}{4}\frac{R_m}{400}\left[(\beta_2 - 1)^2 + \frac{d_2}{s}\right]$
	Bodenreißer, wenn	
r35	$R_m \leqq \frac{F_{z1} + 0{,}1 F_{N1}}{\pi d_1 s}$	$R_m \leqq \frac{F_{z2} + 0{,}1 F_{N2}}{\pi d_2 s}$

r36 **Grenzziehverhältnisse β und R_m-Werte**

Werkstoff	β_{100}	ohne Zwischenglühen $\beta_{2\,max}$	mit Zwischenglühen $\beta_{2\,max}$	R_m N/mm²
DC01	1,7	1,2	1,5	390
DC02	1,8	1,2	1,6	360
DC03	1,9	1,25	1,65	350
DC04	2,0	1,3	1,7	340
S235JR	1,7	—	—	410
X 15 Cr Ni 18 9	2,0	1,2	1,8	600
Al Mg Si weich	2,05	1,4	1,9	150

Formelzeichen zu R6 und R7

A_{mi}	Mantelfläche bzw. Oberfläche
F_{z1}, F_{z2}	Ziehkraft im 1. bzw. 2. Zug
k_{fm1}	mittlere Formänderungsfestigkeit 1. Zug
k_{fm2}	mittlere Formänderungsfestigkeit 2. Zug
k_{f1}, k_{f2}	Formänderungsfestigkeit bei φ_1 bzw. φ_2
r	Radius
r_s	Stempelradius
r_z	Radius am Ziehring
w	volumenbezogene Arbeit $= \frac{\text{Umformarbeit}}{\text{umgeformtes Volumen}}$
β_1, β_2	Ziehverhältnis 1. bzw. 2. Zug
β_{100}	Grenzziehverhältnis für $s = 1$ mm und $d = 100$ mm
$\beta_{1\,max}, \beta_{2\,max}$	Grenzziehverhältnis 1. bzw. 2. Zug
η_{F1}, η_{F2}	Formänderungs-Wirkungsgrad 1. bzw. 2. Zug
φ_1, φ_2	logarithmisches Formänderungsverhältnis 1. bzw. 2. Zug

Fließpressen

r37	Umformkraft	$F = A \cdot k_{fm} \cdot \varphi_A \cdot 1/\eta_F$
r38	Umformarbeit	$w = V \cdot k_{fm} \cdot \varphi_A \cdot 1/\eta_F$
r39	mittlere Formänderungs-Festigkeit	$k_{fm} = w/\varphi_A$

	Vorwärts-Fließpressen Vollkörper	Vorwärts-Fließpressen Hohlkörper	Rückwärts-Fließpressen
	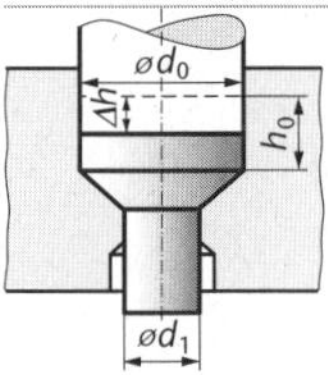	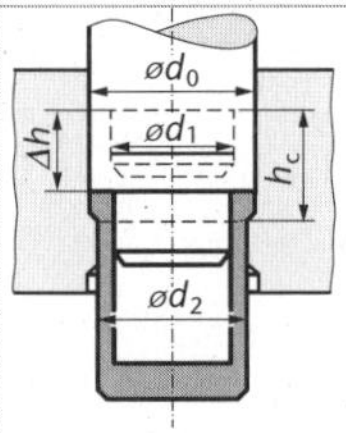	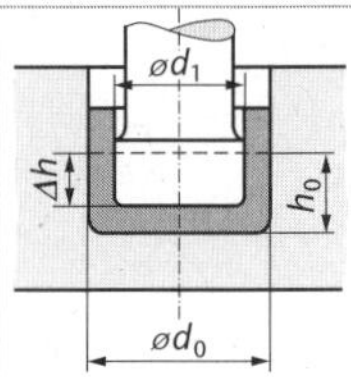
r40	$A = \frac{\pi}{4} {d_0}^2$	$A = \frac{\pi}{4}({d_0}^2 - {d_1}^2)$	$A = \frac{\pi}{4} {d_0}^2$
r41	$\varphi_A = \ln \frac{{d_0}^2}{{d_1}^2}$	$\varphi_A = \ln \frac{{d_0}^2 - {d_1}^2}{{d_2}^2 - {d_1}^2}$	$\varphi_A = \ln \frac{d_0^2}{d_0^2 - d_1^2}$
r42	$V = \frac{\pi}{4} h_0 \cdot {d_0}^2$	$V = \frac{\pi}{4} h_0({d_0}^2 - {d_1}^2)$	$V = \frac{\pi}{4} {d_0}^2 h_0$
r43	$\eta_F = 0{,}7 \ldots 0{,}8$	$\eta_F = 0{,}6 \ldots 0{,}7$	$\eta_F = 0{,}5 \ldots 0{,}6$

Maximales logarithmisches Formänderungsverhältnis $\varphi_{A\,max}$ ohne Zwischenglühen

Verfahren	Werkstoff Al 99,5	Al Mg Si weich	Stahl C < 0,1 %	C < 0,15 %	C > 0,15 %	nieder-legiert	legiert
vorwärts	3,9	3,0	1,4	1,2	0,9	0,8	0,7
rückwärts	4,5	4,0	1,2	1,1	1,1	0,95	0,8

Schneiden

(siehe hierzu P18, p93)

- A beaufschlagte Fläche
- φ_A logarithmisches Formänderungs-Verhältnis
- η_F Formänderungs-Wirkungsgrad
- V umgeformtes Volumen
- w volumenbezogene Umformarbeit lt. Fließkurven Z20
- Δh Pressweg

Die wichtigsten elektrischen Größen und ihre Einheiten sowie einführende Gesetze

Vorbemerkung zur Groß- und Kleinschreibung von Formelzeichen

s1 In der Elektrotechnik werden vorwiegend für zeitlich konstante Größen Großbuchstaben und für zeitlich veränderliche Größen die dazugehörigen Kleinbuchstaben oder Großbuchstaben mit „(t)" verwendet.

Beispiele: Formeln s8, s9, s13

Ausnahmen: $f, \omega, \hat{i}, \hat{u}, p_{Fe10}$

Elektrische Leistung P

Die elektrische Leistung P ist gleich der mechanischen Leistung P wie auf M1 erläutert. Bei der Leistungsumwandlung treten jedoch Verluste auf.

Einheiten: W (Watt); kW; MW (s. a. A3, A5)

$$1\,\text{W} = 1\,\frac{\text{J}}{\text{s}} = 1\,\frac{\text{N m}}{\text{s}}$$

Mit den auf S1 und S2 erläuterten Größen gilt

$$p = iu = \frac{u^2}{R} = i^2 R$$

Sind i und u konstant oder stationär (harmonische Schwingung konstanter Frequenz), ergibt sich:

s2 $$P = \frac{U^2}{R} = I^2 R$$

Elektrische Arbeit W

Die elektrische Arbeit W ist gleich der mechanischen Arbeit W, wie auf M1 erläutert. Bei der Energieumwandlung treten jedoch Verluste auf.

Einheiten: W s (Wattsekunde); kW h; MW h (s. a. A3, A5)

$$1\,\text{W s} = 1\,\text{Joule} = 1\,\text{J} = 1\,\text{N m}$$

Mit den auf S1 und S2 erläuterten Größen gilt ferner

$$w = \int_{\tau=0}^{\tau=t} p\,\text{d}\tau = \int_{\tau=0}^{\tau=t} ui\,\text{d}\tau$$

Sind i und u konstant oder stationär, ergibt sich:

s3 $$W = I\,U\,t = \frac{U^2}{R}\,t = I^2 R\,t$$

Frequenz f siehe L1

Periodendauer T siehe L1; $T = 1/f$

Kreisfrequenz ω**; Winkelgeschwindigkeit** ω siehe L1

Fortsetzung siehe S2

Elektrotechnik

Allgemeine Begriffe

S2

Fortsetzung von S1

Elektrische Stromstärke I

Ist Basisgröße, siehe Erläuterungen

Einheiten: A (Ampere); mA; kA

Die Stromstärke 1 A ist über die Anziehungskraft festgelegt, die 2 stromdurchflossene, parallel zueinander verlaufende Leiter aufeinander ausüben.

Elektrische Stromdichte J

s4 $$J = I/A$$

Dies gilt nur, soweit der Strom I innerhalb des Querschnittes A homogen verteilt ist.

Einheiten: $\mathrm{A/m^2}$; $\mathrm{A/mm^2}$

Elektrische Spannung U

s5 $$U = P/I$$

Einheiten: V (Volt); mV; kV

1 V ist gleich der Spannung zwischen 2 Punkten eines elektrischen Leiters, zwischen denen bei einem zeitlich konstanten Strom von 1 A die Leistung 1 W umgesetzt wird.

$$1\,\mathrm{V} = 1\,\frac{\mathrm{W}}{\mathrm{A}} = 1\,\frac{\mathrm{J}}{\mathrm{s\,A}} = 1\,\mathrm{A\,\Omega} = 1\,\frac{\mathrm{N\,m}}{\mathrm{s\,A}}$$

Elektrischer Widerstand R

s6 $$R = U/I \qquad \text{(Ohmsches Gesetz)}$$

Einheiten: Ω (Ohm); kΩ; MΩ

1 Ω ist der elektrische Widerstand eines Leiters, durch den bei der Spannung 1 V ein Strom von 1 A fließt.

$$1\,\Omega = \frac{1\,\mathrm{V}}{1\,\mathrm{A}} = 1\,\frac{\mathrm{W}}{\mathrm{A^2}} = 1\,\frac{\mathrm{J}}{\mathrm{s\,A^2}} = 1\,\frac{\mathrm{N\,m}}{\mathrm{s\,A^2}}$$

Elektrischer Leitwert G

s7 $$G = 1/R$$

Der elektrische Leitwert G ist der Kehrwert des Widerstandes R.

Einheiten: S (Siemens); µS; mS; kS

$$1\,\mathrm{S} = 1/\mathrm{Q}$$

Elektrizitätsmenge, Elektrische Ladung Q

s8 $$q = \int i \cdot \mathrm{d}t \quad \text{(Zählpfeile entsprechend s22)}$$

Bei zeitlich konstanter Stromstärke I gilt

s9 $$Q = I \cdot t$$

Q ist auch proportional der Zahl der Elektronen, die ein Körper mehr als in seinem elektrisch ungeladenen Zustand besitzt.

Einheiten: C (Coulomb); pC; nC; µC; kC; Ah

$1\,\mathrm{C} = 1\,\mathrm{A\,s}$; $(1\,\mathrm{A\,h} = 3{,}6\,\mathrm{kC})$

Fortsetzung siehe S3

Fortsetzung von S2

Elektrische Kapazität C

Die elektrische Kapazität C eines Kondensators ist das Verhältnis der Elektrizitätsmenge Q zur Spannung U:

s10 $$C = \frac{Q}{U}$$

Einheiten: F (Farad); µF; nF; pF

1 F ist gleich der Kapazität eines Kondensators, der durch die Elektrizitätsmenge 1 C auf die Spannung 1 V aufgeladen wird.

$$1\,\mathrm{F} = 1\,\frac{\mathrm{C}}{\mathrm{V}} = 1\,\frac{\mathrm{A\,s}}{\mathrm{V}} = 1\,\frac{\mathrm{A^2\,s}}{\mathrm{W}} = 1\,\frac{\mathrm{A^2\,s^2}}{\mathrm{J}} = 1\,\frac{\mathrm{A^2\,s^2}}{\mathrm{N\,m}}$$

Magnetischer Fluss Φ

s11 $$\Phi(t) = \frac{1}{N}\int u_\mathrm{q}\,\mathrm{d}t \qquad \text{(siehe s1)}$$

Dabei ist N die Windungszahl einer Spule und u_q die Spannung der Selbstinduktion, die entsteht, wenn sich der von der Spule umfasste Fluss $\Phi(t)$ zeitlich ändert.

Zählpfeile entsprechend s22

Einheiten: Wb (Weber) = V s = 10^8 M (Maxwell)

1 Wb ist gleich dem magnetischen Fluss, bei dessen gleichmäßiger Abnahme während der Zeit 1 s auf null in einer ihn umschlingenden Windung die Spannung 1 V induziert wird.

Magnetische Flussdichte, Induktion B

Für die magnetische Flussdichte B innerhalb des Querschnitts A gilt:

s12 $$B = \frac{\Phi}{A}$$

Dabei ist A diejenige Querschnittsfläche, die vom homogenen magnetischen Fluss Φ senkrecht durchsetzt wird.

Einheiten: T (Tesla); µT; nT; V s/m^2; G (Gauß)

$$1\,\mathrm{T} = 1\,\frac{\mathrm{V\,s}}{\mathrm{m^2}} = 10^{-4}\,\frac{\mathrm{V\,s}}{\mathrm{cm^2}}\left[= 10^4\,\mathrm{G} = 10^4\,\frac{\mathrm{M}}{\mathrm{cm^2}}\right]$$

1 T ist gleich der Flächendichte des homogenen magnetischen Flusses 1 Wb, der die Fläche 1 m^2 senkrecht durchsetzt.

Fortsetzung siehe S4

Fortsetzung von S3

Induktivität L

s13 $$L = N\frac{\Phi}{I} = N\frac{\Phi(t)}{i}$$ (siehe s1)

Dabei ist I der durch eine Spule mit der Windungszahl N fließende Strom und Φ der von dieser Spule umfasste magnetische Fluss.

Einheiten: H (Henry); mH

1 H ist gleich der Induktivität einer geschlossenen Windung, die, von einem elektrischen Strom der Stärke 1 A durchflossen, im Vakuum den magnetischen Fluss 1 Wb umschlingt.

$$1\,\mathrm{H} = 1\,\frac{\mathrm{Wb}}{\mathrm{A}} = 1\,\frac{\mathrm{V\,s}}{\mathrm{A}}\,.$$

Magnetische Feldstärke H

s14 $$H = \frac{B}{\mu_0 \mu_r}$$

Einheiten: A/m; A/cm; A/mm

Elektrische Durchflutung Θ

s15 $$\Theta = NI$$

Einheiten: A; kA; mA

Magnetische Spannung V_i im i-ten Abschnitt eines magnetischen Kreises:

s16 $$V_i = H_i \cdot l_i$$

Dabei ist l_i die Weglänge des magnetischen Flusses im i-ten Abschnitt.

s17 $$\sum_{i=1}^{n} V_i = \Theta$$ (Durchflutungsgesetz)

Magnetischer Widerstand R_m eines homogenen magnetischen Kreises:

s18 $$R_m = \frac{\Theta}{\Phi}$$ (Ohmsches Gesetz des magnetischen Kreises)

Einheiten: 1/H = A/(V s)

Magnetischer Leitwert Λ eines homogenen magnetischen Kreises:

s19 $$\Lambda = \frac{1}{R_m} = \frac{\Phi}{\Theta}$$

Einheiten: H = V s/A

Formelzeichen nach S18

Grundgesetze des elektrischen Stromkreises

Regeln für Zählpfeile

s20 Richtung des elektrischen Stromes und der
s21 Zählpfeile positiver Ströme im

Erzeuger:	$- \longrightarrow +$
Verbraucher:	$+ \longrightarrow -$

s22 Richtung der elektrischen Spannung und der Zählpfeile positiver Spannungen stets: $+ \longrightarrow -$

Richtung der Strom- bzw. Spannungs-Zählpfeile

	Erzeuger- oder Verbraucher-Eigenschaft des Bauteils sowie Polarität	Strom- und Spannungs-Zählpfeile	ergibt Rechnung positive	negative
			Werte, dann ist Strom- bzw. Spannungsrichtung der Zählpfeilrichtung	
s23	bekannt	festlegen wie oben	—	—
s24	unbekannt	annehmen	gleich	entgegengesetzt

Zusätzliche Empfehlung:

Bei Spannungsfällen an Widerständen Zählpfeilrichtung für Strom und Spannungsfall gleich annehmen. Dann Vorzeichen von Strom und Spannung wegen $R > 0$ stets gleich.

Ohmsches Gesetz

Strom in einem Widerstand:

s25 $$I = \frac{U}{R}$$ (siehe auch s6)

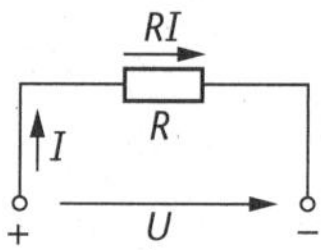

Leiterwiderstand R

s26 $$R = \frac{\varrho \cdot l}{A} = \frac{l}{\gamma \cdot A}$$

Leiterwiderstand R bei Celsius-Temperatur ϑ

s27 $$R = R_{20}\left[1 + \alpha(\vartheta - 20\,°\mathrm{C})\right]$$

Elektrische Erwärmung von Massen m

s28 $$U \cdot I \cdot t \cdot \eta = c \cdot m \cdot \Delta\vartheta$$

α	Temperatur-Koeffizient (s. Z21)	η	Wirkungsgrad
γ	elektrische Leitfähigkeit (s. Z21)	$\Delta\vartheta$	Temperaturänderung
ϱ	spezifischer elektrischer Widerstand (s. Z21)	t	Zeit
c	spezifische Wärmekapazität (s. o9 und Z1)	R_{20}	Widerstand bei $\vartheta = 20\,°\mathrm{C}$

Fortsetzung siehe S6

Fortsetzung von S5

1. Kirchhoffsches Gesetz (Knotenregel)

An einem Stromknoten ist die algebraische Summe aller Ströme null.

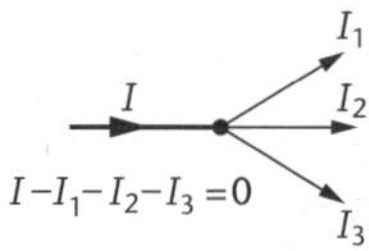

s29 $$\sum I = 0$$

Dabei sind | zufließende Ströme positiv / abfließende Ströme negativ | einzusetzen.

Stromverhältnis

In einer Parallelschaltung von Widerständen verhalten sich der Gesamtstrom und die einzelnen Teilströme umgekehrt wie der Gesamtwiderstand R und die zu den Teilströmen gehörenden Widerstände.

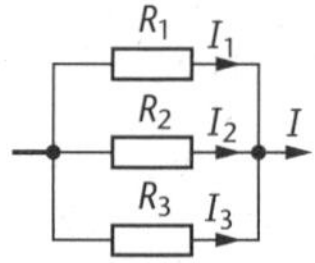

s30 $$I : I_1 : I_2 : I_3 = \frac{1}{R} : \frac{1}{R_1} : \frac{1}{R_2} : \frac{1}{R_3}$$

Stromteilerregel

Teilströme bei 2 parallelen Widerständen:

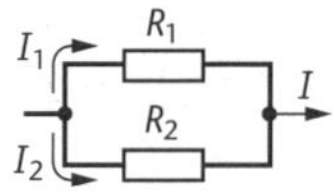

s31 $$I_1 = I\frac{G_1}{G_1 + G_2} = I\frac{R_2}{R_1 + R_2}$$

2. Kirchhoffsches Gesetz (Maschenregel)

In einer geschlossenen Stromkreismasche ist die algebraische Summe aller Spannungen null.

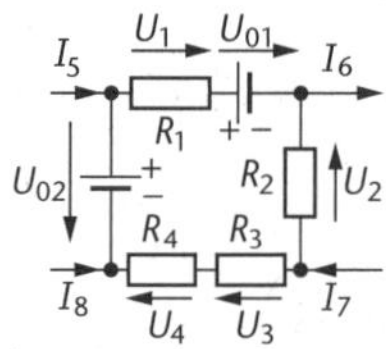

$U_{01} - U_2 + U_3 + U_4 - U_{02} = 0$

s32 $$\sum U = 0$$

Dabei sind in Zählpfeilrichtung durchlaufene Spannungen positiv, gegen die Zählpfeilrichtung durchlaufene negativ einzusetzen.

Spannungsverhältnis

In einer Reihenschaltung von Widerständen verhalten sich die Teilspannungen wie die zugehörigen Widerstände.

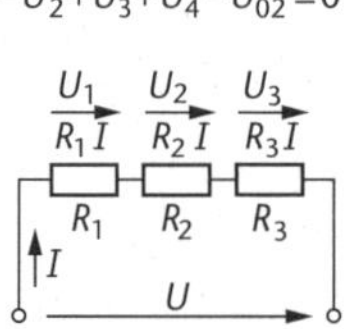

s33 $$U_1 : U_2 : U_3 = R_1 : R_2 : R_3$$

Spannungsteilerregel

Teilspannungen bei 2 Widerständen:

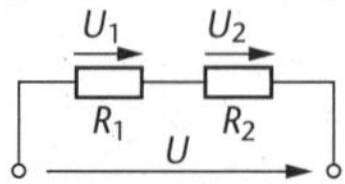

s34 $$U_1 = U\frac{G_2}{G_1 + G_2} = U\frac{R_1}{R_1 + R_2}$$

Elektrotechnik

Kombination von Widerständen

S7

Reihen-(Serien-)Schaltung

Gesamtwiderstand R_S (entspricht s26)

Allgemein

s35 $R_S = R_1 + R_2 + R_3 + \dots$

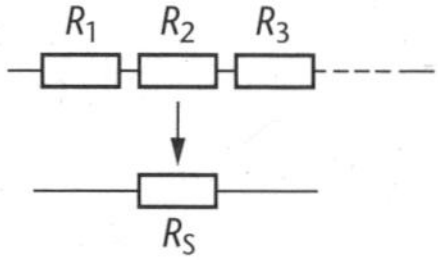

Bei n gleichen Widerständen R gilt

s36 $R_S = nR$

Parallelschaltung

Gesamtwiderstand R_P (entspricht s30)

Allgemein

s37 $\frac{1}{R_P} = \frac{1}{R_1} + \frac{1}{R_2} + \frac{1}{R_3} + \dots$

s38 $G_P = G_1 + G_2 + G_3 + \dots$

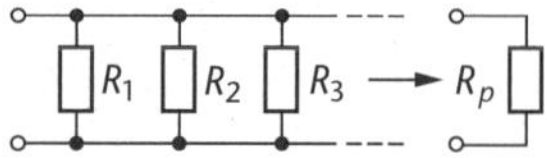

	Bei 2 verschiedenen Widerständen	Bei 3 verschiedenen Widerständen	Bei n gleichen Widerständen R
s39	$R_P = \frac{R_1 R_2}{R_1 + R_2}$	$R_P = \frac{R_1 R_2 R_3}{R_1 R_2 + R_2 R_3 + R_1 R_3}$	$R_P = \frac{R}{n}$
s40	$= \frac{1}{G_1 + G_2}$	$= \frac{1}{G_1 + G_2 + G_3}$	$= \frac{1}{nG}$

Gruppenschaltung

Eine Gruppenschaltung aus bekannten Widerständen wird von innen nach außen in Parallel- und Reihenschaltungen zerlegt. Diese werden einzeln umgeformt und wieder zusammengefasst, z. B.:

s41 $I = \frac{R_2 + R_3}{R_1 R_2 + R_1 R_3 + R_2 R_3} U = \frac{G_1(G_2 + G_3)}{G_1 + G_2 + G_3} U$

s42 $I_3 = \frac{R_2}{R_1 R_2 + R_1 R_3 + R_2 R_3} U = \frac{G_1 G_3}{G_1 + G_2 + G_3} U$

s43 $U_2 = \frac{R_2 R_3}{R_1 R_2 + R_1 R_3 + R_2 R_3} U = \frac{G_1}{G_1 + G_2 + G_3} U$

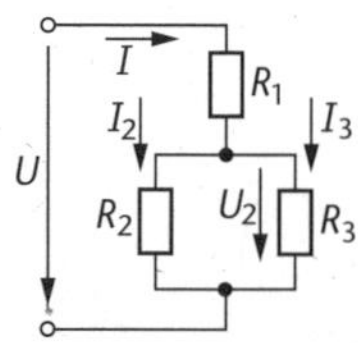

Verfahren zur Berechnung linearer Netzwerke

Allgemeines: In Netzwerken lassen sich Spannungen und Ströme – unter Anwendung spezieller Verfahren – schneller ermitteln als nach den Maschen- und Knotenregeln, z. B.:

Anwendung des Überlagerungssatzes: In einem vermaschten Netzwerk lässt man alle Ursachen (eingeprägte Spannungen[1)] und Ströme[2)]) nacheinander wirksam werden und berechnet jeweils nur die von einer Ursache ausgehende Teilwirkung. Dazu für jede zu berechnende Ursache

- alle übrigen Spannungsquellen kurzschließen und
- alle übrigen Stromquellen zu null setzen.

Die Summe aller Teilwirkungen führt zum gesuchten Endergebnis.
Allgemeiner Ansatz zur Berechnung von U_x in beliebigem Netzwerk mit Ursachen U_0 bis U_ν und I_0 bis I_μ:

s44 $$U_x = a_0 \cdot U_0 + a_1 \cdot U_1 + \ldots + a_\nu \cdot U_\nu + b_0 \cdot I_0 + b_1 \cdot I_1 + \ldots + b_\mu \cdot I_\mu$$

s45 $$= U_{xa0} + U_{xa1} + \ldots + U_{xa\nu} + U_{xb0} + U_{xb1} + \ldots + U_{xb\mu}$$

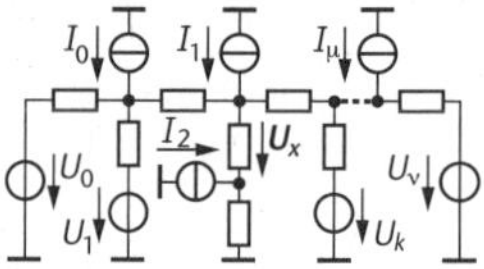

Ermittlung der Teilergebnisse:

s46 $U_x = U_{xaq}$ wenn $U_0 \ldots U_\nu = 0$, wobei $U_q \neq 0$ sowie $I_0 \ldots I_\mu = 0$

s47 $U_x = U_{xbq}$ wenn $I_0 \ldots I_\mu = 0$, wobei $I_q \neq 0$ sowie $U_0 \ldots U_\nu = 0$

Beispiel:

s48 $$U_x = a_0 \cdot U_0 + a_1 \cdot U_1 + b_0 \cdot I_0 = U_{xa0} + U_{xa1} + U_{xb0}$$

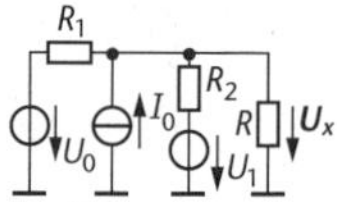

Netzwerke zur Bestimmung der Teilwirkungen zu den Bedingungen:

s49

$U_0 \neq 0; U_1 = 0; I_0 = 0$	$U_0 = 0; U_1 \neq 0; I_0 = 0$	$U_0 = 0; U_1 = 0; I_0 \neq 0$
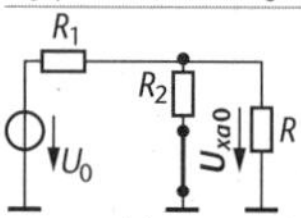	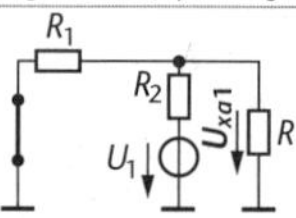	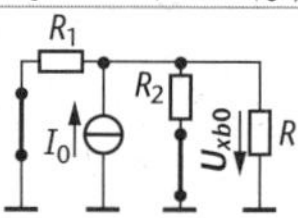

s50 $$U_{xa0} = \frac{U_0}{R_1} \cdot \frac{1}{\frac{1}{R_1} + \frac{1}{R_2} + \frac{1}{R}} \qquad U_{xa1} = \frac{U_1}{R_2} \cdot \frac{1}{\frac{1}{R_1} + \frac{1}{R_2} + \frac{1}{R}} \qquad U_{xb0} = I_0 \cdot \frac{1}{\frac{1}{R_1} + \frac{1}{R_2} + \frac{1}{R}}$$

s51 Gesuchte Spannung: (gemäß s48) $$U_x = \left(\frac{U_0}{R_1} + \frac{U_1}{R_2} + I_0\right) \cdot \frac{1}{1/R_1 + 1/R_2 + 1/R}$$

1), 2) Erläuterungen siehe S9

Fortsetzung siehe S9

Umwandlung in Ersatzspannungsquelle mit Innenwiderstand:

Ein vermaschtes Netzwerk, in dem eingeprägte Spannungen[1] und Strömen[2] wirksam sind, wird durch eine Spannungsquelle U_l mit Innenwiderstand R_i ersetzt. Der Widerstand, an dem z. B. U_x ermittelt werden soll, wird als Last R betrachtet.

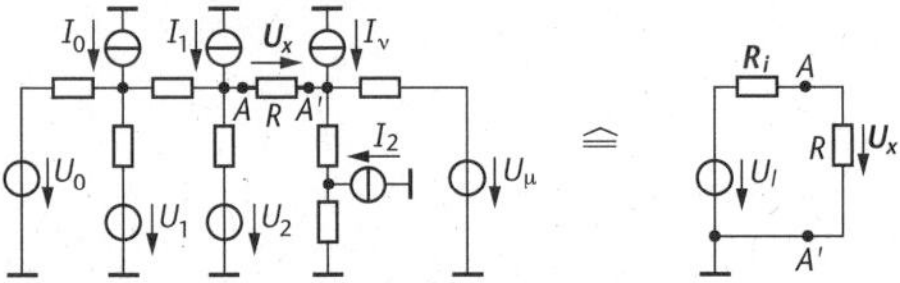

Vorgehen zur Bestimmung von R_i und U_l:

Netzwerk	zwischen A und A' auftrennen und R entfernen,
Widerstand	zwischen A und A' des Netzwerkes ist R_i
Spannung	zwischen A und A' ist U_l

Hinweis: Ist R_i bestimmt, lässt sich U_l häufig über die Beziehung $U_l = I_k \cdot R_i$ (Kurzschlussstrom mal Innenwiderstand zwischen A und A') ermitteln. Dazu A und A' verbinden und I_k als Strom zwischen A und A' berechnen. Dann ist:

s52 $$U_x = U_l \frac{R}{R + R_i} = I_k \cdot R_i \frac{R}{R + R_i} = I_k \frac{1}{1/R_i + 1/R}$$

Beispiel:

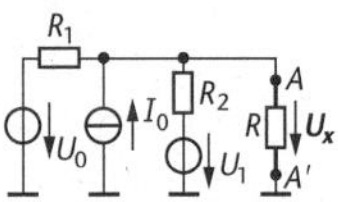

Ersatzschaltung:

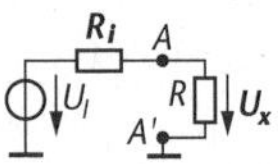

Bestimmung von I_k	Bestimmung von R_i
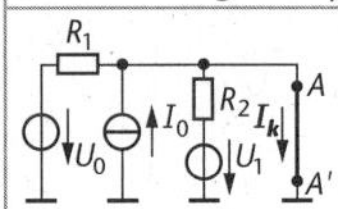	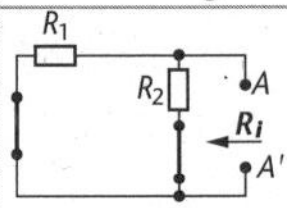
$I_k = \frac{U_0}{R_1} + \frac{U_1}{R_2} + I_0$	$R_i = \frac{1}{1/R_1 + 1/R_2}$

Damit wird: $U_l = I_k \cdot R_i$

s53 Gemäß s52: $U_x = \left(\frac{U_0}{R_1} + \frac{U_1}{R_2} + I_0\right) \cdot \frac{1}{1/R_1 + 1/R_2 + 1/R}$; s. a. Ergebnis von S8, s51

Erläuterungen:

$a_0 \ldots a_v$ / $b_0 \ldots b_v$	Koeffizienten der	Spannungen, Ströme,	die durch Widerstände im Netzwerk bestimmt sind

1) ideale Spannungsquelle	mit Innenwiderstand	$R_i = 0$	Schaltzeichen	
2) ideale Stromquelle		$R_i \to \infty$		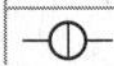

Umwandlung einer Dreieck- in eine Sternschaltung und umgekehrt

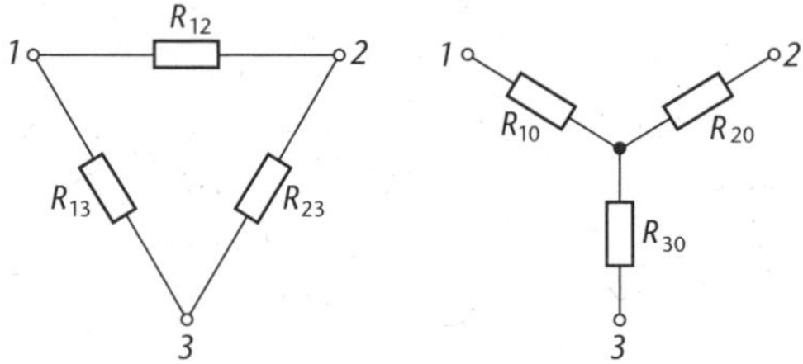

s54 $$R_{12} = \frac{R_{10} \cdot R_{20} + R_{10} \cdot R_{30} + R_{20} \cdot R_{30}}{R_{30}} \qquad R_{10} = \frac{R_{12} \cdot R_{13}}{R_{23} + R_{12} + R_{13}}$$

s55 $$R_{13} = \frac{R_{10} \cdot R_{20} + R_{10} \cdot R_{30} + R_{20} \cdot R_{30}}{R_{20}} \qquad R_{20} = \frac{R_{23} \cdot R_{12}}{R_{23} + R_{12} + R_{13}}$$

s56 $$R_{23} = \frac{R_{10} \cdot R_{20} + R_{10} \cdot R_{30} + R_{20} \cdot R_{30}}{R_{10}} \qquad R_{30} = \frac{R_{23} \cdot R_{13}}{R_{23} + R_{12} + R_{13}}$$

Spannungsteiler

Der Spannungsteiler dient zum Herunterteilen von Spannungen.

s57 $$U_V = \frac{R_2 R_V}{R_1 R_2 + R_1 R_V + R_2 R_V} U$$

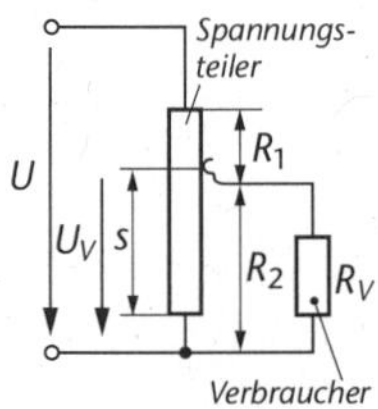

Wird bei messtechnischer Anwendung eine angenäherte Proportionalität zwischen U_V und s verlangt, muss

s58 $$R_V \geqq 10(R_1 + R_2)$$

sein.

s: Weg des Schleifkontaktes

Messtechnische Anwendungen

Messbereichserweiterung am Spannungsmessgerät

s59 $$R_V = R_M \left(\frac{U_{\text{end}}}{U_{\text{M end}}} - 1 \right)$$

U_{end}: gewünschter } Messbereichs-
$U_{\text{M end}}$: vorhandener } Endwert

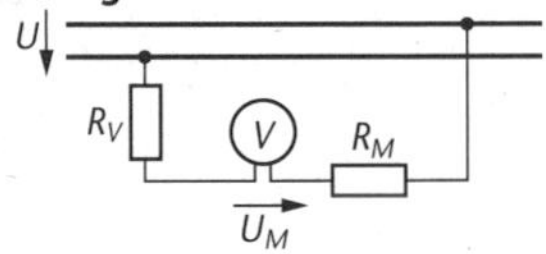

Messbereichserweiterung am Strommessgerät

s60 $$R_N = R_M \frac{I_{\text{M end}}}{I_{\text{end}} - I_{\text{M end}}}$$

I_{end}: gewünschter } Messbereichs-
$I_{\text{M end}}$: vorhandener } Endwert

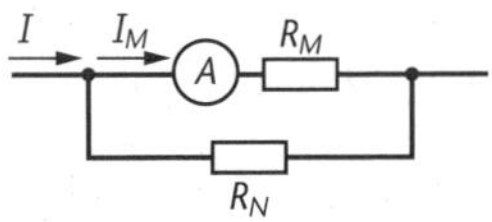

Wheatstonesche Brücke zur Bestimmung des Widerstandes R_x

Sie dient zur Bestimmung von Wirkwiderständen zwischen $0{,}1 \ldots 10^6\ \Omega$.

Der kalibrierte Schleifdraht hat eine gravierte Skala mit den Werten $a/(l-a)$. Der Schleifer wird verschoben, bis der Brückenstrom $I_B = 0$ ist. Dann gilt

s61 $$\frac{R_x}{R} = \frac{a}{l-a}$$

hieraus

s62 $$R_x = R \frac{a}{l-a}$$

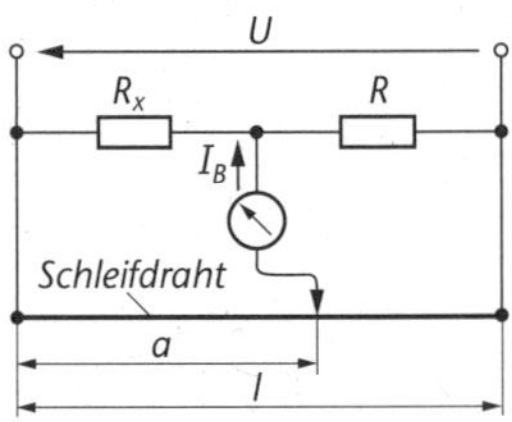

Wheatstonesche Brücke als Aufnehmer

Sie dient als vergleichendes Element zur Bildung von Differenzspannungen in mannigfachen messtechnischen Anlagen.

R_1: mit dem zu messenden Signal x (z. B. Temperatur, Weg, Drehwinkel) veränderlicher Widerstand.
R_2: Grundwert von R_1

Es gilt angenähert:

s63 $$U_M \sim \Delta R \sim x$$

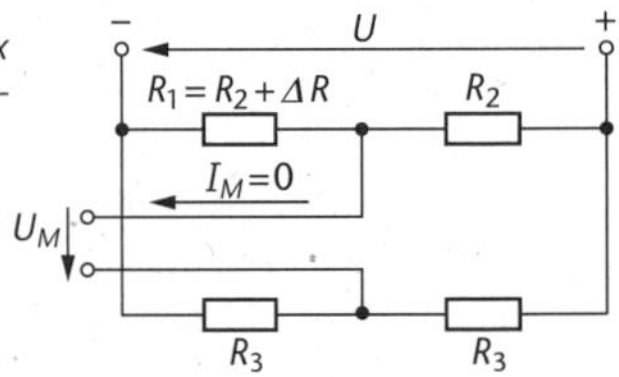

R_M innerer Widerstand des Messgerätes

Kapazität C eines Kondensators

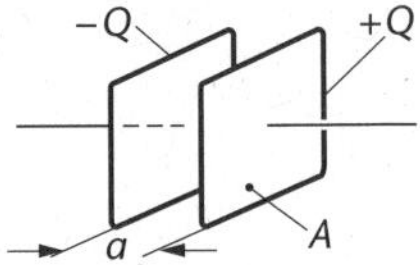

s64 $$C = \frac{\varepsilon_0 \cdot \varepsilon_r \cdot A}{a}$$

Elektrizitätsmenge Q siehe s8

Im elektrischen Feld gespeicherte Energie W_C

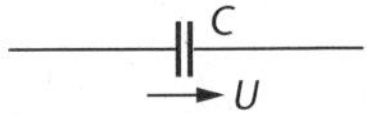

s65 $$W_C = \frac{1}{2} C \cdot U^2$$

Parallelschaltung von Kondensatoren

Durch Parallelschalten wird die Gesamtkapazität C vergrößert.

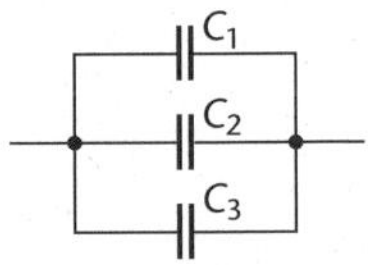

s66 $$C = C_1 + C_2 + C_3$$

Reihenschaltung von Kondensatoren

Durch Reihenschalten wird die Gesamtkapazität C verkleinert.

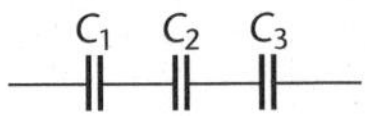

s67 $$\frac{1}{C} = \frac{1}{C_1} + \frac{1}{C_2} + \frac{1}{C_3}$$

Kapazität zweier koaxialer Zylinder

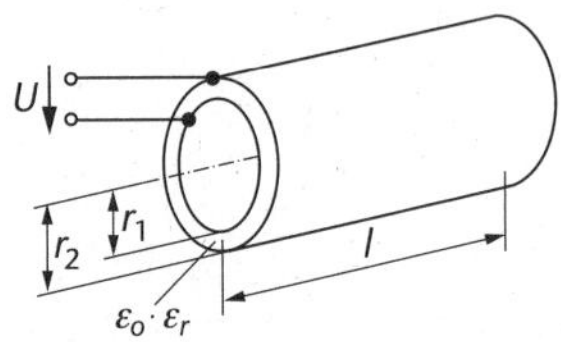

s68 $$C = 2 \cdot \pi \cdot \varepsilon_0 \cdot \varepsilon_r \frac{l}{\ln \frac{r_2}{r_1}}$$

ε_r Permittivitätszahl (siehe Z22)

s69 ε_0 elektrische Feldkonstante; $\varepsilon_0 = 8{,}854 \cdot 10^{-12}\ \mathrm{A\,s/(V\,m)}$

A einseitige Plattenfläche

a Dicke der Isolierschicht

r_1 Radius des inneren Zylinders

r_2 Radius des äußeren Zylinders

l Länge des Zylinders

Regel für Magnetnadelausschlag

s70 Der N-Pol einer Magnetnadel wird vom magnetischen S-Pol angezogen bzw. vom magnetischen N-Pol abgestoßen.

Regeln für feste Leiter und Spulen

s71 **Magnetischer Fluss um stromdurchflossenen Leiter**

Denkt man sich einen Korkzieher in Richtung des Stromes in den Leiter hineingeschraubt, so gibt die Drehrichtung des Korkziehers die Richtung des magnetischen Flusses an.

s72 **Magnetischer Fluss innerhalb einer stromdurchflossenen Spule**

Denkt man sich einen Korkzieher in einer Windungsebene so aufgesetzt, dass seine Drehrichtung der Stromrichtung entspricht, so gibt die Schraubrichtung die Richtung des magnetischen Flusses an, der innerhalb der Spule vom S-Pol zum N-Pol verläuft.

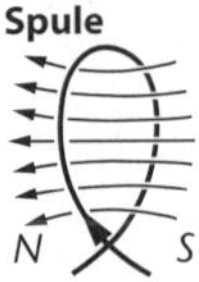

Regeln für bewegliche Leiter und Spulen

s73 **Regel für parallele Leiter**

Zwei gleichsinnig durchflossene parallele Leiter ziehen einander an; gegensinnig durchflossene stoßen einander ab.

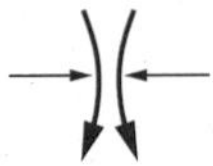

s74 **Regel für 2 Spulen**

Stehen 2 Spulen einander mit ihren Stirnseiten gegenüber und sind sie gleichsinnig durchflossen (siehe Bild), ziehen sie einander an; sind sie gegensinnig durchflossen, stoßen sie einander ab.

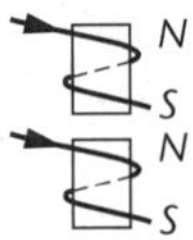

Maschinenregeln

s75 **Dreifingerregel für die rechte Hand** (Generatorregel)

Zeigt der Daumen in Richtung des magnetischen Flusses und der Mittelfinger in Bewegungsrichtung, so gibt der Zeigefinger die Stromrichtung an.

s76 **Dreifingerregel für die linke Hand** (Motorregel)

Zeigt der Daumen in Richtung des magnetischen Flusses und der Zeigefinger in Stromrichtung, so gibt der Mittelfinger die Bewegungsrichtung an.

Größen des magnetischen Kreises

Magnetischer Fluss Φ

s77 $$\Phi = \frac{\Theta}{R_\mathrm{m}} = \frac{NI}{R_\mathrm{m}}$$ (s. a. s11)

Magnetische Flussdichte, Induktion B

s78 $$B = \frac{\Phi}{A} = \mu_\mathrm{r}\mu_\mathrm{o}H$$ (s. a. s12)

Induktivität L

s79 $$L = N\frac{\Phi}{I} = N^2\Lambda = \frac{N^2}{R_\mathrm{m}}$$ (s. a. s13)

Berechnung von L siehe auch s150 bis s156

Magnetische Feldstärke H

s80 $$H = \frac{B}{\mu_\mathrm{r}\mu_\mathrm{o}} = \frac{V_i}{l_i}$$ (s. a. s14)

Elektrische Durchflutung Θ

s81 $$\Theta = NI = \sum_{i=1}^{n} V_i$$ (s. a. s15)

Magnetische Spannung V_i im i-ten Abschnitt eines magnetischen Kreises

s82 $$V_i = H_i l_i$$ (s. a. s16)

Magnetischer Widerstand R_m eines homogenen Kreises

s83 $$R_\mathrm{m} = \frac{\Theta}{\Phi} = \frac{l}{\mu_\mathrm{r}\mu_\mathrm{o}A}$$ (s. a. s18)

Magnetischer Leitwert Λ eines homogenen Kreises

s84 $$\Lambda = \frac{1}{R_\mathrm{m}} = \frac{\Phi}{\Theta} = \frac{\mu_\mathrm{r}\mu_\mathrm{o}A}{l} = \frac{1}{N^2}L$$ (s. a. s19)

Im Magnetfeld gespeicherte Energie W_m

s85 $$W_\mathrm{m} = \frac{1}{2}NI\Phi = \frac{1}{2}LI^2$$

Magnetischer Streufluss Φ_s

Ein Teil des magnetischen Gesamtflusses Φ_0 benutzt als Weg den äußeren Luftraum und ist somit unwirksam. Φ_s wird bezogen auf den wirksamen Fluss Φ. Das ergibt die

s86 Streuzahl $$\sigma = \frac{\Phi_\mathrm{s}}{\Phi}$$ (0,1 … 0,3)

s87 Gesamtfluss $$\Phi_\mathrm{o} = \Phi + \Phi_\mathrm{s} = \Phi(1+\sigma)$$

Formelzeichen nach S18

Magnetfeld mit seinen Kräften

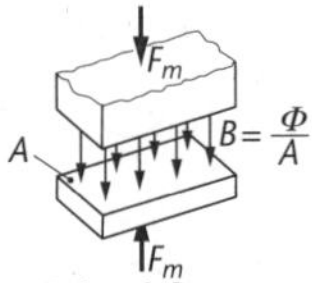

Kraft F_m zwischen Magnetpolen: In Richtung des magnetischen Flusses tritt eine Zugkraft F_m auf:

s88 $$F_m = \frac{1}{2} \cdot \frac{B^2 A}{\mu_0} \quad \text{oder} \quad F_m \approx 40 \left(\frac{B}{T}\right)^2 \cdot \frac{A}{cm^2}\,N$$

Kraft F_l auf stromdurchflossenen Leiter: Ein vom Strom I durchflossener Leiter erfährt auf seiner das magnetische Feld schneidenden Länge l eine Querkraft F_l:

s89 $$F_l = B\,l\,I \quad \text{oder} \quad F_l = \frac{B}{T} \cdot \frac{l}{m} \cdot \frac{I}{A}\,N$$

Bei Anwendung auf den Anker einer Gleichstrommaschine wird das innere Moment:

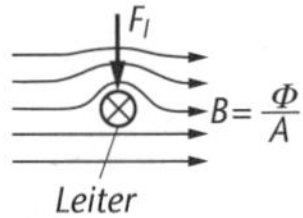

s90 $$M_i = \frac{1}{2\pi} \Phi I \frac{p}{a} z \quad \text{oder}$$

s91 $$M_i = \frac{1}{2\pi} \cdot \frac{\Phi}{Vs} \cdot \frac{I}{A} \cdot \frac{p}{a} z \quad Nm$$

Induzierte Quellenspannung u_q (Induktionsgesetz)

Wird eine Spule (Windungszahl N, Innenwiderstand R_i) von einem sich zeitlich ändernden magnetischen Fluss Φ durchsetzt, so wird in ihr die Quellenspannung

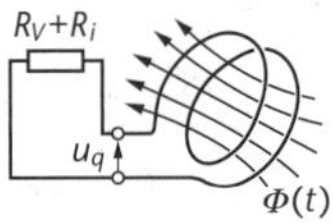

s92 $$u_q = N \frac{d\Phi(t)}{dt} \quad \text{induziert,} \qquad \text{(s. a. s11)}$$

die ggf. einen Strom durch den Verbraucherwiderstand R_V treibt.

Induzierte Quellenspannung durch		
Bewegung eines Leiters senkrecht zu Φ	Drehung einer Leiterschleife	Drehung eines Generatorankers
	im magnetischen Feld	
s93 $u_q = B\,l\,v$	$u_q = \omega \Phi_{max} \cdot \sin(\omega t)$	$u_q = \Phi n z\, p/a$
s94	$\Phi_{max} = l\,d\,B$	$= l\,d\,B \frac{zp}{2\pi a} \omega$
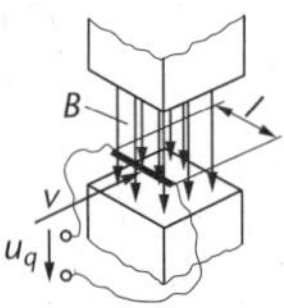	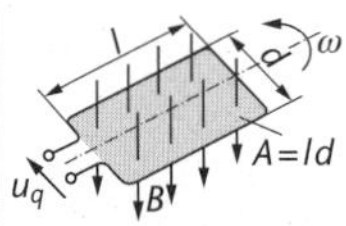	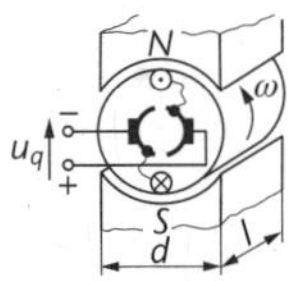

Quellenspannung u_q der Selbstinduktion

s95 $$u_q = L \cdot di/dt$$

Erläuterung auf Seite S18

Formelzeichen nach S18

Allgemeine Begriffe im Wechselstromkreis

Winkelzählpfeil

Der bei Zeigerbildern benutzte Winkelzählpfeil ist stets entgegen dem Uhrzeigersinn gerichtet. Ihm gleichgerichtete Winkel werden positiv, ihm entgegengerichtete Winkel werden negativ gezählt.

Beispiel:

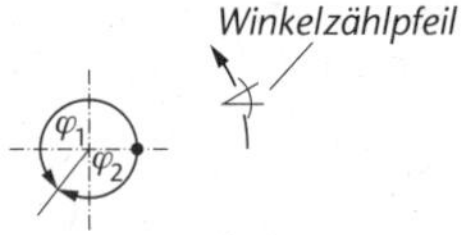

s96 $\varphi_1 - \varphi_2 = 360^\circ = 0$

s97 $\varphi_1 = \varphi_2$

Scheitelwerte (siehe auch s1)

Der Wechselstrom ändert seine Stärke i und Spannung u periodisch mit der Zeit t meist in Form einer Sinusschwingung. Die Höchstwerte $\hat{i}$ und $\hat{u}$ werden Scheitelwerte genannt. Bei der Kreisfrequenz $\omega = 2\pi f$ beträgt der durchlaufene Winkel nach Verlauf der Zeit t:

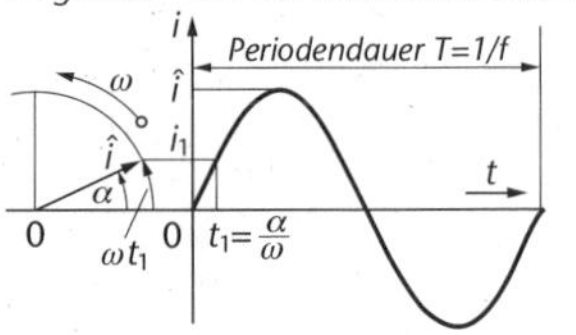

s98 $$\alpha = \omega t = 2\pi f t$$

und damit zu diesem Zeitpunkt

s99 der Strom $i = \hat{i}\sin(\omega t) = \hat{i}\sin\alpha$

s100 die Spannung $u = \hat{u}\sin(\omega t) = \hat{u}\sin\alpha$ (falls $\varphi = 0$)

Effektivwerte

Mit diesen wird praktisch gerechnet und sie werden meistens auch von den Messgeräten angezeigt.

	Allgemein	Bei Sinusschwingungen
s101	$I = I_{\text{eff}} = \sqrt{\frac{1}{T}\int_0^T i^2\,\mathrm{d}t}$	$I = I_{\text{eff}} = \frac{\hat{i}}{\sqrt{2}}$
s102	$U = U_{\text{eff}} = \sqrt{\frac{1}{T}\int_0^T u^2\,\mathrm{d}t}$	$U = U_{\text{eff}} = \frac{\hat{u}}{\sqrt{2}}$

Mit diesen Werten gilt auch bei Wechselstrom

s103 $P = U I$ (falls $\cos\varphi = 1$; siehe s115)

Fortsetzung siehe S17

Fortsetzung von S16

Phasenverschiebung, Verschiebungswinkel φ

Bei Anwesenheit von Widerständen verschiedener Art (Wirkwiderstand, Induktivität und/oder Kapazität) in einem Wechselstromkreis tritt eine Phasenverschiebung um den Verschiebungswinkel φ zwischen Strom und Spannung auf. Der Verschiebungswinkel φ ist im Zeigerbild stets vom Strom zur Spannung und im Bild der zeitlichen Verläufe stets von der Spannung zum Strom gerichtet.

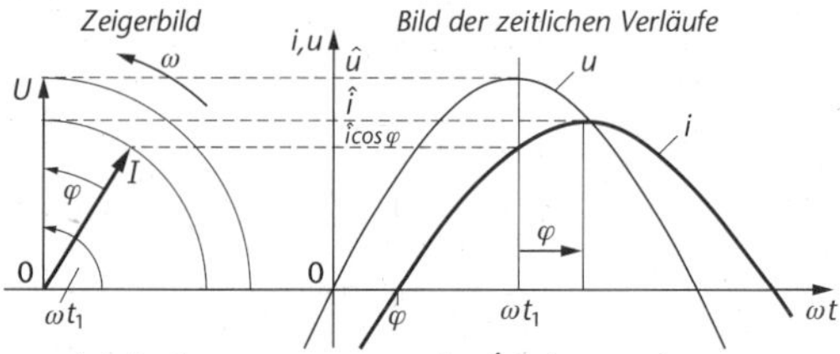

s104 $u = \hat{u}\sin(\omega t)$ $\qquad$ $i = \hat{i}\sin(\omega t - \varphi)$

Güte Q, Verlustfaktor $\tan\delta$ und Verlustwinkel δ

Die Güte Q einer Schaltung ist definiert durch

s105
$$Q = \frac{2\pi\hat{w}}{W_{VP}}$$

Dabei ist $\hat{w}$ der Höchstwert der in der Schaltung gespeicherten Energie und W_{VP} die während einer Periode auftretende Verlustenergie.

Der Kehrwert der Güte Q heißt Verlustfaktor $\tan\delta$

s106
$$\tan\delta = \frac{1}{Q} \qquad (\delta \text{ ist der Verlustwinkel})$$

Für die Drosselspule (s125 und s128) und den Kondensator mit Wirkwiderstand (s126 und s129) ergibt diese Definition die sehr einfachen Beziehungen:

s107 $Q = |\tan\varphi|$ $\qquad$ $\tan\delta = 1/Q = 1/|\tan\varphi|$
s108 $\delta = 90^\circ - |\varphi|$ $\qquad$ $= |U_w/U_b|$ (bei Reihenschaltung)
$\qquad$ $= |I_w/I_b|$ (bei Parallelschaltung)

Formeln für $\tan\varphi$ siehe S19 und S20

Für die Schwingkreise ergeben sich die nicht so einfachen Formeln s138 und s139.

Grundgleichungen des Wechselstromkreises (Einphasenstrom)

	Scheinwiderstand	Z siehe S19 und S20
s110	Scheinleitwert	$Y = \frac{1}{Z}$
s111	Spannung am Scheinwiderstand Z	$U = IZ$
s112	Strom durch Scheinwiderstand Z	$I = \frac{U}{Z}$
s113	Scheinleistung	$S = U\,I = \sqrt{P^2 + Q^2} = I^2 Z$
s114	Blindwiderstand	$X = Z \sin \varphi$
s115	Wirkleistung	$P = U\,I \cos \varphi = I^2 R$
s116	Blindleistung	$Q = U\,I \sin \varphi = I^2 X$
s117	Leistungsverschiebungsfaktor	$\cos \varphi = \frac{P}{U\,I} = \frac{P}{S}$
s118	Magnetischer Wechselfluss in einer Spule	$\hat{\Phi} = \frac{U_L}{4{,}44\,N f}$

s119 μ_0 Magnetische Feldkonstante ($\mu_0 = 4\pi \cdot 10^{-7}$ V s/A m)

μ_r Permeabilitätszahl
für Vakuum, Gase, Flüssigkeiten und die meisten festen Stoffe gilt:
$\mu_r = 1$,
für magnetische Stoffe μ_r aus Z23 entnehmen

a Anzahl Ankerzweigpaare

l Weglänge des Flusses

N Windungszahl der Spule

p Anzahl der Polpaare

z Anzahl der Leiter

R_R, R_P Wirkwiderstand in Reihen-/Parallel-Ersatzschaltung der Drosselspule

L_R, L_P Induktivität in Reihen-/Parallel-Ersatzschaltung der Drosselspule

Erläuterung zu Seite S15 (u_q der Selbstinduktion)

Wird eine Spule von einem zeitlich veränderlichen Strom i durchflossen, so ändert sich das von diesem Strom verursachte Magnetfeld ebenso. Dadurch wird eine Spannung u_q der Selbstinduktion in der Spule induziert. Sie ist stets so gerichtet, dass sie der augenblicklichen Stromänderung entgegenwirkt.

(Lenzsches Gesetz).

Widerstandsarten, Reihen- und Parallelschaltungen bei Wechselstrom

	Widerstandsart		Schaltung	Zeigerbild	Phasenlage	Verschiebungswinkel	Scheinwiderstand	$\tan\varphi =$
s120	ohmsch Lampe, Heizung, bifilar gewickelte Spule		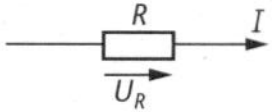	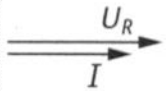	I und U gleichphasig	$\varphi = 0°$	$Z = R$	0
s121	induktiv ideale Induktivität		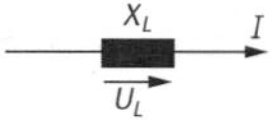	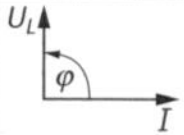	I eilt U um 90° nach	$\varphi = 90°$	$Z = X_L = \omega L$	∞
s122	kapazitiv Kondensator		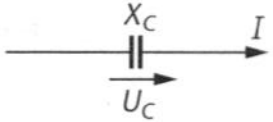	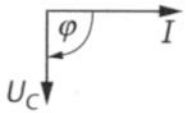	I eilt U um 90° vor	$\varphi = -90°$	$Z = X_C = -\frac{1}{\omega C}$	$-\infty$
s123	ohmsch + induktiv + kapazitiv in Reihe	$\omega L_R < \frac{1}{\omega C}$	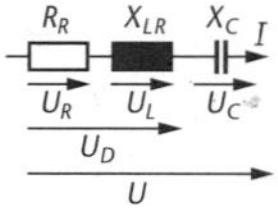	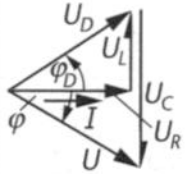	I eilt U vor	$-90° < \varphi < 0°$	$Z = \sqrt{R_R^2 + \left(\omega L_R - \frac{1}{\omega C}\right)^2}$	$\frac{\omega L_R - \frac{1}{\omega C}}{R_R}$
s124	Drosselspule mit Kondensator in Reihe	$\omega L_R > \frac{1}{\omega C}$		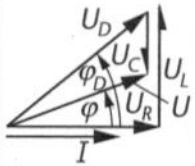	I eilt U nach	$0° < \varphi < 90°$		
s125	ohmsch + induktiv in Reihe Reihen-Ersatzschaltung der Drosselspule		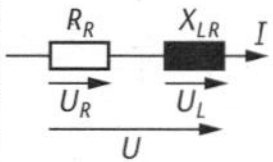	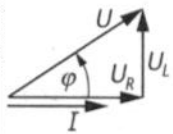	I eilt U weniger als 90° nach	$0° < \varphi < 90°$	$Z = \sqrt{R_R^2 + (\omega L_R)^2}$	$\frac{\omega L_R}{R_R}$

Fortsetzung siehe S20

Fortsetzung von S19

	Widerstandsart	Schaltung	Zeigerbild	Phasenlage	Verschiebungswinkel	Scheinwiderstand	$\tan\varphi =$
s126	ohmsch + kapazitiv in Reihe Wirkwiderstand und Kondensator in Reihe	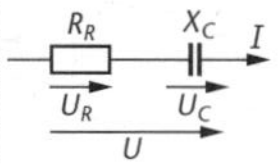	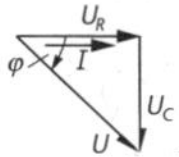	I eilt U weniger als 90° vor	$-90° < \varphi < 0°$	$Z=\sqrt{R_R^2+\left(\frac{1}{\omega C}\right)^2}$	$-\frac{1}{R_R \omega C}$
s127	ohmsch + induktiv + kapazitiv parallel Drosselspule mit Kondensator parallel	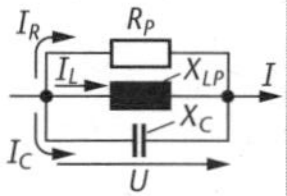	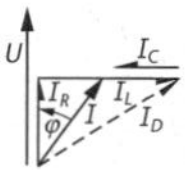	I eilt U je nach Bauteildaten vor/nach	$-90° < \varphi < 90°$	$Z=\frac{1}{\sqrt{\left(\frac{1}{R_P}\right)^2+\left(\frac{1}{\omega L_P}-\omega C\right)^2}}$	$R_P\left(\frac{1}{\omega L_P}-\omega C\right)$
s128	ohmsch + induktiv parallel Parallel-Ersatzschaltung der Drosselspule	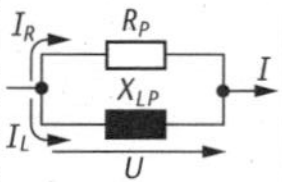	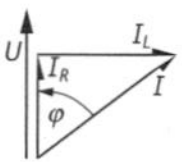	I eilt U nach	$0° < \varphi < 90°$	$Z=\frac{1}{\sqrt{\left(\frac{1}{R_P}\right)^2+\left(\frac{1}{\omega L_P}\right)^2}}$	$\frac{R_P}{\omega L_P}$
s129	ohmsch + kapazitiv parallel Wirkwiderstand und Kondensator parallel	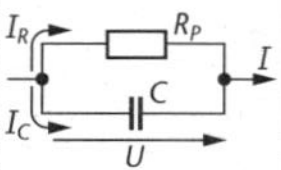	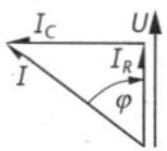	I eilt U vor	$-90° < \varphi < 0°$	$Z=\frac{1}{\sqrt{\left(\frac{1}{R_P}\right)^2+(\omega C)^2}}$	$-R_P \omega C$

s130 Sind für eine Drosselspule die Daten R und L bekannt, so sind dies im Allgemeinen die Werte R_R und L_R der Reihen-Ersatzschaltung (siehe s125). Bei Parallelschaltungen von Drosselspule und Kondensator empfiehlt es sich jedoch, die Parallel-Ersatzschaltung der Drosselspule (siehe s128) zu benutzen. Die darin enthaltenen Werte R_P und
s131 L_P ergeben sich aus R_R und L_R mit:

$$R_P = R_R + \frac{(\omega L_R)^2}{R_R}$$

$$L_P = L_R + \frac{R_R^2}{\omega^2 L_R}$$

Schwingkreise

Nr.		Reihenschwingkreis	Parallelschwingkreis
	Schaltbild und allgemeines Zeigerbild	siehe s123	siehe s127
	Zeigerbild für Resonanzfall	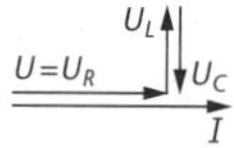	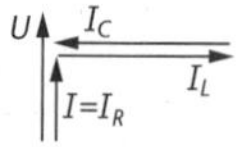
s132	Resonanzbedingung	$U_L = U_C$	$I_L = I_C$
s133		$\omega_r L_R - \dfrac{1}{\omega_r C} = 0$	$\dfrac{1}{\omega_r L_P} - \omega_r C = 0$
s134		$\omega_r^2 L_R C = 1$	$\omega_r^2 L_P C = 1$
s135	Resonanzfrequenz	$f_r = \dfrac{1}{2\pi\sqrt{L_R C}}$	$f_r = \dfrac{1}{2\pi\sqrt{L_P C}}$
		Ist Netzfrequenz $f = f_r$, tritt Resonanz auf	
s136	Strom bei Resonanz	$I_r = \dfrac{U}{R_R}$	$I_r = \dfrac{U}{R_P} = \dfrac{R_R C U}{L_R}$
s137		bei $U_b = U_L - U_C = 0$ $\varphi = 0$	bei $I_b = I_L - I_C = 0$ $\varphi = 0$
s138	Güte	$Q_R = \dfrac{\omega_r L_R}{R_R} = \dfrac{1}{\omega_r C R_R}$	$Q_P = \omega_r C R_P = \dfrac{R_P}{\omega_r L_P}$
s139	Verlustwinkel δ aus	$\tan \delta_R = \dfrac{1}{Q_R} = \dfrac{R_R}{\omega_r L_R}$	$\tan \delta_P = \dfrac{1}{Q_P} = \dfrac{1}{\omega_r C R_P}$
s140	Wellenlänge	$\lambda = \dfrac{c}{f_r} = \dfrac{300 \cdot 10^6\ \mathrm{m}}{f_r\ \mathrm{s}}$	
s141	Schwingungsdauer im Resonanzfall	$T_r = 2\pi\sqrt{L_R C}$	$T_r = 2\pi\sqrt{L_P C}$

Sperrkreis

Ein Parallelschwingkreis hat das Maximum seines Scheinwiderstandes Z_{max} bei seiner Resonanzfrequenz.
Damit wirkt er als Sperrkreis für Ströme dieser Frequenz.

s142 $$Z_{max} = R_P = \frac{L_R}{R_R C} \quad \text{und Stromstärke} \quad I = \frac{U}{Z_{max}}$$

Formelzeichen nach S18

Wechselstrommessbrücke

Sie dient zur Ermittlung der Kapazität von Kondensatoren und der Induktivität von Spulen. Dabei sind der veränderliche Kondensator C_2 und der Widerstand R_2 solange abzugleichen, bis der Ton in einem Kopfhörer K mit geringem Widerstand ein Minimum erreicht hat oder verschwindet. Nachstehende Schaltungen sind frequenzunabhängig.

Messung von

Kapazitäten	Induktivitäten
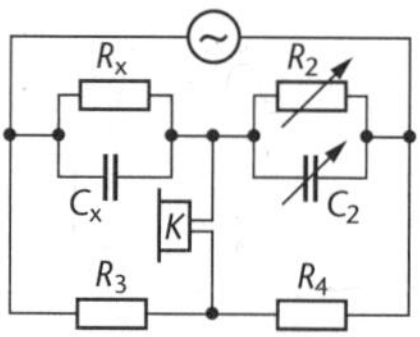	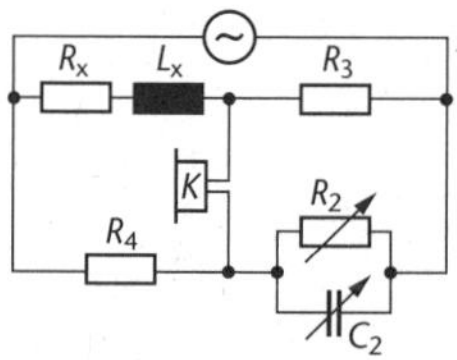
s143 $C_X = \dfrac{R_4}{R_3} C_2$	$L_X = C_2 R_3 R_4$
s144 $R_X = \dfrac{R_3}{R_4} R_2$	$R_X = \dfrac{R_3 R_4}{R_2}$
s145 $\tan \delta_X = \dfrac{1}{R_X \omega C_X}$	$\tan \delta_X = \dfrac{R_X}{\omega L_X}$

Bestimmung eines unbekannten Scheinwiderstandes durch Spannungsmessungen an diesem Scheinwiderstand und einem Hilfswiderstand:

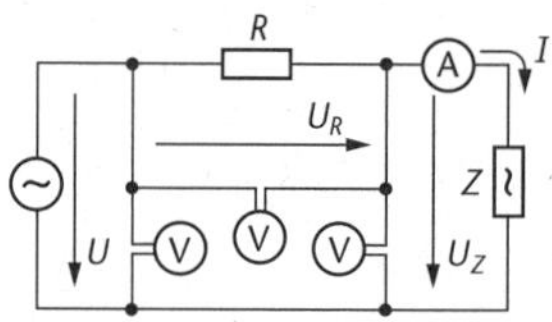

s146 $$P_{WZ} = \frac{U^2 - U_R^2 - U_Z^2}{2R}$$

s147 $$\cos \varphi_Z = \frac{P_{WZ}}{U_Z I}$$

s148 $$Z = \frac{U_Z}{I}$$

s149 Hilfswiderstand R so wählen, dass $U_R \approx |U_Z|$

C_X gesuchte Kapazität
L_X gesuchte Induktivität
R_X gesuchter Wirkwiderstand der Spule bzw. des Kondensators
R_2 … bekannte Widerstände
δ_X Verlustwinkel (s. S17)
C_2 verstellbare Referenzkapazität
Z unbekannter Scheinwiderstand (induktiv oder kapazitiv)

Induktivität L von eisenlosen Spulen

Berechnung von L aus Schein- und Wirkwiderstand

s150 Schicke durch Spule Wechselstrom ($J = I/A \approx 3\ \text{A/mm}^2$) und messe Klemmenspannung U, Stromstärke I, Leistung P.

s151 Scheinwiderstand $Z = \dfrac{U}{I}$; Wirkwiderstand $R = \dfrac{P}{I^2}$

s152 $$L = \frac{1}{\omega}\sqrt{Z^2 - R^2}$$

Berechnung von L einer Ringspule

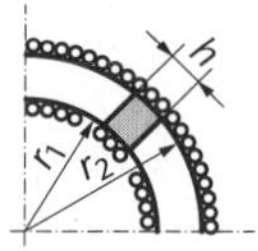

s153 $$L = \frac{\mu_0 h N^2}{2\pi} \ln \frac{r_2}{r_1}$$

Berechnung von L einer geraden Spule

Windungen müssen Kreisgestalt haben.

	$\dfrac{D}{u}$	Induktivität
s154	< 1	$L = 1{,}05 \dfrac{D}{\text{m}} N^2 \sqrt[4]{\left(\dfrac{D}{u}\right)^3}\ \mu\text{H}$
s155	> 1	$L = 1{,}05 \dfrac{D}{\text{m}} N^2 \sqrt{\left(\dfrac{D}{u}\right)}\ \mu\text{H}$
s156	$\geqq 3$	Werte werden unzuverlässig
		$1\ \mu\text{H} = 10^{-6}\ \dfrac{\text{V s}}{\text{A}}$

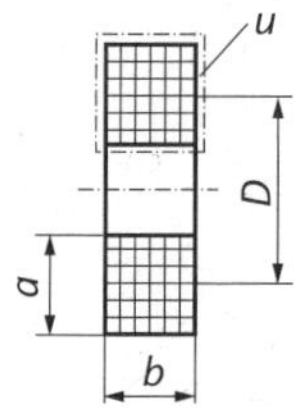

a Wicklungsdicke
A Drahtquerschnitt
b Spulenbreite
d_a Außendurchmesser des Drahtes mit Isolation
D mittlerer Spulendurchmesser
l_o Windungslänge innen
s157 l_m mittlere Windungslänge ($l_m = l_o + \pi a$)
N Windungszahl
u Umfang des Wicklungsquerschnittes
α Verhältnis $a : b$
s158 β Maß der Auflockerung $\left(\beta = \dfrac{ab}{N d_a^2}\right)$

Berechnung von eisenlosen Spulen mit einer vorgeschriebenen Induktivität L

Hochfrequenzspulen

	$\frac{D}{u}$	Formel	hierbei ist:
s159	<1	$\left(\frac{D}{\mathrm{m}}\right)^{3,5} N^{3,25} \approx \frac{1}{39}\left(\frac{d_o}{\mathrm{m}}\right)^{1,5} \cdot \left(\frac{L}{\mathrm{H}}\right)^2 \cdot 10^{14}$	$d_o = \frac{u}{2\sqrt{N}}$
s160	>1	$\left(\frac{D}{\mathrm{m}}\right)^{3} N^{3,5} \approx \frac{1}{55}\left(\frac{d_o}{\mathrm{m}}\right) \cdot \left(\frac{L}{\mathrm{H}}\right)^2 \cdot 10^{14}$	$d_o = d_a(1+\alpha)\sqrt{\frac{\beta}{\alpha}}$

Niederfrequenzspulen

s161 Falls $\beta = 1$ und $D = u$, ist

s162 $$N \approx 975\sqrt{\frac{L}{\mathrm{H}}\frac{\mathrm{m}}{D}}$$

s163 $$a \approx \frac{1}{4}\left(u \pm \sqrt{u^2 - 16N{d_a}^2}\right); \qquad b = \frac{u}{2} - a$$

Ermittlung der Windungszahl N einer Spule

Aus Wicklungsquerschnitt

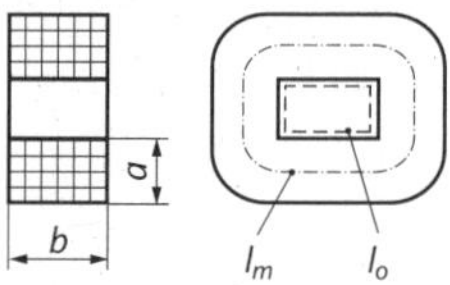

s164 $$N \approx \frac{ab}{{d_a}^2}$$

Aus Wirkwiderstand

s165 $$N \approx \frac{RA}{\varrho l_m}$$

Mittels Referenzspule

Spule mit der unbekannten Windungszahl N_x und Referenzspule mit der bekannten Windungszahl N_o möglichst nahe zusammen auf einen geschlossenen Eisenkern bringen und diesen über eine Spule N_e mit Wechselspannung $U_{e\sim}$ erregen. Mit Spannungsmessgerät mit möglichst hohem Widerstand die Spannungen U_x und U_o messen. Dann ist

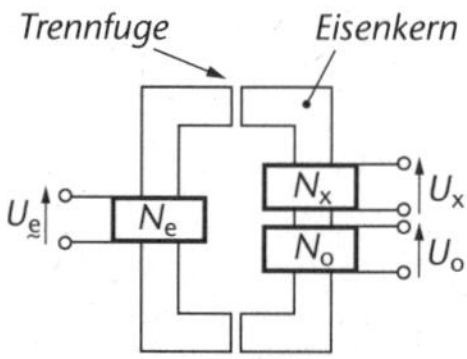

s166 $$N_X = N_o\frac{U_X}{U_o}$$

Erklärung der Formelzeichen siehe S23

Hysterese

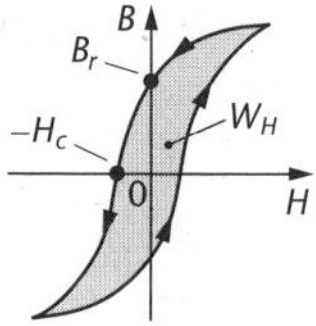

Remanenz-Induktion B_r
Sie bleibt im Eisen zurück, wenn die äußere magnetische Feldstärke H verschwindet.

Koerzitiv-Feldstärke H_c
Sie muss aufgewendet werden, um die Flussdichte B zu null zu machen.

Ummagnetisierungs-Arbeit W_H (Hysterese-Arbeit)
Die beim einmaligen Durchlauf der Hystereseschleife auftretende Verlustarbeit W_H ist gleich dem Produkt aus dem Flächeninhalt w_H der Hystereseschleife und dem Eisenvolumen V_{Fe}:

s167 $$W_H = w_H V_{Fe}$$

Ummagnetisierungs-Leistung P_{VH} (Hysterese-Leistung)

s168 $$P_{VH} = W_H f = w_H V_{Fe} f$$

Wirbelströme

Nach dem Induktionsgesetz werden auch im Eisen Wechselspannungen induziert, die abhängig vom elektrischen Widerstand des Eisens Induktionsströme zur Folge haben. Diese werden Wirbelströme genannt. Durch Lamellierung (Aufbau eines Wechselflusskerns aus gegeneinander isolierten, etwa 0,3 bis 1 mm starken Blechen) des Eisens werden sie klein gehalten.

Eisenverluste

Massebezogene Eisenverlust-Leistung
In ihr werden die massebezogenen Hysterese- und Wirbelstromverluste zusammengefasst. Sie wird beim Induktionsscheitelwert $\hat{B} = 1\,\text{T} = 10\,\text{kG}$ bzw. $1{,}5\,\text{T} = 15\,\text{kG}$ und der Frequenz $f = 50\,\text{Hz}$ gemessen und dann $P\,1{,}0$ bzw. $P\,1{,}5$ genannt. Werte siehe Z24.

Eisenverlust-Leistung P_{Fe}

s169 $$P_{Fe} = P\,1{,}0 \left(\frac{\hat{B}}{\text{T}} \cdot \frac{f}{50\,\text{Hz}}\right)^2 m_{Fe}(1 + \varkappa)$$

m_{Fe} Eisenmasse
$\varkappa$ Zuschlag für Stanzgrat usw. (0,1 ... 1,0)

Drosselspule

Drosselspule als Vorwiderstand

Sie dient in einem Wechselstromkreis zur Verringerung der Netzspannung U auf den Wert U_V für einen reinen Wirkverbraucher R_V.

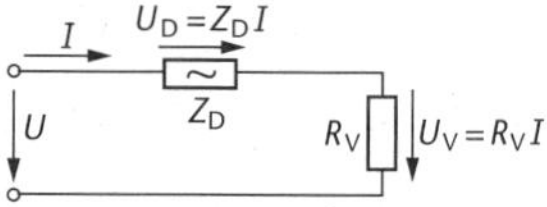

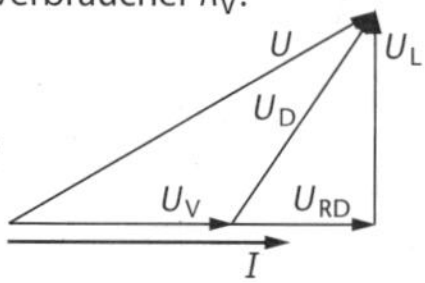

Scheinwiderstand der:

s170 Drossel $Z_D = \sqrt{R_R^2 + (\omega \cdot L_R)^2}$

s171 gesamten Schaltung $Z = \sqrt{(R_R + R_V)^2 + (\omega \cdot L_R)^2}$

s172 Erforderliche Induktivität $L_R = \dfrac{1}{\omega}\sqrt{\left(\dfrac{U \cdot R_V}{U_V}\right)^2 - (R_V + R_R)^2}$

Bei einer Überschlagsrechnung von L_R kann man den zunächst unbekannten Wirkwiderstand R_R der Drossel vernachlässigen. Nach der Auslegung der Drossel ist R_R bekannt und Z genau zu bestimmen. Dann ist U_V nach

s173 $$U_V = \frac{U \cdot R_V}{Z}$$

zu kontrollieren. Eventuell ist eine zweite Drosselauslegung mit geänderter Induktivität erforderlich.

Drosselspule ohne Eisenkern und mit konstanter Induktivität

Auslegung nach S23. Dabei Werte r_2/r_1 (Ringspule) bzw. D und u (gerade Spule) zunächst annehmen. Reicht Wickelraum nicht aus oder ergeben sich eine ungünstige Windungszahl und/oder ungünstige Abmessungen, Rechnung mit anderen Annahmen wiederholen. Schließlich Wirkwiderstand der Drossel nach s26 ermitteln.

Drosselspule mit Eisenkern und konstanter Induktivität

Der Eisenkern dient hauptsächlich dazu, den magnetischen Fluss räumlich zu führen und soll möglichst viele durch Zwischenlagen ausgefüllte Einzelluftspalte δ_1 besitzen. Der Bedarf des Eisenkerns an magnetischer Spannung wird vernachlässigt. Man rechnet stets mit den Scheitelwerten von H und B. Ein Maß für

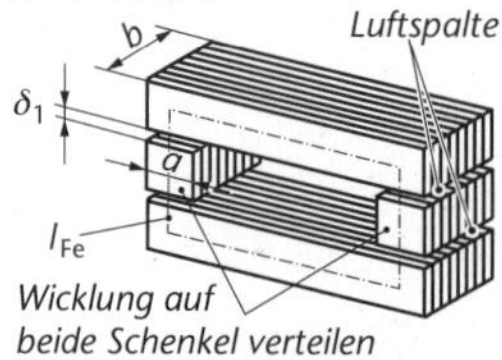

Fortsetzung siehe S27

Fortsetzung von S26

die Schwankung der Induktivität L_R ist die maximale relative stromabhängige Induktivitätsänderung

s174 $$g_L = \frac{|L_{R\,ges} - L_R|}{L_R}; \qquad \frac{1}{g_L} = \frac{A_{Fe}\hat{B}_{Fe}\delta}{\hat{H}_{Fe} l_{Fe} \mu_0 A_L} + 1$$

Ist $g_L > g_{L\,erf}$, Dimensionierung mit größerem A_{Fe} und kleinerem $\hat{B}_{Fe}$ bei unverändertem Produkt $\hat{B}_{Fe} \cdot A_{Fe}$ wiederholen.

Dimensionierung. Es sei gegeben: L_r, f, $g_{L\,erf}$, $U_{L\,eff}$ oder I_{eff}, dann sind die

		vorläufigen Abmessungen	endgültigen Abmessungen
s175 s176	Wirksamer Eisenquerschnitt	$A'_{Fe} = \sqrt{K I_{eff} U_{L\,eff}}$ mit $I_{eff} = \frac{U_{L\,eff}}{2\pi f L_R}$	A_{eff} DIN EN 60 740-1 (früher DIN 41 302) entnehmen
s177	Windungszahl	$N = \frac{U_{L\,eff}}{4{,}44 f \hat{B}_{Fe} A_{Fe}}$	
s178	Luftspaltquerschnitt	$A'_L = ab + 5\,\text{cm}(a+b)$	$[A_L = ab + 5(a+b)\delta_1]$
s179	Gesamtluftspaltlänge	$\delta' = \frac{N^2 \mu_0 A'_L}{L_R}$	$\delta = \frac{abn N^2 \mu_0}{nL_R - 5N^2\mu_0(a+b)}$
s180	Einzelluftspaltlänge	$\delta'_1 = \delta'/n < 1\,\text{cm}$	$\delta_1 = \delta/n < 1\,\text{cm}$
s181	Drahtdurchmesser	$d' = 2\sqrt{I/(J'\pi)}$	d auf Norm-∅ aufrunden d_a einschließlich Isolierung
s182	Wicklungsquerschnitt	$A_W = 1{,}12\, d_a^2 N$	
	Schenkellänge	l_S aus Abmessungen des Kernschnittes und A_W ermitteln	

Drosselspule mit Eisenkern und stromabhängiger Induktivität

Diese Drossel hat einen Eisenkern, jedoch keinen Luftspalt. Nur für Sonderzwecke, z. B. als Magnetverstärker.

K Leistungsbeiwert der Drossel $\approx 0{,}24\,\text{cm}^4/\text{VA}$ für Trockendrosseln
$\approx 0{,}15\,\text{cm}^4/\text{VA}$ für Öldrosseln
Kernschnittform siehe S26
für ▭▭-Kernschnittform gelten um 75 % höhere Werte

J' vorläufige Stromdichte, für Trockendrossel $J' = 2\,\text{A/mm}^2$
für Öldrossel $J' \approx 3\ldots4\,\text{A/mm}^2$

$\hat{B}_{Fe}$ Induktion im Eisen (etwa 1 … 1,2 T wählen)

$\hat{H}_{Fe}$ Feldstärke im Eisen für $\hat{B}_{Fe}$ bei der gewählten Eisensorte aus Z23 entnehmen

n Anzahl der Einzelluftspalte, Vergrößerung verringert Streufluss

R_{Cu} Wirkwiderstand der Wicklung nach s26

R_R Wirkwiderstand der Drossel einschl. Eisenverlustwiderstand ($R_R \approx 1{,}3 R_{Cu}$)

l_{Fe} mittlere Weglänge des Flusses im Eisen

Transformator

Benennung der Wicklungen

Unterscheidung nach			
den Nennspannungen		der Funktion in der Gesamtschaltung (der Leistungs-Übertragungsrichtung)	
Wicklung mit		Leistung	
höherer	geringerer	aufnehmende	abgebende
Nennspannung		Wicklung	
Oberspannungsseite	Unterspannungsseite	Primärseite	Sekundärseite

Nenndaten (Index N)

s183 Nennleistung $S_N = U_{1N} \cdot I_{1N} = U_{2N} \cdot I_{2N}$

s184 Nennübersetzung $ü = U_{1N}/U_{20} = I_{2N}/I_{1N}$

Als Nennsekundärspannung U_{2N} wird nicht die Sekundärspannung bei Nennlast, sondern diejenige bei Leerlauf bezeichnet ($N_{2N} = U_{2O}$).

Eisenverlustleistung P_{Fe} und Leerlaufversuch

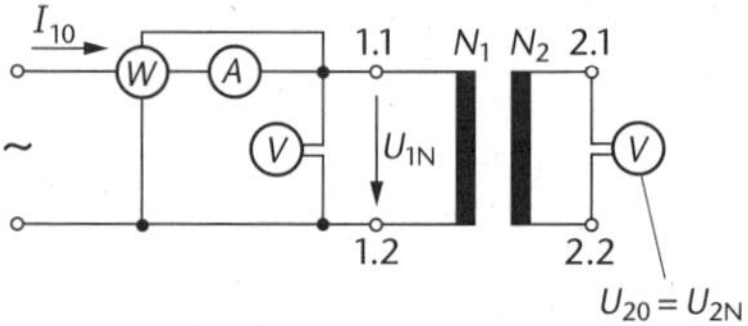

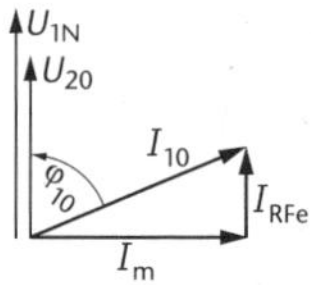

Die Eisenverlustleistung P_{Fe} hängt nur von der Primärspannung U_1 und der Frequenz f, jedoch <u>nicht</u> von der Belastung ab.

s185 $$P_{10} = P_{Fe}$$

Die Eisenverlustleistung P_{Fe} wird – wie auch das Nenn-Übersetzungsverhältnis $ü$ – im Leerlaufversuch (siehe Schaltung, Sekundärklemmen offen, Daten mit Index 0) ermittelt. Die Wirkkomponente $I_{R\,Fe}$ des Primärstroms deckt dann die Eisenverluste; die Blindkomponente ist der Magnetisierungsstrom I_m. Die Kupferverluste sind vernachlässigbar klein. Die Eisenverlustleistung P_{Fe} wird bei der Berechnung der Betriebsverlustleistung und des Wirkungsgrades benötigt.

Fortsetzung siehe S29

Fortsetzung von S28

Kupferverlustleistung P_{Cu} und Kurzschlussversuch

Schaltung

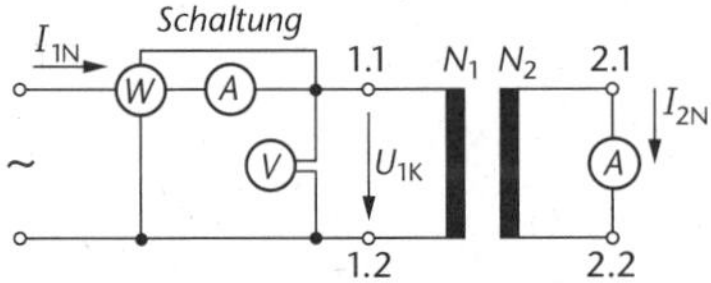

Zeigerbild

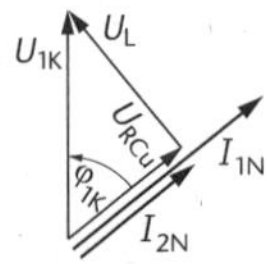

P_{Cu} hängt nur vom Primärstrom I_1 ab und wird im Kurzschlussversuch (siehe Schaltung, Daten mit Index K) ermittelt. Dabei wird die Primärspannung U_1 bei kurzgeschlossenen Sekundärklemmen auf den Wert U_{1K} eingestellt, bei dem die Ströme ihre Nennwerte haben. U_{1K} ist so klein, dass dabei $I_{R\,Fe}$ und I_m vernachlässigbar sind. Die Primär-Kurzschlussleistung P_{1K} ist dann gleich der Nenn-Kupferverlustleistung $P_{Cu\,N}$ des gesamten Trafos bei Nennstrom. P_{1K} wird bei der Berechnung der Betriebsverlustleistung und des Wirkungsgrades benötigt.

s186 $$P_{1K} = P_{Cu\,N}$$

Aus den Messwerten ermittelt man die auf den Leistungsschildern größerer Trafos stets angegebene relative Kurzschlussspannung u_K:

s187 $$u_K = 100\ (U_{1K}/U_{1N})\ \%$$

Aus dem Zeigerbild lassen sich bestimmen:

s188 $$R_{Cu} = \frac{U_R}{I_{1N}}; \quad L = \frac{U_L}{\omega I_{1N}}; \quad \cos\varphi_{1K} = \frac{U_R}{U_{1K}} = \frac{P_{Cu\,N}}{u_K P_{SN}}$$

Betriebsverhalten

Zur Ermittlung der Betriebsspannung U_2 für jeden Belastungsfall rechnet man zunächst die Größen der Sekundärseite in die eines sonst gleichen Trafos um, der $ü = 1:1$ hätte (Index $'$):

Vereinfachte Ersatzschaltung

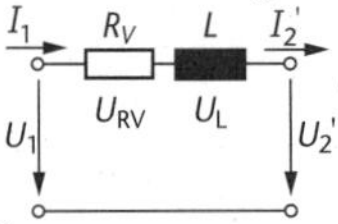

Vereinfachtes Zeigerbild

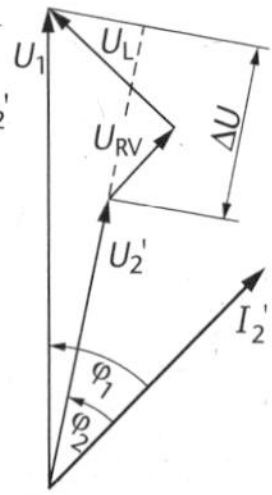

s189 $U_2' = ü\,U_2; \quad I_2' = I_2/ü; \quad R_2' = ü^2 R_2$

Lastabhängige Änderung ΔU von U_2'
(Näherung für $u_K \leqq 4\,\%$)

s190 $$\Delta U \approx U_{1K} \cdot (\cos\varphi_{1K} \cos\varphi_2 + \sin\varphi_{1K} \cdot \sin\varphi_2) I_2/I_{2N}$$
$$\approx U_{1K} \cos(\varphi_{1K} - \varphi_2) \cdot I_2/I_{2N}$$

Sekundärspannung U_2

s191 $$U_2' \approx U_1 - \Delta U; \quad U_2 = U_2'/ü$$

Grundsätzliche Schaltungen

Sternschaltung

s192 $$U = U_{Str}\sqrt{3}$$

s193 $$I = I_{Str}$$

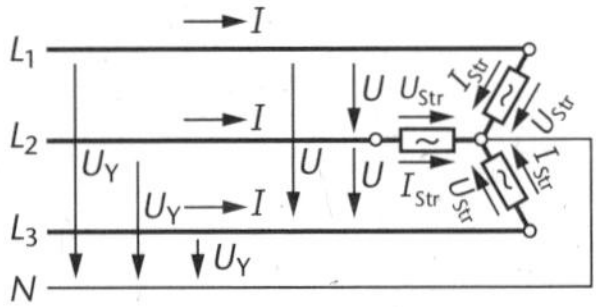

Dreieckschaltung

s194 $$U = U_{Str}$$

s195 $$I = I_{Str}\sqrt{3}$$

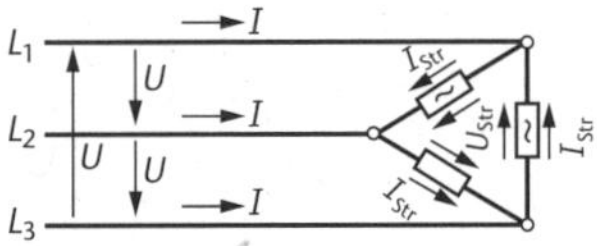

Messung der Dreiphasenleistung

Bei symmetrischer Belastung

Schaltung

mit Mittelleiter (Vierleitersystem)

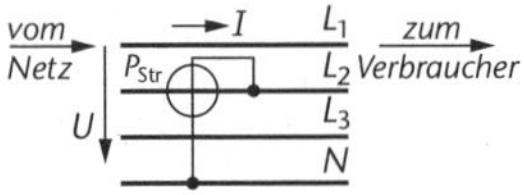

ohne Mittelleiter (Dreileitersystem)

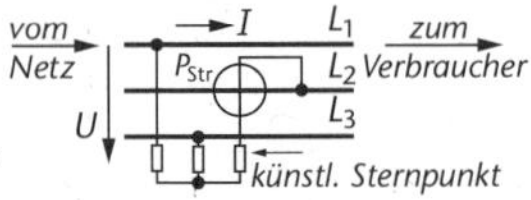

Gesamt-Wirkleistung

s196 $$P = 3 \cdot P_{Str} = \sqrt{3} \cdot U \cdot I \cdot \cos\varphi$$

Bei unsymmetrischer Belastung (Aronschaltung)

Anwendbar für Dreiphasen-Dreileitersystem ohne Mittelleiter. (Also auch für symmetrische Belastung ohne Mittelleiter).

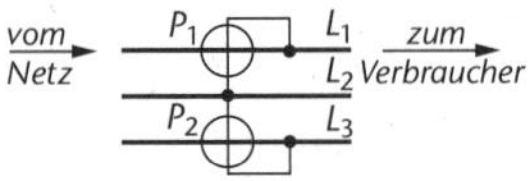

Gesamt-Wirkleistung

s197 $$P = P_1 + P_2$$

I_{Str}	Strangstromstärke	P_{Str}	Wirkleistung eines Stranges
I	Leiterstromstärke	U_{Str}	Strangspannung
L_1, L_2, L_3	Außenleiter	U	Außenleiterspannung
N	Mittelleiter		

Blind- und Wirkleistung, Verschiebungsfaktor

bei symmetrischer Belastung

s198 Blindleistung $Q = \sqrt{3}UI \sin\varphi$

s199 Wirkleistung $P = \sqrt{3}UI \cos\varphi$

s200 Verschiebungsfaktor $\cos\varphi = \dfrac{P}{\sqrt{3}UI}$

Blindstromkompensation

für induktive Verbraucher

Allgemein

Zur Verringerung der Verlustleistung und der Kosten für Anschlussleistung den Verschiebungsfaktor $\cos\varphi$ bis auf $\cos\varphi \approx 0{,}95$ verbessern. Dabei große Verbraucher einzeln direkt, kleine Verbraucher zentral an Haupt- oder Unterverteilung kompensieren.

Berechnung der erforderlichen Kondensatorleistung

Verschiebungsfaktor $\cos\varphi$ nach Formel s117 berechnen, wobei P durch Leistungsmessgerät (Schaltung nach S30) oder mit dem elektrischen Arbeitszähler zu ermitteln ist; dann wird

s201 Kondensatorleistung $Q = (\tan\varphi_1 - \tan\varphi_2)P$

s202 Verlustwirkleistung des Kondensators $P_c \approx 0{,}003\,Q$

Zahlentafel

$\cos\varphi$	$\tan\varphi$	$\cos\varphi$	$\tan\varphi$	$\cos\varphi$	$\tan\varphi$	$\cos\varphi$	$\tan\varphi$
0,42	2,161	0,62	1,265	0,81	0,724	0,91	0,456
0,44	2,041	0,64	1,201	0,82	0,698	0,92	0,426
0,46	1,930	0,66	1,138	0,83	0,672	0,93	0,395
0,48	1,828	0,68	1,078	0,84	0,646	0,94	0,363
0,50	1,732	0,70	1,020	0,85	0,620	0,95	0,329
0,52	1,643	0,72	0,964	0,86	0,593	0,96	0,292
0,54	1,559	0,74	0,909	0,87	0,567	0,97	0,251
0,56	1,479	0,76	0,855	0,88	0,540	0,98	0,203
0,58	1,405	0,78	0,802	0,89	0,512	0,99	0,142
0,60	1,333	0,80	0,750	0,90	0,484	1	0,000

$\tan\varphi_1$ bzw. $\tan\varphi_2$ ergeben sich aus obiger Zahlentafel, wobei $\cos\varphi_2$ der zu erzielende Verschiebungsfaktor, $\cos\varphi_1$ der Verschiebungsfaktor des Verbrauchers ist.

Gleichstrommaschine (Motor und Generator)

Allgemeines

s203 Momentenkonstante $C_{\mathrm{M}} = \dfrac{p\,z}{2\pi a}$

s204 Rotatorische Quellenspannung $U_{\mathrm{q}} = C_{\mathrm{M}} \Phi \omega = 2\pi C_{\mathrm{M}} \Phi n$

s205 Drehmoment $M = C_{\mathrm{M}} \Phi I_{\mathrm{a}}$

s206 Ankerstrom $I_{\mathrm{a}} = \dfrac{\pm(U - U_{\mathrm{q}})}{R_{\mathrm{a}}}$ [1]

s207 Klemmenspannung $U = U_{\mathrm{q}} \pm I_{\mathrm{a}} R_{\mathrm{a}}$ [1]

s208 Umdrehungsfrequenz (Drehzahl) $n = \dfrac{U \mp I_{\mathrm{a}} R_{\mathrm{a}}}{2\pi\, C_{\mathrm{M}} \Phi}$ [2]

s209 Innere Leistung $P_{\mathrm{i}} = M_{\mathrm{i}} \omega = U_{\mathrm{q}} I_{\mathrm{a}}$

s210 Aufgenommene mechanische Leistung des Generators $P_{\mathrm{G}} = \dfrac{1}{\eta} U I_{\mathrm{ges}}$

s211 Abgegebene mechanische Leistung des Motors $P_{\mathrm{M}} = \eta U I_{\mathrm{ges}}$

Nebenschlussmotor (Schaltbild nach S33)

Guter Anlauf, Umdrehungsfrequenz (Drehzahl) bleibt bei Belastung annähernd konstant und ist in gewissen Grenzen leicht verstellbar.

Reihenschlussmotor (Schaltbild nach S33)

Guter Anlauf mit sehr hohem Anzugsmoment. Umdrehungsfrequenz (Drehzahl) stark von der Belastung abhängig. Bei völliger Entlastung besteht Gefahr des Durchgehens.

Doppelschlussmotor (Schaltbild nach S33)

Arbeitet annähernd wie der Nebenschlussmotor. Die Reihenschlusswicklung sorgt für hohes Anzugsmoment.

---

a Anzahl der Ankerzweigpaare
p Anzahl der Polpaare
Φ Magnetischer Fluss
z Anzahl der Leiter
R_{a} Ankerwiderstand

[1] + Motor, − Generator
[2] − Motor, + Generator

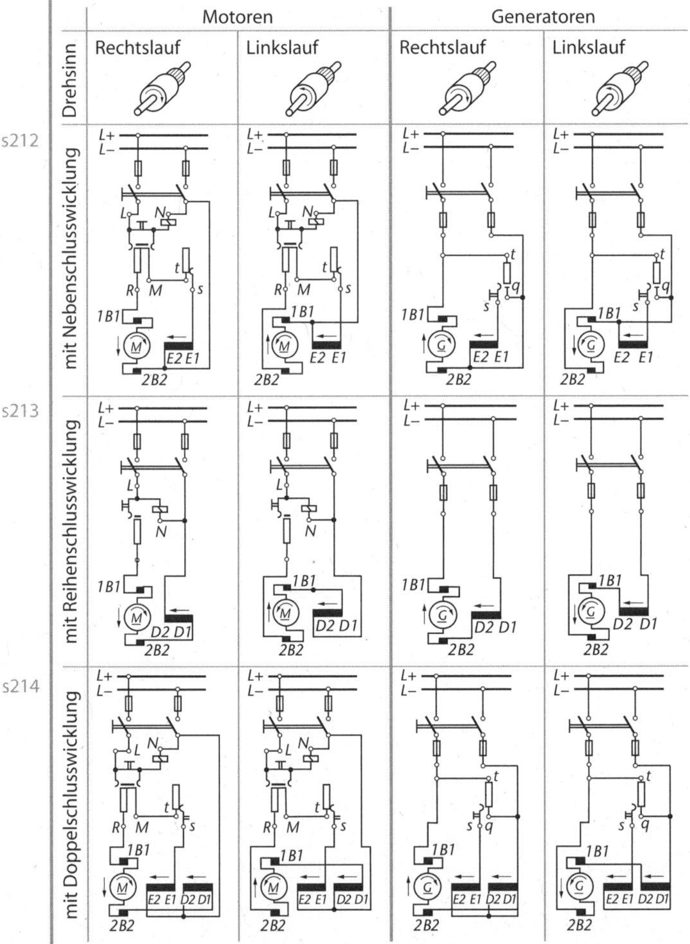

Motoren
Generatoren
Drehsinn
Rechtslauf
Linkslauf
Rechtslauf
Linkslauf
s212
mit Nebenschlusswicklung
s213
mit Reihenschlusswicklung
s214
mit Doppelschlusswicklung
L+
L–
L
N
R
M
t
s
q
1B1
2B2
E2 E1
D2 D1
M
G

Dreiphasenmotor

Synchrone Umdrehungsfrequenz (Synchrondrehzahl)

Je nach Anzahl p der Polpaare wird bei Frequenz f die

s215 Synchrone Umdrehungsfrequenz $n_s = \frac{f}{p} = \frac{60 f\,\text{s}}{p} \cdot \frac{1}{\text{min}}$

Schaltung

Sind sämtliche Wicklungsanfänge und -enden am Motorklemmenbrett zugänglich, so lassen sich die Dreiphasenmotoren sowohl im Stern als auch im Dreieck schalten.

Strangspannung

im Stern	im Dreieck
s216 $U_{Str} = \frac{U}{\sqrt{3}}$	$U_{Str} = U$

Ein Motor mit der Bezeichnung 690/400 V hat seine Nenndaten von Strom, Moment und Leistung bei Anschluss an

s217 $U = 400\,\text{V}$ im Dreieck, dann $U_{Str} = U = 400\,\text{V}$

s218 $U = 690\,\text{V}$ im Stern, dann $U_{Str} = \frac{U}{\sqrt{3}} = \frac{690\,\text{V}}{\sqrt{3}} = 400\,\text{V}$

Stern-Dreieckschaltung

Motoren größerer Leistung laufen meist im Dreieck. Zur Vermeidung von zu großen Einschaltströmen bei schwachen Netzen werden sie im Stern angelassen und dann auf Dreieck umgeschaltet. Wird z. B. ein Motor mit 690/400 V Nennspannung zunächst in Sternschaltung an ein Netz 400/230 V gelegt, so erhält er nur den $1/\sqrt{3}$-ten Teil seiner Nennstrangspannung.

Asynchronmotor

In der Wicklung des Läufers entstehen durch Induktion von seiten des Ständerdrehfeldes Spannung und Strom. Er wird daher auch Induktionsmotor genannt. Umdrehungsfrequenz etwa 3 ... 5 % kleiner (= Schlupf) als die des Drehfeldes; sie bleibt bei Belastung nahezu konstant.

Synchronmotor

Er braucht zur Erregung Gleichstrom und wird über einen Dämpferkäfig auf die synchrone Umdrehungsfrequenz (= Umdrehungsfrequenz des Drehfeldes) gebracht. Lässt sich ohne Weiteres auch als Generator verwenden.

Einphasenwechselstrommotor

Dreiphasenasynchronmotor, der nur über **zwei** Klemmen an das Wechselstromnetz angeschlossen ist. Betriebsverhalten wie Dreiphasenasynchronmotor (siehe S34), jedoch Leistung und max. Drehmoment nur etwa 2/3 so groß. Zum Anlaufen besondere Hilfswicklung bzw. Hilfseinrichtung mit zusätzlichem Widerstand oder Kondensatoren (siehe Bild) erforderlich, um gegenüber der Hauptwicklung eine örtliche und zeitliche Phasenverschiebung zu erzeugen und damit ein elliptisches Drehfeld zu erreichen. Nach dem Anlaufen werden diese Hilfen **ab**geschaltet, es wird dann auf den Betriebszustand **um**geschaltet.

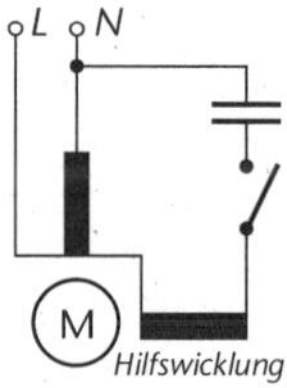

Änderung der Drehrichtung: Vertauschen der beiden Hilfs- oder Hauptwicklungsanschlüsse.

Einsatz: Bei kleinen Haushalts- und Bürogeräten.

Spaltpolmotor

Der Spaltpolmotor ist ein zweiphasiger Asynchronmotor. Hilfsphase umfasst Teil des Wechselfeldes und ist kurzgeschlossen. Mit dem dort entstehenden phasenverschobenen Teilfeld wird ein elliptisches Drehfeld erreicht, das den Kurzschlussläufer in Richtung vom Haupt- zum Spaltpol antreibt.

Anwendung: Ventilator, kurzzzeitiger Einsatz, Antrieb von Plattenspielern.

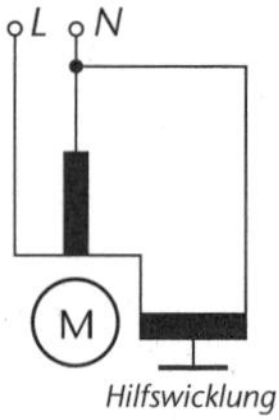

Universalmotoren

Kleine Reihenschlussmotoren mit Leistungen bis etwa 500 W werden in vollgeblechter Ausführung als Universalmotoren gleichsam für Gleich- oder einphasige Wechselstromspeisung ausgeführt. Lamellierter Ständer notwendig. Erreger- und Ankerwicklung liegen in Reihe, daher Drehrichtung <u>unabhängig</u> von Stromrichtung. Drehmoment/Drehzahlkennlinie ist der des Reihenschlussmotors (siehe S32) gleich.

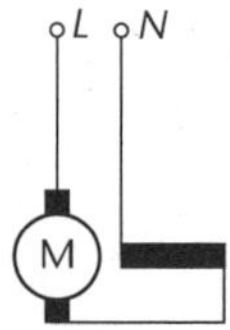

Änderung der Drehrichtung: Umpolen der Erreger- oder Ankerwicklung.

Einsatz: Bei kleinen Antrieben und Haushaltsgeräten.

Merkmal: Kleine Baugröße trotz höherer Umdrehungsfrequenz (Drehzahl).

Gebräuchliche Schaltgruppen für Transformatoren

	Bezeichnung		Zeigerbild		Schaltung		Übersetzung
	Kennzahl	Schaltgruppe	OS	US	OS	US	$U_1 : U_2$
	Dreiphasen-Leistungstransformatoren						
s219	0	D d 0					N_1/N_2
s220	0	Y y 0					N_1/N_2
s221	0	D z 0					$2N_1/(3N_2)$
s222	5	D y 5					$N_1/(\sqrt{3}N_2)$
s223	5	Y d 5					$\sqrt{3}N_1/N_2$
s224	5	Y z 5					$2N_1/(\sqrt{3}N_2)$
s225	6	D d 6					N_1/N_2
s226	6	Y y 6					N_1/N_2
s227	6	D z 6					$2N_1/(3N_2)$
s228	11	D y 11					$N_1/(\sqrt{3}N_2)$
s229	11	D d 11					$\sqrt{3}N_1/N_2$
s230	11	Y z 11					$2N_1/(\sqrt{3}N_2)$
	Einphasen-Leistungstransformatoren						
s231	0	I i 0					$\frac{N_1}{N_2}$

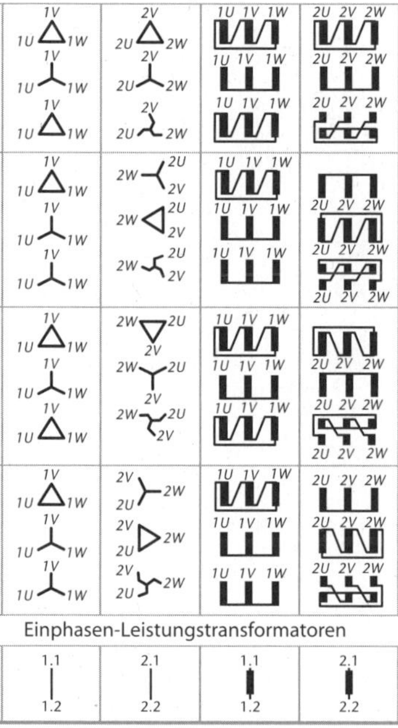

OS: Oberspannung | D d Dreieck | Y y Stern | – z Zickzack
US: Unterspannung

<u>Kennzahl</u> dient zur Berechnung des Verschiebungswinkels ($\varphi = \text{Kennzahl} \times 30^\circ$), der zwischen der Ober- und Unterspannung liegt, z. B. beträgt der Verschiebungswinkel bei Dy 5: $\varphi = 5 \times 30^\circ = 150^\circ$.

<u>Anmerkung:</u> Eingerahmte Schaltgruppen bevorzugen.

Die wichtigsten Messgeräte

Symbol	Art des Messwerks	Aufbau	Primär gemessene Größe	Skalenteilung	zur Messung von	
	Drehspul-Messwerk	Drehspule in radial-homogenem Dauermagnetfeld, 2 Spiralfedern oder 2 Spannbänder für Gegenmoment und Stromzuführung	Gleichwert (arithmetischer Mittelwert)	linear	—	I und U
	Drehspul-Messwerk mit Gleichrichter		Gleichrichtwert	≈ linear	~ 1)	I und U
	Kreuzspul-Messwerk	2 fest miteinander verbundene Spulen in inhomogenem Dauermagnetfeld, 2 Zuführungsbänder ohne Gegenmoment	$\frac{I_1}{I_2}$	nicht linear	— ~ 2)	$\frac{I_1}{I_2}$
	Drehspul-Messwerk mit Thermoumformer	Thermoelement mit Heizdraht verschweißt oder in engen Wärmekontakt gebracht. Thermospannung speist Drehspulmesswerk	Effektivwert	fast quadratisch	— 2) ~ 3)	I und U
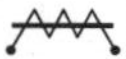	Dreheisen-Messwerk	1 drehbares und 1 festes Weicheisenstück, feste Spule, Spiralfeder für Gegenmoment	Effektivwert	nicht linear	— 2) ~ 4)	I und U
	Elektrodynamisches Messwerk	Drehspule, feste Spule, 2 Spiralfedern oder 2 Spannbänder für Gegenmoment und Stromzuführung, magnetische Abschirmung	$I_1 \cdot I_2 \cdot \cos \varphi$	quadratisch für I und U, linear für P	— ~ 2)	I, U, P und $\cos \varphi$
	Elektrostatisches Messwerk	Je eine feste und bewegliche Kondensatorplatte	Effektivwert	nicht linear	— ~ 2)	U ab 100 V

1) nur bei sinusförmigen Wechselgrößen
2) auch bei nicht sinusförmigen Wechselgrößen
3) auch bei Hochfrequenzgrößen
4) $f < 500$ Hz

Dauerstrombelastbarkeit I_Z

PVC-isoliert, nicht im Erdreich verlegte Cu-Leitungen und deren Absicherung bei Umgebungstemperaturen von 30 °C[1)]

Nenn-Querschnitt in mm²		1	1,5	2,5	4	6	10	16	25	35	50
Gruppe 1	I_Z in A	11	15	20	25	33	45	61	83	103	132
	I_n in A	6	10	16	20	25	35	50	63	80	100
Gruppe 2	I_Z in A	15	18	26	34	44	61	82	108	135	168
	I_n in A	10	10[2)]	20	25	35	50	63	80	100	125
Gruppe 3	I_Z in A	19	24	32	42	54	73	98	129	158	198
	I_n in A	20	20	25	35	50	63	80	100	125	160
Nenn-Cu-Draht-∅ in mm, ca.		1,1	1,4	1,8	2,3	2,8	3,6	mehradrig			

Gruppe 1: eine oder mehrere in Rohr verlegte einadrige Leitungen
Gruppe 2: mehradrige Leitungen (auch Stegleitungen)
Gruppe 3: einadrige frei in Luft verlegte Leitungen (Zwischenraum mindestens wie Drahtdurchmesser)

1) Bei abweichenden Umgebungstemperaturen verringert (erhöht) sich der I_Z-Wert um ca. 7 % je 5 K Temperaturerhöhung (-reduzierung). Maximum 50 °C nicht überschreiten!

2) Für Leitungen mit nur 2 belasteten Adern kann mit einer Überstromschutzeinrichtung (L) oder (gL) mit $I_n = 16$ A abgesichert werden.

Umschalter

Serienschalter	Wechselschalter	Wechsel- und Kreuzschalter
2 Verbraucher 1 Schaltstelle	1 Verbraucher 2 Schaltstellen	1 Verbraucher 3 Schaltstellen[3)]

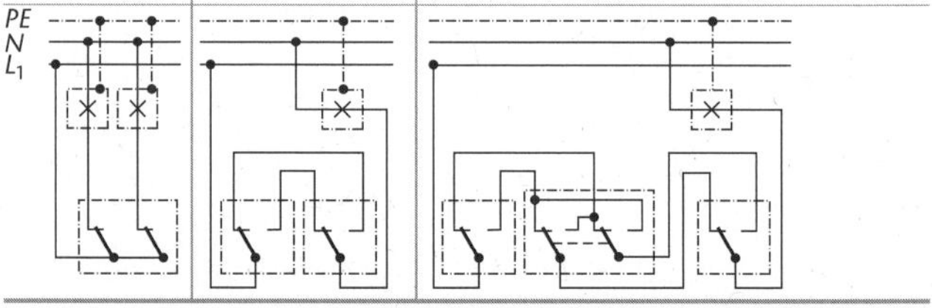

I_n: Nennstrom für Schmelzsicherungen Typ gL und Sicherungsautomaten Typ L
I_Z: Strombelastbarkeit der Leitung. Auch max. Einstellwert von Überstromschutzeinrichtungen Typ B, C oder K (wenn $I_n \leqq I_Z$).
L_1: Phase *N*: Nullleiter *PE*: Schutzleiter

3) Jede weitere Schaltstelle erfordert einen zusätzlichen Kreuzschalter.

Regelung

Vorbemerkung

Benennungen und Begriffsbestimmungen der nachfolgend aufgeführten Begriffe lehnen sich sehr stark an diejenigen der deutschen Ausgabe DIN IEC 60050-351 des internationalen Standards IEC 60050-351 (International Electrotechnical Vocabulary, Part 351 Control Technology, kurz IEV 351) an. Das Begriffswörterbuch IEV 351 beschreibt etwa 430 Begriffe der Regelungs- und Steuerungstechnik. Soweit die Benutzer dieser Formelsammlung sich noch über weitere als die in ihr erläuterten wichtigsten Begriffe der Regelungstechnik informieren möchten, können sie sich unter www.dke.de – bei DKE-IEV Online-Wörterbuch – den zu jedem Begriff gehörenden Ausschnitt (Benennung, Begriffsbestimmung, Anmerkungen jeweils in Deutsch, Englisch und Französisch) kostenlos aus dem IEV 351 herunterladen.

Man hat dabei zwei Möglichkeiten: Kennt man die den Begriff bezeichnende Benennung, kann man den Eintrag über „Suche in Benennungen" aufrufen, kennt man nur ein Stichwort oder einen Textausschnitt der Begriffsbestimmung, muss man über „Suche in Benennungen und Definitionen" gehen.

Durch Anklicken einer mit 351 beginnenden Eintragsnummer in der Trefferliste des Wörterbuchs kann man sich auch eine pdf-Datei des Bildteils des IEV 351 herunterladen. In ihm werden viele der dort behandelten Begriffe erläutert. Die verwendeten Formelzeichen sind die in der deutschen Ausgabe DIN EN 60027-6: 2008-04 des Internationelen Standard IEC 60027-6: 2007 vorgegebenen.

Die Regelung ist ein Vorgang, bei dem fortlaufend eine Größe, die Regelgröße (die zu regelnde Größe) erfasst, mit einer anderen Größe, der Führungsgröße, verglichen und im Sinne einer Angleichung an die Führungsgröße beeinflusst wird. Kennzeichen für das Regeln ist der geschlossene Wirkungsablauf, bei dem die Regelgröße im Wirkungsweg des Regelkreises fortlaufend sich selbst beeinflusst. (Wirkungsablauf siehe unten).

Funktionen, Größen und Sinnbilder zur Beschreibung des Verhaltens von Übertragungsgliedern und Systemen

Eingangsgröße u

Die Eingangsgröße u ist eine variable Größe, die auf das betrachtete System einwirkt, ohne selbst – durch den Anschluss des Systems an ihre Quelle – von ihm beeinflusst zu werden.

Ausgangsgröße v

Die Ausgangsgröße v ist eine erfassbare, von einem System erzeugte variable Größe, die nur von diesem und über das System von dessen Eingangsgrößen beeinflusst wird.

Verzögerungszeit τ, Zeitkonstante τ

Das P-T_1-Glied, Verzögerungsglied 1. Ordnung, ist eine Funktionseinheit mit dem Übertragungsverhalten

$$v(t) + \tau \dot{v}(t) = K_p u(t)$$ t1

Darin ist τ die Verzögerungszeit, die auch Zeitkonstante genannt wird. (Lösung dieser Differenzialgleichung siehe J4, J9).

Kennkreisfrequenz ω_0, Dämpfungsgrad ϑ

Das P-T_2-Glied, Verzögerungsglied 2. Ordnung, ist eine Funktionseinheit mit dem Übertragungsverhalten

$$v(t) + (2\vartheta / \omega_0)\dot{v}(t) + (1/\omega_0)^2 \ddot{v}(t) = K_p u(t)$$ t2

Darin ist ω_0 die Kennkreisfrequenz und ϑ der Dämpfungsgrad. (Lösung dieser Differenzialgleichung siehe J5, J11.)

Eigenkreisfrequenz ω_d

Die Eigenkreisfrequenz ω_d ergibt sich aus Kennkreisfrequenz ω_0 und Dämpfungsgrad ϑ durch nachstehende Formel:

$$\omega_d = \omega_0 \cdot \sqrt{1 - \vartheta^2}$$ t3

Sprungantwort

Die Sprungantwort ist der zeitliche Verlauf der Ausgangsgröße eines Übertragungsglieds bei einer Sprungfunktion als Eingangsgröße (siehe Bild 1).

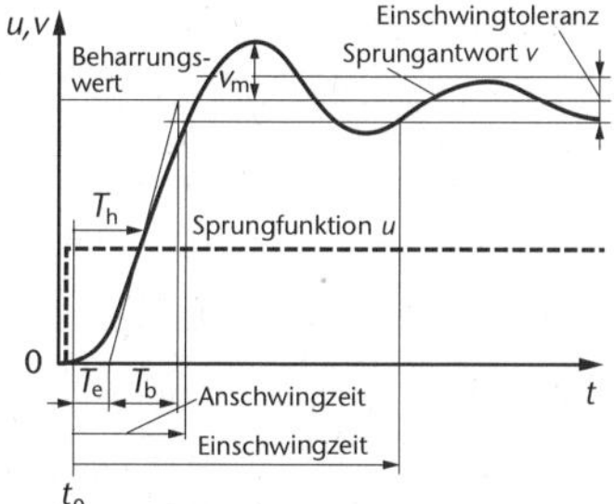

Sprungantwort eines Übertragungsglieds **Bild 1**

Verzugszeit T_e

Die Verzugszeit T_e ist die Zeitspanne, die durch den Zeitpunkt t_0 und den Schnittpunkt der ersten Wendetangente der Sprungantwort mit der Abszissenachse bestimmt ist (siehe Bild 1).

Ausgleichszeit T_b

Die Ausgleichszeit T_b ist die Zeitspanne, die durch die Schnittpunkte der ersten Wendetangente der Sprungantwort mit der Abszissenachse und der Abszissenparallelen durch den Beharrungswert bestimmt ist (siehe Bild 1).

Überschwingweite v_m

Die Überschwingweite v_m ist die größte Abweichung der Sprungantwort vom Beharrungswert nach dem erstmaligen Überschreiten einer der Grenzen der Einschwingtoleranz (siehe T2 Bild 1).

Anstiegsantwort

Die Anstiegsantwort ist der zeitliche Verlauf der Ausgangsgröße bei einer Anstiegsfunktion vorgegebener Änderungsgeschwindigkeit als Eingangsgröße.

t4 $$u_r(t) = \frac{U_0}{T_r} r(t)$$

t5 $$= \frac{U_0}{T_r} \int_0^t \varepsilon(t)\,\mathrm{d}t = \frac{U_0}{T_r} t\,\varepsilon(t)$$

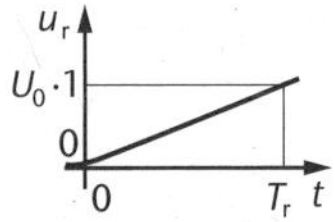

Anstiegsfunktion ***Bild 2***

Dabei ist T_r die Anstiegszeit und $\varepsilon(t)$ die Einheitssprungfunktion:

t6 $$\varepsilon(t) = \begin{cases} 0 & \text{für } t < 0 \\ 1 & \text{für } t \geqq 0 \end{cases}$$

Übergangsfunktion

Wird die Sprungantwort durch Quotientenbildung auf die Sprunghöhe der Eingangsgröße bezogen, entsteht die **bezogene** Sprungantwort, genannt Übergangsfunktion $h(t)$; sie charakterisiert das dynamische Verhalten des Übertragungsglieds. Übergangsfunktionen der wichtigsten Übertragungsglieder siehe T15 … T18.

Übertragungsfunktion G

Die Übertragungsfunktion G ist der Quotient aus der Laplace-Transformierten $v(s)$ der Ausgangsgröße und der Laplace-Transformierten $u(s)$ der Eingangsgröße des Übertragungsglieds. Übertragungsfunktionen der wichtigsten Übertragungsglieder siehe T15 … T18.

Frequenzgang $G(\mathrm{j}\omega)$

Der Frequenzgang $G(\mathrm{j}\omega)$ ist das Verhältnis des Zeigers der sinusförmigen Ausgangsgröße eines Übertragungsglieds zum Zeiger der angelegten sinusförmigen Eingangsgröße des Übertragungsglieds im periodisch stationären Verhalten in Abhängigkeit von der Kreisfrequenz ω oder der Frequenz f; ($\mathrm{j} = \sqrt{-1}$, siehe D29).

Betragsgang (Amplitudengang) $|G(\mathrm{j}\omega)|$

Der Betragsgang $|G(\mathrm{j}\omega)|$ ist der Betrag des Frequenzgangs $G(\mathrm{j}\omega)$ in Abhängigkeit von der Kreisfrequenz ω.

Phasengang $\arg G(\mathrm{j}\omega) = \varphi(\omega)$

Der Phasengang ist der Phasenwinkel $\arg G(\mathrm{j}\omega)$ des Frequenzgangs $G(\mathrm{j}\omega) = \varphi(\omega)$ in Abhängigkeit von der Kreisfrequenz ω.

Frequenzkennlinien (Bode-Diagramm)

Betragsgang (logarithmisch oder in dB) und Phasengang (proportional), gemeinsam grafisch dargestellt in Abhängigkeit von dem logarithmisch abgebildeten Wert der Kreisfrequenz ω oder der normierten Kreisfrequenz ω/ω_1, bilden die Frequenzkennlinien (Bode-Diagramm).

Eckkreisfrequenz ω_i

Die Eckkreisfrequenz ω_i ($i = 1, 2, 3, \ldots$) ist die Kreisfrequenz, bei der der Asymptotenzug des Betragsgangs im Bode-Diagramm um ein ganzzahliges Vielfaches von 20 dB je Dekade nach unten oder oben abknickt.

Der Wirkungsplan

Der Wirkungsplan ist die sinnbildliche Darstellung der Gesamtheit aller Wirkungen in einem betrachteten System.

Elemente des Wirkungsplans

Elemente des Wirkungsplans sind die Wirkungslinie, der Block, die Additionsstelle und die Verzweigungsstelle.

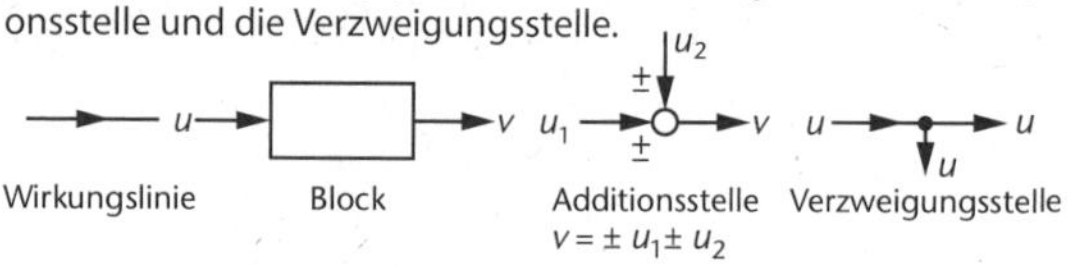

Bild 3

u, u_1, u_2 : verursachende Größen
v : beeinflusste Größe

Grundstrukturen des Wirkungsplans

Grundstrukturen des Wirkungsplans sind die Reihen-, Parallel- und Kreisstruktur.

Regeln für die Additionsstelle im Wirkungsplan

Eine Additionsstelle hat genau eine abgehende Wirkungslinie (Ausgangsgröße).

Die Vorzeichen stehen in Pfeilrichtung gesehen rechts neben der jeweiligen Wirkungslinie. Das Minuszeichen bleibt dabei jedoch stets ein vom Betrachter aus gesehen waagerechter Strich; es wird nicht hoch- oder schräggestellt.

Regeln für die Darstellung eines Systems durch einen Wirkungsplan

Jede Systemgleichung wird nur einmal im Wirkungsplan dargestellt.

Eine Negierung (Umpolung, Vorzeichenumkehr) muss an einer vorhandenen oder zusätzlich eingefügten Additionsstelle dargestellt werden und darf nicht im Koeffizienten eines Blocks versteckt sein.

Im Wirkungsplan eines passiven Systems tritt keine Mitkopplung auf (siehe t13).

Bei der abschließenden Umzeichnung des Wirkungsplans in eine übersichtliche Form legt man den kürzesten Weg (Vorwärtsweg) zwischen Eingangsgröße (links oben) und Ausgangsgröße (rechts oben) in eine gerade waagerechte Linie.

Soweit als möglich vermeidet man Differenzierglieder. Dazu stellt man die zur betreffenden Schleife gehörenden Gleichungen um.

Bestandteile des Regelkreises und darin auftretende Größen

Bild 4 zeigt den typischen Wirkungsplan einer Regelung mit seinen verschiedenen Funktionseinheiten.

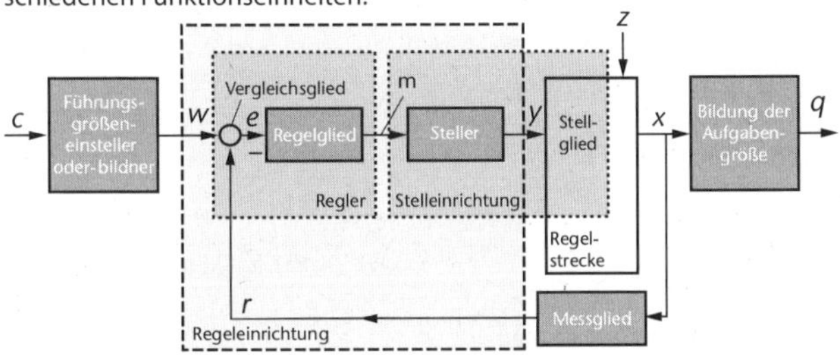

Typischer Wirkungsplan einer Regelung *Bild 4*

Regelstrecke

Die Regelstrecke ist der aufgabengemäß zu beeinflussende Teil des Regelkreises.

Messort der Regelgröße, Regelgröße x

Der Messort der Regelgröße ist der Ort der Regelstrecke, an dem der Wert der Regelgröße x erfasst wird (siehe Bild 4). Die Regelgröße x ist diejenige Größe der Regelstrecke, die zum Zwecke des Regelns erfasst und über das Messglied der Regeleinrichtung zugeführt wird. Sie ist die Ausgangsgröße der Regelstrecke und Eingangsgröße des Messglieds.

Bildung der Aufgabengröße, Aufgabengröße q

Die Aufgabengröße q ist die Größe, die zu beeinflussen Aufgabe der Regelung ist. Ist sie leicht messtechnisch erfassbar, wird sie zugleich Regelgröße x und dann über das Messglied zum Vergleichsglied zurückgeführt. Nur wenn sie messtechnisch nicht oder nur mit großem Aufwand erfassbar ist, tritt sie als selbstständige Größe neben der Regelgröße auf.

Im in Bild 4 – Typischer Wirkungsplan einer Regelung – dargestellten Fall erfolgt die Bildung der Aufgabengröße q aus der Regelgröße x. Dies geschieht meistens im räumlichen Anschluss an die Regelstrecke. Hier tritt die Aufgabengröße außerhalb des Regelkreises auf. Bei ihrer Bildung einwirkende Störgrößen können nicht ausgeregelt werden.

Beispiel:

Aufgabengröße:	Temperatur des Kochguts in einem Kochtopf.
Regelgröße:	Temperatur der Kochplatte.

Die Aufgabengröße q kann auch innerhalb der Regelstrecke und damit innerhalb des Regelkreises auftreten. In diesem Falle wird die Regelgröße aus der Aufgabengröße gebildet. Dabei einwirkende Stößgrößen können ausgeregelt werden.

Beispiel:

Aufgabengröße:	Mischungsverhältnis zweier Flüssigkeiten.
Regelgröße:	spezifischer elektrischer Widerstand.

Messglied, Rückführgröße r

Das Messglied ist die Gesamtheit aller zum Aufnehmen, Weitergeben, Anpassen und Ausgeben von Größen bestimmten Funktionseinheiten (siehe Bild 4). Die Rückführgröße r ist die Größe, die aus der Messung der Regelgröße x hervorgeht.

Führungsgrößeneinsteller, Führungsgröße w

Der Führungsgrößeneinsteller ist eine Funktionseinheit, die aus der von Hand eingestellten oder von einem Programm oder einem übergeordneten Regelkreis vorgegebenen Zielgröße c die Führungsgröße w bildet (siehe Bild 4).

Die Führungsgröße w wird von der betreffenden Regelung nicht beeinflusst; die Ausgangsgröße der Regelung soll ihr in der vorgegebenen Abhängigkeit folgen.

Hinweis: Häufig sind Zielgröße und Führungsgröße identisch.

Führungsgrößenbildner, Zielgröße c

Der Führungsgrößenbildner ist eine Funktionseinheit, die bei Anlegen einer Zielgröße c am Eingang eine daraus abgeleitete Führungsgröße w am Ausgang in der Weise bildet, dass kritische Grenzwerte der Führungsgröße – oder von deren zeitlicher Ableitung – oder einer anderen Prozessgröße nicht überschritten werden (siehe Bild 4). Die Zielgröße c wird von außen vorgegeben und von der betreffenden Regelung nicht beeinflusst; die Aufgabengröße der Regelung soll ihr in der vorgegebenen Abhängigkeit folgen.

Regelungstechnik

Begriffe der Regelungstechnik

Vergleichsglied, Regeldifferenz e

Das Vergleichsglied ist eine Funktionseinheit, die die Regeldifferenz e aus der Führungsgröße w und der Rückführgröße r bildet (Bild 4). Die Regeldifferenz e ist die Differenz zwischen Führungsgröße w und Rückführgröße r.

$e = w - r$ t8

Regelglied, Regler, Reglerausgangsgröße m

Das Regelglied ist eine Funktionseinheit, die aus der vom Vergleichsglied zugeführten Regeldifferenz e als Eingangsgröße die Ausgangsgröße y_m des Reglers so bildet, dass im Regelkreis die Regelgröße x – auch beim Auftreten von Störgrößen – der Führungsgröße w so schnell und genau wie möglich oder erforderlich nachgeführt wird (siehe Bild 4). Der Regler besteht aus Vergleichsglied und Regelglied (siehe Bild 4). Die Reglerausgangsgröße m ist die Eingangsgröße der Stelleinrichtung.

Steller

Der Steller ist eine Funktionseinheit, die aus der Reglerausgangsgröße m die zur Aussteuerung des Stellglieds erforderliche Stellgröße y bildet (siehe Bild 4).

Stellglied, Stellgröße y

Das Stellglied ist eine am Eingang der Strecke angeordnete zur Regelstrecke gehörende Funktionseinheit, die in den Massenstrom oder Energiefluss eingreift. Ihre Eingangsgröße ist die Stellgröße y (siehe Bild 4). Diese überträgt die steuernde Wirkung der Einrichtung auf die Regelstrecke.

Stelleinrichtung

Die Stelleinrichtung besteht aus Steller und Stellglied (siehe Bild 4).

Regeleinrichtung

Die Regeleinrichtung ist jener Teil des Wirkungswegs, der die aufgabengemäße Beeinflussung der Regelstrecke über das Stellglied bewirkt; das Stellglied wird der Strecke zugeordnet (siehe Bild 4).

Stellort

Der Stellort ist der Angriffspunkt der Stellgröße y (siehe Bild 4).

Störort, Störgröße z

Der Störort ist der Angriffspunkt einer Störgröße z, die von außen wirkt und die die beabsichtigte Beeinflussung in der Regelung beeinträchtigt (siehe Bild 4).

Größen und Funktionen zur Beschreibung des dynamischen Verhaltens von Regelkreisen

Kreisübertragungsfunktion G_0

Die Kreisübertragungsfunktion G_0 ist das Produkt der Übertragungsfunktionen aller in Reihenschaltung liegenden Glieder eines Regelkreises oder einer Schleife.

t9 *Beispiel*:

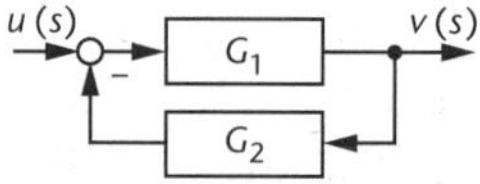

$G_0 = G_1 \cdot G_2$

Kreisverstärkung K_o

Die Kreisverstärkung K_o ist der Wert der Kreisübertragungsfunktion G_0 im Wert null der Laplace-Variablen s. Dieser Begriff ist nur auf Regelkreise und Schleifen **ohne** I-Verhalten anwendbar. Je größer die Kreisverstärkung, um so genauer ist die Regelung.

Regelfaktor R

Der Regelfaktor R ist der Kehrwert der um eins vergrößerten Kreisverstärkung K_o.

t10 $$R = 1/(1 + K_o)$$

Durchtrittskreisfrequenz ω_c

Die Durchtrittsfrequenz ω_c ist diejenige Kreisfrequenz, bei der der Betragsgang (Amplitudengang) des aufgeschnittenen Regelkreises den Wert Eins annimmt.

Phasenschnittkreisfrequenz ω_π

Die Phasenschnittkreisfrequenz ω_π ist diejenige Kreisfrequenz, bei der der Phasengang des aufgeschnittenen Regelkreises den Wert $-180°$ annimmt.

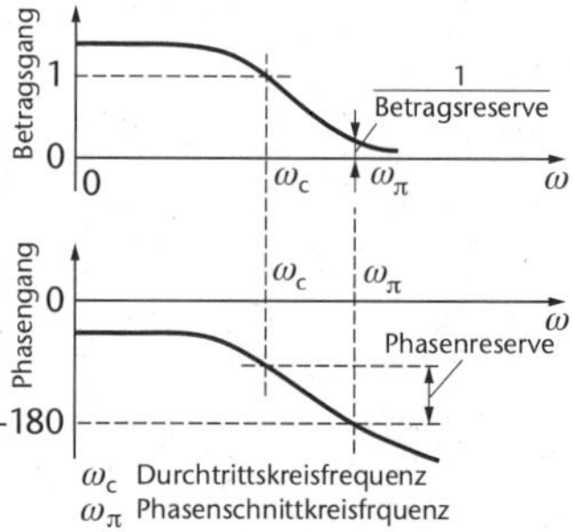

Darstellung von Betrags-und Phasengang (nicht logarithmisch) eines aufgeschnittenen Regelkreises

Bild 5

Phasenreserve φ_m

Die Phasenreserve φ_m ist die Differenz des Phasengangs des aufgeschnittenen Regelkreises zu $-180°$ bei der Durchtrittskreisfrequenz ω_c. Die im Regelkreis erforderliche Vorzeichenumkehr bleibt unberücksichtigt.

Betragsreserve G_m

Die Betragsreserve G_m ist der reziproke Wert des Betragsgangs (Amplitudengangs) des aufgeschnittenen Regelkreises bei der Phasenschnittkreisfrequenz ω_π.

Anregelzeit T_{cr}

Die Anregelzeit T_{cr} ist die Zeitspanne, die beginnt, wenn der Wert der Regelgröße x nach einem Sprung der Führungsgröße w oder einer Störgröße z einen vorgegebenen Toleranzbereich der Regelgröße verlässt, und die endet, wenn er in diesen Bereich erstmals wieder eintritt (siehe Bilder 6 + 7).

Bild 6

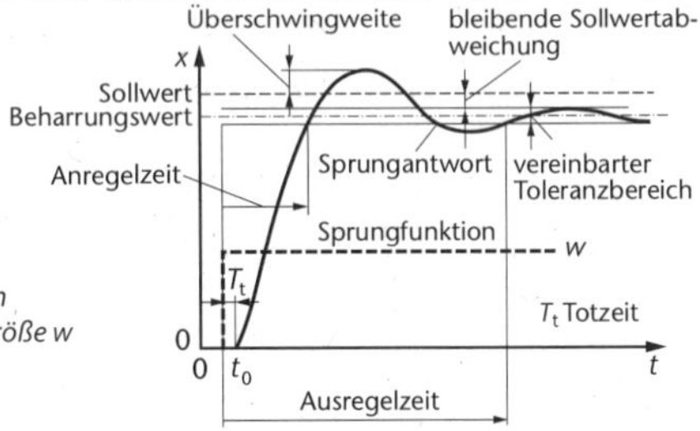

Zeitliche Änderung der Regelgröße nach einem Sprung der Führungsgröße w

Beim Sprung der Führungsgröße verlagert sich der Toleranzbereich der Regelgröße sprungartig.

Überschwingweite x_m **der Regelgröße**

Die Überschwingweite x_m der Regelgröße x ist die größte vorübergehende Sollwertabweichung während des Übergangs von einem Beharrungszustand in einen neuen nach einer sprungförmigen Änderung der Führungsgröße w oder einer Störgröße z (siehe Bild 7).

Bild 7

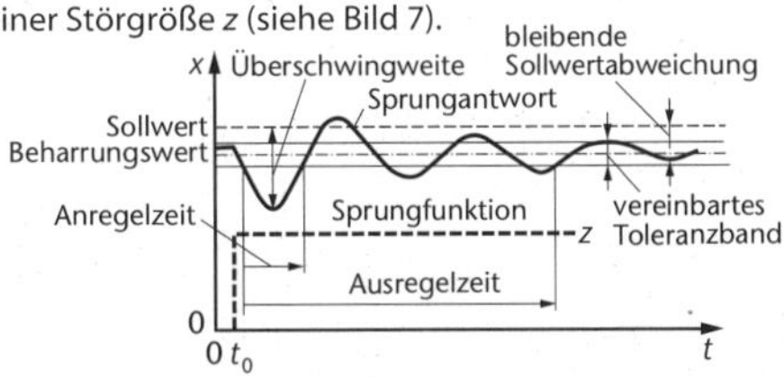

Zeitliche Änderung der Regelgröße nach einem Sprung der Störgröße z

Ausregelzeit T_{cs}

Die Ausregelzeit T_{cs} ist die Zeitspanne, die beginnt, wenn der Wert der Regelgröße x nach einem Sprung der Führungsgröße w oder einer Störgröße z einen vorgegebenen Toleranzbereich der Regelgröße verlässt, und die endet, wenn er in diesen Bereich zum dauernden Verbleib wieder eintritt (siehe Bilder 6 + 7).

Regeln zur Ermittlung der Übertragungsfunktion für den gesamten Regelkreis

Die Gesamtübertragungsfunktion wird aus den Übertragungsfunktionen der einzelnen Übertragungsglieder gebildet.

Serienschaltung

t11 $G = G_1 \cdot G_2$

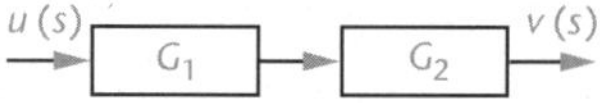

Parallelschaltung

t12 $G = G_1 + G_2$

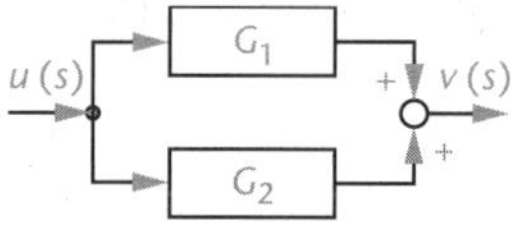

Rückführungsregel

t13 $G = \dfrac{G_1}{1 + G_1 \cdot G_2}$

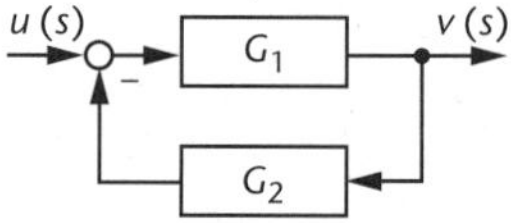

Bemerkungen zur Rückführungsregel:

Im Nenner von G steht das dem Vorzeichen an der Additionsstelle im Wirkungsplan entgegengesetzte Vorzeichen.

Bei "+"-Vorzeichen der Rückführung an der Additionsstelle spricht man von Mitkopplung.

Bei "−"-Vorzeichen der Rückführung an der Additionsstelle spricht man von Gegenkopplung.

Enthalten G_1 und/oder G_2 auch Vorzeichenumkehrungen, liegt eine Gegenkopplung (Mitkopplung) vor, wenn die Anzahl der Vorzeichenumkehrungen in der gesamten Schleife ungerade (gerade) ist.

Sonderfall: $G_2 = 1$ (direkte Rückführung).

t14 $G = \dfrac{G_1}{1 + G_1}$

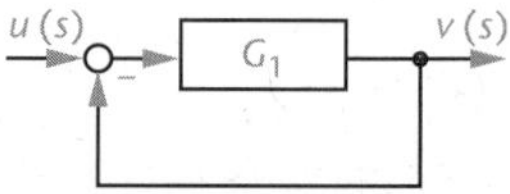

Erweiterte Rückführungsregel

Liegen zwischen den Verzweigungsstellen eines Wirkungsplans keine Additionsstellen, so lässt sich die Übertragungsfunktion G_{ges} für das gesamte System mit folgender Formel sehr einfach bestimmen:

t15 $$G_{ges} = \frac{v(s)}{u(s)} = \frac{G_{Vges}}{1 + \sum_{i=1}^{n} G_{0i}} \quad \text{mit} \quad G_{Vges} = \prod_{k=1}^{m} G_{Vk}$$

G_{0i} bedeutet dabei die Kreisübertragungsfunktion der einzelnen Regelkreise oder Schleifen im vorliegenden Wirkungsplan; dabei gehen G_{0i} von Mitkopplungsschleifen mit **negativem** Vorzeichen in die Summe im Nenner von G_{ges} ein.

t16 $$G_{Vges} = \prod_{k=1}^{m} G_{Vk}$$

ist das Produkt aller Übertragungsfunktionen der Übertragungsglieder, die **im Vorwärtsweg** liegen.

Überschneidungen von Wirkungslinien sind für die Anwendung der erweiterten Rückführungsregel unschädlich.

Beispiel:

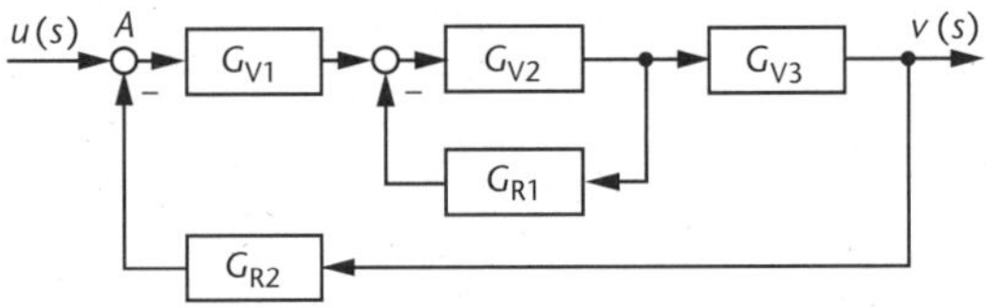

t17 $$G_{ges} = \frac{v(s)}{u(s)} = \frac{G_{V1} \cdot G_{V2} \cdot G_{V3}}{1 + G_{V2} \cdot G_{R1} + G_{V1} \cdot G_{V2} \cdot G_{V3} \cdot G_{R2}}$$

Bestimmung der Übertragungsfunktion nach der Rückbenennungs-Methode

Bei dieser wird – beginnend mit $v(s)$ am Ausgang – der Wirkungsplan in Richtung Eingangsgröße bzw. zur Bezugs-Additionsstelle A durchlaufen und die Laplace-Transformierte der jeweiligen Zeitfunktion vor und hinter den einzelnen Übertragungsgliedern ermittelt und markiert eingetragen. An der Bezugs-Additionsstelle A kann dann aus den dort bekannten Laplace-Transformierten G_{ges} berechnet werden.

Beispiel:

Zur Darstellung der Rückbenennungsmethode wird im nachfolgenden Beispiel die Laplace-Transformierte der jeweiligen Zeitfunktion an den Stellen ① bis ⑥ ermittelt.

t18 $$x_{\textcircled{4}}(s) = x_{\textcircled{3}}(s) + x_{\textcircled{2}}(s) = \left[\frac{1}{G_{V2} \cdot G_{V3}} + \frac{G_{V1}}{G_{V3}}\right] \cdot v(s); \qquad x_{\textcircled{3}}(s) = \frac{1}{G_{V2} \cdot G_{V3}} \cdot v(s)$$

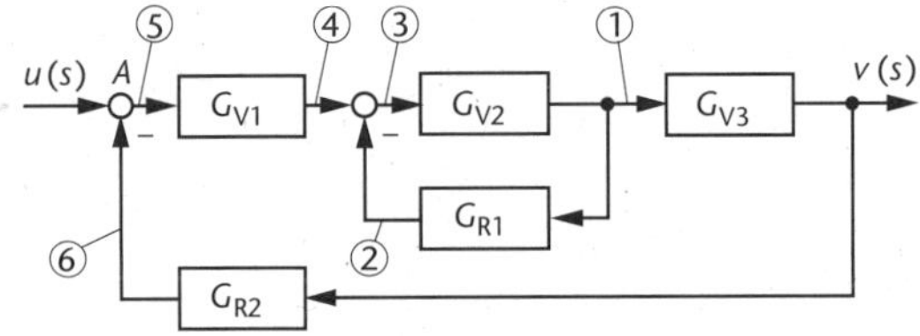

t19 $$x_{\textcircled{6}}(s) = G_{R2} \cdot v(s); \qquad x_{\textcircled{2}}(s) = \frac{G_{R1}}{G_{V3}} \cdot v(s)$$

t20 $$x_{\textcircled{5}}(s) = \frac{x_{\textcircled{4}}(s)}{G_{V1}} = \frac{1}{G_{V1}} \left[\frac{1}{G_{V2} \cdot G_{V3}} + \frac{G_{R1}}{G_{V3}}\right] \cdot v(s)$$

An der Bezugs-Additionsstelle *A* erhält man dann folgenden Zusammenhang:

t21 $u(s) - x_{\textcircled{6}}(s) = x_{\textcircled{5}}(s)$; $x_{\textcircled{6}}(s)$ und $x_{\textcircled{5}}(s)$ mit den oben gewonnenen Werten:

t22 $$u(s) - G_{R2} \cdot v(s) = \frac{1}{G_{V1}} \left[\frac{1}{G_{V2} \cdot G_{V3}} + \frac{G_{R1}}{G_{V3}}\right] \cdot v(s)$$

Durch Auflösung erhält man schließlich die unter t17 gewonnene Lösung:

t23 $$G_{ges} = \frac{v(s)}{u(s)} = \frac{G_{V1} \cdot G_{V2} \cdot G_{V3}}{1 + G_{V2} \cdot G_{R1} + G_{V1} \cdot G_{V2} \cdot G_{V3} \cdot G_{R2}}$$

Regeln für die Normalform der Übertragungsfunktion G

Die Normalform der Übertragungsfunktion ermöglicht es, den **Typ und die Kenndaten** des Übertragungsglieds **unmittelbar** abzulesen. Um eine Übertragungsfunktion in ihre Normalform umzurechnen, muss durch gezieltes Erweitern, Ausklammern und Zusammenfassen dafür gesorgt werden, dass **Zähler und Nenner** der Übertragungsfunktion **Polynome der Laplace-Variablen** s oder Produkte von Polynomen von s sind, in denen

a) **keine negativen Potenzen von** s mehr auftreten (das bedeutet u. a., dass weder Zähler noch Nenner der Übertragungsfunktion einen Bruch enthalten darf, in dessen Nenner s auftritt)

b) **die niedrigste Potenz von** s **den Koeffizienten eins** hat und

c) es kein gemeinsames Teilerpolynom gibt.

Beispiel:

t24
$$G_1 = \frac{v(s)}{u(s)} = a_0 \frac{(1 + a_1 s + a_2 s^2 + \ldots)(1 + c_1 s + c_2 s^2 + \ldots)(\ldots)}{(1 + b_1 s + b_2 s^2 + \ldots)(1 + d_1 s + d_2 s^2 + \ldots)(\ldots)}$$

Ausnahme: Beim Auftreten eines PI- oder PID-Faktors ist auch eine Form, in der dieser Faktor [im Beispiel $1/(T_i \cdot s) + 1$] erhalten bleibt, eine zugelassene Normalform.

Beispiel:

t25
$$G_2 = \frac{v(s)}{u(s)} = K_P \frac{1/(T_i s) + 1}{1 + \tau s} = \frac{K_P}{\tau_n s} \cdot \frac{1 + T_i s}{1 + \tau s}$$

Aus der Zusammenstellung der wichtigsten Übertragungsglieder (siehe T15 bis T18) lassen sich für diese vorstehende Umrechnung die folgenden Typbezeichnungen ablesen: (PI)-T_1 $\rightarrow$ I-(PD)-T_1.

Nachstehende Tabelle zeigt die verschiedenen Arten der Normalform:

Art der Normalform	Darstellung	Anwendung
Produktnormalform	Nenner und Zähler in Faktoren zerlegt	Arbeiten mit Bode-Diagramm und bei der Reihenstabilisierung von Regelkreisen
Summennormalform	Nenner und Zähler als Summen geschrieben	Hurwitz-Kriterium
Gemischte Normalform	Nenner so weit wie möglich oder sinnvoll in Faktoren zerlegt. Zähler als Summe	Ermittlung der Sprung- und Anstiegsantwort

Die Produktnormalform hat Vorrang vor den anderen Darstellungen, da diese durch Ausmultiplizieren der Produktnormalform ermittelt werden kann. Um spätere Kürzungen zu ermöglichen, sollen Klammerausdrücke – wenn überhaupt – so spät wie möglich ausmultipliziert werden.

Beispiel für die Bestimmung der Normalform einer Übertragungsfunktion (F = Kraft, b = Weg)

Für den nachstehenden Wirkungsplan gesucht:

t26 $$G = b(s)/F_k(s)$$

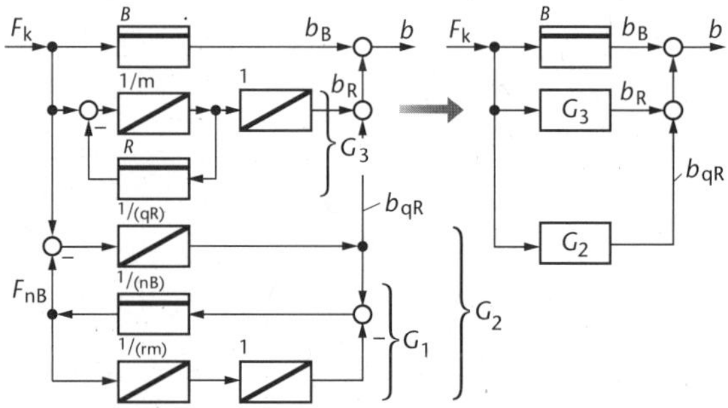

t27 Nacheinander werden $G_1 = F_{nB}(s)/b_{qR}(s)$

t28 $G_2 = b_{qR}(s)/F_k(s)$

t29 und $G_3 = b_R(s)/F_k(s)$

t30 ermittelt; hieraus $G = B + G_2 + G_3$

t31 $$G_1 = \frac{F_{nB}(s)}{b_{qR}(s)} = \frac{1/(nB)}{1 + 1/(nB) \cdot 1/(rms^2)} = \frac{rms^2}{1 + nrmBs^2}$$

t32 $$G_2 = \frac{b_{qR}(s)}{F_k(s)} = \frac{1/(qRs)}{1 + \dfrac{1}{qRs} G_1} = \frac{1}{qRs + G_1} = \frac{1}{qRs + \dfrac{rms^2}{1 + nrmBs^2}}$$

t33 $$= \frac{1 + nrmBs^2}{qRs\left[1 + nrmBs^2 + rms/(qR)\right]}$$

t34 $$G_3 = \frac{b_R(s)}{F_k(s)} = \frac{1/(ms)}{1 + R/(ms)} \cdot \frac{1}{s} = \frac{1}{Rs\left[1 + ms/R\right]}$$

t35 $$G = B + \frac{1}{Rs\left[1 + ms/R\right]} + \frac{1 + nrmBs^2}{qRs \cdot \left[1 + rms/(qR) + nrmBs^2\right]}$$

Aus dieser Darstellung von G ergibt sich, dass das System, das zu dem vorliegenden Wirkungsplan geführt hat, eine Parallelschaltung aus einem P-Glied (B), einem I-T_1-Glied (erster Bruch) und einem I-(PD)-T_2-Glied (zweiter Bruch) ist.

T 15 Regelungstechnik

Elementare Glieder
Verzögerungsglied 1. Ordnung

Kennzeichen / Symbol im Wirkungsplan	Zeitverhalten	*Struktur* Beispiele
P 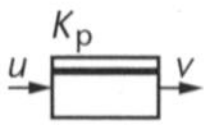	$v = K_P \cdot u$	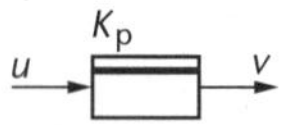 Proportionalglied
I 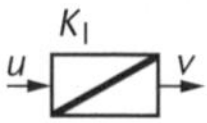	$v = K_I \int u \, dt$ $= K_I \int_0^t u \, dt + v(0)$ $\dot{v} = K_I \cdot u$	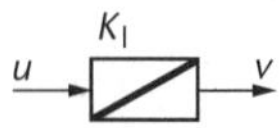 Integrierglied
D 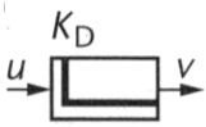	$v = K_D \cdot \dot{u}$ $\int v \, dt = K_D \cdot u$	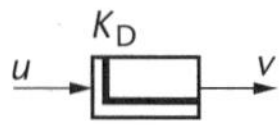 Differenzierglied
T_t 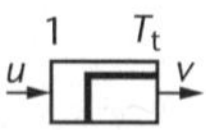	$v(t) = u(t - T_t)$	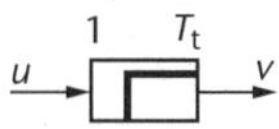 Totzeitglied
P-T_1 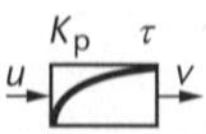	$v + \tau\dot{v} = K_P \cdot u$	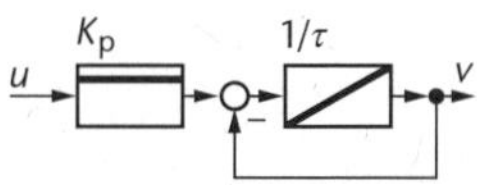

t36 ⋮ t43

Erläuterung der Formelzeichen siehe T36 und T37

t44 … t53

Übertragungsfunktion $G=$	Übergangsfunktion Gleichung $h(t) =$ / Diagramm
K_P	K_P 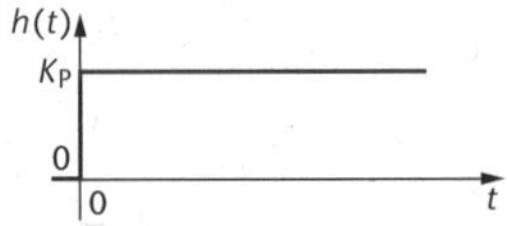
$K_I \cdot \frac{1}{s}$ ([h] = Einheit von h)	$K_I \cdot t$ 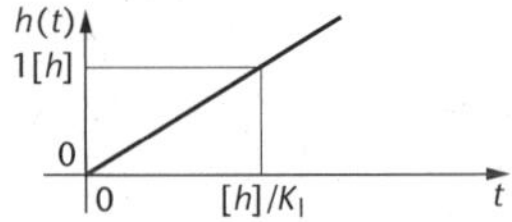
$K_D \cdot s$	$K_D \cdot \delta(t)$ 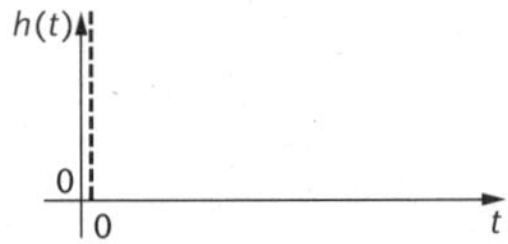
$e^{-T_t s}$	0 für $t < T_t$; 1 für $t > T_t$ 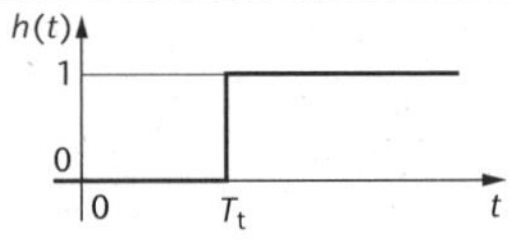
$\frac{K_P}{1 + \tau \cdot s}$	$K_P(1 - e^{-t/\tau})$ 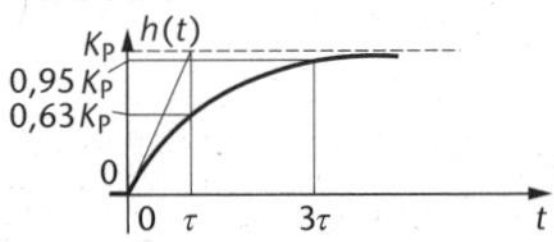

Erläuterung der Formelzeichen siehe T36 und T37

T16 Regelungstechnik

Verzögerungsglied 2. Ordnung
Parallelschaltungsglied PI

Kennzeichen / Symbol im Wirkungsplan	Zeitverhalten	*Struktur* Beispiele
P-T_2 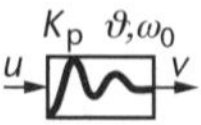	$\vartheta < 1$ $v + 2\frac{\vartheta}{\omega_0}\dot{v} + \left(\frac{1}{\omega_0}\right)^2 \ddot{v}$ $= K_P \cdot u$	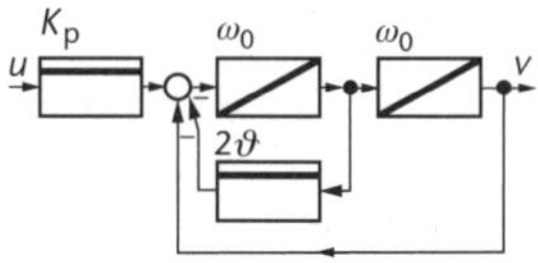
P-T_2 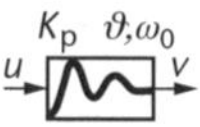	$\vartheta > 1$	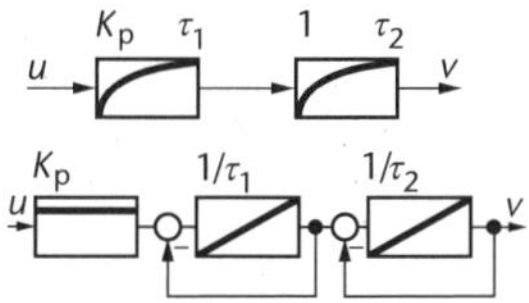
PI 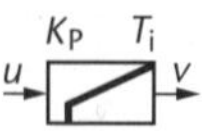	$v = K_I \int u \, dt + K_P \cdot u$ $= K_P \left(\frac{1}{T_i}\int u \, dt + u\right)$ mit $T_i = K_P / K_I$	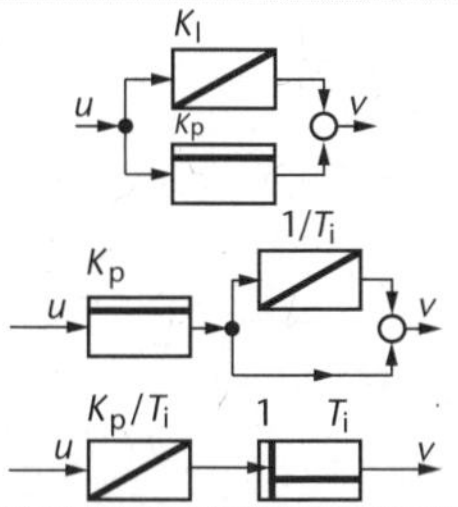

Erläuterung der Formelzeichen siehe T36 und T37

t54 ⋮ t58

Regelungstechnik

Verzögerungsglied 2. Ordnung
Parallelschaltungsglied PI

T16

<table>
<tr><th>Übertragungsfunktion
$G=$</th><th>Übergangsfunktion
Gleichung $h(t)=$
Diagramm</th></tr>
<tr><td>$\dfrac{K_P}{1+2\dfrac{\vartheta}{\omega_0}s+\left(\dfrac{1}{\omega_0}\right)^2\cdot s^2}$
$0<\vartheta<1$</td><td>$K_P\left[1-\dfrac{\omega_0}{\omega_d}e^{-\vartheta\omega_0 t}\cdot\cos(\omega_d t-\Theta)\right]$;
$\omega_d=\omega_0\sqrt{1-\vartheta^2}$; $\Theta=\text{Arcsin}\,\vartheta$; $0<\Theta<90^\circ$
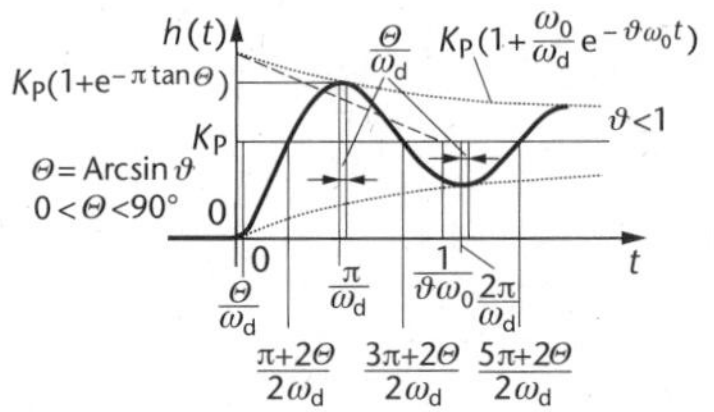
</td></tr>
<tr><td>t59
⋮
t68
$\dfrac{K_P}{(1+\tau_1 s)(1+\tau_2 s)}$
$\tau_{1,2}=\dfrac{1}{\omega_0}\left(\vartheta\pm\sqrt{\vartheta^2-1}\right)$
$\vartheta>1$</td><td>$K_P\left[1-\dfrac{1}{\tau_1-\tau_2}\left(\tau_1 e^{-\frac{t}{\tau_1}}-\tau_2 e^{-\frac{t}{\tau_2}}\right)\right]$
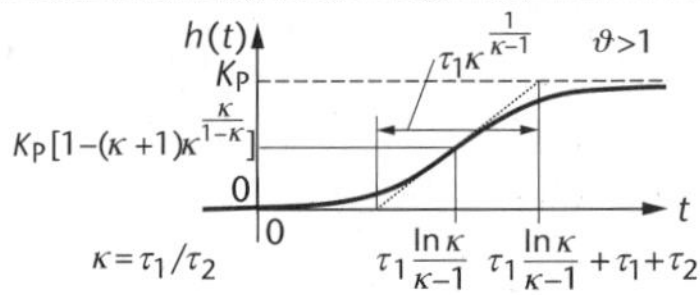
</td></tr>
<tr><td>$K_I\dfrac{1}{s}+K_P$
$K_P\left[\dfrac{1}{T_i\cdot s}+1\right]$
$\dfrac{K_P}{T_i\cdot s}(1+T_i\cdot s)$</td><td>$K_I t+K_P=K_P\left(1+\dfrac{t}{T_i}\right)$
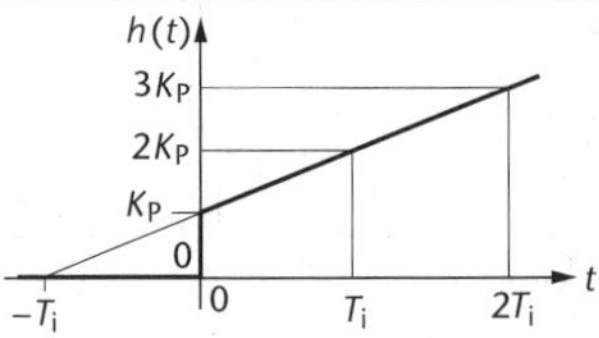
</td></tr>
</table>

Erläuterung der Formelzeichen siehe T36 und T37

T 17 Regelungstechnik

Parallelschaltungsglieder PD, PID
Reihenschaltungsglieder I-T_1 und D-T_1

Kennzeichen / Symbol im Wirkungsplan	Zeitverhalten	*Struktur* / Beispiele
PD 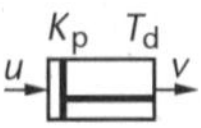	$v = K_P \cdot u + K_D \cdot \dot{u}$ $= K_P(u + T_d \cdot \dot{u})$ $T_d = \frac{K_D}{K_P}$	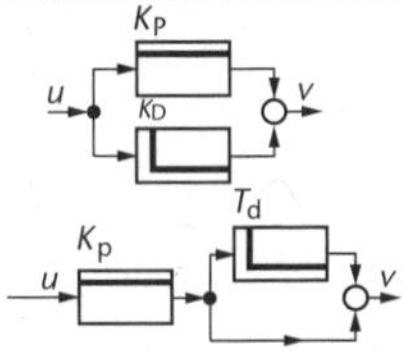
PID 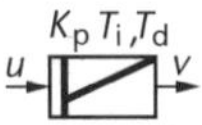	$v = K_I \int u\,dt + K_P \cdot u + K_D \cdot \dot{u}$ $= K_P \left[\frac{1}{T_i}\int u\,dt + u + T_d \cdot \dot{u}\right]$ $T_i = \frac{K_P}{K_I}; \quad T_d = \frac{K_D}{K_P}$	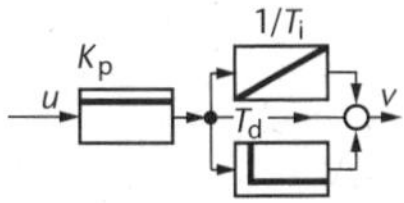 $T_i \geqq 4T_d$ 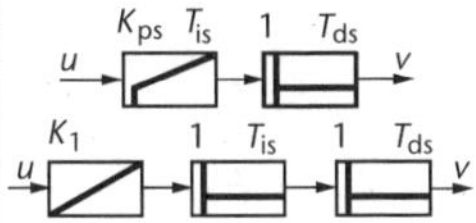
I-T_1 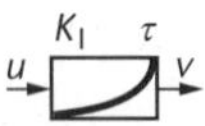	$v + \tau\dot{v} = K_I \int u\,dt$	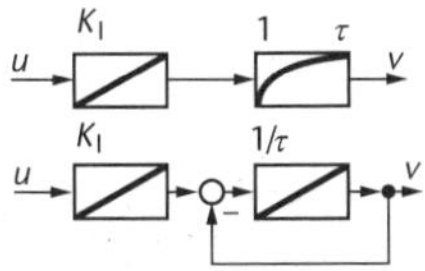
D-T_1 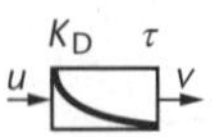	$v + \tau\dot{v} = K_D \cdot \dot{u}$	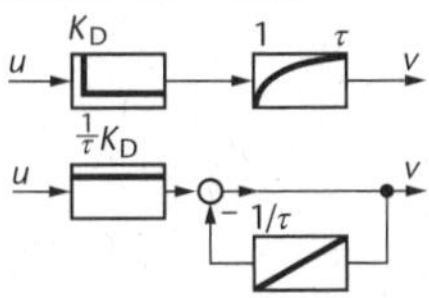

t69 ⋮ t67

Erläuterung der Formelzeichen siehe T36 und T37

Regelungstechnik

Parallelschaltungsglieder PD, PID
Reihenschaltungsglieder I-T_1 und D-T_1

T 17

Übertragungsfunktion $G=$	Übergangsfunktion Gleichung $h(t)=$ / Diagramm
$K_P + K_D \cdot s$ $K_P(1 + T_d \cdot s)$	$K_P + K_D \delta(t)$ 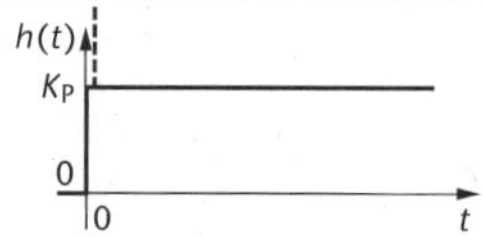
t77 ⋮ t93 $K_I/s + K_P + K_D \cdot s$ $K_P\left[\frac{1}{T_i \cdot s} + 1 + T_d \cdot s\right]$ $0 < T_i/T_d < \infty$ $K_{Ps}\left(\frac{1}{T_{is} \cdot s} + 1\right)(1 + T_{ds} \cdot s)$ $K_I/s \cdot (1 + T_{is} \cdot s)(1 + T_{ds} \cdot s)$ $T_{is} = \frac{1}{2} T_i\left(1 + \sqrt{1 - 4T_d/T_i}\right)$ $T_{ds} = \frac{1}{2} T_i\left(1 - \sqrt{1 - 4T_d/T_i}\right)$ $K_{Ps} = K_I \cdot T_{is}$	$K_I t + K_P + K_D \delta(t) = K_P\left[\frac{t}{T_i} + 1 + T_d \delta(t)\right]$ für $0 < \frac{T_i}{T_d} < \infty$ $K_I\left[t + T_{is} + T_{ds} + T_{is} \cdot T_{ds} \delta(t)\right]$ 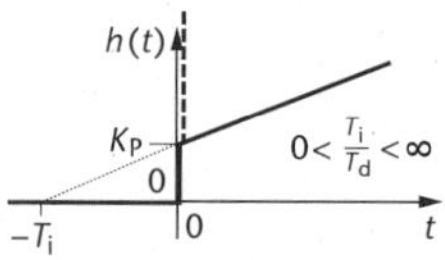
$\frac{K_I}{s(1 + \tau \cdot s)}$	$K_I(t - \tau + \tau \cdot e^{-t/\tau})$ 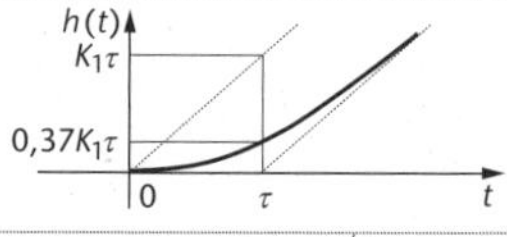
$\frac{K_D \cdot s}{1 + \tau \cdot s}$	$K_D(1/\tau)e^{-t/\tau}$ 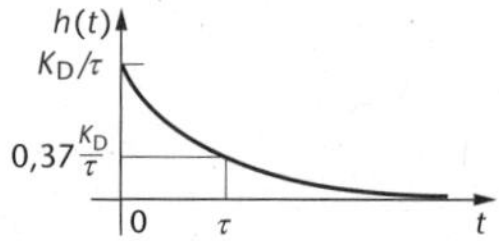

Erläuterung der Formelzeichen siehe T36 und T37

Regelungstechnik

Reihenschaltungsglied
Gruppenschaltungsglieder (PD)-T_1 und (PID)-T_1

Kennzeichen / Symbol im Wirkungsplan	Zeitverhalten	*Struktur* / Beispiele
D-T_2 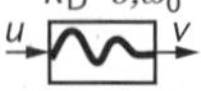	$v + 2\frac{\vartheta}{\omega_0}\dot{v} + \left(\frac{1}{\omega_0}\right)^2 \ddot{v} = K_D \cdot \dot{u}$	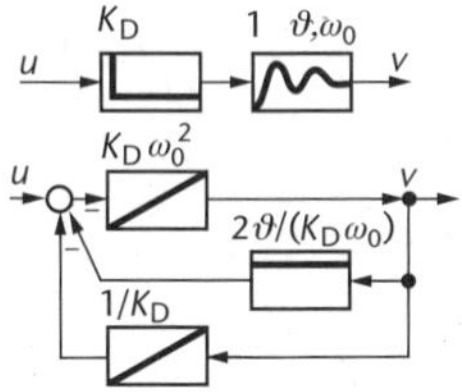
(PD)-T_1 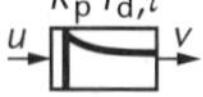	$v + \tau\dot{v} = K_P \cdot u + K_D \cdot \dot{u}$ $= K_P\left[u + T_d \cdot \dot{u}\right]$ $T_d = \frac{K_D}{K_P}$	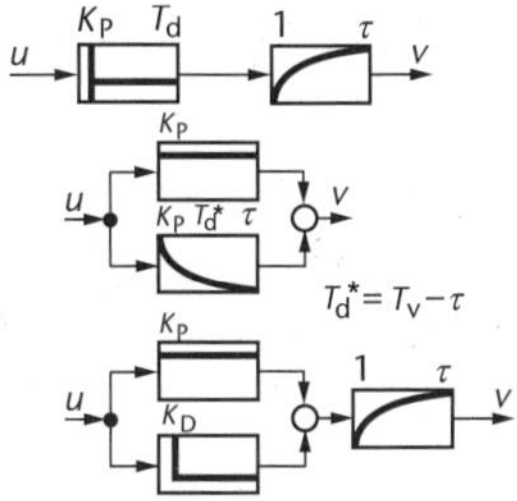
(PID)-T_1 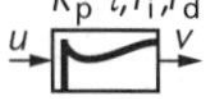	$v + \tau\dot{v} = K_I\int u\,dt + K_P \cdot u + K_D \cdot \dot{u}$ $= K_P\left[\frac{1}{T_i}\int u\,dt + u + T_d \cdot \dot{u}\right]$ $T_d = \frac{K_D}{K_P}$	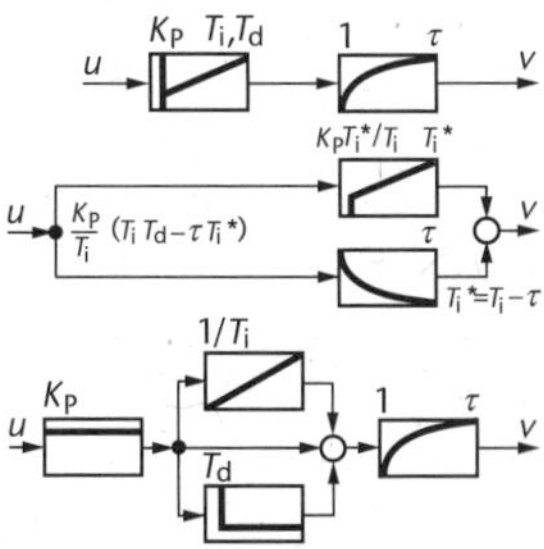

t94 ⋮ t101

Erläuterung der Formelzeichen siehe T36 und T37

Regelungstechnik

Reihenschaltungsglied
Gruppenschaltungsglieder (PD)-T_1 und (PID)-T_1

T18

Übertragungsfunktion $G=$	Übergangsfunktion Gleichung $h(t)=$ / Diagramm
$\frac{K_D \cdot s}{1+2\frac{\vartheta}{\omega_0}s+\left(\frac{1}{\omega_0}\right)^2 s^2}$	$K_D\frac{\omega_0^2}{\omega_d}\cdot e^{-\vartheta\omega_0 t}\cdot\sin(\omega_d t);\quad \omega_d=\omega_0\sqrt{1-\vartheta^2}$ 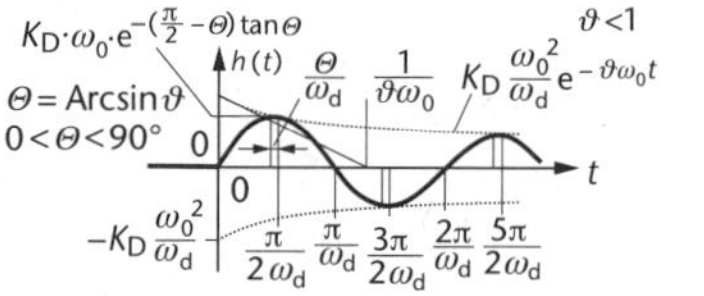
t102 ⋮ t114 $\frac{K_P+K_D\cdot s}{1+\tau\cdot s}=K_P\frac{1+T_d\cdot s}{1+\tau\cdot s}$ $=K_P+K_P\frac{(T_d-\tau)\cdot s}{1+\tau\cdot s}$ $T_d-\tau=T_d^*$	$K_P+\left[\frac{K_D}{\tau}-K_P\right]e^{-\frac{t}{\tau}}=K_P\left[1+\left(\frac{T_d}{\tau}-1\right)e^{-\frac{t}{\tau}}\right]$ 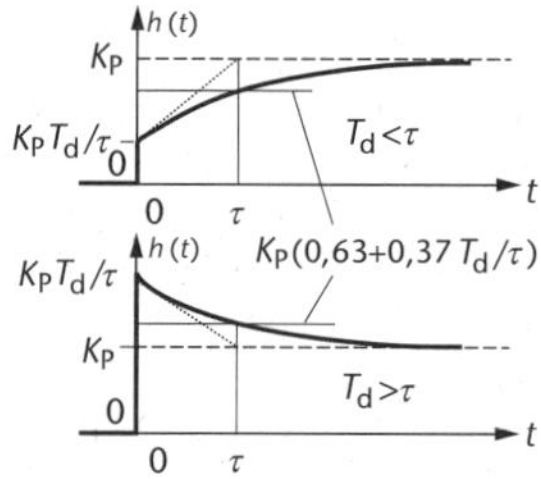
$\frac{K_I/s+K_P+K_D\cdot s}{1+\tau\cdot s}$ $=K_P\frac{1/(T_i\cdot s)+1+T_d\cdot s}{1+\tau\cdot s}$ $=K_P\left[\frac{1}{T_i\cdot s}+\frac{T_i^*}{T_i}+\right.$ $\left.+\frac{T_iT_d-\tau T_i^*}{T_i(1+\tau\cdot s)}s\right]$ $T_i=K_P/K_I;\quad T_d=K_D/K_P$ $T_i^*=T_i-\tau$	$K_P-K_I\tau+K_It+\left[K_I\tau-K_P+K_D\frac{1}{\tau}\right]e^{-\frac{t}{\tau}}$ $=K_P\left[1-\frac{\tau}{T_i}+\frac{t}{T_i}+\left(\frac{\tau}{T_i}-1+\frac{T_d}{\tau}\right)e^{-\frac{t}{\tau}}\right]$ 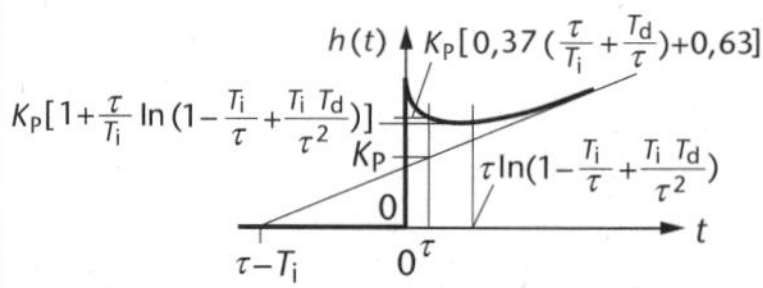

Erläuterung der Formelzeichen siehe T36 und T37

Stabilität des Regelkreises und Reglerdimensionierung allgemein (für lineare Regelkreise)

Definition der Stabilität

Stabilität ist gegeben, wenn die Regelgröße nach Änderung der Führungsgröße oder nach Auftreten einer Störgröße wieder einem festen Wert zustrebt.

Bemerkung: Eine häufig auftretende Art von Instabilität ist das Weglaufen der Regelgröße an einen ihrer Begrenzungswerte bei der ersten Inbetriebnahme. Die Ursache hierfür ist häufig eine Verpolung des Anschlusses der Rückführgröße an das Vergleichsglied.

Verfahren zur Überprüfung des Regelkreises auf Stabilität

Voraussetzungen:

- Führungs- oder Störübertragungsfunktion des (geschlossenen) Regelkreises oder Übergangsfunktion bekannt.
- Kreisübertragungsfunktion des aufgeschnittenen Regelkreises bekannt.

1. Kriterium von Hurwitz

Liegt die Führungs- oder Störübertragungsfunktion des (geschlossenen) Regelkreises nur in Form eines Gesamtpolynoms vor, kann man anhand des Hurwitz-Kriteriums feststellen, ob der Regelkreis stabil ist:

Stabilität des Regelkreises ist gegeben, wenn die Koeffizienten der charakteristischen Gleichung (Nennerpolynom der Übertragungsfunktion = 0)

t115 $$a_0 + a_1 s + a_2 s^2 + \ldots + a_n s^n = 0$$

folgenden Bedingungen genügen:

- Es müssen alle Koeffizienten a_ν positiv sein (s. a. D9);
- Die Koeffizienten haben untereinander bestimmte Abhängigkeiten zu erfüllen.

Die Bedingungen für Gleichungen bis zum Grade 5:

Gleichung	Bedingungen für die Koeffizienten
1. Grades	a_0 und $a_1 > 0$
2. Grades	$a_0, a_1, a_2 > 0$
3. Grades	$a_1 a_2 - a_3 a_0 > 0$
4. Grades	$a_1 a_2 a_3 - a_3{}^2 a_0 - a_1{}^2 a_4 > 0; \quad a_2 a_3 - a_1 a_4 > 0$
5. Grades	$A = a_1 a_2 a_3 a_4 + a_0 a_1 a_4 a_5 - a_1 a_2{}^2 a_5 - a_1{}^2 a_4{}^2 > 0$
	$B = a_0 a_1 a_4 a_5 + a_0 a_2 a_3 a_5 - a_0 a_3{}^2 a_4 - a_0{}^2 a_5{}^2$
	$D_{n-1} = A - B > 0$

Für Polynome höheren Grades siehe Tjark Ebel, Regelungstechnik, 6. Aufl., Stuttgart Teubner 1991, S. 38 ff.

Vorteil: Die Methode führt zu rascher und genauer Aussage über die Stabilität eines vorgegebenen Regelkreises.

Nachteile: Das Hurwitz-Kriterium liefert weder eine Aussage über die Sicherheit des Regelkreises gegen Instabilität noch über die Auswirkung von Änderungen seiner Kenndaten noch über sein dynamisches Verhalten; deshalb werden ihm im Allgemeinen andere Verfahren vorgezogen.

2. Zerlegung in Einzelpolynome

Umformung der Führungs- oder Störübertragungsfunktion in eine Summe aus Einzelpolynomen höchstens 2. Ordnung (siehe Partialbruchzerlegung D3):

Bei einem stabilen Regelkreis enthält die Summe nur stabile Übertragungsglieder. Das sind im Wesentlichen reine oder verzögerte P-Glieder und verzögerte PD-Glieder.

Tritt ein I-, I-T1- oder I-(PD)-Glied oder auch nur ein Ausdruck 2. Ordnung mit einem negativen mittleren Summanden des Nennerpolynoms $(1 - b_1 s + b_2 s^2)$ auf, ist der Regelkreis instabil (siehe Hurwitz-Kriterium); dann liegt mindestens ein Pol im Pol-Nullstellendiagramm der Übertragungsfunktion auf oder rechts der imaginären Achse der s-Ebene.

Vorteile: Im stabilen wie im instabilen Fall erlaubt die Auswertung der wie beschrieben umgeformten Führungs- oder Störübertragungsfunktion auch eine Aussage über den Grad der Stabilität oder Instabilität des Regelkreises. Dazu wertet man die Übertragungsfunktionen der einzelnen Summenglieder.

Die Auswertung der Führungs- oder Störübergangsfunktion kann ebenso erfolgen. Auch sie muss zuvor in Summanden zerlegt sein. Treten Ausdrücke $K_I t$ (I-Glied), $K_I(t - \tau + \tau e^{-1/\tau})$(I-$T_1$-Glied) oder $K_P e^{+t/\tau} \sin(\omega_d t - \varphi)$ (konstante oder aufklingende Schwingung) auf, ist der Regelkreis instabil.

Nachteile: Man erkennt nicht, wie sich die Einführung eines bestimmten Regelglieds auswirkt und welche seiner Kenndaten wie verändert werden müssen, um das gewünschte Verhalten des Regelkreises zu erreichen. Nach jeder Änderung des Regelglieds muss der rechnerische Übergang vom aufgeschnittenen Regelkreis zum (geschlossenen) Regelkreis erneut durchgeführt werden.

3. Nyquist-Kriterium

Das Nyquist-Kriterium besagt, dass der (geschlossene) Regelkreis stabil ist, wenn die Ortskurve des Frequenzgangs $G_0(j\omega)$ des aufgeschnittenen Regelkreises – im Sinne steigender Werte der Kreisfrequenz ω durchlaufen – den kritischen Punkt -1 der komplexen Ebene stets links liegen lässt. Je größer der Abstand der Ortskurve vom kritischen

Punkt -1 ist, umso sicherer ist der Regelkreis gegen unvorhergesehene Änderungen der Kenndaten und umso weicher läuft die Regelgröße nach einer Änderung der Führungsgröße oder einer Störgröße in den Beharrungszustand ein. Der Sicherheitsabstand gegen Instabilität wird durch zwei Kenngrößen angegeben:
Die Phasenreserve φ_m (siehe T8) und die Betragsreserve G_m (siehe T9).

Die Ermittlung der tatsächlichen Werte beider Kenngrößen erfolgt meistens im Bode-Diagramm. Dasselbe gilt für die Verwirklichung der für die beiden Kenngrößen geforderten Werte durch Einfügung eines geeigneten Regelglieds.

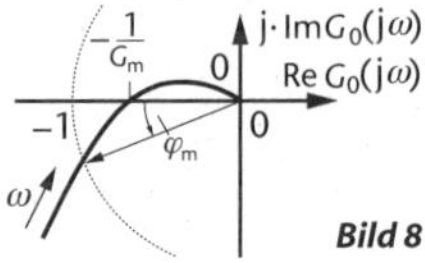

Bild 8

Empfehlenswert für die Phasenreserve φ_m: $30° \ldots 60°$
Empfehlenswert für die Betragsreserve G_m: 8 dB … 16 dB
(entspricht den Faktoren 2,5 … 6,3).

Vorteile: Durch die Untersuchung der Kreisübertragungsfunktion G_0 des aufgeschnittenen Regelkreises – speziell des zu ihr gehörenden Frequenzgangs $G_0(j\omega)$ (Ersatz von s durch $j\omega$) – ist leicht feststellbar, ob der Regelkreis stabil ist, wie groß die Sicherheit gegen Instabilität ist – besonders bei unbeabsichtigten Änderungen der Kenndaten des Regelkreises –, wie sich eine Änderung von Typ und Kenndaten des einfach in Reihenschaltung in den Regelkreis gelegten Regelglieds auswirkt und welchen Charakter das dynamische Verhalten des Regelkreises danach hat.

Wahl des Typs des Regelglieds

Allgemeines

In den meisten Regelkreisen sind Regelstrecke und Messglied insgesamt vom Typ (PD)-T_n, d. h. sie sind Reihenschaltungen aus einer Anzahl von PD-Gliedern und Verzögerungsgliedern. Die Vorhaltzeiten $T_d = K_D/K_P$ der PD-Glieder sind dabei stets wesentlich $<$ als die Verzögerungszeiten der Verzögerungsglieder: In praktisch vorkommenden Strecken Faktor > 10.

Die wichtigsten Regelglieder

Als Regelglieder spielen bei linearen Regelkreisen nur das P-, PI-, (PD)-T_1- und (PID)-T_1-Glied eine wesentliche Rolle.

Eigenschaften eines Regelkreises mit P- oder (PD)-T_1-Regelglied

Nur endliche Genauigkeit hinsichtlich des Einflusses von zwischen Regelglied und Messort angreifenden Störgrößen erreichbar. Genauigkeit ergibt sich aus dem Wert des Regelfaktors R.

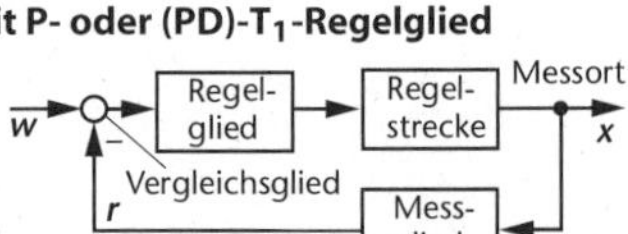

Eigenschaften eines Regelkreises mit PI- oder (PID)-T_1-Regelglied

Vollständige Ausregelung der zwischen Regelgliedausgang und Messort angreifenden Störgrößen. Enthält die Regelstrecke ein nicht gegengekoppeltes I-Glied, werden zwischen Strecken-I-Gliedausgang und Messort angreifende Störgrößen auch dann vollständig ausgeregelt, wenn im Regelglied kein I-Faktor oder -Summand enthalten ist.

Hinweis: Zwischen Messort und Regelgliedausgang angreifende Störgrößen können durch kein Regelglied verringert werden.

Grafische Dimensionierung eines linearen Reglers nach dem Nyquist-Kriterium

Allgemeines

Die Dimensionierung wird im Bode-Diagramm vorgenommen. Dazu ist einmal erforderlich, das Bode-Diagramm der Reihenschaltung von Regelstrecke und Messglied und zum anderen dasjenige des Regelglieds zu konstruieren.

Das Bode-Diagramm der Gesamtschaltung entsteht durch Addition der beteiligten Betrags- und Phasengänge der einzelnen in Reihe liegenden Übertragungsglieder bzw. multiplikativen Bestandteile der Übertragungsglieder (siehe dazu Tabellen auf T23 und T24). Das ist möglich, da der Betragsgang über die dB-Umrechnung logarithmisch dargestellt ist.

Zur Darstellung wird halblogarithmisches Papier mit 4 Dekaden auf der Abszissenachse benutzt.

Vorgehensweise:

- Festlegung des Bereichs der Kreisfrequenz ω, für den das Bode-Diagramm erstellt werden soll; dazu Darstellung aller interessierenden Knickstellen.
- Als darzustellende Faktoren des Frequenzgangs lässt man nur die der Typen I, P, D, T_t, P-T_1, PD und P-T_2 mit Dämpfungsgrad $\vartheta < 1$ zu (siehe T23 und T24).
- PI-Glieder werden durch Herausziehen des I-Faktors in I-PD- und PID-Glieder mit $T_i/T_d > 4$ durch Herausziehen des I-Faktors und Zerlegung in eine I-PD-PD-Struktur umgerechnet.
- Alle in der Reihenschaltung vorkommenden Integrier- (K_I), Proportional- (K_P) oder Differenzierbeiwerte (K_D) werden durch Multiplikation zu **einem** Beiwert zusammengefasst.
- Darstellung des Betragsgangs $\left|G_y(j\omega)\right|$.
- Darstellung des Phasengangs $\arg G_y(j\omega) = \varphi_y(\omega)$.
- Ergänzung durch Regelglied.

Nachfolgend werden tabellarisch die Bode-Diagramme für P-, I-, D-, T_t-, P-T_1-, P-T_2- und das PD-Glied angegeben. Mit ihnen wird die Dimensionierung von Betrags- und Phasengang durchgeführt.

Regelungstechnik

Bode-Diagramme für Elementarglieder und P-T_1-Glied

Kennzeichen	Betragsgang $\lvert G(j\omega)\rvert =$ Diagramm (Betrag logarith.)	Phasengang $\arg G(j\omega) = \varphi(\omega) =$ Diagramm (Phase linear)
P	K_P 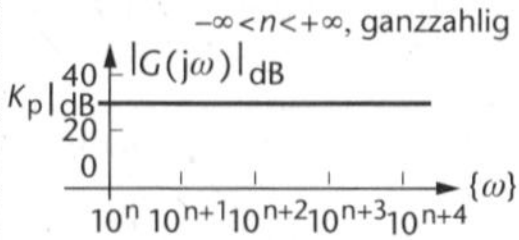	0 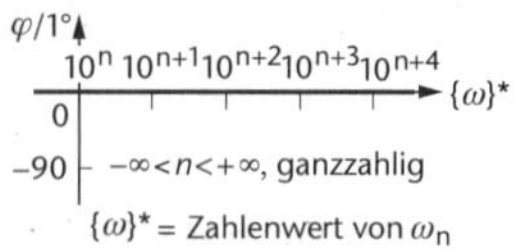
I	$K_I \cdot 1/\omega$ 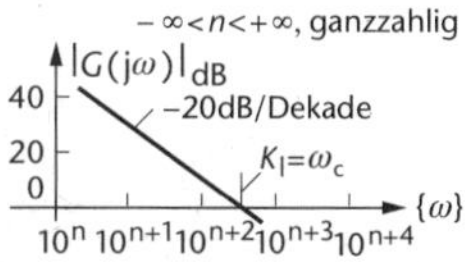	$-90°$ 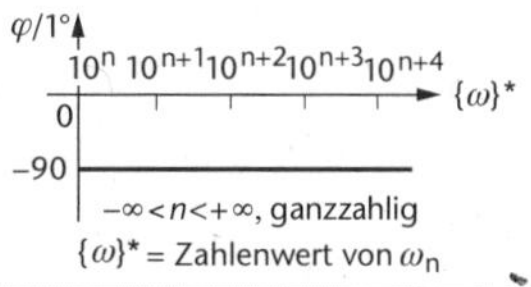
D	$K_D \cdot \omega$ 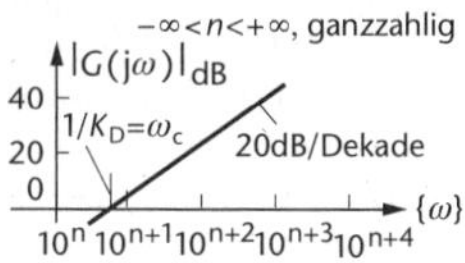	$+90°$ 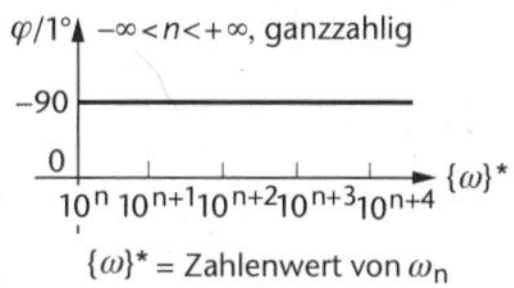
T_t	1 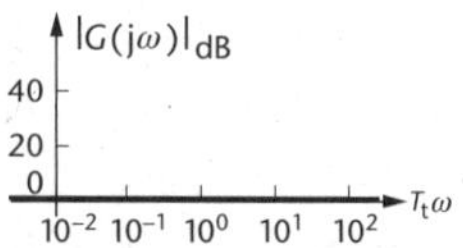	$-T_t \cdot \omega$ 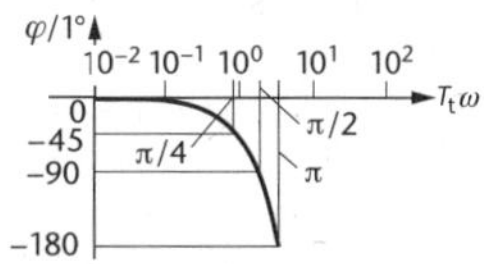
P-T_1	$K_P/\sqrt{1+(T\cdot\omega)^2}$ 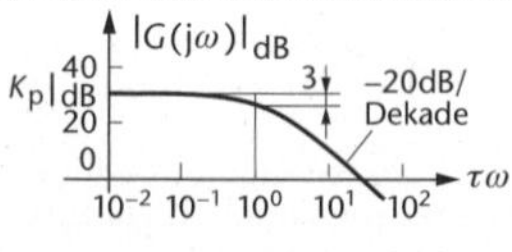	$-\operatorname{Arctan}(T\omega)$ 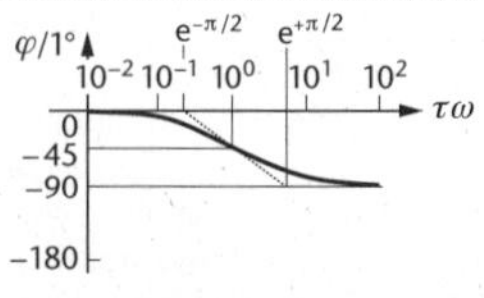

Regelungstechnik

Bode-Diagramme für P-T_2- und PD-Glied

	Kennzeichen	Betragsgang $\lvert G(j\omega)\rvert =$ Diagramm (Betrag logarith.)	Phasengang $\arg G(j\omega) = \varphi(\omega) =$ Diagramm (Phase linear)
t116 t117	P-T_2	$0 < \vartheta < 1$ $\dfrac{K_P}{\sqrt{\left[1-\left(\dfrac{\omega}{\omega_0}\right)^2\right]^2 + 4\vartheta^2\left(\dfrac{\omega}{\omega_0}\right)^2}}$	$\text{Arctan}\,\dfrac{1-\left(\dfrac{\omega}{\omega_0}\right)^2}{2\vartheta\dfrac{\omega}{\omega_0}} - 90°$ $0 < \vartheta < 1 \quad \omega > 0$
		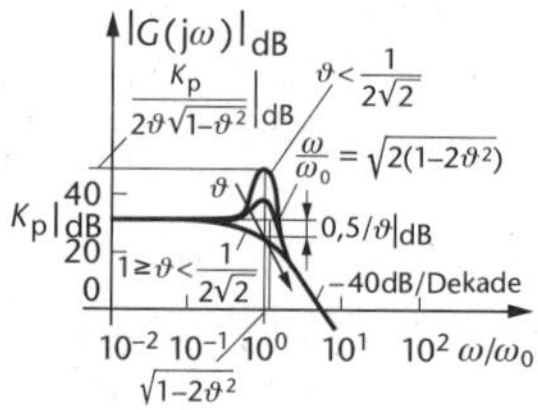	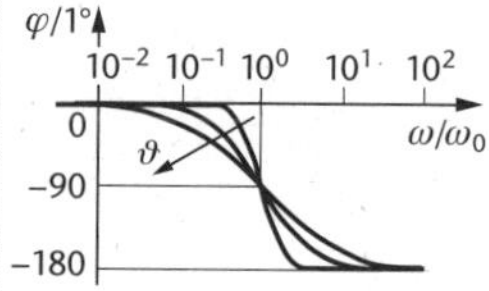
t118 t119	PD	$\sqrt{K_P^2 + (K_D \cdot \omega)^2} = K_P\sqrt{1+(T_d\,\omega)^2}$ mit $T_d = K_D/K_P$	$\text{Arctan}(T_d\,\omega)$
		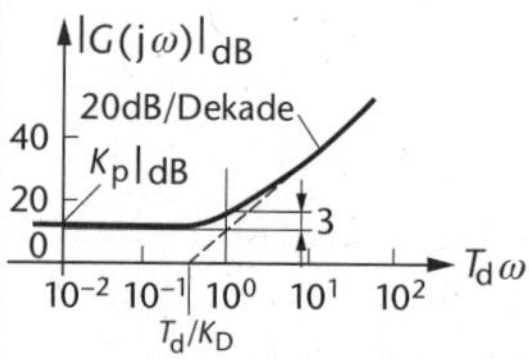	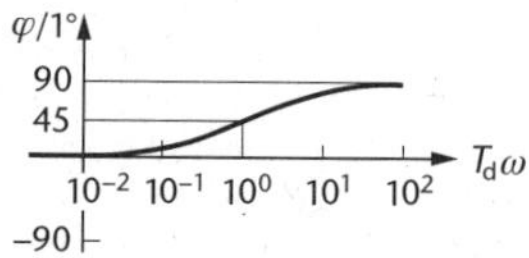

T 25 Regelungstechnik

Bode-Diagramme für (PD)-T_1- und (PID)-T_1-Glied

Kennzeichen	Betragsgang $\lvert G(j\omega)\rvert =$ / Diagramm (Betrag logarith.)	Phasengang $\arg G(j\omega) = \varphi(\omega) =$ / Diagramm (Phase linear)	
(PD)-T_1	$\sqrt{\dfrac{K_P^2+(K_D\omega)^2}{1+(\tau\omega)^2}} = K_P\sqrt{\dfrac{1+(T_d\omega)^2}{1+(\tau\omega)^2}}$	$\operatorname{Arctan}(T_d\omega) - \operatorname{Arctan}(\tau\omega)$	t120
	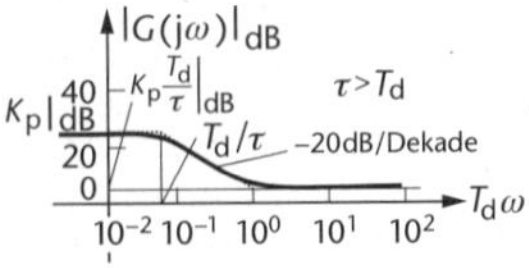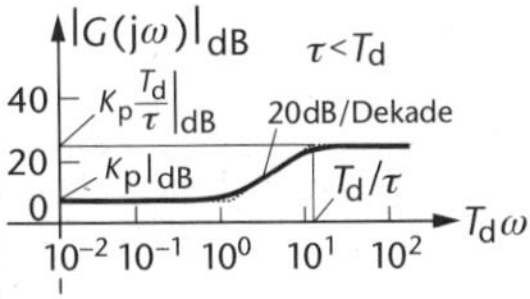	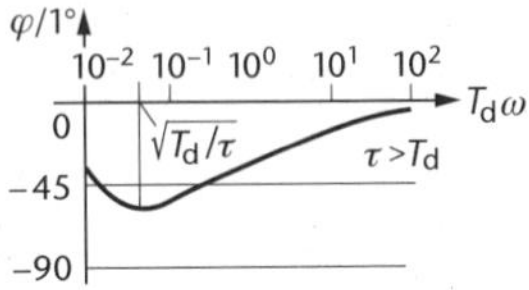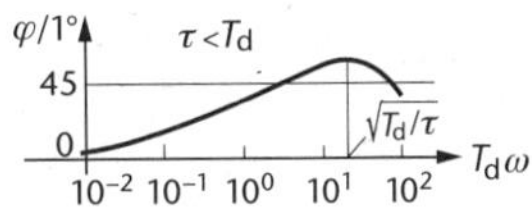	t121
(PID)-T_1	$\sqrt{\dfrac{K_P^2+(K_D\omega - K_I/\omega)^2}{1+(\tau\omega)^2}}$ $= K_P\sqrt{\dfrac{1+[T_d\omega - 1/(T_i\omega)]^2}{1+(\tau\omega)^2}}$	$\operatorname{Arctan}\left[T_d\omega - \dfrac{1}{T_i\omega}\right] - \operatorname{Arctan}(\tau\omega)$ $0 < T_i/T_d < \infty \quad \omega > 0$ $= \operatorname{Arcsin}\dfrac{T_d\omega - 1/(T_i\omega)}{\sqrt{1+[T_d\omega - 1/(T_i\omega)]^2}} - \operatorname{Arctan}(\tau\omega)$ $0 < T_i/T_d < \infty \quad \omega \geqq 0$	t122
	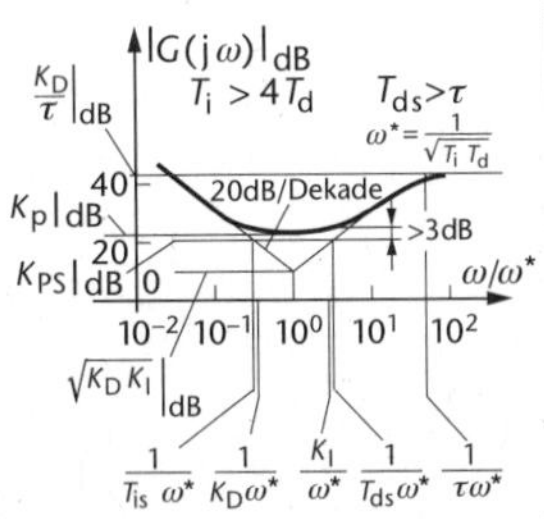T_{is}, T_{vs} u. K_{PS} siehe T 29	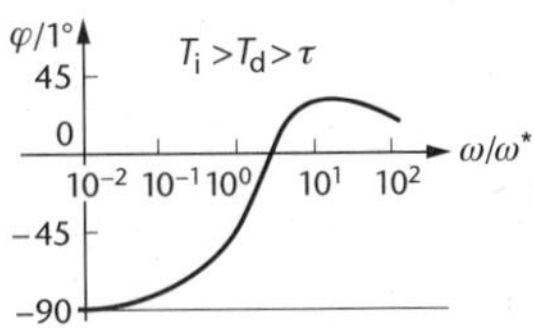	t123

Darstellung des Betragsgangs für die Gesamtschaltung

Vorbemerkung: Die Knickstellen des Betragsgangs werden durch am oberen Papierrand angebrachte Pfeile gekennzeichnet.

Ein Pfeil mit **einer** nach unten zeigenden Spitze kennzeichnet eine Steigungsänderung um **−20 dB/Dekade** nach unten, wie sie ein P-T_1-Faktor (siehe T15) an der Stelle $1/\tau$ verursacht.

Ein Pfeil mit **zwei** nach unten zeigenden Spitzen kennzeichnet eine Steigungsänderung um **−40 dB/Dekade**, wie sie ein P-T_2-Faktor (siehe T16) mit $\vartheta < 1$ an der Stelle ω_0 verursacht. P-T_2-Faktoren mit $\vartheta > 1$ werden in je zwei P-T_1-Faktoren zerlegt.

PD-Faktoren (+20 dB/Dekade an der Stelle $1/T_d$) mit positiven Steigungsänderungen werden entsprechend durch nach oben zeigende Pfeilspitzen gekennzeichnet.

Nach Abschätzung der Änderung des Betragsgangs im Bereich der 4 darzustellenden Dekaden der Kreisfrequenz ω wird der Maßstab so festgelegt, dass der interessante Bereich mit größtmöglicher Auflösung dargestellt wird; aus dem voraussichtlich größten Wert des Betragsgangs ergibt sich dann der Nullpunkt.

Anschließend wird der Wert des Betragsgangs am linken Diagrammrand bestimmt: Enthält die darzustellende Reihenschaltung einen I- bzw. D-Faktor, bestimmt dieser den Anfangswert und die Anfangssteigung, sonst der P-Faktor. Der Anfangswert wird aus der Beziehung $|G(j\omega)|_{dB} = 20\lg(K_I/\omega)$ (I-Faktor), $|G(j\omega)|_{dB} = 20\lg(K_D\omega)$ (D-Faktor) bzw. $|G(j\omega)|_{dB} = 20\lg K_P$ (P-Faktor) ermittelt (siehe T23 und T24).

Bemerkung: Eventuell in K_I, K_D oder K_P enthaltene physikalische Einheiten werden hier weggelassen und bei der späteren Auswertung wieder hinzugefügt.

Die Steigung des Betragsgangs beträgt bis zur ersten Knickstelle −20 dB/Dekade (I-Faktor), +20 dB/Dekade (D-Faktor) oder 0 (P-Faktor). Der Asymptotenzug des Betragsgangs wird von Knickstelle zu Knickstelle gezeichnet, indem die oben angegebenen Änderungen entsprechend den eingetragenen Pfeilen berücksichtigt werden. Ein T_t-Faktor hat keinen Einfluss auf den Betragsgang.

Zum Schluss werden Korrekturen an den Knickstellen angebracht: Beim P-T_1-Faktor wird der Asymptotenzug an den Stellen $\omega_i/2$ und $2 \cdot \omega_i$ um −1 dB, bei der Eckkreisfrequenz ω_i selbst um −3 dB korrigiert.

Bei dem zum P-T_1-Faktor inversen PD-Faktor erfolgen im Bereich der Knickstelle $\omega_i = 1/T_d$ dieselben Korrekturen nach oben.

In der Umgebung der Knickstelle eines P-T_2-Faktors mit $\vartheta < 1$ wird der Asymptotenzug um $-10\lg[1 - (\omega/\omega_0)^2 + (2\vartheta\,\omega/\omega_0)^2]$ korrigiert.

Darstellung des Phasengangs für die Gesamtschaltung

Der Phasengang der Gesamtschaltung wird durch Addition der Phasengänge der in Reihenschaltung liegenden Glieder oder Frequenzgangfaktoren ermittelt:

Die einzelnen Faktoren ergeben folgende Beiträge (s. a. T23/T24):

Faktor	Beitrag
P	0°
I	-90°
D	$+90^\circ$
T_t	$-T_t\omega$
P-T_1	$-\operatorname{Arctan}(\tau\omega)$
PD	$+\operatorname{Arctan}(T_d\omega)$
P-T_2 mit $\vartheta < 1$	$\operatorname{Arctan}\dfrac{1-(\omega/\omega_0)^2}{2\vartheta\,\omega/\omega_0} - 90^\circ$
PI = I-PD	$-90^\circ + \operatorname{Arctan}(T_i\omega)$

Tabelle A

Bemerkung: Der P-Faktor liefert keinen, der T_t-Faktor einen sehr starken mit ω wachsenden Beitrag.

Hinweis: Nach Aufstellung der Summengleichung werden die Werte des Phasengangs z. B. mit dem Formelspeicher eines Taschenrechners ermittelt. Dabei muss der Phasengang des T_t-Faktors im Allgemeinen noch mit dem Faktor $180^\circ/\pi$ versehen werden, um die Summe einheitlich im Gradmaß zu erhalten.

Zum Schluss werden der Maßstab und der Nullpunkt für die Darstellung des Phasengangs so festgelegt, dass der interessante Bereich mit größtmöglicher Auflösung dargestellt wird; der Phasengang wird in dasselbe Diagrammblatt wie der Betragsgang eingezeichnet. Der Ordinatenmaßstab wird dabei an den rechten Diagrammrand gelegt.

Dimensionierung des Regelglieds

Aufgabe: Dimensionierung so, dass sowohl die Phasenreserve φ_m als auch die Betragsreserve G_m eingehalten werden.

Gemäß T21, Bild 8 bedeutet das, dass der Frequenzgangzeiger des fertig dimensionierten aufgeschnittenen Regelkreises in der Umgebung des kritischen Punktes -1 sowohl bei derjenigen Kreisfrequenz, bei der er den Betrag 1 hat (Durchtrittskreisfrequenz ω_c), mindestens den Winkelabstand φ_m zum negativen Ast der reellen Achse aufweist, als auch bei derjenigen Kreisfrequenz, bei der er den Phasenwinkel -180° hat, (der Phasenschnittkreisfrequenz ω_π) höchstens den Betrag $1/G_m$ aufweist.

Fortsetzung siehe T28

Vorgehensweise

(1) Zunächst werden die Quotienten zwischen den zu den charakteristischen Zeiten des Regelglieds gehörenden Eckkreisfrequenzen ω_i und der Durchtrittskreisfrequenz ω_C (Verwirklichung der Phasenreservevorschrift) bzw. der Phasenschnittkreisfrequenz ω_π (Verwirklichung der Betragsreservevorschrift) gewählt.

Bemerkung: Da die ω-Skala logarithmisch geteilt ist, ergeben sich feste Abstände zwischen den Knickstellen des Betragsgangs des Regelglieds und den genannten Dimensionierungskreisfrequenzen.

Folgende Wertebereiche haben sich in der Praxis bewährt:

Tabelle B

Typ des Regelglieds	$T_i\omega_C$ bzw. $T_i\omega_\pi$	$T_i\omega_C$ bzw. $T_d\omega_\pi$	T_{is}/T_{ds}	$T_{ds}\omega_C$ bzw. $T_{ds}\omega_\pi$	$1/(\tau\omega_C)$ bzw. $1/(\tau\omega_\pi)$
P	–	–	–	–	–
PI	4...10	–	–	–	–
(PD)-T_1	–	4...10	–	–	8...20
(PID)-T_1	–	–	2...10	4...10	8...20

Die tatsächlichen Werte der charakteristischen Zeiten des Regelglieds ergibt erst die weitere Dimensionierung.

Nach der Wahl dieser Quotienten liegen die **Formen** der Betragskurve und der Phasenkurve des Regelglieds fest.

Die endgültige **Position** der Betrags- und Phasenkurve im Diagramm wird über die weitere Dimensionierung ermittelt:

Verschiebung in Abszissenrichtung durch die Ermittlung der Durchtrittskreisfrequenz ω_C bzw. der Phasenschnittkreisfrequenz ω_π. Verschiebung in Ordinatenrichtung (nur Betragskurve) durch die Ermittlung der Proportionalverstärkung K_{PC} [1] bzw. des Integrierbeiwerts K_{IC} [1] des Regelglieds.

Ebenso liegt jetzt auch der Phasenwinkel φ_C [1](ω_C) für die Phasenreserve- und φ_C [1](ω_π) für die Betragsreservedimensionierung fest, wobei φ_C [1]$(\omega_C) = \varphi_C$ [1](ω_π) ist, den das Regelglied bei der noch unbekannten Durchtrittskreisfrequenz ω_C bzw. bei der ebenfalls noch
(2) unbekannten Phasenschnittkreisfrequenz ω_π hat. Man ermittelt ihn rechnerisch (siehe Tabelle A auf T27) oder benutzt Erfahrungswerte, die dann die oben beschriebene Wahl der Quotienten bereits enthalten.

[1] Der Zweitindex C kennzeichnet Werte, die zum Regelglied gehören.

○ Schrittnummern für Beispiele auf T32 und T34

Verwirklichung der Phasenreservebedingung

(3) Phasenreserve φ_m und der negierte Wert $-\varphi_C$[1] des Phasenwinkels φ_C[1] des Regelglieds zu $-180°$ hinzuaddiert ergeben den Phasenwinkel $\varphi_{y\varphi}$ der Reihenschaltung von Regelstrecke und Messglied bei der Durchtrittskreisfrequenz $\omega_{c\varphi}$.

Bemerkung: Je negativer der Phasenwinkel φ_C[1] des Regelglieds ist, desto weniger negativ darf der Phasenwinkel $\varphi_m(\omega)$[2] der Reihenschaltung von Regelstrecke und Messglied sein.

(4) Im Phasengang $\varphi_m(\omega)$[2] der Reihenschaltung von Regelstrecke und Messglied wird diejenige Kreisfrequenz ermittelt, bei der der Phasenwinkel $\varphi_{y\varphi}$ beträgt. Diese Kreisfrequenz muss die Durchtrittskreisfrequenz $\omega_{c\varphi}$ werden. Bei ihr muss der Betragsgang $|G_0(j\omega)|$ des fertig dimensionierten offenen Regelkreises durch die 0-dB-Linie gehen.

(7) Dies wird dadurch erreicht, dass man den inversen Betragsgang des Regelglieds so zeichnet, dass er bei der Durchtrittskreisfrequenz $\omega_{c\varphi}$ den Betragsgang $|G_y(j\omega)|$[2] der Reihenschaltung von Regelstrecke und Messglied schneidet.

Die Konstruktion des inversen Betragsgangs $|G_C(j\omega)|^{-1}$[1] des Regelgliedes erfolgt nach T26, wobei die Inversion durch Negierung der Steigungswerte unter Beibehaltung aller Knickstellen erreicht wird und man von der Durchtrittskreisfrequenz ω_c aus nach beiden Seiten hin fortschreitet.

(5) Die Lage der Knickstellen erhält man durch Anwendung der anfangs gewählten Quotienten auf den im Diagramm ermittelten Wert der Durchtrittskreisfrequenz $\omega_{c\varphi}$.

Die Steigung der Asymptotenabschnitte des Betragsgangs $|G_C(j\omega)|^{-1}$[1]

(6) überträgt man durch Parallelverschiebung von 2 Hilfslinien, die man zuvor an einer freien Stelle des Bode-Diagramms gezeichnet hat. Das Anbringen der Korrekturen ist nur erforderlich, wenn der Schnittpunkt in ihrem Bereich liegt.

(8) Dem so gezeichneten inversen Betragsgang $|G_C(j\omega)|^{-1}$[1] des Regelgliedes entnimmt man den Proportional- K_{PC}[1] bzw. Integrierbeiwert K_{IC}[1] des Regelglieds; mit diesen Werten können die Regelglieder vom Typ P, PI, (PD)-T_1 dimensioniert werden. Im Falle des (PID)-T_1-Regelglieds er-

(9) geben sich dabei die Reihenschaltungswerte K_{Ps}, T_{is} und T_{ds}, die nach den folgenden Beziehungen noch in die Parallelschaltungswerte K_{PC}[1], T_i und T_d umgerechnet werden müssen. Bei großen Werten des Quotienten (T_{is}/T_{ds}), $(T_{is}/T_{ds} > 10)$ kann man auf die Umrechnung verzichten.

$$K_{PC} = \frac{K_{Ps}}{T_{is}} \cdot (T_{is} + T_{ds}); \quad T_i = T_{is} + T_{ds}; \quad K_{IC} = \frac{K_{PSC}}{T_{is}}; \quad T_d = \frac{T_{is} \cdot T_{ds}}{T_{is} + T_{ds}}$$

[1] Der Zweitindex C kennzeichnet Werte, die zum Regelglied gehören.

[2] Der Index m kennzeichnet Werte, die zur Regelstrecke gehören.

○ Schrittnummern für Beispiele auf T32 und T34

Verwirklichung der Betragsreservebedingung

Sie ist derjenigen der Phasenreservebedingung sehr ähnlich:

(11) • Ermittlung des Phasenwinkels $\varphi_{yG} = -\varphi_{C}$[1] $- 180^\circ$.

(12) • Ermittlung der Phasenschnittkreisfrequenz $\omega_{\pi G}$, bei der im Phasengang $\varphi_y(\omega)$[2] der Reihenschaltung von Regelstrecke und Messglied der Phasenwinkel φ_{yG} erreicht wird; bei dieser geht der Phasengang $\varphi(\omega)$ des fertig dimensionierten offenen Regelkreises durch die -180°-Linie.

(13) • Ermittlung der Lage der Knickstellen durch Anwendung der anfangs gewählten Quotienten auf den im Diagramm ermittelten Wert der Phasenschnittkreisfrequenz $\omega_{\pi G}$.

(14) • Ermittlung der Steigung $m_{|G(j\omega)|}$ des inversen Betragsgangs $|G_C(j\omega)|^{-1}$[1] des Regelglieds in der Umgebung der Phasenschnitt-
(15) kreisfrequenz $\omega_{\pi G}$. Mit dieser Steigung legt man einen Asymptotenabschnitt durch den bei der Phasenschnittkreisfrequenz $\omega_{\pi G}$ liegenden Wert des Betragsgangs $|G_y(j\omega)|$[2] von Regelstrecke und Messglied.

(16) • Im Abstand $G_m|_{dB}$ oberhalb dieses Asymptotenabschnitts zeichnet man dann wie bei der Verwirklichung der Phasenreservebedingung den inversen Betragsgang $|G_C(j\omega)|^{-1}$[1] des Regelglieds und wertet ihn ebenso aus.

(17) • Im Falle des (PID)-T_1-Regelglieds wird wie bei (9) verfahren.

(18) *Hinweis*: Es empfiehlt sich, hierbei zusätzlich auch die Durchtrittskreisfrequenz ω_{cG} zu ermitteln. Sie liegt beim Schnittpunkt des Betragsgangs $|G_y(j\omega)|$[2] der Reihenschaltung von Regelstrecke und Messglied einerseits und des inversen Betragsgangs $|G_{cG}(j\omega)|^{-1}$[1] des Regelglieds andererseits.

Entscheidung für eines der beiden erhaltenen Regelglieder

(21) Sowohl die Verwirklichung der Phasen- als auch die der Betragsreservebedingung führt jeweils zur Dimensionierung eines Regelglieds. Gewählt wird dasjenige von beiden, das den kleineren der erhaltenen Proportionalbzw. Integrierbeiwerte aufweist. Von seltenen Ausnahmefällen abgesehen, wird damit dasjenige Regelglied gewählt, bei dessen Einsatz auch die jeweils andere Dimensionierungsvorschrift eingehalten wird.

Vergleich zwischen den nach der Wahl unterschiedlicher Quotienten erhaltenen Regelgliedern

Unter den nach der Wahl unterschiedlicher Quotienten erhaltenen Regelgliedern ergibt dasjenige das beste Verhalten, zu dem der größte Wert der Durchtrittskreisfrequenz ω_c gehört. Diese für den aufgeschnittenen Regelkreis ermittelte Kreisfrequenz stellt ein Maß für die Einschwinggeschwindigkeit des geschlossenen Regelkreises dar.

1) Der Zweitindex C kennzeichnet Werte, die zum Regelglied gehören.
2) Der Index y kennzeichnet Werte, die zur Regelstrecke gehören.

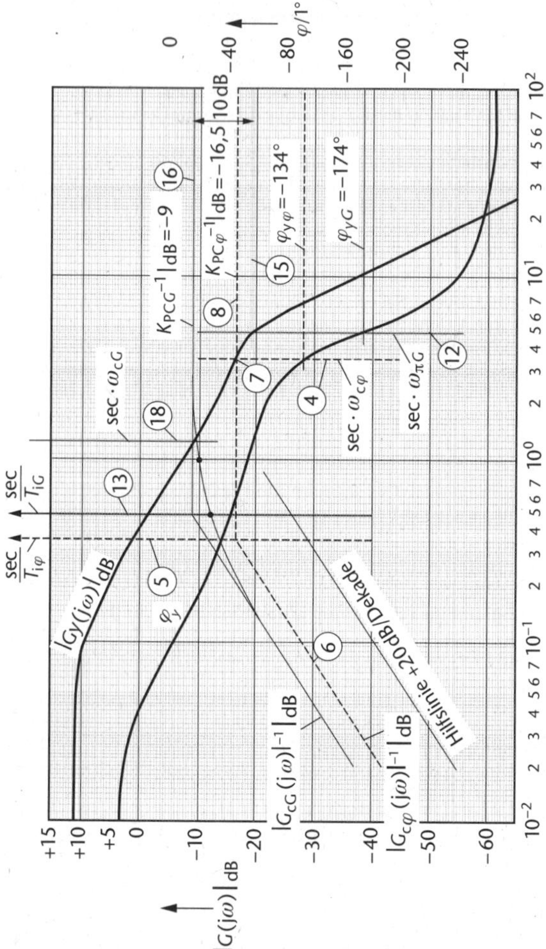

Bodediagramm zu Beispiel 1

Erläuterung der Formelzeichen siehe T 36 und 37

Beispiel 1: Dimensionierung eines PI- oder P-Regelglieds

Aufgabe: Für einen Regelkreis, in dem die Reihenschaltung von Regelstrecke und Messglied P-T_3-Verhalten (P-T_1-T_2) mit der Übertragungsfunktion

$$G_y = \frac{r(s)}{y(s)} = \frac{4}{(1 + 10\,\text{sec} \cdot s)[1 + \{0{,}8/(5\,\text{sec})\} \cdot s + \{1/(25\,\text{sec}^2)\} \cdot s^2]}$$

hat, soll ein PI-Glied mit der Vorgabe $T_{i\varphi} = 10/\omega_{c\varphi}$; $T_{iG} = 10/\omega_{\pi G}$ dimensioniert werden. Die Phasenreserve φ_m soll mindestens 40°, die Betragsreserve G_m mindestens 3,16 (entspricht 10 dB) betragen.

Lösung: Zunächst entnimmt man aus G_y der Reihenschaltung entsprechend T14 … T18 die Kenndaten $K_{Py} = 4$; $\tau = 10\,\text{sec}$; $\omega_0 = 5\,\text{sec}^{-1}$ und konstruiert entsprechend T23 Betragsgang $|G_y(j\omega)|_{dB}$ und Phasengang φ_y der Reihenschaltung.

Dann folgen die Dimensionierungsschritte, die auf den Seiten T28 … T30 am linken Rand mit Ziffern (in Kreisen) gekennzeichnet sind; diese Schrittnummern sind in nebenstehendem Bode-Diagramm (T31) an den entsprechenden Stellen eingetragen. Als Ergebnisse erhält man an den Schrittnummern:

2 $\varphi_c(\omega_c) = \varphi_c(\omega_\pi) = -90° + \text{Arctan}[(10/\omega_c) \cdot \omega_c] \approx -6°$

3 $\varphi_{y\varphi} = -180° + 40° + 6° = -134°$

4 $\omega_{c\varphi} = 3{,}4\,\text{sec}^{-1}$

5 Nach Vorgabe $T_{i\varphi} = 10/\omega_{c\varphi} \rightarrow 1/T_{i\varphi} = 0{,}34\,\text{sec}^{-1} \rightarrow T_{i\varphi} = 2{,}94\,\text{sec}$

8 $K_{PC\varphi}$ in dB $= 16{,}5 \rightarrow K_{PC\varphi} = 6{,}68 \rightarrow K_{IC\varphi} = 2{,}23\,\text{sec}^{-1}$

11 $\varphi_{yG} - 180° + 6° = -174°$

12 $\omega_{\pi G} = 4{,}8\,\text{sec}^{-1}$

13 Nach Vorgabe $T_{iG} = 10/\omega_{\pi G} \rightarrow 1/T_{iG} = \omega_{\pi G}/10 = 0{,}48\,\text{sec}^{-1}$
$\rightarrow T_{iG} = 2{,}08\,\text{sec}$

14 $m_{|G(j\omega)|} = 0$

16 K_{PCG} in dB $= 9 \rightarrow K_{PCG} = 2{,}82 \rightarrow K_{ICG} = 1{,}32\,\text{sec}^{-1}$

18 $\omega_{cG} = 1{,}2\,\text{sec}^{-1}$

21 $K_{PCG} < K_{PC\varphi} \rightarrow K_{PC} = 2{,}82$.

Der gesuchte PI-Regler besitzt damit die Kenndaten:

$K_{PC} = 2{,}82$; $\quad T_i = 2{,}08\,\text{sec}$

Die Einschwinggeschwindigkeit des damit entstehenden Regelkreises wird durch $\omega_c = 1{,}2\,\text{sec}^{-1}$ charakterisiert.

Die Dimensionierung des **P-Glieds** verläuft in ähnlicher Weise wie die eines PI-Regelglieds:

Fortsetzung siehe T34

Regelungstechnik

Beispiele

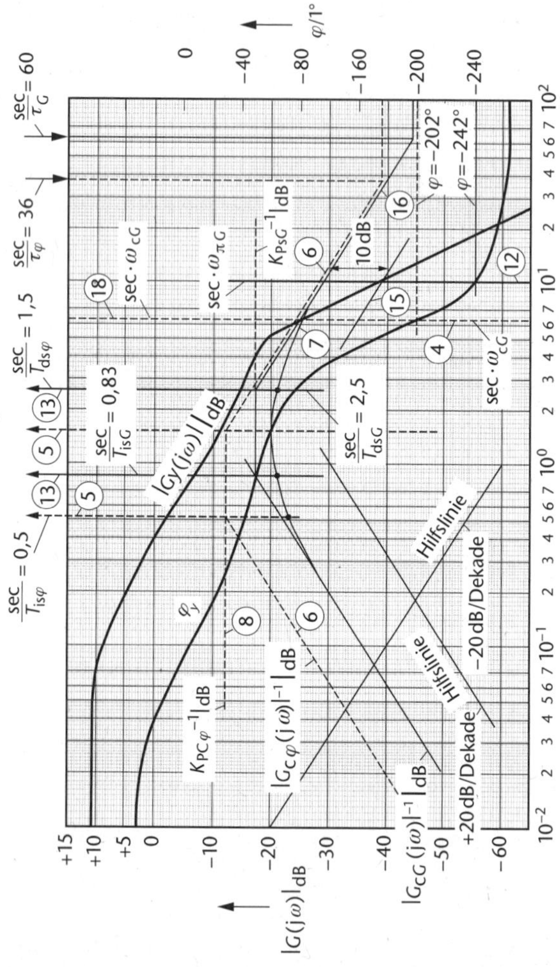

Bodediagramm zu Beispiel 2

Erläuterung der Formelzeichen siehe T 36 und 37

Fortsetzung von T32

Als Ergebnisse erhält man an den Schrittnummern:

3 $\varphi_{y\varphi} = -180^\circ + 40^\circ = -140^\circ$	11 $\varphi_{yG} = -180^\circ$
4 $\omega_{c\varphi} = 3{,}4\,\text{sec}^{-1}$	12 $\omega_{\pi G} = 5\,\text{sec}^{-1}$
8 $K_{PC\varphi}$ in dB $= -16{,}5 \rightarrow$ $K_{PC\varphi} = 6{,}7$	16 K_{PCG} in dB $= -10 \rightarrow$ $K_{PCG} = 3{,}16$
18 $\omega_{cG} = 1{,}3\,\text{sec}^{-1}$	21 $K_{PCG} < K_{PC\varphi} \rightarrow K_{PC} = 3{,}16$;

$K_o = K_{PC} \cdot K_{Py} = 3{,}16 \cdot 4 = 12{,}6 \rightarrow R = 1/(1 + K_o) = 7{,}3\,\%$.

Die Schritte 1, 2, 5, 6, 9, 13, 14 und 17 entfallen. Die Schritte 7 und 15 werden nur im Bode-Diagramm ausgeführt.

Bemerkung: Der Regelfaktor R ist der Faktor, mit dem zwischen Ausgang des Regelglieds und Messort angreifende Störgrößen verringert werden. Sie werden im Regelkreis mit P-Regelglied nicht – wie im Regelkreis mit PI-Regelglied – voll ausgeregelt.

Beispiel 2: Dimensionierung eines (PID)-T_1-Regelglieds

Aufgabe: Für einen Regelkreis mit der im Beispiel 1 beschriebenen Reihenschaltung aus Regelstrecke und Messglied soll ein (PID)-T_1-Regelglied mit den Vorgaben

$1/T_{is\varphi} = \omega_{c\varphi}/12 \qquad 1/T_{ds\varphi} = \omega_{c\varphi}/4 \qquad 1/\tau_\varphi = 6\omega_{c\varphi}$

$1/T_{isG} = \omega_{\pi G}/12 \qquad 1/T_{dsG} = \omega_{\pi G}/4 \qquad 1/\tau_G = 6\omega_{\pi G}$

dimensioniert werden, Phasen- und Betragsreserve sollen dieselben Werte wie in Beispiel 1 haben.

Lösung: Betrags- und Phasengang werden von Beispiel 1 übernommen. Dann folgen die Dimensionierungsschritte, die auf Seiten T28 ... T30 am linken Rand mit Ziffern (in Kreisen) gekennzeichnet sind; die Schrittnummern sind in nebenstehendem Bode-Diagramm (T33) an den entsprechenden Stellen eingetragen. Als Ergebnisse erhält man an den Schrittnummern:

2 $\varphi_{c\varphi} = -90^\circ + \text{Arctan}(12\omega_{c\varphi}/\omega_{c\varphi}) + \text{Arctan}(4\omega_{c\varphi}/\omega_{c\varphi}) - \text{Arctan}[(1/6) \cdot (\omega_{c\varphi}/\omega_{c\varphi})] = 62^\circ$

3 $\varphi_{y\varphi} = -180^\circ + \varphi_m - \varphi_{c\varphi} = -180^\circ + 40^\circ - 62^\circ = -202^\circ$

4 $\omega_{c\varphi} = 6{,}0\,\text{sec}^{-1}$

5 $1/T_{is\varphi} = \omega_{c\varphi}/12 = 6/(12\,\text{sec}) = 0{,}5\,\text{sec}^{-1}$; $T_{is\varphi} = 2\,\text{sec}$;
$1/T_{ds\varphi} = \omega_{c\varphi}/4 = 6/(4\,\text{sec}) = 1{,}5\,\text{sec}^{-1}$; $T_{ds\varphi} = 0{,}67\,\text{sec}$;
$1/\tau_\varphi = 6\omega_{c\varphi} = 36\,\text{sec}^{-1} \rightarrow \tau_\varphi = 28\,\text{msec}$

8 $K_{PCs\varphi}$ in dB $= 12 \rightarrow K_{PCs\varphi} = 4$

9 $K_{PC\varphi} = (4/2) \cdot 2{,}67 = 5{,}34$
$T_{i\varphi} = (2 + 0{,}67)\,\text{sec} = 2{,}67\,\text{sec}$; $T_{d\varphi} = 2 \cdot 0{,}67\,\text{sec}/2{,}67 = 0{,}5\,\text{sec}$

11 $\varphi_{yG} = -180^\circ - \varphi_{CG} = -242^\circ$

12 $\omega_{\pi G} = 10\,\text{sec}^{-1}$

Fortsetzung siehe T35

Fortsetzung von T34

13 $1/T_{isG} = \omega_{\pi G}/12 = 10/12\,\text{sec}^{-1} = 0{,}83\,\text{sec}^{-1}$; $T_{isG} = 1{,}2\,\text{sec}$;
$1/T_{dsG} = \omega_{\pi G}/4 = 10/4\,\text{sec}^{-1} = 2{,}5\,\text{sec}^{-1}$; $T_{dsG} = 0{,}4\,\text{sec}$;
$1/\tau_G = 6\omega_{\pi G} = 60\,\text{sec}^{-1}$; $\tau_G = 17\,\text{msec}$

14 $m_{|G(j\omega)|} = -20\,\text{dB/Dek.}$

16 K_{PCsG} in dB $= 17 \rightarrow K_{PCsG} = 7{,}1$

17 $K_{PCG} = 7{,}1/1{,}2 \cdot (1{,}2 + 0{,}4) = 9{,}47$; $T_{iG} = (1{,}2 + 0{,}4)\,\text{sec} = 1{,}6\,\text{sec}$;
$T_{dG} = 1{,}2 \cdot \{0{,}4/(1{,}2 + 0{,}4)\}\,\text{sec} = 0{,}3\,\text{sec}$

18 $\omega_{cG} = 6{,}2\,\text{sec}^{-1}$

21 $K_{PC\varphi} < K_{PCG} \rightarrow K_{PC} = 5{,}34$

Das gesuchte (PID)-T_1-Regelglied besitzt damit die Kenndaten:
$K_{PC} = 5{,}34$; $T_i = 2{,}67\,\text{sec}$; $T_d = 0{,}5\,\text{sec}$.
Die Einschwinggeschwindigkeit des damit entstehenden Regelkreises wird durch $\omega_c = 6{,}0\,\text{sec}^{-1}$ charakterisiert.

Bewährte Einstellregeln für P-, PI- und PID-Regelglieder

Von *Ziegler* und *Nichols* werden für Regelstrecken, die ein Verzögerungsglied 1. Ordnung und ein Totzeitglied enthalten – also Regelstrecken ohne I-Anteile oder I-Faktoren – folgende Kenndaten für obige Regelglieder empfohlen:

K_{Py}, τ_y und T_{ty} der Strecke sind bekannt:

Tabelle C

Regler	K_{PC}	T_i	T_d
P	$\dfrac{\tau_y}{K_{Py} \cdot T_{ty}}$		
PI	$0{,}9\dfrac{\tau_y}{K_{Py} \cdot T_{ty}}$	$3{,}3T_{ty}$	
PID	$1{,}2\dfrac{\tau_y}{K_{Py} \cdot T_{ty}}$	$2T_{ty}$	$0{,}5T_{ty}$

Kenndaten der Strecke sind *nicht* bekannt:

Tabelle D

Regler	K_{PC}	T_i	T_d
P	$0{,}5K_{PC\,krit}$ [1)]		
PI	$0{,}45K_{PC\,krit}$ [1)]	$0{,}83T_{krit}$ [2)]	
PID	$0{,}6K_{PC\,krit}$ [1)]	$0{,}5T_{krit}$ [2)]	$0{,}125T_{krit}$ [2)]

[1)] $K_{PC\,krit}$: K_{PC}-Wert, bei dem im Regelkreis Dauerschwingungen auftreten.
[2)] T_{krit}: Schwingungsperiodendauer, wenn Dauerschwingungen bei $K_{PC\,krit}$ auftreten.

Regelungstechnik

Kurzzeichen und Formelzeichen

Übertragungsgliedtypen

D-Glied	Differenzierglied
D-T_1	Differenzierglied mit Verzögerung 1. Ordnung
D-T_2	Differenzierglied mit Verzögerung 2. Ordnung
I-Glied	Integrierglied
I-T_1-Glied	Integrierglied mit Verzögerung 1. Ordnung
P-Glied	Proportionalglied
PD-Glied	Proportional-Differenzierglied
PI-Glied	Proportional-Integrierglied
PID-Glied	Proportional-Integrier-Differenzierglied
P-T_1-Glied	Verzögerungsglied 1. Ordnung
P-T_2-Glied	Verzögerungsglied 2. Ordnung
(PD)-T_1	Vorhaltglied mit Verzögerung 1. Ordnung
(PID)-T_1	PID-Glied mit Verzögerung 1. Ordnung
T_t-Glied	Totzeitglied

Formelzeichen der Regelungstechnik

c	Zielgröße
e	Regeldifferenz
$h(t)$	Übergangsfunktion
$m_{\|G(j\omega)\|}$	Steigung der Betragskurve im Bode-Diagramm
q	Aufgabengröße
r	Rückführgröße
u	Eingangsgröße
v	Ausgangsgröße
v_m	Überschwingweite der Übergangsfunktion eines Übertragungsglieds
w	Führungsgröße
x	Regelgröße
x_m	Überschwingweite der Regelgröße
y	Stellgröße
z	Störgröße
G_m	Betragsreserve
G	Übertragungsfunktion
$G(j\omega)$	Frequenzgang
$\|G(j\omega)\|$	Betragsgang
G_0	Übertragungsfunktion des aufgeschnittenen Regelkreises
$G_0(j\omega)$	Frequenzgang des aufgeschnittenen Regelkreises
$\|G_0(j\omega)\|$	Betragsgang des aufgeschnittenen Regelkreises
$\|G_c(j\omega)\|$	Betragsgang des Regelglieds
$\|G_y(j\omega)\|$	Betragsgang der Reihenschaltung Regelstrecke – Messglied
K_D	Differenzierbeiwert
K_I	Integrierbeiwert
K_{IC}	Integrierbeiwert des Regelglieds
K_o	Kreisverstärkung
K_P	Proportionalbeiwert
K_{Ps}	Proportionalbeiwert in der Reihenschaltungsdarstellung des PID-Glieds mit $T_i > 4T_d$
K_{PC}	Proportionalbeiwert des Regelglieds
R	Regelfaktor
T_b	Ausgleichszeit
T_{cr}	Anregelzeit
T_{cs}	Ausregelzeit
T_d	Vorhaltzeit
T_e	Verzugszeit
T_h	Halbwertzeit
T_i	Nachstellzeit
T_{is}, (T_{ds})	Nachstellzeit (Vorhaltzeit) in der Reihenschaltungsdarstellung des (PID)-T_1-Glieds mit $T_i > 4T_d$
T_{isG}, (T_{dsG})	Nachstellzeit (Vorhaltzeit) in der Reihenschaltungsdarstellung des nach der Betragsreservevorgabe dimensionierten (PID)-T_1-Glieds mit $T_i > 4T_d$
$T_{is\varphi}$, ($T_{ds\varphi}$)	Nachstellzeit (Vorhaltzeit) in der Reihenschaltungsdarstellung des nach der Phasenreservevorgabe dimensionierten PID-Glieds mit $T_i > 4T_d$
$T_{i\varphi}$, (T_{iG})	Nachstellzeit des nach der Phasenvorgabe (Betragsvorgabe) dimensionierten PI-Glieds
T_t	Totzeit

Fortsetzung siehe T37

Kurzzeichen und Formelzeichen

Fortsetzung von T36

φ_m	Phasenreserve
φ_{yG}	Phasenwinkel der Reihenschaltung Regelstrecke – Messglied bei der Phasenschnittkreisfrequenz ω_π
$\varphi_{y\varphi}$	Phasenwinkel der Reihenschaltung Regelstrecke – Messglied bei der Durchtrittskreisfrequenz ω_c und Einhalten der Phasenreserve φ_m
$\varphi(\omega)$	Phasengang
$\varphi_c(\omega)$	Phasengang des Regelglieds
$\varphi_o(\omega)$	Phasengang des aufgeschnittenen Regelkreises
$\varphi_y(\omega)$	Phasengang der Reihenschaltung Regelstrecke – Messglied
ϑ	Dämpfungsgrad
τ	Verzögerungszeit
$\tau_\varphi, (\tau_G)$	Verzögerungszeit des nach der Phasen-(Betrags-)Reservevorgabe dimensionierten (PID)-T_1-Glieds
ω	Kreisfrequenz
ω_0	Kennkreisfrequenz
ω_c	Durchtrittskreisfrequenz
$\omega_{c\varphi}, (\omega_{cG})$	Durchtrittskreisfrequenz bei Verwirklichung der Phasenreservebedingung (Betragsreservebedingung)
ω_d	Eigenkreisfrequenz
ω_i	Eckkreisfrequenz; $i = 1, 2, 3, \ldots$
ω_π	Phasenschnittkreisfrequenz
$\omega_{\pi G}$	Phasenschnittkreisfrequenz bei Einhalten der Betragsreserve G_m

Chemie

Elemente

U1

Element	Symbol	Atomare Masse in u	Element	Symbol	Atomare Masse in u
Aluminium	Al	26,9815	Neodym	Nd	144,240
Antimon	Sb	121,75	Neon	Ne	20,183
Argon	Ar	39,948	Nickel	Ni	58,71
Arsen	As	74,9216	Niob	Nb	92,906
Astat	At	210	Osmium	Os	190,2
Barium	Ba	137,34	Palladium	Pd	106,4
Beryllium	Be	9,0122	Phosphor	P	30,9738
Blei	Pb	207,19	Platin	Pt	195,09
Bor	B	10,811	Plutonium	Pu	242
Brom	Br	79,909	Praseodym	Pr	140,907
Cadmium	Cd	112,40	Quecksilber	Hg	200,59
Calcium	Ca	40,08	Radium	Ra	226,04
Californium	Cf	251	Rhenium	Re	186,2
Cäsium	Cs	132,905	Rhodium	Rh	102,905
Cer	Ce	140,12	Rubidium	Rb	85,47
Chlor	Cl	35,453	Ruthenium	Ru	101,07
Chrom	Cr	51,996	Samarium	Sm	150,35
Einsteinium	Es	254	Sauerstoff	O	15,9994
Eisen	Fe	55,847	Scandium	Sc	44,956
Erbium	Er	167,26	Schwefel	S	32,064
Europium	Eu	151,96	Selen	Se	78,96
Fluor	F	18,9984	Silber	Ag	107,870
Gadolinium	Gd	157,25	Silicium	Si	28,086
Gallium	Ga	69,72	Stickstoff	N	14,0067
Germanium	Ge	72,59	Strontium	Sr	87,62
Gold	Au	196,967	Tantal	Ta	180,948
Helium	He	4,0026	Tellur	Te	127,60
Indium	In	114,82	Thallium	Tl	204,37
Iridium	Ir	192,2	Thorium	Th	232,038
Jod	J	126,9044	Thulium	Tm	168,934
Kalium	K	39,102	Titan	Ti	47,90
Kobalt	Co	58,9332	Uran	U	238,03
Kohlenstoff	C	12,0112	Vanadin	V	50,942
Krypton	Kr	83,80	Wasserstoff	H	1,008
Kupfer	Cu	63,54	Wismut	Bi	208,980
Lanthan	La	138,91	Wolfram	W	183,85
Lutetium	Lu	174,970	Xenon	Xe	131,30
Lithium	Li	6,939	Ytterbium	Yb	173,04
Magnesium	Mg	24,312	Yttrium	Y	88,905
Mangan	Mn	54,9381	Zink	Zn	65,37
Molybdän	Mo	95,94	Zinn	Sn	118,69
Natrium	Na	22,9898	Zirkonium	Zr	91,22

u: Atomare Masseneinheit ($1\,u = 1{,}66 \cdot 10^{-27}$ kg)

Chemie

Chemikalien

U2

Bezeichnung von Chemikalien

Handels- Benennung	Chemische Benennung	Chemische Formel
Aceton	Dimethylketon	$(CH_3)_2 \cdot CO$
Äther	Ethylether	$(C_2H_5)_2O$
Ätzkali	Kaliumhydroxid	KOH
Ammoniak	Ammoniak	NH_3
Ammoniumhydroxid	Ammoniumhydroxid	NH_4OH
Anilin	Amidobenzol	$C_6H_5 \cdot NH_2$
Azetylen	Acetylen	C_2H_2
Bauxit	Aluminiumoxid	$Al_2O_3 \cdot 2H_2O$
Bittersalz	Magnesiumsulfat	$MgSO_4 \cdot H_2O$
Blausäure	Cyanwasserstoffsäure	HCN
Bleiglätte	Blei(II)-oxid	$Pb\,O$
Bleiglanz	Bleisulfid	$Pb\,S$
Blei(II)-nitrat	Blei(II)-nitrat	$Pb(NO_3)_2$
Bleiweiß	basisches Bleicarbonat	$2PbCO_3 \cdot Pb(OH)_2$
Blutlaugensalz gelb	Kaliumhexacyanoferrat II	$K_4[Fe(CN)_6]$
Blutlaugensalz rot	Kaliumhexacyanoferrat III	$K_3[Fe(CN)_6]$
Borax	Natriumtetraborat	$Na_2B_4O_7 \cdot 10\,H_2O$
Braunstein	Mangandioxid	MnO_2
Bromkali	Kaliumbromid	KBr
Bromsilber	Silberbromid	$AgBr$
Cadmiumsulfat	Cadmiumsulfat	$CdSO_4$
Carbid	Calciumcarbid	CaC_2
Carborund – Wortmarke	Siliciumcarbid	SiC
Chlorkalk	Calciumchloridhypochlorit	$Ca\,OCl_2$
Chlorkalzium	Calciumchlorid	$Ca\,Cl_2$
Chlors. Kalium	Kaliumchlorat	$K\,Cl\,O_3$
Chromkali, gelb	Kaliumchromat	K_2CrO_4
Chromkali, rot	Kaliumdichromat	$K_2Cr_2O_7$
Cyankali	Kaliumcyanid	KCN
Eisenchlorür	Eisen(II)chlorid	$Fe\,Cl_2 \cdot 4\,H_2O$
Eisenvitriol	Eisen(II)sulfat	$FeSO_4 \cdot 7\,H_2O$
Fixiersalz	Natriumthiosulfat	$Na_2S_2O_3 \cdot 5\,H_2O$
Flusssäure	Fluorwasserstoffsäure	HF
Gips	Calciumsulfat	$CaSO_4 \cdot 2\,H_2O$
Glaubersalz	Natriumsulfat	$Na_2SO_4 \cdot 10\,H_2O$
Glycerin	Trihydroxypropan	$C_3H_5(OH)_3$
Glykol	Ethylenglykol	$CH_2OH - CH_2OH$
Grafit	kristalliner Kohlenstoff	C
Harnstoff	Carbamid	$CO(NH_2)_2$
Heizgas	Propan	C_3H_8

Fortsetzung siehe U3

Fortsetzung von U2

Bezeichnung von Chemikalien

Handels-	Chemische	Chemische
Benennung		Formel
Höllenstein	Silbernitrat	$AgNO_3$
Jodkalium	Kaliumjodid	KJ
Kaliumchlorid	Kaliumchlorid	KCl
Kalk, gebrannt	Calciumoxid	CaO
Kalk, gelöscht	Calciumhydroxid	$Ca(OH)_2$
Kalksalpeter	Calciumnitrat	$Ca(NO_3)_2$
Kalkstein, Kreide	Calciumcarbonat	$CaCO_3$
Karbolsäure	Phenol	C_6H_5OH
Kohlensäure	Kohlensäure	H_2CO_3
Kochsalz	Natriumchlorid	$NaCl$
Kupfervitriol	Kupfersulfat	$CuSO_4 \cdot 5\,H_2O$
Lachgas	Distickstoffoxid	N_2O
Magnesia	Magnesiumoxid	MgO
Mennige	Bleioxid	Pb_3O_4
Methanol	Methylalkohol	CH_3OH
Natriumoxid	Natriumoxid	Na_2O
Natronlauge	Natriumhydroxid	$NaOH$
Per	Tetrachloräthylen	C_2Cl_4
Phosphorsäure	Ortophosphorsäure	H_3PO_4
Pottasche	Kaliumcarbonat	K_2CO_3
Ruß	Kohlenstoff	C
Salmiak	Ammoniumchlorid	NH_4Cl
Salmiakgeist	wässrige Ammoniaklösung	NH_3^+
Salpetersäure	Salpetersäure	HNO_3
Salzsäure	Chlorwasserstoffsäure	$H\,Cl$
Scheidewasser	Salpetersäure	HNO_3
Schwefeleisen	Eisen(II)sulfid	FeS
Schwefelsäure	Schwefelsäure	H_2SO_4
Schwefelwasserstoff	Schwefelwasserstoff	H_2S
Soda	Natriumcarbonat	$NaCO_3 \cdot 10\,H_2O$
Spiritus	Äthylalkohol	C_2H_5OH
Tri	Trichloräthylen	C_2HCl_3
Wasser	Wasser	H_2O
Zinkblende	Zinksulfid	ZnS
Zinkbutter	Zinkchlorid	$Zn\,Cl_2 \cdot 3\,H_2O$
Zinkvitriol	Zinksulfat	$ZnSO_4 \cdot 7\,H_2O$
Zinkweiß	Zinkoxid	ZnO
Zinnober	Quecksilber(II)sulfid	HgS
Zinnsalz	Zinn(II)chlorid	$SnCl_2 \cdot 2\,H_2O$
Zinnstein, Zinnasche	Zinndioxid	SnO_2

pH-Wert

Der negative Zehner-Logarithmus der Wasserstoff-Ionen-Konzentration c_{H+} ergibt den *pH*-Wert:

u1 $$pH\text{-Wert} = -\lg c_{H+}$$

c_{H+}	1	10^{-1}	10^{-2}	…	10^{-7}	…	10^{-12}	10^{-13}	10^{-14}
pH-Wert	0	1	2		7		12	13	14
	← sauer →				neutral	← alkalisch →			

Säure-Base-Indikatoren

Indikator	Umschlaggebiet *pH*	Farbänderung
Thymolblau	1,2 … 2,8	rot – gelb
4-Dimethylaminoazobenzol	2,9 … 4,0	rot – gelborange
Bromphenolblau	3,0 … 4,6	gelb – rotviolett
Kongorot	3,0 … 5,2	blauviolett – rotorange
Methylorange	3,1 … 4,4	rot – gelborange
Bromkresolgrün	3,8 … 5,4	gelb – blau
Methylrot	4,4 … 6,2	rot – orangegelb
Lackmus	5,0 … 8,0	rot – blau
Bromkresolpurpur	5,2 … 6,8	gelb – purpur
Bromphenolrot	5,2 … 6,8	orangegelb – purpur
Bromthymolblau	6,0 … 7,6	gelb – blau
Phenolrot	6,4 … 8,2	gelb – rot
Neutralrot	6,4 … 8,0	bläulichrot – orangegelb
Kresolrot	7,0 … 8,8	gelb – purpur
m-Kresolpurpur	7,4 … 9,0	gelb – purpur
Thymolblau	8,0 … 9,6	gelb – blau
Phenolphthalein	8,2 … 9,8	farblos – rotviolett
Alizaringelb GG	10 … 12,1	hellgelb – bräunlichgelb

Chemie

Reagenzien, Chemikalien, Kältemischungen

U5

Reagenzien

	Stoff	Reagens	Färbung
u2		blaues Lackmuspapier	rot
u3	Säuren	rotes Phenolphthalein	farblos
u4		gelbes Methylorange	rot
u5		rotes Lackmuspapier	blau
u6	Basen	farbloses Phenolphthalein	rot
u7		rotes Methylorange	gelb
u8	Ozon	Jodkaliumstärkepapier	blau-schwarz
u9	H_2S	Bleipapier	braun-schwarz
u10	Salmiakgeist	Salzsäure	Nebelbildung
u11	Kohlensäure	Calciumhydroxid	Niederschlag

Herstellung von Chemikalien

	Herstellung von	nach der Gleichung
u12	Ammoniak	$CO(NH_2)_2 + H_2O \longrightarrow 2NH_3 + CO_2$
u13	Bleisulfid	$Pb(NO_3)_2 + H_2S \longrightarrow PbS + 2HNO_3$
u14	Cadmiumsulfid	$CdSO_4 + H_2S \longrightarrow CdS + H_2SO_4$
u15	Chlor	$CaOCl_2 + 2HCl \longrightarrow Cl_2 + CaCl_2 + H_2O$
u16	Kohlensäure	$CaCO_3 + 2HCl \longrightarrow H_2CO_3 + CaCl_2$
u17	Natronlauge	$Na_2O + H_2O \longrightarrow 2NaOH$
u18	Salmiak	$NH_4OH + HCl \longrightarrow NH_4Cl + H_2O$
u19	Salmiakgeist	$NH_3 + H_2O \longrightarrow NH_4OH$
u20	Sauerstoff	$2KClO_3 \xrightarrow{\text{erh}} 3O_2 + 2KCl$
u21	Schwefelwasserstoff	$FeS + 2HCl \longrightarrow H_2S + FeCl_2$
u22	Wasserstoff	$H_2SO_4 + Zn \longrightarrow H_2 + ZnSO_4$
u23	Zinksulfid	$ZnSO_4 + H_2S \longrightarrow ZnS + H_2SO_4$

Herstellung von Kältemischungen

	Senken der Temperatur		Kältemischung
	von °C	auf °C	(Die Zahlen bedeuten Gewichts-Teile)
u24	+10	−12	$4\,H_2O + 1\,KCl$
u25	+10	−15	$1\,H_2O + 1\,NH_4NO_3$
u26	+ 8	−24	$1\,H_2O + 1\,NaNO_3 + 1\,NH_4Cl$
u27	0	−21	3,0 Eis gemahlen + 1 NaCl
u28	0	−39	1,2 Eis gemahlen + $2\,CaCl_2 \cdot 6H_2O$
u29	0	−55	1,4 Eis gemahlen + $2\,CaCl_2 \cdot 6H_2O$
u30	+15	−78	1 Methanol + 1 feste Kohlensäure

Chemie

Luft-Feuchtigkeit und -Trocknung, Wasserhärte

U6

Herstellung einer konstanten Luftfeuchtigkeit in geschlossenen Gefäßen

	Relative Luftfeuchtigkeit über der Lösung (%) 20 °C	Gesättigte wässrige Lösung mit viel Bodenkörpern
u31	92	$Na_2CO_3 \cdot 10\,H_2O$
u32	86	KCl
u33	80	$(NH_4)_2SO_4$
u34	76	$NaCl$
u35	63	NH_4NO_3
u36	55	$Ca(NO_3)_2 \cdot 4\,H_2O$
u37	45	$K_2CO_3 \cdot 2\,H_2O$
u38	35	$CaCl_2 \cdot 6\,H_2O$

Trocknungsmittel für Exsikkator

	Wasserrückstand nach Trocknung bei 25 °C, g/m³ Luft	Trocknungsmittel	
		Benennung	Formel
u39	1,4	Kupfer(II)sulfat, wasserfrei	$CuSO_4$
u40	0,8	Zinkchlorid, geschmolzen	$ZnCl_2$
u41	0,14 ... 0,25	Calciumchlorid, granuliert	$CaCl_2$
u42	0,16	Natriumhydroxid	$NaOH$
u43	0,008	Magnesiumoxid	MgO
u44	0,005	Calciumsulfat, wasserfrei	$CaSO_4$
u45	0,003	Aluminiumoxid	Al_2O_3
u46	0,002	Kaliumhydroxid	KOH
u47	0,001	Kieselgel	$(SiO_2)_x$
u48	0,000 025	Phosphorpentoxid	P_2O_5

Wasserhärte

u49 $1°\text{ deutsche Härte} \mathrel{\widehat{=}} 1°\text{d} \mathrel{\widehat{=}} \dfrac{10\text{ mg CaO}}{1\text{ l Wasser}} \mathrel{\widehat{=}} \dfrac{7{,}19\text{ mg MgO}}{1\text{ l Wasser}}$

u50 $1°\text{d} = 1{,}25°$ englische Härte $= 1{,}78°$ französische Härte

u51 $= 17{,}8°$ amerikanische Härte (1,00 ppm $CaCO_3$)

Härteeinteilung

u52	0 ... 4 °d	sehr weich	12 ... 18 °d	ziemlich hart
u53	4 ... 8 °d	weich	18 ... 30 °d	hart
u54	8 ... 12 °d	mittelhart	über 30 °d	sehr hart

Mischungsregel für Flüssigkeiten (Mischungskreuz)

u55	*a*	Gehalt der	Ausgangs-	Flüssigkeit	in Gewichts-%
	b		gemischten		
u56	*c*		Zusatz-[1]		

$$\begin{matrix} a & \searrow & & \nearrow & x = |b - c| \\ & & c & & \\ b & \nearrow & & \searrow & y = |c - a| \end{matrix}$$

[1] für Wasser ist $b = 0$.

Beispiel: $a = 54\,\%$; $b = 92\,\%$; c soll 62 % werden. Es sind also 30 Gewichtsteile von a mit 8 von b zu mischen.

Strahlungsphysik

Im optischen Bereich und Lichttechnik

V1

Allgemeines

Jeder lichttechnischen Größe entspricht eine strahlungsphysikalische Größe, für die untereinander jeweils dieselben Zusammenhänge gelten. Unterscheidung durch Index v (visuell) und Index e (energetisch).

	Lichttechnik			Strahlungsphysik		
	Größe	Formelzeichen	gesetzliche Einheit	Größe	Formelzeichen	gesetzliche Einheit
v1	Lichtstärke	I_v	Candela cd	Strahlstärke	I_e	$\frac{W}{sr}$
v2	Lichtstrom	$\Phi_v = \Omega \cdot I_v$	Lumen lm = cd sr	Strahlungsleistung	$\Phi_e = \Omega \cdot I_e$	$W = J/s$
v3	Lichtmenge	$Q_v = \Phi_v \cdot t$	Lumensekunde lm s, auch lm h	Strahlungsenergie, Strahlungsmenge	$Q_e = \Phi_e \cdot t$	$J = W\,s$
v4	Leuchtdichte	$L_v = \frac{I_v}{A_1 \cdot \cos \varepsilon_1}$	$\frac{cd}{m^2}$	Strahldichte	$L_e = \frac{I_e}{A_1 \cdot \cos \varepsilon_1}$	$\frac{W}{sr\,m^2}$
v5	Beleuchtungsstärke	$E_v = \frac{\Phi_v}{A_2}$	Lux $lx = \frac{lm}{m^2}$	Bestrahlungsstärke	$E_e = \frac{\Phi_e}{A_2}$	$\frac{W}{m^2}$
v6	Belichtung	$H_v = E_v \cdot t$	lx s	Bestrahlung	$H_e = E_e \cdot t$	$\frac{W\,s}{m^2}$

Definition der Basiseinheit „Candela" (cd)

1 cd gibt ein schwarzer Strahler mit $1/600\,000\ m^2$ ($= 1\,2/3\ mm^2$) Oberfläche bei der Temperatur $T = 2042$ K ab.

Photometrisches Strahlungsäquivalent K_m bei $\lambda = 555$ nm

v7 $$K_m = 680\,\frac{lm}{W} = 680\,\frac{cd\,sr}{W} = 680\,\frac{lx\,m^2}{W}$$

Lichtstrom-Aufwand für Beleuchtung (Werte siehe Z25)

Eine Fläche A_2, ausgeleuchtet mit Beleuchtungsstärke E_v, erfordert eine Summe der Lichtströme $\sum \Phi_v$ aller in der Beleuchtungsanlage installierten Lampen.

v8 $$\sum \Phi_v = \frac{A_2 \cdot E_v}{\eta}$$

Erläuterung der Formelzeichen siehe V2

Strahlungsphysik

Entfernungsgesetz, Lichtbrechung

V2

Lichttechnisches Entfernungsgesetz

Die Beleuchtungsstärke E_v einer Fläche A ist dem Quadrat ihres Abstandes r von der Lichtquelle umgekehrt proportional:

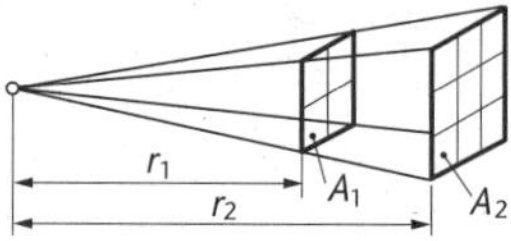

v9 $$\frac{E_{v1}}{E_{v2}} = \frac{r_2^2}{r_1^2} = \frac{A_2}{A_1}$$

Bei gleicher Beleuchtungsstärke E_v einer Fläche A verhalten sich die Lichtstärken I_v zweier Lichtquellen wie die Quadrate ihrer Abstände r von der Fläche:

v10 $$\frac{I_{v1}}{I_{v2}} = \frac{r_1^2}{r_2^2}$$

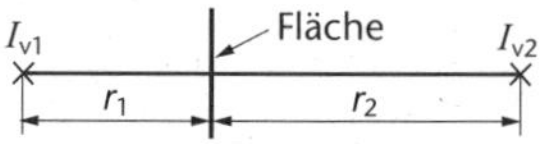

Lichtbrechung

v11 $$\frac{n_b}{n_\alpha} = \frac{\sin\alpha}{\sin\beta}$$

v12 $$= \text{konst. für alle Winkel}$$

v13 Wenn $\sin\beta \geqq \frac{n_\alpha}{n_b}$, dann Totalreflexion.

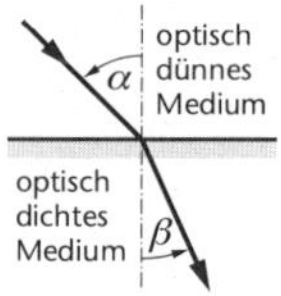

Brechzahlen für gelbes Natriumlicht mit $\lambda = 589{,}3$ nm:

feste Stoffe bezogen auf Luft		flüssige Stoffe bezogen auf Luft		gasförmige Stoffe bezogen auf Luftleere	
Plexiglas	1,49	Wasser	1,33	Wasserstoff	1,000 139
Quarz	1,54	Alkohol	1,36	Sauerstoff	1,000 271
Kronglas	1,56	Glyzerin	1,47	Luft	1,000 292
Diamant	2,41	Benzol	1,50	Stickstoff	1,000 297

A_1 Fläche, aus der Strahlung austritt

A_2 Fläche, in die Strahlung eintritt

$A_1 \cdot \cos\varepsilon_1$ Projektion der leuchtenden Fläche A_1 senkrecht zur Ausstrahlungsrichtung

n_α, (n_b) Brechzahl des dünneren (dichteren) Stoffes

ε_1 Winkel zwischen austretendem Lichtstrahl und Lot auf die leuchtende Fläche A_1

Ω Raumwinkel Ω ist das Verhältnis des vom Mittelpunkt her durchstrahlten Stückes A_k einer Kugeloberfläche zum Quadrat des Kugelhalbmessers r_k:

v14 $\Omega = A_k / r_k^2$; Einheit $\text{sr} = \text{m}^2/\text{m}^2$

v15 Der volle Raumwinkel ist $\Omega = 4 \cdot \pi \cdot \text{sr} = 12{,}56$ sr

η Beleuchtungs-Wirkungsgrad (siehe Tabelle Z25)

Strahlungsphysik

Wellenlängen, Spiegel

V3

Wellenlängen (in Luft)

v16

Strahlenart		Wellenlänge $\lambda = c/f$ [1]
Röntgenstrahlung	hart weich ultraweich	0,0057 nm … 0,08 nm 0,08 nm … 2,0 nm 2,0 nm … 37,5 nm
optische Strahlung	UV–C … IR–C	100 nm … 1 mm
Ultraviolettstrahlung	UV–C UV–B UV–A	100 nm … 280 nm 280 nm … 315 nm 315 nm … 380 nm
sichtbare Strahlung, Licht	violett blau grün gelb rot	380 nm … 420 nm 420 nm … 490 nm 490 nm … 530 nm 530 nm … 650 nm 650 nm … 780 nm
Infrarotstrahlung	IR–A IR–B IR–C	780 nm … 1,4 µm 1,4 µm … 3,0 µm 3,0 µm … 1 mm

Spiegel

Ebener Spiegel

Das virtuelle Bild B ist aufrecht und liegt so weit hinter dem Spiegel, wie der Gegenstand G davor:

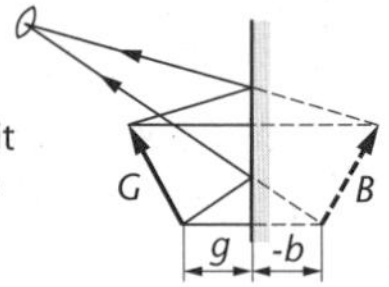

v17 $g = -b$

Hohlspiegel

v18 $$\frac{1}{f} = \frac{1}{g} + \frac{1}{b}$$

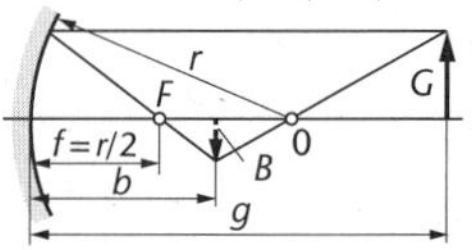

Je nach Abstand g des Gegenstandes G ist das Bild B reell oder virtuell.

g	b	Bild
∞	f	punktförmig
$>2f$	$f<b<2f$	reell, umgekehrt, kleiner
$2f$	$2f$	reell, umgekehrt, gleich groß
$2f>g>f$	$>2f$	reell, umgekehrt, größer
$<f$	negativ	virtuell, aufrecht, größer
f	∞	kein Bild

Wölbspiegel

Gibt nur virtuelle aufrechte kleinere Bilder B. Wie Hohlspiegel mit $f = -\frac{r}{2}$

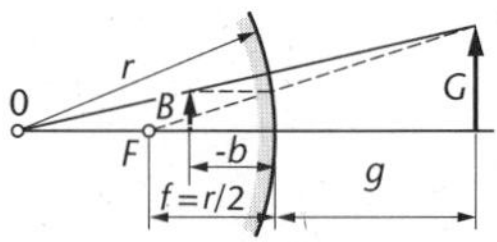

v19 [1] $c = 299\,792\,458\ \mathrm{m/s}$ (Lichtgeschwindigkeit)

f: Frequenz $1/s$

Erläuterung der Formelzeichen für Spiegel siehe V4

Linsen

Brechwert D einer Linse

v20 $D = \frac{1}{f}$ Einheit: $1\ \text{dpt} = 1\ \text{Dioptrie} = \frac{1}{\text{m}}$

Linsengleichung (nur für dünne Linsen)

v21 $\frac{1}{f} = \frac{1}{b} + \frac{1}{g}$

v22 $= (n-1)\left(\frac{1}{r_1} + \frac{1}{r_2}\right)$

v23 $v = \frac{B}{G} = \frac{b}{g}$

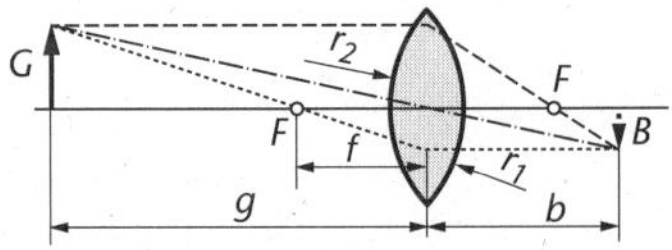

Befinden sich 2 Linsen mit den Brennweiten f_1 und f_2 unmittelbar hintereinander, dann beträgt die Gesamtbrennweite:

v24 $$\frac{1}{f} = \frac{1}{f_1} + \frac{1}{f_2}$$

Lupe

	allgemein	wenn Gegenstand im Brennpunkt
v25	$v = \frac{s}{f} + 1$	$v = \frac{s}{f}$

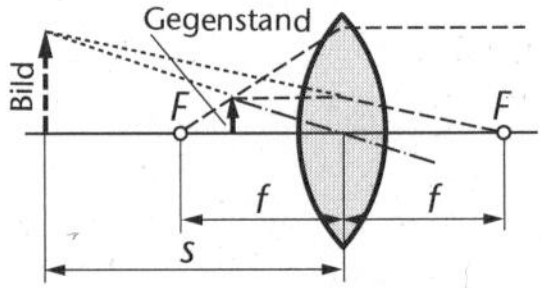

Mikroskop

Gesamtvergrößerung:

v26 $v = \frac{t \cdot s}{f_1 \cdot f_2}$

v27 $= v_1 \cdot v_2$

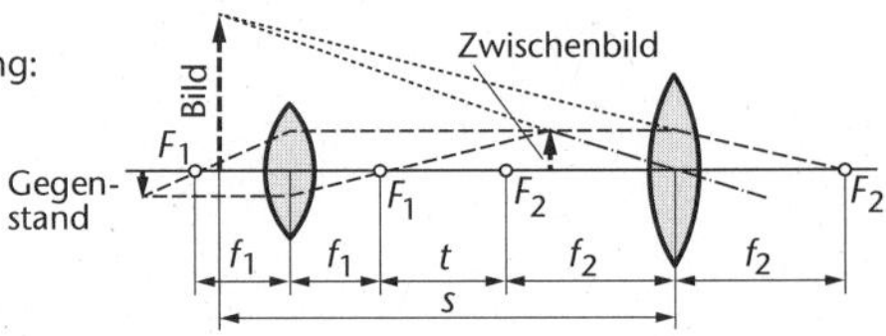

Makro-Fotografie

v28 Kamera-Auszug $a = f(v+1)$

v29 Objektabstand $c = \frac{a}{v} = f\left(1 + \frac{1}{v}\right)$

- B Bildgröße
- F Brennpunkt
- f Brennweite
- G Gegenstandsgröße
- n Brechzahl (siehe V2)
- r Krümmungsradius
- t optische Tubuslänge
- v Vergrößerung
- s deutliche Sehweite (= 25 cm für normales Auge)

Ionisierende Strahlung

Ionisierende Strahlung ist eine Strahlung, die aus Teilchen besteht, die ein permanentes Gas unmittelbar (direkt) oder mittelbar (indirekt) durch Stoß zu ionisieren vermögen.

Integral-größen	Einheiten	zeitbezogene Größen	Einheiten
Ionendosis (Messwert) v30 $J=\frac{Q}{m}$ v31	$1\,\frac{\text{A s}}{\text{kg}}=1\,\frac{\text{C}}{\text{kg}}$ [1 Röntgen = 1 R $=258\,\frac{\mu\text{C}}{\text{kg}}$]	Ionendosis-leistung, -rate $\dot{J}=\frac{J}{t}=\frac{I}{m}$	$1\,\frac{\text{A}}{\text{kg}}$ [$1\,\frac{\text{R}}{\text{s}}=258\,\frac{\mu\text{A}}{\text{kg}}$ $1\,\frac{\text{R}}{\text{a}}=8{,}2\,\frac{\text{pA}}{\text{kg}}$]
Energiedosis v32 $D=f\cdot J$ v33 $=\frac{W}{m}$	1 Gray = 1 Gy $=1\,\frac{\text{V A s}}{\text{kg}}=1\,\frac{\text{W s}}{\text{kg}}$ $=1\,\frac{\text{J}}{\text{kg}}$ [1 Rad = 1 rd $=1\,\frac{\text{cJ}}{\text{kg}}=0{,}01$ Gy $=6{,}242\cdot 10^{16}\,\frac{\text{eV}}{\text{kg}}$]	Energiedosis-leistung, -rate $\dot{D}=\frac{D}{t}=\frac{P}{m}$	$1\,\frac{\text{Gy}}{\text{s}}=1\,\frac{\text{W}}{\text{kg}}$ $=31{,}56\cdot 10^{6}\,\frac{\text{J}}{\text{kg a}}$ [$1\,\frac{\text{rd}}{\text{s}}=10\,\frac{\text{mW}}{\text{kg}}$ $=0{,}01\,\frac{\text{Gy}}{\text{s}}$]
Äquivalent-dosis (berechnete Wirkung) v34 $H=D_q=q\cdot D$ v35 $=q\cdot f\cdot J$	1 Sievert = 1 Sv $=1\,\frac{\text{V A s}}{\text{kg}}=1\,\frac{\text{W s}}{\text{kg}}$ $=1\,\frac{\text{J}}{\text{kg}}$ [100 rem = 1 Sv]	Äquivalent-dosisleistung, -rate $\dot{H}=\dot{D}_q=\frac{D_q}{t}$ $=q\cdot\dot{D}$	$1\,\frac{\text{W}}{\text{kg}}=1\,\frac{\text{Gy}}{\text{s}}$ [$1\,\frac{\text{rem}}{\text{s}}=10\,\frac{\text{mW}}{\text{kg}}$ $1\,\frac{\text{rem}}{\text{a}}=317\,\frac{\text{pW}}{\text{kg}}$]

Ionenstrom I**:** Werden Luftmoleküle durch Strahlung ionisiert und wird eine Spannung angelegt, so fließt der Ionenstrom I. (Messgerät: Ionisierungskammer).

Ladung Q**:** Fließt während der Zeit t ein Ionenstrom I, ergibt dies die freigesetzte Ladung

v36 $$Q=I\cdot t$$

Dosis J**:** Als Dosis J bezeichnet man eine auf die Masse m bezogene Größe,
v37 z. B. $J=Q/m$.

Einheiten in [ ] entsprechen früheren Einheiten

Fortsetzung siehe V6

Strahlungsphysik

Ionisierende Strahlung

V6

Strahlungsenergie W**:** W ist die Strahlungsenergie, die zum Ionisieren benötigt wird. Jedes Ionenpaar der Luftmoleküle erfordert die Energie

v38 $$W_L = 33{,}7\ \text{eV}$$

v39 (Ladung eines Elektrons: $1\ \text{e} = 1{,}602 \cdot 10^{-19}\ \text{A s}$)

v40 (1 Elektronvolt: $1\ \text{eV} = 1{,}602 \cdot 10^{-19}\ \text{A s} \cdot 1\ \text{V} = 1{,}602 \cdot 10^{-19}\ \text{J}$)

Aktivität A**:** Die Aktivität A ist der Quotient aus der Anzahl der zerfallenen Atome N und der dazu benötigten Zeit t

v41 $$A = -\mathrm{d}N/\mathrm{d}t = \lambda \cdot N$$

Einheiten: Bq (Becquerel) [1 Curie = 1 Ci = $37 \cdot 10^9$ Bq]
1 Bq ist ein Zerfall eines radioaktiven Atoms in 1 s.

Zerfallskonstante λ**:**

v42 $$\lambda = \ln 2 / T_{1/2}$$

Die Halbwertzeit $T_{1/2}$ gibt an, nach welcher Zeit t die Hälfte des radioaktiven Stoffes zerfallen ist. *Einheiten*: s^{-1}, min^{-1}, h^{-1}, d^{-1}, a^{-1}

Halbwertzeiten einiger natürlicher und künstlicher Isotope

Ordnungszahl Z 1)	Element	relative Atommasse A_r 2)	Halbwertzeit $T_{1/2}$	Ordnungszahl Z 1)	Element	relative Atommasse A_r 2)	Halbwertzeit $T_{1/2}$
1	Tritium	3	12 a	55	Zäsium	134	2,1 a
19	Kalium	40	$1{,}3 \cdot 10^9$ a	55	Zäsium	137	30 a
19	Kalium	42	12,4 h	88	Radium	226	1600 a
27	Cobalt	60	5,3 a	90	Thorium	232	$14 \cdot 10^9$ a
38	Strontium	90	29 a	92	Uran	238	$4{,}5 \cdot 10^9$ a
53	Jod	131	8,0 d	94	Plutonium	239	24 000 a

Erläuterung der Formelzeichen

m Masse ist Basisgröße

N Anzahl der radioaktiven Atome

v43 q Bewertungsfaktor für β-, γ- und Röntgenstrahlen $q = 1$

v44 für andere Strahlen $q = 1 \ldots 20$

v45 f Ionisierungskonstante für Körpergewebe $f = f_L$

v46 für Knochen $f = (1 \ldots 4)\, f_L$

v47 f_L Ionisierungskonstante für Luft $f_L = W_L / e = 33{,}7\ \text{V}$

$T_{1/2}$ Halbwertzeit

Erläuterung der Einheiten

v48 A: Ampère; C: Coulomb; J: Joule; a: Jahr (1 Jahr = 1 a = $31{,}56 \cdot 10^6$ s)

Strahlenbelastung (Äquivalent-Dosis): Im Jahre 2007 erhielt der Normalbürger der Bundesrepublik Deutschland im Durchschnitt aus

Art	H in mSv	H in [mrem]
natürlicher Strahlung	$< 2{,}0$	200
medizinischen Gründen	$< 1{,}9$	190
sonstiger künstlicher Strahlung *	$< 0{,}02$	< 2
* (lt. Strahlenschutz-Verordnung zulässig)	$\leqq 0{,}3$	$\leqq 30$

1) Anzahl der Protonen 2) Anzahl der Protonen und Neutronen

Vorbemerkung

Die in dem Kapitel Umwelttechnik zu den Themen Luft, Abwasser, Boden (Abfälle) und Lärmschutz aufgelisteten Tabellen und Daten dienen dazu, dem Leser einen Einblick in das Gebiet der Umwelttechnik, deren Grenz-/Prüfwerte und Gesetzeswerke zu ermöglichen. Die angegebenen Werte gelten zum Zeitpunkt des Erscheinens zwar exakt für Deutschland, sind aber mit geringen Abweichungen auch für die Schweiz und Österreich gültig. Im Rahmen der EU-Harmonisierung wird jedoch sicherlich eine Angleichung erfolgen.

Mit den ausgewählten Gesetzeswerken und Verordnungen soll der Leser in der Lage sein, weitere Schritte zu planen bzw. gezielt in bestimmten Bereichen weiterzuarbeiten.

Für eine emissions- bzw. immissionsrechtliche Auslegung einer Anlage oder eines Systems sind die Angaben jedoch **nicht** geeignet.

Hinweis: Sowohl die angegebenen Grenz-/Prüfwerte als auch die Gesetze/Verordnungen werden im Laufe der Zeit dem jeweiligen Stand der Technik angepasst.

Begriffe und Abkürzungen der Umwelttechnik

a. a. R. d. T.: allgemein **a**nerkannte **R**egeln **d**er **T**echnik. Technikniveau eines Verfahrens, das in der praktischen Anwendung erprobt worden ist, wobei die Mehrheit der auf einem speziellen Gebiet arbeitenden Fachleute dieses Verfahren als richtig und sinnvoll ansieht.

Abfall: Im Sinne des KrW-/AbfG (siehe W3) sind Abfälle alle beweglichen Sachen, deren sich ihr Besitzer entledigt, entledigen will oder entledigen muss.

AbwV: Abwasser**v**erordnung. Verordnung über Anforderungen an das Einleiten von Abwasser in Gewässer.

Alarmschwelle: Eine Ozonkonzentration in der Luft, bei deren Überschreitung bei kurzfristiger Exposition ein Risiko für die Gesundheit der Gesamtbevölkerung besteht.

AOT40: accumulation **o**ver **t**hreshold. Summe der Differenz zwischen Konzentrationen über $80\,(\mu g\,h)/m^3$ ($= 40$ ppb) als 1-Std.-Mittelwert und $80\,(\mu g\,h)/m^3$ während einer gegebenen Zeitspanne unter ausschließlicher Verwendung der 1-Std.-Mittelwerte zwischen 8 Uhr und 20 Uhr MEZ an jedem Tag.

Fortsetzung siehe W2

Umwelttechnik

Begriffe und Abkürzungen

Fortsetzung von W1

AOX-Wert: Absorbierbare **o**rganische Halogenverbindungen. (DIN EN ISO 9562). Summarische Größe für eine Gruppe organischer Verbindungen, die schwer abbaubar sind und als gefährlich im Sinne des § 7a des Wasserhaushaltsgesetzes gelten.

BBodSchG: Bundes-**Bod**en**sch**utz**g**esetz. Gesetz zum Schutz vor schädlichen Bodenveränderungen und zur Sanierung von Altlasten.

BBodSchV: Bundes-**Bod**en**sch**utz- und Altlasten**v**erordnung. Verordnung zur Durchführung des Bundesbodenschutzgesetzes (BodBSchG), konkretisiert die Vorgaben aus dem Gesetz.

BImSchG: Bundes-**Im**missions**sch**utz**g**esetz. Übergeordnetes Gesetz zum Schutz vor schädlichen Umwelteinwirkungen durch Luftverunreinigungen, Geräusche, Erschütterungen und ähnliche Vorgänge.

BImSchV: Verordnung zum **B**undes-**Im**missions**sch**utzgesetz. Verordnung zur Durchführung des Bundes-Immissionsschutzgesetzes, konkretisiert die Vorgaben aus dem BImSchG.

BImSchVwV: Ver**w**altungs**v**orschrift zum **B**undes-**Im**missions**sch**utzgesetz.

BSB_5-Wert: Biochemischer **S**auerstoff**b**edarf in fünf Tagen. Summenparameter zur Erfassung der Belastung eines Wassers oder Abwassers mit biologisch abbaubaren Substanzen. Der BSB-Wert gibt an, welche Menge Sauerstoff in einer bestimmten Zeiteinheit verbraucht wird, um die in dem Wasser vorhandenen organischen Substanzen durch Mikroorganismen abzubauen.

CSB: Chemischer **S**auerstoff**b**edarf. Summenparameter zur Erfassung organischer Wasser- und Abwasserinhaltsstoffe. Der CSB-Wert gibt Aufschluss über den Sauerstoffverbrauch eines Wassers zur Oxidation fast aller wasserlöslichen organischen Substanzen.

Emissionen: Sind im Sinne des BImSchG die von einer Anlage ausgehenden Luftverunreinigungen, Geräusche, Erschütterungen, Licht und ähnliche Erscheinungen.

G_{EI}: Giftigkeit gegenüber Fisch**ei**ern. Verdünnungsfaktor, bei dem Abwasser im Fischtest nicht mehr giftig ist (DIN 38 415-T6 (8-03)).

Immissionen: Sind im Sinne des BImSchG auf Menschen, Tiere und Pflanzen, den Boden, das Wasser etc. einwirkende Luftverunreinigungen, Geräusche, Erschütterungen, Licht und ähnliche Umwelteinwirkungen.

Fortsetzung siehe W3

Fortsetzung von W2

Informationsschwelle: Eine Ozonkonzentration in der Luft, bei deren Überschreitung bei kurzfristiger Exposition ein Risiko für die Gesundheit besonders empfindlicher Bevölkerungsgruppen besteht.

KrW-/AbfG: Kreislauf**w**irtschafts- und **Abf**all**g**esetz. Rahmengesetz zur Förderung der Kreislaufwirtschaft und Sicherung der umweltverträglichen Beseitigung von Abfällen.

Maßnahmenwerte: Sind im Sinne der BBodSchV Werte für Einwirkungen oder Belastungen, bei deren Überschreiten unter Berücksichtigung der jeweiligen Bodennutzung in der Regel von einer schädlichen Bodenveränderung oder Altlast auszugehen ist und Maßnahmen erforderlich sind.

Mischprobe: Probe, die in einem bestimmten Zeitraum kontinuierlich oder diskontinuierlich entnommen und gemischt wird.

Prüfwerte: Sind im Sinne der BBodSchV Werte, bei deren Überschreitung unter Berücksichtigung der Bodennutzung eine einzelfallbezogene Prüfung durchzuführen und festzustellen ist, ob eine schädliche Bodenveränderung oder Altlast vorliegt.

Qualifizierte Stichprobe: Mischprobe aus mindestens 5 Stichproben, die während einer Zeitspanne von höchstens 2 Stunden im Abstand von nicht weniger als 2 Minuten entnommen und gemischt werden.

S. d. T.: Stand **d**er **T**echnik: Entwicklungsstand technisch und wirtschaftlich durchführbarer fortschrittlicher Verfahren, Einrichtungen oder Betriebsweisen, die als beste verfügbare Techniken zur Begrenzung von Emissionen praktisch geeignet sind.

Stichprobe: Einmalige Probennahme z. B. aus einem Abwasserstrom.

TA-Luft: Technische **A**nleitung zur Reinhaltung der **Luft**. Erste Allgemeine Verwaltungsvorschrift zum BImSchG/4. BImSchV zur Prüfung und Erteilung von Genehmigungen zur Errichtung und zum Betrieb von Anlagen.

WHG: Wasser**h**aushalts**g**esetz. Gesetz zur Ordnung des Wasserhaushaltes.

Zielwert: Eine Ozonkonzentration in der Luft, die mit dem Ziel festgelegt wird, schädliche Auswirkungen auf die menschliche Gesundheit oder die Umwelt langfristig zu vermeiden, und die so weit wie möglich in einem bestimmten Zeitraum erreicht werden muss.

W4 Umwelttechnik

Immission (ausgewählte Gesetze/Verordnungen)

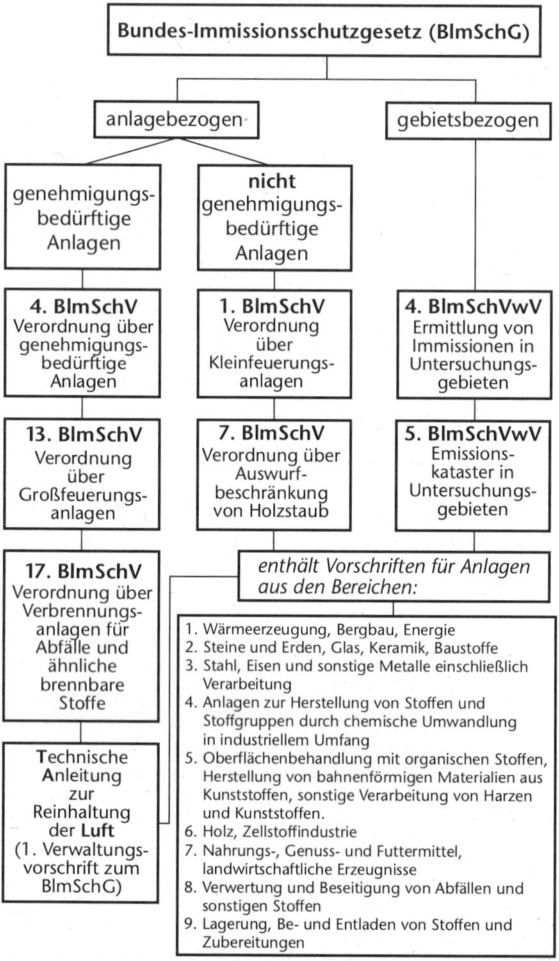

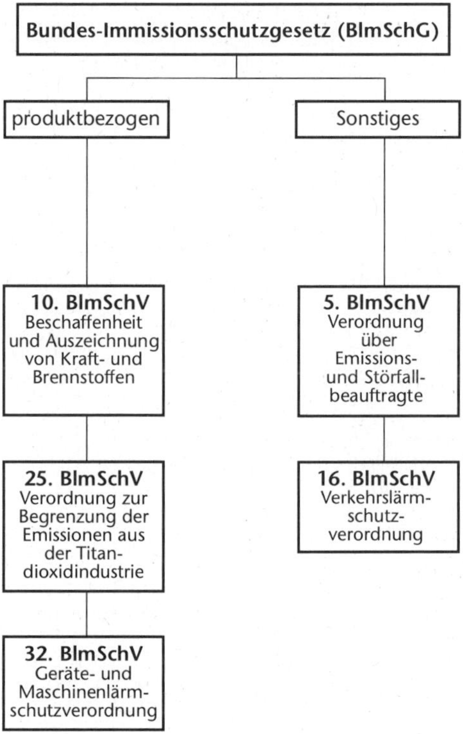

Bundes-Immissionsschutzgesetz (BImSchG)
produktbezogen
Sonstiges
10. BImSchV Beschaffenheit und Auszeichnung von Kraft- und Brennstoffen
25. BImSchV Verordnung zur Begrenzung der Emissionen aus der Titandioxidindustrie
32. BImSchV Geräte- und Maschinenlärmschutzverordnung
5. BImSchV Verordnung über Emissions- und Störfallbeauftragte
16. BImSchV Verkehrslärmschutzverordnung

W5 Umwelttechnik

Luftreinhaltung (ausgewählte Emissionsgrenzwerte)

Emittierte Stoffe	TA-Luft/4. BImSchV	17. BImSchV
	Allgemeine Anforderungen zur Emissionsbegrenzung[6] in mg/m^3	Tagesmittelwert in mg/m^3 [2]
Gesamtstaub	< 20 oder < 0,2 kg/h (staubförmige anorganische Stoffe: s. u.)	< 10
SO_2; SO_3 (angegeben als SO_2)	< 350 oder < 1,8 kg/h	< 50
NO; NO_2 (angegeben als NO_2)	< 350 oder < 1,8 kg/h	< 200
CO	–	< 50
staubförmige anorganische Stoffe (und deren Verbindungen)	< 0,05 (Hg, Tl)[3] oder < 0,25 g/h < 0,5 (Pb, Co, Ni, Se, Te)[3] oder < 2,5 g/h < 1 (Sb, Cr, CN, F, Cu, Mn, V, Sn)[3] oder < 5 g/h	< 0,05 (Cd, Tl)[3], [4] < 0,5 (Sb, As, Pb, Cr, Co, Cu, Mn, Ni, V, Sn)[3], [4] < 0,05 (As, Benzo(a)pyren, Cd, Co, Cr)[3], [4]
gasförmige anorganische Chlorverbindungen (angeg. als Chlorwasserstoffe)	< 30	< 10
gasförmige anorganische Fluorverbindungen (angeg. als Fluorwasserstoffe)	< 3	< 1
Hg; Hg-Verbindungen (angegeben als Hg)	Siehe staubförmige anorganische Stoffe	< 0,03
gasförmige anorganische Stoffe (soweit nicht schon oben erwähnt)	< 0,5 bis < 350 oder 2,5 g/h bis 1,8 kg/h[7]	–
organische Stoffe (angegeben als Gesamtkohlenstoff)	< 50 bis < 20 oder 0,5 kg/h bis 0,1 kg/h[7] (ausgenommen staubförmig)	< 10
krebserregende Stoffe	< 0,05 bis < 1 oder 0,15 g/h bis 2,5 g/h[7]	–
Fasern	$< 10^4$ bis $5 \cdot 10^4$ Fasern/m^3[7]	–
erbgutverändernde Stoffe	< 0,05 oder 0,15 g/h	–
Dioxine und Furane[1]	< 0,1 ng/m^3 oder 2,5 µg/h	< 0,1 ng/m^3
Bezugssauerstoff in Vol.-%		11 % 3 % beim Verbrennen von Altölen

Erläuterungen der Indizes siehe W5 rechte Seite

Umwelttechnik

Luftreinhaltung (ausgewählte Emissionsgrenzwerte)

Emittierte Stoffe	**13. BImSchV**[14]		
	Grenzwert für eine Feueranlage mit		
	festem Brennstoff in mg/m³ [2]	flüssigem Brennstoff in mg/m³ [2], [9]	gasförmigem Brennstoff in mg/m³ [2]
Gesamtstaub	< 20 (staubförmige anorganische Stoffe: s. u.)	< 20 (staubförmige anorganische Stoffe: s. u.)	< 5 < 10 (Hochofen- oder Koksofengas)
SO_2; SO_3 (angegeben als SO_2)	<850 (>50 MW; <100 MW) <200 (>100 MW) [5], [8]	<850 (>50 MW; <100 MW) <400 – 200 (>100 MW; <300 MW)[10] <200 (>300 MW)[11]	< 5 (Flüssiggas) < 350 (Koksofengas) < 200 (Hochofengas) < 35 (sonst. Brennstoffe)
NO; NO_2 (angegeben als NO_2)	<250 (>50 MW; <100 MW) <100 (>100 MW)[5]	<250 (>50 MW; <100 MW) <100 (>100 MW)	<200 (>50 MW; <300 MW)[13] <100 (>300 MW)
CO	150 (>50 MW; <100 MW) 200 (>100 MW)[5]	< 80	< 50 (Gase f. öffentliche Gasversorgung) < 100 (Hochofen- oder Koksofengas) < 80 (sonst. Brennstoffe)
staubförmige anorganische Stoffe (und deren Verbindungen)	< 0,05 (Cd, Tl) [3], [4], [15] < 0,5 (Sb, As, Pb, Cr, Co, Cu, Mn, Ni, V, Sn) [3], [4], [15] < 0,05 (As, Benzo(a)pyren, Cd, Co, Cr) [3], [4], [15]	< 0,05 (Cd, Tl) [3], [4], [12] < 0,5 (Sb, As, Pb, Cr, Co, Cu, Mn, Ni, V, Sn) [3], [4], [12] < 0,05 (As, Benzo(a)pyren, Cd, Co, Cr) [3], [4], [12]	—
Hg; Hg-Verbindungen (angegeben als Hg)	< 0,03	—	—
Dioxine und Furane[1]	< 0,1 ng/m³	< 0,1 ng/m³	—
Bezugssauerstoff in %	6 %	3 %	3 %

Erläuterungen der Indizes: (Angaben bezüglich der Leistung in MW beziehen sich auf die Feuerungsleistung bzw. die Feuerungswärmeleistung der Anlagen)

(1) angegeben als Summenwert verschiedener Dioxinverbindungen
(2) neben den in dieser Tabelle dargestellten Tagesmittel-Grenzwerten sind gem. 13. BImSchV/17. BImSchV Halbstundenmittelwerte und bestimmte Massenkonzentrationen einzuhalten.
(3) inklusive Verbindungen
(4) als Mittelwert über Probenahmezeitraum
(5) bei Einsatz von naturbelassenem Holz, sonstigen Biobrennstoffen oder Wirbelschichtfeuerungen: gesonderte Grenzwerte in der 13. BImSchV beachten.
(6) je nach Art der genehmigungspflichtigen Anlage (siehe W4) werden die Grenzwerte zum Schutz vor erheblichen Belästigungen und Nachteilen sowie schädlichen Einwirkungen auf die menschliche Gesundheit, die Umwelt, die Vegetation und die Ökosysteme anlagenspezifisch modifiziert.
(7) je nach Gefährdungspotenzial des Stoffes in Klassen eingeteilt.
(8) in Abhängigkeit von Feuerungswärmeleistung sind höhere Tagesmittelwerte zulässig, wenn Mindestabscheidegrade für Schwefel eingehalten werden.
(9) bei Einsatz von leichtem Heizöl: gesonderte Grenzwerte in der 13. BImSchV beachten.
(10) lineare Abnahme
(11) Feuerungswärmeleistung > 100 MW: Schwefelabscheidegrad von mind. 85 % darf nicht unterschritten werden.
(12) für Anlagen, in denen Destillations- und Konversionsrückstände zum Eigenverbrauch in Raffinerien eingesetzt werden: gesonderte Grenzwerte in der 13. BImSchV beachten.
(13) bei Einsatz von Gasen der öffentl. Gasversorgung: gesonderte Grenzwerte in der 13. BImSchV beachten.
(14) Altanlagen: gesonderte Grenzwerte in der 13. BImSchV beachten.
(15) Emissionswerte gelten nicht für den Einsatz von Kohle, naturbelassenem Holz sowie Holzabfällen.

Ozon (Schwell- und Zielwerte)

Schwellwerte für Ozon gemäß Richtlinie 2008/50/EG des Europäischen Parlamentes und des Rates und der 39. BImSchV

1. Informationsschwelle und Alarmschwelle für bodennahes Ozon:

	Parameter	Schwelle
Informationsschwelle	1-Stunden-Mittelwert	$180\,\mu g/m^3$
Alarmschwelle	1-Stunden-Mittelwert	$240\,\mu g/m^3$

Bei festgestellter oder vorhergesagter Überschreitung der Informations- oder der Alarmschwelle ist die Öffentlichkeit hinreichend zu informieren.

Hinweis zur Mittelwertermittlung:

Mittelwerte sind arithmetische Mittelwerte über die Zeit.

Beispiel: Ozonbelastung von 12.00 bis 12.30 $230\,\mu g/m^3$
von 12.30 bis 13.00 $218\,\mu g/m^3$

Mittelwert: $(0{,}5\,h \times 230\,\mu g/m^3 + 0{,}5\,h \times 218\,\mu g/m^3)/1\,h = 224\,\mu g/m^3$

2. Zielwerte für bodennahes Ozon:

	Parameter	Langfristige Ziele
Zielwert für den Schutz der menschlichen Gesundheit	Höchster 8-Stunden(1)-Mittelwert eines Tages	$120\,\mu g/m^3$ darf an höchstens 25 Tagen pro Kalenderjahr überschritten werden (gemittelt über 3 Jahre)
Zielwert für den Schutz der Vegetation	AOT40, berechnet aus 1-Std.-Mittelwerten Mai bis Juli(2)	$6000\,(\mu g\,h)/m^3$ als AOT40 für den Zeitraum von Mai bis Juli(2)

(1) Wegen der unter 1. angegebenen Mittelwertermittlung werden bei einem 8-h-Mittelwert – durch die Integration über einen längeren Zeitraum – höhere Spitzenwerte ausgeglichen.

(2) AOT40: (accumulation over threshold): Summe der Differenz zwischen Konzentrationen über $80\,(\mu g\,h)/m^3$ (= 40 ppb) als 1-Std.-Mittelwert und $80\,(\mu g\,h)/m^3$ während einer gegebenen Zeitspanne unter ausschließlicher Verwendung der 1-Std.-Mittelwerte zwischen 8 Uhr und 20 Uhr MEZ an jedem Tag.

Euro Normen – Abgasgrenzwerte für PKW und Motorräder (Motorräder gem. EU-Richtlinie 2002/51/EG)

Abgasnorm (Richtlinie)	Gültig ab [1] für PKW	Gültig ab [4] für Motorräder	CO in g/km		HC in g/km		NO_x in g/km		HC + NO_x in g/km		Partikelmasse in g/km
			Benzin	Diesel	Benzin	Diesel	Benzin	Diesel	Benzin	Diesel	Diesel
Euro 2 (94/12/EG)	1.1.1996	1.7.2004 [5] 1.7.2005 [6]	2,2	1,0	–	–	–	–	0,5	0,7	0,08
Euro 3 [2] (98/12/EG)	1.1.2000	1.7.2007	2,3	0,64	0,2	–	0,15	0,5	–	0,56	0,05
Euro 4 [2] (98/69/EG)	1.1.2005	–	1,0	0,5	0,1	–	0,08	0,25	–	0,3	0,025
Euro 5 VO(EG)715/2007	1.9.2009	–	1,0	0,5	0,1	–	0,06	0,18	–	0,23	0,005
Euro 6 VO(EG)715/2007	1.9.2014	–	1,0	0,5	0,1	–	0,06	0,08	–	0,17	0,005

Abgasgrenzw. f. PKW u. leichte Nutzfahrz. bis 3,5 t Gesamtgew. gem. Euro 4 (EU- Richtlinie 98/69/EG) [2]

Gültig ab [1]	Fahrzeugklasse -gruppe		Bezugsmasse RW [3] in kg	CO in g/km		HC in g/km		NO_x in g/km		HC + NO_x in g/km		Partikelmasse in g/km
	Klasse	Gruppe		Benzin	Diesel	Benzin	Diesel	Benzin	Diesel	Benzin	Diesel	Diesel
1.1.2005	PKW	–	alle	1,0	0,5	0,1	–	0,08	0,25	–	0,3	0,025
1.1.2005	Leichte Nutzfahrzeuge	I	RW ≦ 1305	1,0	0,5	0,1	–	0,08	0,25	–	0,3	0,025
1.1.2006		II	1305 < RW ≦ 1760	1,81	0,63	0,13	–	0,1	0,33	–	0,39	0,04
		III	1760 < RW	2,27	0,74	0,16	–	0,11	0,39	–	0,46	0,06

1) Datum für neue Typgenehmigungen
2) Gegenüber Euro 1 und Euro 2 geändertes (verschärftes) Prüfverfahren
3) Die Bezugsmasse RW ist die Leermasse des Fahrzeugs, vermehrt um eine einheitliche Masse von 100 kg
4) Datum für die Neuzulassung eines Motorrades
5) Ausgenommen Enduros und Trial-Krafträder
6) Auch für Enduros und Trial-Krafträder

Lärmschutzvorschriften für Maschinen bei Verwendung im Freien

Auszug aus der 32. BImSchV (Maschinenlärmschutzverordnung) in Zusammenhang mit der Richtlinie 2000/14/EG des Europäischen Parlamentes

Geräte/Maschinentyp (gem. Art. 12 Richtlinie 2000/14/EG)	Installierte Nutzleistung P in kW bzw. Schnittbreite L in cm	Zulässiger Leistungspegel in dB(A)/1 pW[1] Stufe I ab 3.1.2002	Zulässiger Leistungspegel in dB(A)/1 pW[1] Stufe II ab 3.1.2006
Planierraupen, Kettenlader, …	$P \leqq 55$	106	103
	$P > 55$	$87 + 11 \lg P$	$84 + 11 \lg P$
Bagger, Bauaufzüge, Bauwinden, …	$P \leqq 15$	96	93
	$P > 15$	$83 + 11 \lg P$	$80 + 11 \lg P$
Turmdrehkräne		$98 + \lg P$	$96 + \lg P$
Kompressoren	$P \leqq 15$	99	97
	$P > 15$	$97 + 2 \lg P$	$95 + 2 \lg P$
Rasenmäher, Rasentrimmer, Rasenkantenschneider	$L \leqq 50$	96	94[2]
	$50 < L \leqq 70$	100	98
	$70 < L \leqq 120$	100	98[2]
	$L > 120$	105	103[2]

(1) Der (A-bewertete) Schallleistungspegel kennzeichnet die von einer Schallquelle in den umgebenden Raum abgestrahlte Schallleistung gemäß folgender Gleichung:

$$L_{WA} = 10 \lg \frac{W}{W_0} \text{ dB(A)}$$

Darin bedeuten:

- L_W Schallleistungspegel in dB (Dezibel)
- L_{WA} Schallleistungspegel in dB(A) Index A: mit einer A-Bewertung an das menschlich subjektive Hörverhalten angepasst
- W Schallleistung in Watt
- W_0 Bezugsschallleistung in 10^{-12} Watt (pW)

Verfahren zur Ermittlung des Luftschalls o. g. Geräte und Maschinen siehe Anhang III der Richtlinie 2000/14/EG.

(2) Richtwert; endgültige Werte können noch verändert werden.

Fortsetzung siehe W9

Fortsetzung von W8

Lärmschutzvorschriften für Maschinen bei Verwendung im Freien

Auswahl von Geräten, die der Kennzeichnungspflicht (gem. Art. 13 Richtlinie 2000/14/EG) für den abgegebenen Schallleistungspegel unterliegen, welcher nach Anhang III der Richtlinie 2000/14/EG zu ermitteln ist:

- Bauaufzüge für Materialtransport (mit E-Motor)
- Laubbläser
- Pistenraupen
- Tragbare Motorkettensägen
- Baustellenkreissägen
- Beton- und Mörtelmischer

Einsatzgebiet	**Nicht** zugelassene Betriebszeiten für o. g. Maschinen
Reines, allgemeines Wohngebiet Kleinsiedlungsgebiet Erholungsgebiet ...	an Sonn- und Feiertagen ganztägig
	an Werktagen in der Zeit von 20.00 bis 7.00 Uhr

Anmerkungen: (Ausnahmen, Einzelheiten, siehe 32. BImSchV)
Weitergehende landesrechtliche Vorschriften bleiben unberührt. Gem. 32. BImSchV können die Länder Einschränkungen bzw. Ausnahmen treffen (z. B. Festlegung von Zeiten zur Durchführung spez. Gartenarbeiten).

Lärmschutzvorschrift für zugelassene Verkehrsgeräusche

Gemäß 16. BImSchV (Verkehrslärmverordnung) liegt der einzuhaltende Immissionsgrenzwert durch **Verkehrsgeräusche** beim Bau oder bei wesentlichen Änderungen von **öffentlichen Straßen oder Schienenwegen** bei nachstehenden Werten:

	Tag in dB(A) [1)]	Nacht in dB(A) [1)]
Krankenhäuser, Schulen, Kurheime, Altenheime [2)]	57	47
Reine und allgemeine Wohngebiete, Kleinsiedlungsgebiete [2)]	59	49
Kerngebiete, Dorfgebiete, Mischgebiete [2)]	64	54
Gewerbegebiete [2)]	69	59

1) A-bewerteter Schallleistungspegel; Erläuterung siehe W8

2) gemäß Festsetzung in den Bebauungsplänen

Der Beurteilungspegel für Straßen und Schienenwege berechnet sich nach Anlage 1 bzw. 2 der **16. BImSchV**.

Einleiten von Abwasser

Grenzwerte für Schadstoffe beim Einleiten von Abwasser in Gewässer (Direkt- oder Indirekteinleiter) sind festgelegt im Wasserhaushaltsgesetz **WHG** bzw. in der Verordnung über „Anforderungen an das Einleiten von Abwasser in Gewässer" **AbwV**. Generell gilt gemäß §7a WHG: „Eine Erlaubnis für das Einleiten von Abwasser darf nur erteilt werden, wenn die Schadstofffracht des Abwassers so gering gehalten wird, wie dies bei Einhaltung der jeweils in Betracht kommenden Verfahren **nach dem Stand der Technik** möglich ist."

Beispiel: Abwasser, dessen Schadstofffracht im Wesentlichen aus folgenden **Herkunftsbereichen** stammt (gem. AbwV, Anhang 40):

1. Feuerverzinkerei/Feuerverzinnerei
2. Härterei
3. Leiterplattenherstellung
4. Mechanische Werkstätten
5. Lackierbetriebe

Allgemeine Anforderungen:
Um die Schadstofffracht so gering wie möglich zu halten, sind spezielle Maßnahmen mittels geeigneter Verfahren bei Prozessbädern (z. B. Membranfiltration, Ionenaustauscher etc.), beim Rückhalten von Badinhaltsstoffen, bei der Mehrfachnutzung von Spülwasser etc. vorgeschrieben.

Spezielle Anforderungen an das Abwasser für die Einleitungsstelle:
(Qualifizierte Stichprobe oder 2-h-Mischprobe)

Herkunftsbereiche	1	2	3	4	5	Analysen- und Messverfahren gemäß (Ausgabe)
Aluminium in mg/l	–	–	–	3	3	DIN EN ISO 11 885 (4-98)
N aus NH_4-Verbindungen in mg/l	30	50	50	30	–	DIN EN ISO 11 732 (9-97)
CSB in mg/l	200	400	600	400	300	DIN 38 409-H 41 (12-80)
Eisen in mg/l	3	–	3	3	3	DIN EN ISO 11 885 (4-98)
Fluorid in mg/l	50	–	50	30	–	DIN 38 405-D 4-2 (7-85)
N_2 aus Nitrit in mg/l	–	5	–	5	–	DIN EN 26 777 (4-93)
Kohlenwasserstoffe(1) in mg/l	10	10	10	10	10	DIN EN ISO 9377-2 (7-01)
Phosphor in mg/l	2	2	2	2	2	DIN EN 1189 (12-96)
Giftigkeit gegenüber Fischeiern G_{EI}; Verdünnungsfaktor	6	6	6	6	6	DIN 38 415-T6 (8-03)

(1) Anforderungen an Kohlenwasserstoffe beziehen sich auf die Stichprobe

Spezielle Anforderungen an das Abwasser vor Vermischung
(Qualifizierte Stichprobe oder 2-h-Mischprobe) [1]

Herkunftsbereiche*		1	2	3	4	5	Analysen- und Messverfahren gemäß (Ausgabe)
AOX	in mg/l	1	1	1	1[3]	1	DIN EN 1485 (11-96)[4] DIN 38 409-H22 (2-02)[5]
Arsen	in mg/l	–	–	0,1	–	–	DIN EN ISO 11 969 (11-96)
Barium	in mg/l	–	2	–	–	–	DIN EN ISO 11 885 (4-98)
Blei	in mg/l	0,5	–	0,5	0,5	0,5	DIN EN ISO 11 885 (4-98)
Cadmium	in mg/l	0,1	–	–	0,1	0,2	DIN EN ISO 11 885 (4-98)
freies Chlor	in mg/l	–	0,5	–	0,5	–	DIN 38 408-G 4-1 (6-84)
Chrom	in mg/l	–	–	0,5	0,5	0,5	DIN EN ISO 11 885 (4-98)
Chrom VI	in mg/l	–	–	0,1	0,1	0,1	DIN 38 405-D 24 (5-87)
Cyanid, leicht freisetzbar	in mg/l	–	1	0,2	0,2	–	DIN 38 405-D 13-2 (2-81)
Cobalt	in mg/l	–	–	–	–	–	DIN EN ISO 11 885 (4-98)
Kupfer	in mg/l	–	–	0,5	0,5	0,5	DIN EN ISO 11 885 (4-98)
Nickel[2]	in mg/l	–	–	0,5	0,5	0,5	DIN EN ISO 11 885 (4-98)
Quecksilber	in mg/l	–	–	–	–	–	DIN EN 1483 (8-97)
Selen	in mg/l	–	–	–	–	–	DIN 38 405-D 23-2 (10-94)
Silber	in mg/l			0,1	–	–	DIN EN ISO 11 885 (4-98)
Sulfid	in mg/l	–	–	1	–	–	DIN 38 405-D 27 (7-92)
Zink	in mg/l	2	–	–	2	2	DIN EN ISO 11 885 (4-98)
Zinn	in mg/l	2	–	2	–	–	DIN EN ISO 11 885 (4-98)

(1) Anforderungen an AOX und freies Chlor sowie Chargenanlagen beziehen sich auf *eine* Stichprobe

(2) Bei chemisch-reduktiver Nickelabscheidung: 1 mg/l

(3) Ausnahmen: siehe **AbwV**, Anhang 40

(4) für Chloridgehalt in Originalprobe < 5 g/l

(5) für Chloridgehalt in Originalprobe > 5 g/l

* Erläuterung s. W10

Hinweise:

- Weitere Mindestanforderungen: siehe **AbwV**, Anhang 40
- Die Grenzwerte können für die Genehmigung im Einzelfall auch schärfer festgelegt werden.
- Für die Direkteinleitung von Abwasser ist zusätzlich eine immissionsschutzrechtliche Betrachtung erforderlich.
- Kommunale Abwassersatzungen (z. B. das „Hamburgische Abwassergesetz“ und die „Allgemeinen Einleitbedingungen der Stadt Hamburg“) sind ebenfalls zu berücksichtigen.

Umwelttechnik

Abfall (ausgewählte Gesetze/Verordnungen)

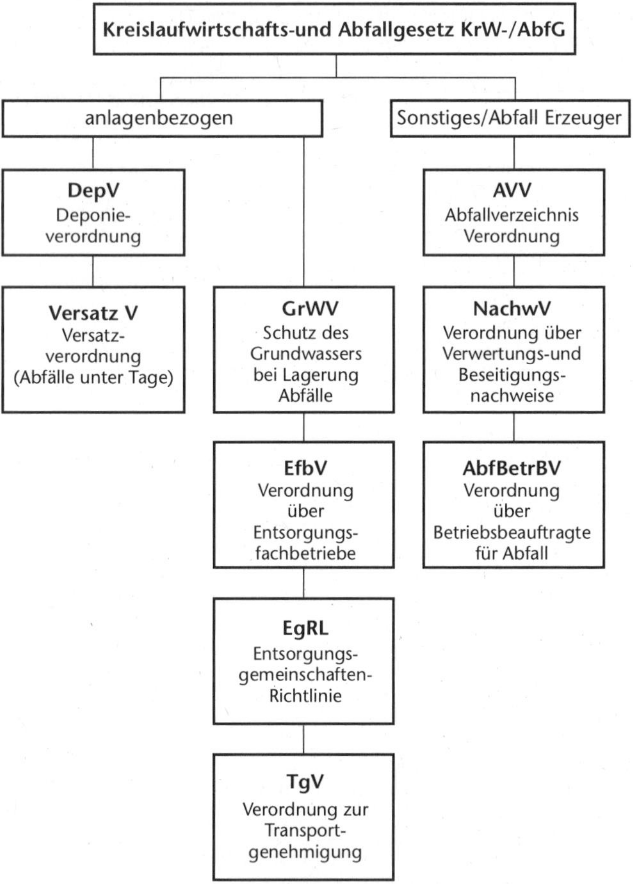

Umwelttechnik

Abfall (ausgewählte Gesetze/Verordnungen)

Kreislaufwirtschafts-und Abfallgesetz KrW-/AbfG

- stoffbezogen
  - **AltfahrzeugV** Altfahrzeug-verordnung
  - **AbfKlärV** Klärschlamm-verordnung
  - **BioAbfV** Bioabfall-verordnung
  - **BiomasseV** Biomasse-verordnung (energetische Nutzung)
  - **GewAbfV** Gewerbeabfall-verordnung
  - **VerpackV** Verpackungs-verordnung
  - **ElektroG** Elektro- und Elektronik-gerätegesetz
  - **AltholzV** Altfahrzeug-verordnung
  - **AltölV** Altöl-verordnung
  - **BattG** Batterie-gesetz
  - **ChemOzonSchichtV** Verordnung über Stoffe, die zum Abbau der Ozon-schicht führen
  - **HKWAbfV** Verordnung über Entsorgung halogener Lösemittel
  - **PCBAbfallV** PCB/PCT-Abfall-Verordnung
- grenzüberschreit. Abfallverbringung
  - **Basler** Übereinkommen über die Kontrolle der grenzüberschreitenden Abfälle
  - **AbfVerBrG** Verordnung über Verwertungs- und Beseitigungs-nachweise
  - **AtAV** Atomrechtliche Abfall-verbringungs-verordnung

Umwelttechnik

Abfall – Verwertung/Kreislauf

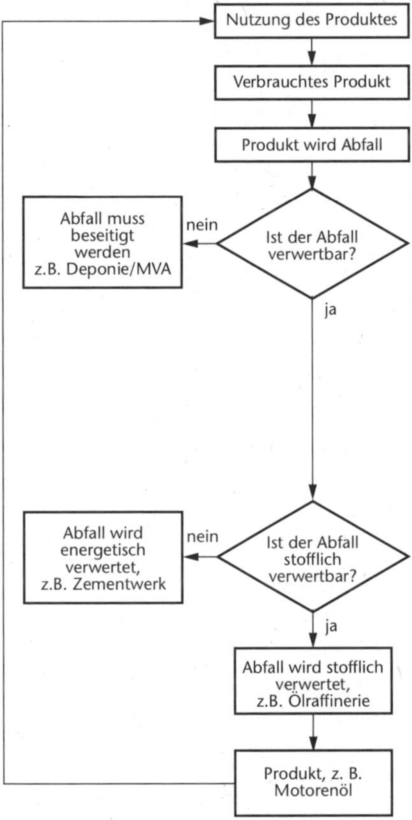

Kommentare:

(Ablauf mit Verantwortlichkeiten)

Besitzer will sich vom Produkt entledigen.

Besitzer wird Abfallerzeuger, ist verantwortlich für die umweltverträgliche Entsorgung. Abfallerzeuger deklariert Abfall nach der Abfallerzeugnisverordnung **AVV**.

Abfallerzeuger prüft Verwertung (Grundlage: Verordnung über das Europäische Abfallverzeichnis (**AVV**). Einstufung von Abfällen nach ihrer Gefährlichkeit) und ökologische/ökonomische Bewertung (§ 5 KrW-/AbfG) und übergibt den Abfall an Abfallentsorger. Bei Übergabe an Entsorgungsfachbetrieb (**EfbV**) endet die Haftung des Abfallerzeugers.

Abfallerzeuger bescheinigt umweltverträgliche Beseitigung/Verwertung mit Entsorgungsnachweis (Verordnung über Verwertungs- und Beseitigungsnachweise **NachwV**)

Vorrang der stofflichen Verwertung nach § 6 **KrW-/AbfG.** Energetische Verwertung möglich, wenn Heizwert $> 11\,000$ kJ/kg und Wärmenutzung erfolgt. Feuerungswirkungsgrad $> 75\,\%$ und Rückstände der Verwertung ablagerbar.

Rückführung in den Wirtschaftskreislauf

Umwelttechnik

Abfall-Prüfwerte/Maßnahmenwerte (für direkte Aufnahme von Schadstoffen)

Gemäß Bundes-Bodenschutzgesetz (BBodSchG) und Bundes-Bodenschutz- und Altlastenverordnung (BBodSchV) gilt:

Beispiel: **Wirkungspfad Boden – Mensch**

Prüfwerte nach der Bundes-Bodenschutz- und -Altlastenverordnung für die direkte Aufnahme von Schadstoffen.

Stoff	Prüfwerte in mg/kg Trockenmasse			
	Kinderspielflächen	Wohngebiete	Park- und Freizeitanlagen	Industrie- und Gewerbegrundstücke
Arsen	25	50	125	140
Blei	200	400	1000	2000
Cadmium	10(1)	20(1)	50	60
Chrom	200	400	1000	1000
Cyanide	50	50	50	100
Nickel	70	140	350	900
Quecksilber	10	20	50	80
Aldrin	2	4	10	–
Benzo(a)pyren	2	4	10	12
DDT	40	80	200	–
Hexachlorbenzol	4	8	20	200
Hexachlorcyclohexan (HCH-Gemisch oder Beta-HCH)	5	10	25	400
Penachlorphenol	50	100	250	250
Polychlorierte Biphenyle (PCB_6)(2)	0,4	0,8	2	40

(1) In Haus- und Kleingärten, die sowohl als Aufenthaltsbereiche für Kinder als auch für den Anbau von Nahrungspflanzen genutzt werden. Prüfwert: 2 mg/kg Trockenmasse.

(2) Soweit PCB-Gesamtgehalte bestimmt werden, sind die ermittelten Messwerte durch die Zahl 5 zu teilen.

Fortsetzung siehe W15

Fortsetzung von W14

Beispiel: **Wirkungspfad Boden – Mensch**

Maßnahmenwerte nach der Bundes-Bodenschutz- und Altlastenverordnung für die direkte Aufnahme von Dioxinen/Furanen

	Maßnahmenwerte in ng 1-Teq/kg Trockenmasse[1]			
Stoff	Kinderspielflächen	Wohngebiete	Park- und Freizeitanlagen	Industrie- und Gewerbegrundstücke
Dioxine/Furane (PCDD/F)	100	1000	1000	10000

(1) Summe der 2,3,7,8-TCDD-Toxizitätsäquivalente (engl.: **T**oxicity **Eq**uivalence Factor).

Erläuterung: Von einer internationalen Arbeitsgruppe der NATO wurde eine Äquivalenzliste erstellt, in der Wichtungsfaktoren verschiedener Dioxine/Furane – bezogen auf das 2,3,7,8-Tetrachlordibenzodioxin – definiert sind. Während in dieser 2,3,7,8-Tetrachlordibenzodioxin (TCDD) als Bezugswert den Äquivalenzfaktor 1 aufweist, besitzt z. B. 2,3,7,8-Tetrachlordibenzo**furan** den Äquivalenzfaktor 0,1 und Octachlordibenzofuran den Äquivalenzfaktor 0,001.

Weitere Anmerkungen:

Neben dem Wirkungspfad Boden – Mensch gibt es u. a. noch
den Wirkungspfad Boden – Nutzpflanze (relevant für Ackerbauflächen und Grünland)
und den Wirkungspfad Boden – Grundwasser.

Die dafür geltenden Prüf- und Maßnahmenwerte sind der Bundes-Bodenschutz- und Altlastenverordnung zu entnehmen.

Die Anforderungen an Probenahme, Analytik, Qualitätssicherung und anzuwendende Untersuchungsmethoden/Verfahrensweisen sind der Bundes-Bodenschutz- und Altlastenverordnung (Anhang 1) zu entnehmen.

Die spez. Länderregelungen (Landesgesetze und Verordnungen) sind ebenfalls zu berücksichtigen.

Stoffwerte gelten bei folgenden Bedingungen:

Dichte ϱ bei $t = 20\,°C$.

Siede-Temperatur t: Werte in Klammern gelten für Sublimation, also unmittelbaren Übergang vom festen in den gasförmigen Zustand.

Wärmeleitfähigkeit λ bei $t = 20\,°C$.

Spezifische Wärmekapazität c_p bei dem Temperatur-Bereich $0 < t < 100\,°C$ und $p = 1{,}0132$ bar.

Stoff	Dichte ϱ	Schmelztemperatur t	Siedetemperatur t	Wärmeleitfähigkeit λ	spezifische Wärmekapazität c_p
	kg/dm³	°C	°C	W/(m K) [1]	kJ/(kg K) [2]
Achat	~2,6	~1600	~2600	11,20	0,80
Aluminium, geg.	2,6	658	~2200	204	0,879
" , gewalzt	2,7	658	~2200	204	0,879
" -Bronze	7,7	1040	~2300	128	0,435
Antimon	6,67	630	1635	22,5	0,209
Arsen	5,72	–	(613)	–	0,348
Asbest	~2,5	~1300	–	–	0,816
Barium	3,59	704	1700	–	0,29
Basalt	2,7 ... 3,2	–	–	1,67	0,86
Bernstein	~1,0	~300	–	–	–
Beryllium	1,85	1280	2970	165	1,02
Beton	~2,0	–	–	~1,0	0,88
Blei	11,3	327,4	1740	34,7	0,130
Borax	1,72	740	–	–	0,996
Bronze (Cu Sn 6)	8,83	910	2300	64	0,37
Cadmium	8,64	321	765	92,1	0,234
Calzium	1,55	850	1439	–	0,63
Chrom	7,1	1800	2700	69	0,452
Chromoxid	5,21	2300	–	0,42	0,75
Deltametall	8,6	950	–	104,7	0,384
Diamant	3,5	–	(3540)	–	0,52
Eis	0,92	0	100	2,33 [3]	2,09 [3]
Eisenoxid	5,1	1570	–	0,58	0,67
Eisen, rein	7,86	1530	3070	81	0,456
Gips	2,3	1200	–	0,45	1,1
Glas, Fenster-	~2,5	~700	–	0,81	0,84
Glaswolle	~0,15	–	–	~0,04	0,84

[1] 1 W/(m K) = 0,8598 kcal/(h m K)

[2] 1 kJ/(kg K) = 0,2388 kcal/(kg K)

[3] bei $t = -20\,°C \ldots 0\,°C$

Z2 Tabellen

Werte für feste Stoffe

Stoff	Dichte ϱ	Schmelztemperatur t	Siedetemperatur t	Wärmeleitfähigkeit λ	spezifische Wärmekapazität c_p
	kg/dm³	°C	°C	W/(m K) [1]	kJ/(kg K) [2]
Glimmer	~2,8	–	–	0,35	0,87
Gold	19,29	1063	2700	310	0,130
Graphit	2,24	~3800	~4200	168	0,71
Grauguss	7,25	1200	2500	58	0,532
Hartgummi	~1,4	–	–	0,17	1,42
Hartmetall	14,8	2000	~4000	81	0,80
Hartschaum	0,015	–	–	0,04	–
Holz, Ahorn	~0,75	–	–	0,16	1,6
" , Birke	~0,65	–	–	0,142	1,9
" , Buche	~0,72	–	–	0,17	2,1
" , Eiche	~0,85	–	–	0,17	2,4
" , Erle	~0,55	–	–	0,17	1,4
" , Esche	~0,75	–	–	0,16	1,6
" , Fichte	~0,45	–	–	0,14	2,1
" , Kiefer	~0,75	–	–	0,14	1,4
" , Lärche	~0,75	–	–	0,12	1,4
" , Pappel	~0,50	–	–	0,12	1,4
Holzkohle	~0,4	–	–	0,084	0,84
Iridium	22,5	2450	4800	59,3	0,134
Jod	4,95	113,5	184	0,44	0,218
Kalium	0,86	63,6	760	110	0,80
Kalkstein	2,6	–	–	2,2	0,909
Kautschuk, roh	0,95	125	–	0,20	–
Kesselstein	~2,5	~1200	~2800	1,2 ... 3	0,80
Kobalt	8,8	1490	~3100	69,4	0,435
Kochsalz	2,15	802	1440	–	0,92
Kohlenstoff	3,51	~3600	(3540)	8,9	0,854
Kolophonium	1,07	100 ... 300	–	0,317	1,30
Konstantan	8,89	1600	2400	23,3	0,410
Kork	0,2 ... 0,3	–	–	~0,05	~2,0
Kreide	1,8 ... 2,6	–	–	0,92	0,84
Kupfer, gegossen	8,8	1083	~2500	384	0,394
" , gewalzt	8,9	1083	~2500	384	0,394
" , rein	8,93	1083	~2500	384	0,394
Leder, trocken	0,9 ... 1,0	–	–	0,15	~1,5

1) 1 W/(m K) = 0,8589 kcal/(h m K)

2) 1 kJ/(kg K) = 0,2388 kcal/(kg K)

Werte für feste Stoffe

Stoff	Dichte ϱ	Schmelztemperatur t	Siedetemperatur t	Wärmeleitfähigkeit λ	spezifische Wärmekapazität c_p
	kg/dm³	°C	°C	W/(m K) [1]	kJ/(kg K) [2]
Lithium	0,53	179	1372	301,2	0,36
Magnesium	1,74	657	1110	157	1,05
Mangan	7,43	1221	2150	–	0,46
Marmor	2,6 … 2,8	–	–	2,8	0,84
Mennige, Blei-	8,6 … 9,1	–	–	0,7	0,092
Messing, gegossen	8,4	900	~1100	113	0,385
" , gewalzt	8,5	900	~1100	113	0,385
Molybdän	10,2	2600	5500	145	0,27
Monelmetall	8,8	1300	–	19,7	0,43
Natrium	0,98	97,5	880	126	1,26
Neusilber	8,7	1020	–	48	0,398
Nickel	8,9	1452	2730	59	0,46
Osmium	22,5	2500	5300	–	0,13
Palladium	12,0	1552	2930	70,9	0,24
Papier	0,7 … 1,1	–	–	0,14	1,336
Paraffin	0,9	52	300	0,26	3,26
Pech	1,25	–	–	0,13	–
Phosphor	1,82	44	280	–	0,80
" -bronze	8,8	900	–	110	0,36
Platin	21,5	1770	4400	70	0,13
Polyamid	1,1	–	–	0,31	–
Polyvinylchlorid	1,4	–	–	0,16	–
Porzellan	2,2 … 2,5	~1650	–	~1	~1
Quarz	~2,5	1500	2230	9,9	0,80
Radium	5	960	1140	–	–
Rhenium	21	3175	~5500	71	0,14
Rhodium	12,3	1960	2500	88	0,24
Roheisen	7,0 … 7,8	1560	2500	52	0,54
Rotguss	8,8	950	2300	127,9	0,381
Rubidium	1,52	39	700	58	0,33
Ruß	1,6 … 1,7	–	–	0,07	0,84
Sand, trocken	1,4 … 1,6	~1550	2230	0,58	0,80
Sandstein	2,1 … 2,5	~1500	–	2,3	0,71
Schamotte	1,8 … 2,3	2000	–	~1,2	0,80
Schiefer	2,6 … 2,7	2000	–	~0,5	0,76

[1] 1 W/(m K) = 0,8598 kcal/(h m K)

[2] 1 kJ/(kg K) = 0,2388 kcal/(kg K)

Tabellen

Werte für feste Stoffe

Stoff	Dichte ϱ kg/dm³	Schmelz-temperatur t °C	Siede-temperatur t °C	Wärmeleit-fähigkeit λ W/(m K) 1)	spezifische Wärme-kapazität c_p kJ/(kg K) 2)
Schmirgel	4	2200	3000	11,6	0,96
Schnee	0,1	0	100	–	4,187
Schwefel, kristallin	2,0	115	445	0,20	0,70
Selen	4,4	220	688	0,20	0,33
Silber	10,5	960	2170	407	0,234
Silicium	2,33	1420	2600	83	0,75
" -carbid	3,12	–	–	15,2	0,67
Stahl, unlegiert	7,9	1460	2500	47...58	0,49
" , rostbeständig	7,9	1450	–	14	0,51
Steatit	2,6...2,7	~1600	–	~2	0,83
Steinkohle	1,35	–	–	0,24	1,02
Strontium	2,54	797	1366	–	0,23
Talg, Rinder-	0,9...1,0	40...50	~350	–	0,88
Tantal	16,6	2990	4100	54	0,138
Tellur	6,25	455	1300	4,9	0,201
Thorium	11,7	~1800	~4000	38	0,14
Titan	4,5	1670	3200	15,5	0,47
Tombak	8,65	1000	~1300	159	0,381
Ton, trocken	1,8...2,1	~1600	–	~1	0,88
Torfmull, trocken	0,2	–	–	0,08	1,9
Uran	19,1	1133	~3800	28	0,117
Vanadium	6,1	1890	~3300	31,4	0,50
Vulkanfiber	1,28	–	–	0,21	1,26
Wachs	0,96	60	–	0,084	3,34
Weichgummi	1,08	–	–	0,14...0,24	–
Wismut	9,8	271	1560	8,1	0,13
Wolfram	19,2	3410	5900	130	0,13
Zement, abgeb.	2...2,2	–	–	0,9...1,2	1,13
Ziegelmauerwerk	~1,8	–	–	1,0	0,92
Zink, gegossen	6,86	419	906	110	0,38
" , gewalzt	7,15	419	906	113	0,40
" , spritzgeg.	6,8	393	~1000	140	0,38
Zinn, gegossen	7,2	232	2500	64	0,24
" , gewalzt	7,28	232	2500	65	0,24
Zirkonium	6,5	1850	~3600	22	0,29

1) 1 W/(m K) = 0,8598 kcal/(h m K)

2) 1 kJ/(kg K) = 0,2388 kcal/(kg K)

Stoffwerte gelten bei folgenden Bedingungen:

Dichte ϱ bei $t = 20\,^{\circ}\mathrm{C}$ und $p = 1{,}0132$ bar.

Schmelz- und Siedetemperatur t bei $p = 1{,}0132$ bar.

Wärmeleitfähigkeit λ bei $t = 20\,^{\circ}\mathrm{C}$. Bei anderen Temperaturen siehe Z15.

Spezifische Wärmekapazität c_p bei dem Temperatur-Bereich $0 < t < 100\,^{\circ}\mathrm{C}$ und $p = 1{,}0132$ bar.

Stoff	Dichte ϱ	Schmelz-temperatur t	Siede-temperatur t	Wärmeleit-fähigkeit λ	spezifische Wärme-kapazität c_p
	$\mathrm{kg/dm^3}$	°C	°C	W/(m K) 1)	kJ/(kg K) 2)
Aceton	0,791	−95	56	0,16	2,22
Benzin	~0,73	−30...−50	25...210	0,13	2,02
Benzol	0,879	5,5	80	0,15	1,70
Chloroform	1,490	−70	61	–	–
Dieselkraftstoff	~0,83	−30	150...300	0,15	2,05
Essigsäure	1,04	16,8	118	–	–
Ethyläther	0,713	−116	35	0,13	2,28
Ethylalkohol	0,79	−110	78,4	–	2,38
Flusssäure	0,987	−92,5	19,5	–	–
Glycerin	1,260	19	290	0,29	2,37
Heizöl EL	~0,83	−10	>175	0,14	2,07
Leinöl	0,93	−15	316	0,17	1,88
Methylalkohol	0,8	−98	66	–	2,51
Perchloräthylen	1,62	−20	119	–	0,904
Petroläther	0,66	−160	>40	0,14	1,76
Petroleum	0,81	−70	>150	0,13	2,16
Quecksilber	13,55	−38,9	357	10	0,138
Rüböl	0,91	0	300	0,17	1,97
Salpetersäure konz.	1,51	−41	84	0,26	1,72
Salzsäure, 40 %	1,20	–	–	–	–
Schmieröl	0,91	−20	>360	0,13	2,09
Schwefelsäure konz.	1,83	~10	338	0,47	1,42
" , 50 %	1,40	–	–	–	–
Trafoöl	0,88	−30	170	0,13	1,88
Trichloräthylen	1,463	−86	87	0,12	0,93
Toluol	0,867	−95	110	0,14	1,67
Wasser	0,998	0	100	0,60	4,187

1) 1 W/(m K) = 0,8598 kcal/(h m K)

2) 1 kJ/(kg K) = 0,2388 kcal/(kg K)

Tabellen

Werte für gasförmige Stoffe

Stoffwerte gelten bei folgenden Bedingungen:

Dichte ϱ bei $t = 0\,°C$ und $p = 1{,}0132$ bar. Wenn sich Gase ideal verhalten, kann bei anderen Drücken und/oder anderen Temperaturen ϱ berechnet werden aus: $\varrho = p/(R \cdot T)$.

Schmelz- und Siedetemperatur t bei $p = 1{,}0132$ bar.

Wärmeleitfähigkeit λ bei $t = 0\,°C$ und $p = 1{,}0132$ bar. Bei anderen Temperaturen siehe Z15.

Spezifische Wärmekapazität c_p und c_v bei $t = 0\,°C$ und $p = 1{,}0132$ bar. c_p bei anderen Temperaturen siehe Z13.

Stoff	Dichte ϱ	Schmelz-temperatur t	Siede-temperatur t	Wärmeleit-fähigkeit λ	spezifische Wärmekapazität c_p	c_v
	kg/dm³	°C	°C	W/(m K) 1)	kJ/(kg K) 3)	
Acethylen	1,17	−83	−81	0,018	1,616	1,300
Ammoniak	0,77	−77,9	−33,4	0,022	2,056	1,568
Argon	1,78	−189,3	−185,9	0,016	0,52	0,312
Butan, n-	2,70	−135	1	–	–	–
Butan, iso-	2,67	−145	−10	–	–	–
Chlor	3,17	−100,5	−34,0	0,0081	0,473	0,36
Chlorwasserstoff	1,63	−111,2	−84,8	0,013	0,795	0,567
Ethylen	1,26	−169,5	−103,7	0,017	1,47	1,173
Gichtgas	1,28	−210	−170	0,02	1,05	0,75
Helium	0,18	−270,7	−268,9	0,143	5,20	3,121
Kohlendioxid	1,97	−78,2	−56,6	0,015	0,816	0,627
Kohlenmonoxid	1,25	−205,0	−191,6	0,023	1,038	0,741
Krypton	3,74	−157,2	−153,2	0,0088	0,25	0,151
Leuchtgas	~0,58	−230	−210	–	2,14	1,59
Luft, trocken	1,293	−213	−192,3	0,02454	1,005	0,718
Methan	0,72	−182,5	−161,5	0,030	2,19	1,672
Neon	0,90	−248,6	−246,1	0,046	1,03	0,618
Ozon	2,14	−251	−112	–	–	–
Propan	2,01	−187,7	−42,1	0,015	1,549	1,360
Sauerstoff	1,43	−218,8	−182,9	0,024	0,909	0,649
Schwefelkohlenstoff	3,40	−111,5	46,3	0,0069	0,582	0,473
" dioxid	2,92	−75,5	−10,0	0,0086	0,586	0,456
" wasserst.	1,54	−85,6	−60,4	0,013	0,992	0,748
Stickstoff	1,25	−210,5	−195,7	0,024	1,038	0,741
Wasserdampf 2)	0,77	0,00	100,00	0,016	1,842	1,381
Wasserstoff	0,09	−259,2	−252,8	0,171	14,05	9,934
Xenon	5,86	−111,9	−108,0	0,0051	0,161	0,097

1) 1 W/(m K) = 0,8598 kcal/(h m K)

2) bei $t = 100\,°C$

3) 1 kJ/(kg K) = 0,2388 kcal/(kg K)

Reibungszahlen der Gleit- und Haftreibung

Werkstoff	auf Werkstoff	Gleitreibung μ trocken	Gleitreibung μ mit Wasser	Gleitreibung μ geschmiert	Haftreibung μ_0 trocken	Haftreibung μ_0 mit Wasser	Haftreibung μ_0 geschmiert
Bronze	Bronze	0,20	0,10	0,06			0,11
	Grauguss	0,18		0,08			
	Stahl	0,18		0,07	0,19		0,10
Eiche	Eiche ‖	0,20 ... 0,40	0,10	0,05 ... 0,15	0,40 ... 0,60		0,18
	Eiche ╫	0,15 ... 0,35	0,08	0,04 ... 0,12	0,50		
Grauguss	Grauguss		0,31	0,10			0,16
	Stahl	0,17 ... 0,24		0,02 ... 0,05	0,18 ... 0,24		0,10
Gummi	Asphalt	0,50	0,30	0,20			
	Beton	0,60	0,50	0,30			
Hanfseil	Holz				0,50		
Lederriemen	Eiche	0,40			0,50		
	Grauguss		0,40		0,40	0,50	0,12
Stahl	Eiche	0,20 ... 0,50	0,26	0,02 ... 0,10	0,50 ... 0,60		0,11
	Eis	0,014			0,027		
	Stahl	0,10 ... 0,30		0,02 ... 0,08	0,15 ... 0,30		0,10
	PE-W [1]	0,40 ... 0,50					
	PTFE [2]	0,03 ... 0,05					
	PA 66 [3]	0,30 ... 0,50		0,10			
	POM [4]	0,35 ... 0,45					
PE-W [1]	PE-W [1]	0,50 ... 0,70					
PTFE [2]	PTFE [2]	0,035 ... 0,055					
POM [4]	POM [4]	0,40 ... 0,50					

Rollende Reibung

Werkstoff-Paarung	Hebelarm f der Rollreibungskraft in mm
Gummi auf Asphalt	0,10
Gummi auf Beton	0,15
Pockholz auf Pockholz	0,50
Stahl auf Stahl (hart: Wälzlager)	0,005 ... 0,01
Stahl auf Stahl (weich)	0,05
Ulmenholz auf Pockholz	0,8

‖ Bewegung in Richtung der Faser beider Körper

╫ Bewegung senkrecht gegen Faser des gleitenden Körpers

[1] Polyethylene mit Weichmacher (z. B. Lupolen von BASF)

[2] Polytetraflourethylen (z. B. Teflon C126 von Dupont)

[3] Polyamid (z. B. Ultramit CA von BASF)

[4] Polyoxymethylen (z. B. Hostaflon C 2520 von Hoechst)

Tabellen

Widerstandszahlen $\zeta = f(Re, k/d)$

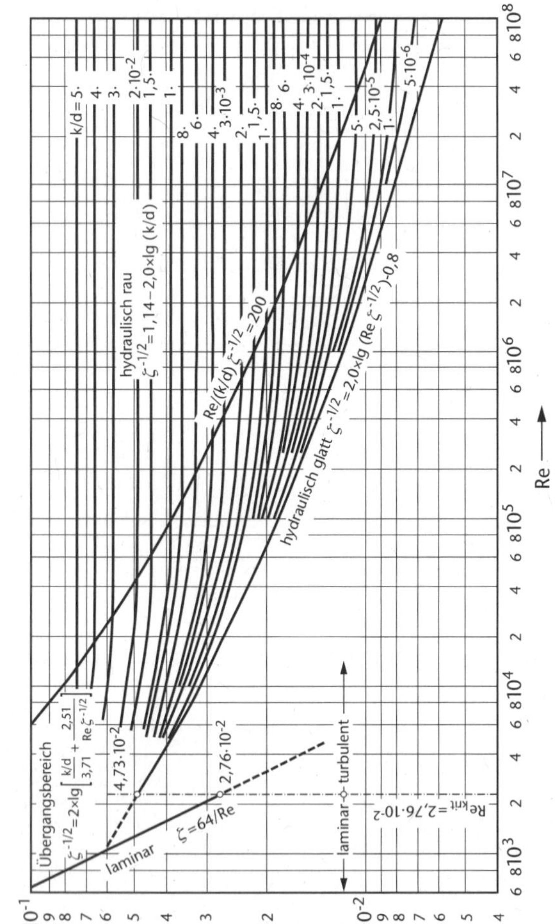

(*Re* Reynolds Zahl)

Anmerkung: Für nicht kreisförmige Rohre ist k/d durch k/d_h zu ersetzen.

Verzinkte Wasserleitungsrohre

nach DIN EN 10 240 (früher DIN 2444)

(Näherungswerte)

Gewinde-Durchmesser	R 1/8	R 1/4	R 3/8	R 1/2	R 3/4	R 1	R 1 1/4	R 1 1/2	R 2
Gangzahl/Zoll	28	19	19	14	14	11	11	11	11
Außen-Durchmesser mm	10,2	13,5	17,2	21,3	26,9	33,7	42,4	48,3	60,3
Innen-Durchmesser mm	6,2	8,8	12,3	16	21,6	27,2	35,9	41,8	53
Fließ-Querschnitt mm^2	30	61	123	200	366	581	1012	1371	2205
Verhältnis zum Fließquerschnitt R 1/2	0,15	0,3	0,6	1	1,8	2,9	5	6,8	11

Rauigkeit *k*

(nach Richter, Rohrhydraulik)

Werkstoff und Rohrart	Zustand	*k* in mm
Nahtlose Stahlrohre gewalzt oder gezogen neu (handelsüblich)	typische Walzhaut	0,02 ... 0,06
	gebeizt	0,03 ... 0,04
	sauber verzinkt (Tauchverfahren)	0,07 ... 0,10
	handelsübliche Verzinkung	0,10 ... 0,16
Stahlrohre, gebraucht	gleichmäßige Rostnarben	etwa 0,15
	mäßig verrostet, leichte Verkrustung	0,15 ... 0,4
	mittelstarke Verkrustung	etwa 1,5
	starke Verkrustung	2 ... 4
	nach längerem Gebrauch gereinigt	0,15 ... 0,20
Gusseiserne Rohre	neu, typische Gusshaut	0,2 ... 0,6
	neu, bituminiert	0,1 ... 0,13
	gebraucht, angerostet	1 ... 1,5
	verkrustet	1,5 ... 4
	nach mehrjährigem Betrieb gereinigt	0,3 ... 1,5
	Mittelwert in städtischen Kanalisationsanlagen	1,2
	stark verrostet	4,5
Aus Stahlblech gefalzte oder genietete Rohre	neu, gefalzt	etwa 0,15
	neu, je nach Nietart u. Ausführung,	
	leichte Nietung	etwa 1
	schwere Nietung	bis 9
	25 Jahre altes, stark verkrustetes, genietetes Rohr	12,5

Tabellen

Wärmetechnische Werte

Spezifische latente Schmelzwärme l_f

Stoff	$\frac{kJ}{kg}$	Stoff	$\frac{kJ}{kg}$	Stoff	$\frac{kJ}{kg}$
Aluminium	377	Gusseisen	126	Phenol	109
Antimon	164	Kalium	59	Platin	113
Blei	23	Kobalt	243	Quecksilber	11,7
Cadmium	46	Kupfer	172	Schwefel	38
Chrom	134	Mangan	155	Silber	109
Eis	335	Messing	168	Stahl	205
Ethyläther	113	Naphtalin	151	Wood's Metall	33,5
Glyzerin	176	Nickel	234	Zink	117
Gold	67	Paraffin	147	Zinn	59

Spezifische latente Verdampfungswärme l_d

bei 1,0132 bar (= 760 Torr)

Stoff	$\frac{kJ}{kg}$	Stoff	$\frac{kJ}{kg}$	Stoff	$\frac{kJ}{kg}$
Ammoniak	1410	Kohlendioxid	595	Stickstoff	201
Alkohol	880	Quecksilber	281	Toluol	365
Chlor	293	Sauerstoff	214	Wasser	2250
Chlormethyl	406	Schwefeldioxid	402	Wasserstoff	503

Heizwert *Hu*

(Mittelwerte)

feste Stoffe	*Hu* MJ/kg	flüssige Stoffe	*Hu* MJ/kg	gasförmige Stoffe	*Hu* MJ/kg	*Hu* MJ/m^3
Anthrazit	33,4	Äthylalkohol	26,9	Acethylen	48,2	56,4
Braunkohle	9,6	Benzol	40,2	Butan	45,3	122,3
Fettkohle	31,0	Dieselkraftstoff	42,1	Erdgas, trock. [1)]	40,9	32,7
Gaskoks	29,2	Heizöl EL	41,8	Gichtgas	4,1	5,2
Holz, trocken	13,3	Kfz-Benzin	42,5	Methan	50,0	36,0
Magerkohle	31,0	Methylalkohol	19,5	Propan	46,3	93,1
Torf, trocken	14,6	Petroleum	40,8	Stadtgas	18,3	11,3
Zechenkoks	30,1	Spiritus (95 %)	25,0	Wasserstoff	119,9	10,8

[1)] Herkunft: Deutschland (Weser/Ems)

1 kWh = 3,6 MJ (siehe auch A3)

Längen-Ausdehnungskoeffizient α in 1/K

bei $t = 0 \ldots 100\,°C$

Stoff	$\alpha/10^{-6}$	Stoff	$\alpha/10^{-6}$	Stoff	$\alpha/10^{-6}$
Aluminium	23,8	Messing	18,5	Quarzglas	0,5
Blei	29,0	Molybdän	5,2	Silber	19,7
Bronze	17,5	Neusilber	18,0	Stahl, Fluss-	12,0
Cadmium	30,0	Nickel	13,0	Steatit	8,5
Gold	14,2	Nickelstahl	1,5	Wismut	13,5
Gusseisen	10,5	= Invar mit 36 % Ni		Wolfram	4,5
Konstantan	15,2	Platin	9,0	Zink	30,0
Kupfer	16,5	Porzellan	4,0	Zinn	23,0

Volumen-Ausdehnungskoeffizient γ in 1/K

bei $t = 15\,°C$

Stoff	$\gamma/10^{-3}$	Stoff	$\gamma/10^{-3}$	Stoff	$\gamma/10^{-3}$
Alkohol	1,1	Glycerin	0,5	Terpentinöl	1,0
Äther	1,6	Petroleum	1,0	Toluol	1,08
Benzin	1,0	Quecksilber	0,18	Wasser	0,18

Wärmedurchgangskoeffizient k in $W/(m^2\,K)$

(Näherungswerte bei beiderseits leicht bewegter Luft)

Stoff	Dicke des Stoffes in mm								
	3	10	20	50	100	120	250	380	510
Eisenbeton				4,3	3,7	3,5	2,4		
Porenbeton (Gasbeton)									
$\sigma_d = 2{,}45\,N/mm^2$						1,2	0,7	0,5	
$\sigma_d = 4{,}9\,N/mm^2$						1,6	0,9	0,7	
$\sigma_d = 7{,}35\,N/mm^2$						1,7	1,0	0,7	
Glas	5,8	5,3							
Glas-, Steinwolle Hartschaum	4,1	2,4	1,5	0,7	0,4				
Holzwand			3,8	2,4	1,8	1,7			
Kalksandstein						3,1	2,2	1,7	1,4
Kiesbeton				4,1	3,6	3,4	2,3		
Schlackenbetonstein						2,7	1,7	1,4	1,0
Ziegelstein						2,9	2,0	1,5	1,3

Wärmedämmglas, 2- bzw. 3-fach	2,6 bzw. 1,9
Einfachfenster	5,8
Doppelfenster, 20 mm Scheibenabstand, verkittet [1)]	2,9
Doppelfenster, 120 mm Scheibenabstand, verkittet [1)]	2,3
Ziegeldach, ohne bzw. mit Fugendichtung	11,6 bzw. 5,8

1) auch für Fensterflügel mit abgedichteten Luftspalten

Tabellen

Wärmetechnische Werte

Gaskonstante R und Molmasse M

Stoff	R $\frac{J}{kg\,K}$	M $\frac{kg}{kmol}$	Stoff	R $\frac{J}{kg\,K}$	M $\frac{kg}{kmol}$
Acetylen	319	26	Sauerstoff	260	32
Ammoniak	488	17	Stickstoff	297	28
Kohlenmonoxid	297	28	Schwefeldioxid	130	64
Kohlendioxid	189	44	Wasserdampf	462	18
Luft	287	29	Wasserstoff	4124	2

Strahlungskonstante C bei 20 °C

Stoff	C $W/(m^2\,K^4)$	Stoff	C $W/(m^2\,K^4)$
Silber, poliert	$0{,}17 \cdot 10^{-8}$	Kupfer, oxidiert	$3{,}60 \cdot 10^{-8}$
Aluminium, poliert	$0{,}23 \cdot 10^{-8}$	Wasser	$3{,}70 \cdot 10^{-8}$
Kupfer, poliert	$0{,}28 \cdot 10^{-8}$	Holz, gehobelt	$4{,}40 \cdot 10^{-8}$
Messing, poliert	$0{,}28 \cdot 10^{-8}$	Porzellan, glasiert	$5{,}22 \cdot 10^{-8}$
Zink, poliert	$0{,}28 \cdot 10^{-8}$	Glas, glatt	$5{,}30 \cdot 10^{-8}$
Stahl, poliert	$0{,}34 \cdot 10^{-8}$	Mauerwerk	$5{,}30 \cdot 10^{-8}$
Zinn, poliert	$0{,}34 \cdot 10^{-8}$	Ruß, glatt	$5{,}30 \cdot 10^{-8}$
Aluminium, matt	$0{,}40 \cdot 10^{-8}$	Zink, matt	$5{,}30 \cdot 10^{-8}$
Nickel, poliert	$0{,}40 \cdot 10^{-8}$	Stahl, matt	$5{,}40 \cdot 10^{-8}$
Messing, matt	$1{,}25 \cdot 10^{-8}$	absolut	
Eis	$3{,}60 \cdot 10^{-8}$	schwarze Fläche	$5{,}67 \cdot 10^{-8}$

Dynamische Viskosität η von Motorölen in $N\,s/m^2$ [1] bei 1,0132 bar

t in °C		0	20	50	100
SAE	10	0,31	0,079	0,020	0,005
	20	0,72	0,170	0,033	0,007
	30	1,53	0,310	0,061	0,010
	40	2,61	0,430	0,072	0,012
	50	3,82	0,630	0,097	0,015

[1] $1\,N\,s/m^2 = 1\,kg/(m\,s) = 1\,Pa\,s = 1000\,cP$

Mittlere spezifische Wärmekapazität $c_{pm}|_0^t$ idealer Gase in kJ/(kg K) als Funktion der Temperatur

t °C	CO	CO_2	H_2	H_2O	N_2 rein	N_2 aus Luft	O_2	SO_2	Luft
0	1,039	0,8205	14,38	1,858	1,039	1,026	0,9084	0,607	1,004
100	1,041	0,8689	14,40	1,874	1,041	1,031	0,9218	0,637	1,007
200	1,046	0,9122	14,42	1,894	1,044	1,035	0,9355	0,663	1,013
300	1,054	0,9510	14,45	1,918	1,049	1,041	0,9500	0,687	1,020
400	1,064	0,9852	14,48	1,946	1,057	1,048	0,9646	0,707	1,029
500	1,075	1,016	14,51	1,976	1,066	1,057	0,9791	0,721	1,039
600	1,087	1,043	14,55	2,008	1,076	1,067	0,9926	0,740	1,050
700	1,099	1,067	14,59	2,041	1,087	1,078	1,005	0,754	1,061
800	1,110	1,089	14,64	2,074	1,098	1,088	1,016	0,765	1,072
900	1,121	1,109	14,71	2,108	1,108	1,099	1,026	0,776	1,082
1000	1,131	1,126	14,78	2,142	1,118	1,108	1,035	0,784	1,092
1100	1,141	1,143	14,85	2,175	1,128	1,117	1,043	0,791	1,100
1200	1,150	1,157	14,94	2,208	1,137	1,126	1,051	0,798	1,109
1300	1,158	1,170	15,03	2,240	1,145	1,134	1,058	0,804	1,117
1400	1,166	1,183	15,12	2,271	1,153	1,142	1,065	0,810	1,124
1500	1,173	1,195	15,21	2,302	1,160	1,150	1,071	0,815	1,132
1600	1,180	1,206	15,30	2,331	1,168	1,157	1,077	0,820	1,138
1700	1,186	1,216	15,39	2,359	1,174	1,163	1,083	0,824	1,145
1800	1,193	1,225	15,48	2,386	1,181	1,169	1,089	0,829	1,151
1900	1,198	1,233	15,56	2,412	1,186	1,175	1,094	0,834	1,156
2000	1,204	1,241	15,65	2,437	1,192	1,180	1,099	0,837	1,162
2100	1,209	1,249	15,74	2,461	1,197	1,186	1,104		1,167
2200	1,214	1,256	15,82	2,485	1,202	1,191	1,109		1,172
2300	1,218	1,263	15,91	2,508	1,207	1,195	1,114		1,176
2400	1,222	1,269	15,99	2,530	1,211	1,200	1,118		1,181
2500	1,226	1,275	16,07	2,552	1,215	1,204	1,123		1,185
2600	1,230	1,281	16,14	2,573	1,219	1,207	1,127		1,189
2700	1,234	1,286	16,22	2,594	1,223	1,211	1,131		1,193
2800	1,237	1,292	16,28	2,614	1,227	1,215	1,135		1,196
2900	1,240	1,296	16,35	2,633	1,230	1,218	1,139		1,200
3000	1,243	1,301	16,42	2,652	1,233	1,221	1,143		1,203

Umgerechnet aus Angaben in E. Schmidt:
Einführung in die Technische Thermodynamik, 11. Auflage, Berlin/Göttingen/Heidelberg: Springer 1975.

Flüssigkeiten [1]

Stoff	t	ϱ	c_p	λ	$10^6 \eta$	Pr
	°C	$\frac{kg}{m^3}$	$\frac{kJ}{kg\,K}$	$\frac{W}{m\,K}$	Pa s	–
Wasser	0	999,8	4,217	0,5620	1 791,8	13,44
	20	998,3	4,182	0,5996	1 002,6	6,99
	50	988,1	4,181	0,6405	547,1	3,57
	100	958,1	4,215	0,6803	281,7	1,75
	200	864,7	4,494	0,6685	134,6	0,90
Oktan	−25	738	2,064	0,144	1 020	14,62
C_8H_{18}	0	719	2,131	0,137	714	11,11
Ethanol	−25	–	2,093	0,183	3 241	37,07
C_2H_5OH	0	806	2,232	0,177	1 786	22,52
	20	789	2,395	0,173	1 201	16,63
	50	763	2,801	0,165	701	11,90
	100	716	3,454	0,152	326	7,41
Benzol	20	879	1,729	0,144	649	7,79
C_6H_6	50	847	1,821	0,134	436	5,93
	100	793	1,968	0,127	261	4,04
	200	661	–	0,108	113	–
Toluol	0	885	1,612	0,144	773	8,65
C_7H_8	20	867	1,717	0,141	586	7,14
	50	839	1,800	0,136	419	5,55
	100	793	1,968	0,128	269	4,14
	200	672	2,617	0,108	133	3,22
Schwefeldioxid	0	1 435	1,33	0,212	368	2,31
SO_2	20	1 383	1,37	0,199	304	2,09
	50	1 296	1,48	0,177	234	1,96
Ammoniak	−50	695	4,45	0,547	317	2,58
NH_3	0	636	4,61	0,540	169	1,44
	20	609	4,74	0,521	138	1,26
	50	561	5,08	0,477	103	1,10
Spindelöl	20	871	1,85	0,144	13 060	168
	50	852	2,06	0,143	5 490	79
	100	820	2,19	0,139	2 000	32
Trafoöl	20	866	–	0,124	31 609	482
	60	842	2,09	0,122	7 325	125
	100	818	2,29	0,119	3 108	60
Quecksilber Hg	0	13 546	0,139	9,304	1 558	0,02
Glycerin $C_3H_8O_3$	20	1 260	2,366	0,286	$1{,}5 \cdot 10^6$	$1{,}24 \cdot 10^4$

[1] Erläuterung der Formelzeichen siehe O11

Gase (für 1000 mbar)[1)]

Stoff	t	ϱ	c_p	λ	$10^6 \eta$	Pr
	°C	$\frac{kg}{m^3}$	$\frac{kJ}{kg\,K}$	$\frac{W}{m\,K}$	Pa s	–
Luft (trocken)	−20	1,377	1,006	0,023	16,15	0,71
	0	1,275	1,006	0,025	17,10	0,70
	20	1,188	1,007	0,026	17,98	0,70
	100	0,933	1,012	0,032	21,60	0,69
	200	0,736	1,026	0,039	25,70	0,68
	400	0,517	1,069	0,053	32,55	0,66
Kohlendioxid	−30	2,199	0,800	0,013	12,28	0,78
CO_2	0	1,951	0,827	0,015	13,75	0,78
	25	1,784	0,850	0,016	14,98	0,78
	100	1,422	0,919	0,022	18,59	0,77
	200	1,120	0,997	0,030	26,02	0,76
Chlor	0	3,13	0,473	0,0081	12,3	0,72
Cl	25	2,87	0,477	0,0093	13,4	0,69
	100	2,29	0,494	0,012	16,8	0,69
Ammoniak	0	0,76	2,056	0,022	9,30	0,87
NH_3	25	0,70	2,093	0,024	10,0	0,87
	100	0,56	2,219	0,033	12,8	0,86
	200	0,44	2,366	0,047	16,5	0,83
Sauerstoff	−50	1,73	0,903	–	16,3	–
O_2	0	1,41	0,909	0,024	19,2	0,73
	25	1,29	0,913	0,026	20,3	0,71
	100	1,03	0,934	0,032	24,3	0,71
	200	0,81	0,963	0,039	28,8	0,71
Schwefeldioxid	0	2,88	0,586	0,0086	11,7	0,80
SO_2	25	2,64	0,607	0,0099	12,8	0,78
	100	2,11	0,662	0,014	16,3	0,77
Stickstoff	0	1,23	1,038	0,024	16,6	0,72
N_2	25	1,13	1,038	0,026	17,8	0,71
	100	0,90	1,038	0,031	20,9	0,70
	200	0,71	1,047	0,037	24,7	0,70
Wasserstoff	−50	0,11	13,50	0,141	7,34	0,70
H_2	0	0,09	14,05	0,171	8,41	0,69
	25	0,08	14,34	0,181	8,92	0,71
	100	0,07	14,41	0,211	10,4	0,71
	200	0,05	14,41	0,249	12,2	0,71
Wasserdampf	0	0,0049	1,864	0,0165	9,22	1,041
(bei Sättigung)	50	0,0830	1,907	0,0203	10,62	0,999
	100	0,5974	2,034	0,0248	12,28	1,007
	200	7,865	2,883	0,0391	15,78	1,163
	300	46,255	6,144	0,0718	19,74	1,688

1) Erläuterung der Formelzeichen siehe O11

Tabellen

Festigkeitswerte in N/mm² *)

Werkstoff nach EN neu **)		(nach DIN alt)	*E*-Modul N/mm²	Zugfestigkeit R_m	Streckgrenze 0,2-Grenze R_e; $R_{p0,2}$	Dauerfestigkeitswerte Zug-Druck W- σ_{zdW}	Zug-Druck Sch- σ_{zdSch}	Biegung W- σ_{bW}	Biegung Sch- σ_{bSch}	Torsion W- τ_{tW}	Torsion Sch- τ_{tSch}	*d* mm
S235JR	DIN EN 10 025	(St 37-2)	210 000	340	235	150	235	170	290	100	140	≦ 16
S275JR		(St 44-2)	210 000	410	275	180	275	200	350	120	160	
E295		(St 50-2)	210 000	470	295	210	295	240	410	140	170	
E335		(St 60-2)	210 000	570	335	250	335	280	470	160	190	
E360		(St 70-2)	210 000	670	360	300	365	330	510	190	210	
C45Q+QT	DIN EN 10 083	(C 45 V)	205 000	650	430	290	390	350	530	170	210	> 16 … ≦ 40
			205 000	630	370	280	350	310	520	170	210	> 40 … ≦ 100
41Cr4+QT		(41 Cr 4 V)	207 000	900	660	360	550	400	690	230	320	> 16 … ≦ 40
42CrMo4+QT		(42 Cr Mo 4 V)	205 000	1000	750	400	700	450	770	260	400	> 16 … ≦ 40
			205 000	900	650	400		450		260		> 40 … ≦ 100
EN-GJS-400-18	DIN EN 1563	(GGG-40)	165 000	400	250	130	230	210	360	120		
EN-GJS-600-3		(GGG-60)	170 000	600	380	180	320	300	510	170	290	
EN-GJS-700-2		(GGG-70)	185 000	700	440	210	380	350	600	200	340	

W- Wechsel-, Sch- Schwell- } Erläuterung siehe P2

*) für *zulässige* Spannungen „Sicherheit“ berücksichtigen (siehe z. B. P2 und P18)

Die Festigkeitswerte sind abhängig vom Durchmesser, besonders bei Vergütungsstählen.

**) Erläuterung der Bezeichnung nach EN 10 025:

S: Bezeichnung für Baustähle
E: Bezeichnung für Maschinenstähle: 235: Mindeststreckgrenze in MPa
JR: Bezeichnung für 27 J Kerbschlagarbeit bei 20 °C

Zulässige Biege- und Verdrehspannungen, sowie E- und G-Modul für federnde Werkstoffe in N/mm^2

Werkstoff	Elastizitäts-modul E	Belastungs-fall [1]	$\sigma_{b\,zul}$ A	B	C	Gleit-modul G	$\tau_{t\,zul}$
Vergüteter Ventil-federstahldraht VD DIN EN 10 132 [2]	210 000	I II III	1000 750 500	500 350 250	150 120 80	80 000	650 500 350
Messing CuZn37 HV 150	110 000	I II III	200 150 100	100 80 50	40 30 20	42 000	120 100 80
Neusilber CuNi18 Zn20 HV 160	142 000	I II III	300 250 200	150 120 100	50 40 30	55 000	200 180 150
Zinnbronze CuSn6 Zn HV 190	110 000	I II III	200 150 100	100 80 50	40 30 20	42 000	120 100 80
Zinnbronze CuSn8 HV 190	117 000	I II III	300 220 150	150 110 80	50 40 30	45 000	200 180 150

A/B/C: einfache/gebogene und gekröpfte/nachwirkungsfreie Federn (Sicherheit ≈ 1,5/3/10)

[1] Erklärung siehe P2 [2] Für zylindrische Schraubenfedern Diagramm auf Q9 bevorzugen.

Kenngrößen der Zerspanung

(Beim Drehen außen längs ermittelt)

Werkstoff	Festigkeit bzw. Härte N/mm^2	mc	$1 - mc$	$k_{c1.1}$ N/mm^2
E295	520	0,26	0,74	1990
E360	720	0,30	0,70	2260
C45E	670	0,14	0,86	2220
C60E	770	0,18	0,82	2130
16 Mn Cr 5	770	0,26	0,74	2100
18 Cr Ni 6	630	0,30	0,70	2260
34 Cr Mo 4	600	0,21	0,79	2240
42 Cr Mo 4	730	0,26	0,74	2500
51 Cr V 4	600	0,26	0,74	2220
55 Ni Cr Mo V 6 geglüht	940	0,24	0,76	1740
55 Ni Cr Mo V 6 vergütet	HB 352	0,24	0,76	1920
Mehanite A	360	0,26	0,74	1270
Hartguss	HRC 46	0,19	0,81	2060
EN-GJL-250	HB 200	0,26	0,74	1160

Angegebene Werte gelten unmittelbar für Drehen mit Hartmetall

Schnittgeschwindigkeit $v = 90 \ldots 125$ m/min

Spandicke $h = 0{,}05$ mm $\leqq h \leqq 2{,}5$ mm; Schlankeitsgrad $\varepsilon_S = 4$

Spanwinkel $\gamma = 6^\circ$ bei Stahl- und $\gamma = 2^\circ$ bei Gussbearbeitung

Zulässige Flächenpressung p_{zul} in N/mm² (Richtwerte)

Zapfen und Lager, Lagerbleche (vgl. q13)

Nicht gleitend: Lochleibungsdruck bei Gelenkbolzen (Hochbau DIN 18 800)

Werkstoff	p_{zul}	Werkstoff	p_{zul}
S235JR Lastfall H	210	S355 Lastfall H	320
S235JR Lastfall HZ	240	S355 Lastfall HZ	360

Gleitend: hydrodynamisch geschmiert siehe q47

Gleitend (Mischreibung, Welle gehärtet und geschliffen)[1) 2)]

Werkstoff	v in m/s	p_{zul}	Werkstoff	v in m/s	p_{zul}
Grauguss		5	Cu Sn 8 P:		
G-Cu Sn 7 Zn Pb		8 … 12	Fettschmierung	< 0,03	4 … 12
	1	20[3)]	hochwert. Lagerung	< 1	60
G-Cu Pb 15 Sn	0,3 … 1	15[3)]	PA 66 (Polyamid)	→ 0	15
			Trockenlauf[5)]	1	0,09
Sintereisen	< 1	6	Fettschmierung[5)]	1	0,35
	3	1	HDPE (hochmolek. Polyäthylen	→ 0	2 … 4
Sintereisen kupferhaltig	< 1	8			
	3	3	hoher Dichte)	1	0,02
Sinterbronze	< 1	12	PTFE (Polytetra-	→ 0	30
	3	6	fluoräthylen)		
	5	4	allseitig gefasst	1	0,06
Zinn-Bronze/ Grafit (DEVA-Metall)	< 1	20 … 90[4)]	PTFE + Blei + Bronze	< 0,005	80 … 140[4)]
			(DU-Lager)	0,5 … 5	< 1

Allgemein, nicht gleitende Flächen

Höchstwerte bis zur Quetschgrenze σ_{dF} der Werkstoffe möglich ($\sigma_{dF} \approx R_e$)!
Übliche Werte für p_{zul} jedoch niedriger

Werkstoff	übliche Werte für p_{zul} bei Belastung ruhend	schwellend	stoßend
Stahl	80 … 150	60 … 100	30 … 50
Grauguss	70 … 80	45 … 55	20 … 30
Temperguss	50 … 80	30 … 55	20 … 30
Bronze	30 … 40	20 … 30	10 … 15
Rotguss	25 … 35	15 … 25	8 … 12

1) $(p \cdot v)_{zul}$ stark abhängig von Wärmeabfuhr, Beanspruchung, Schmierung

2) bei hydrodynamischer Schmierung teilweise wesentlich höher belastbar (vor allem Lagermetalle)

3) begrenzte Lebensdauer (Verschleißteile)

4) extreme Sonderfälle

5) für Wanddicke 1 mm

Eigenschaften von Reibstoffen

(zu Q15 … Q17)

	Reibpaarung	Gleitreibungs-beiwert μ_{Gleit} [3] –	Höchsttemperatur dauernd °C	Höchsttemperatur kurzzeitig °C	Flächen-pressung p_{zul} N/mm²	flächenbezogene Wärmeleistung q_{zul} kW/m²
Trockenlauf	Organischer Reibbelag/St, GG allgemein [4]	0,2 … 0,65	150 … 300 K H	300 … 600 K H	0,1 … 10	2,2 … 30
Trockenlauf	Einscheiben-Reibkupplung	0,35 … 0,4	150 … 300	400	1	12 … 23
Trockenlauf	PKW-Trommelbremse	0,2 … 0,3	250 … 300	350 … 450	0,5 … 1,5 2,0	
Trockenlauf	PKW-Scheibenbremse	0,3 … 0,4	400	600	10 (Not-bremsung)	
Trockenlauf	GG/St	0,15 … 0,2	300		0,8 … 1,4	
Trockenlauf	Sinterbronze/St	0,05 … 0,3	400 … 450	500 … 600	1	5,5
Nasslauf	Sinterbronze/St	0,05 … 0,1 [1]	180	500 … 600	3	12 … 23
Nasslauf	St/St	0,06 … 0,1 [2]	200 … 250		1	3,5 … 5,5 [5]

1) $\mu_{Haft} = (1{,}3 \dots 1{,}5)\,\mu_{Gleit}$
2) $\mu_{Haft} = (1{,}8 \dots 2{,}0)\,\mu_{Gleit}$
3) häufig: $\mu_{Haft} \approx 1{,}25\,\mu_{Gleit}$
4) K = Kautschukbinder; H = Kunstharzbinder
5) Tauchschmierung niedriger, Innenölung höher

Arbeit w und Formänderungsfestigkeit k_f

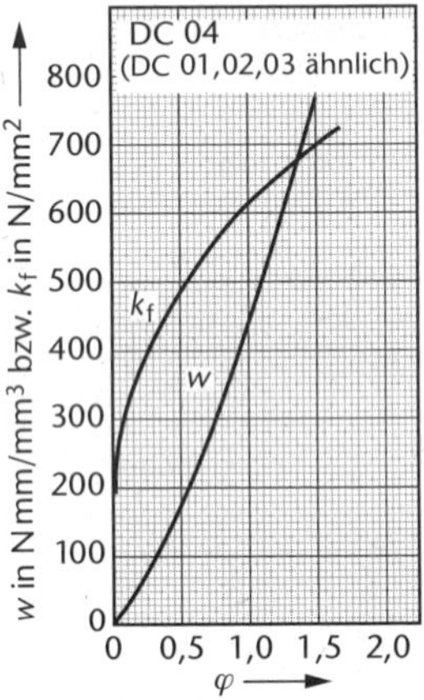

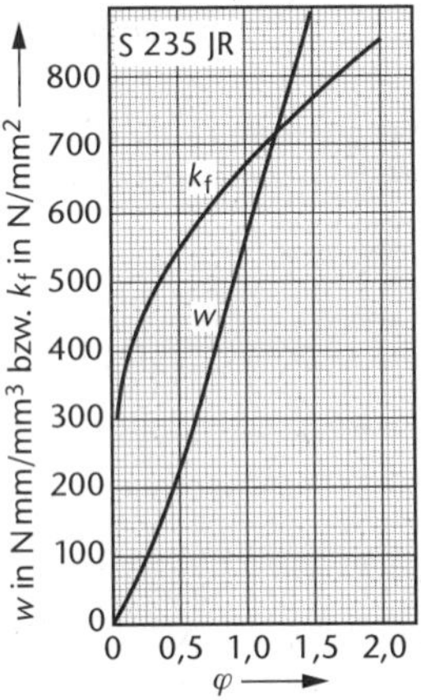

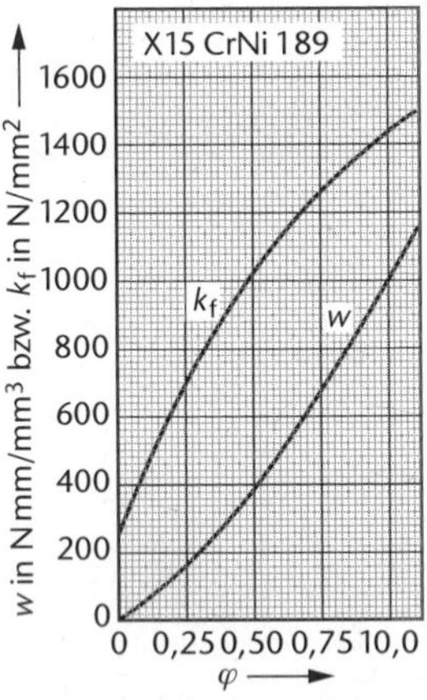

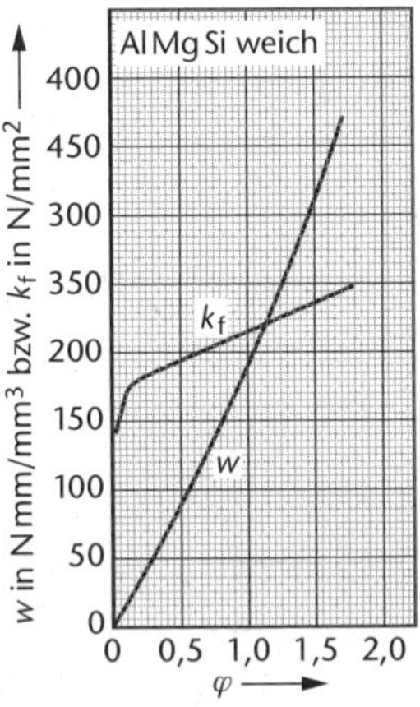

φ logarithmisches Formänderungs-Verhältnis
w volumenbezogene Arbeit
k_f Formänderungsfestigkeit

Diagramme für weitere Werkstoffe siehe VDI-Richtlinie 3200

Spezifischer elektrischer Widerstand ϱ und Leitfähigkeit γ von Leitern bei $t = 20\,°C$

Werkstoff	ϱ $\frac{\Omega\,mm^2}{m}$	$\gamma = 1/\varrho$ $\frac{m}{\Omega\,mm^2}$	Werkstoff	ϱ $\frac{\Omega\,mm^2}{m}$	$\gamma = 1/\varrho$ $\frac{m}{\Omega\,mm^2}$
Aluminium	0,0278	36	Magnesium	0,0435	23
Antimon	0,417	2,4	Manganin	0,423	2,37
Blei	0,208	4,8	Messing Ms 58	0,059	17
Cadmium	0,076	10	Messing Ms 63	0,071	14
Chrom-Ni-Fe	0,10	10	Neusilber	0,369	2,71
Eisen, rein	0,10	6,7	Nickel	0,087	11,5
Flussstahl	0,15	45	Nickelin	0,5	2,0
Gold	0,0222	0,125	Platin	0,111	9
Graphit	8,00	1	Quecksilber	0,941	1,063
Gusseisen	1	13,1	Silber	0,016	62,5
Kohle	40	0,025	Wolfram	0,055	18,2
Konstantan	0,48	2,08	Zink	0,061	16,5
Kupfer, E-Cu	0,0175	57	Zinn	0,11	9,1

Spezifischer elektrischer Widerstand ϱ von Isolatoren

Werkstoff	ϱ $\Omega \cdot m$ $(= 10^6\,\Omega \cdot mm^2/m)$	Werkstoff	ϱ $\Omega \cdot m$ $(= 10^6\,\Omega \cdot mm^2/m)$
Bakelit	10^{12}	Paraffinöl	10^{16}
Glas	10^{13}	Plexiglas	10^{13}
Glimmer	10^{15}	Polystyrol	10^{14}
Hartgummi	10^{14}	Porzellan	10^{12}
Marmor	10^{8}	Pressbernstein	10^{16}
Paraffin, rein	10^{16}	Wasser, destilliert	10^{5}

Elektrischer Temperatur-Koeffizient α_{20} bei $t = 20\,°C$

Werkstoff	α_{20} $1/K$	Werkstoff	α_{20} $1/K$
Aluminium	+0,003 90	Neusilber	+0,000 70
Flussstahl	+0,006 60	Nickel	+0,005 00
Gold	+0,003 98	Nickelin	+0,000 23
Graphit	−0,000 20	Platin	+0,003 90
Kohle	−0,000 30	Quecksilber	+0,000 90
Konstantan	−0,000 03	Silber	+0,004 06
Kupfer	+0,003 80	Wolfram	+0,004 80
Manganin	±0,000 01	Zink	+0,004 17
Messing	+0,001 55	Zinn	+0,004 80

Tabellen

Elektrische Werte

Permittivitätszahl ε_r

Isolierstoff	ε_r	Isolierstoff	ε_r	Isolierstoff	ε_r
Araldit	3,6	Marmor	8	Pressspan	4
Bakelit	3,6	Mikanit	5	Quarz	4,5
Ebonit	2,5	Ölpapier	4	Rizinusöl	4,7
Glas	5	Olivenöl	3	Schellack	3,5
Glimmer	6	Papier	2,3	Steatit	6
Guttapercha	4	Papier, imprägniert	5	Schiefer	4
Hartgummi	4	Paraffin	2,2	Teflon	2
Hartpapier	4,5	Paraffinöl	2,2	Terpentinöl	2,2
Isolation von		Petroleum	2,2	Trafoöl, mineral.	2,2
Starkstromkabel	4,2	Phenolharz	8	Trafoöl, vegetab.	2,5
Isolation von		Plexiglas	3,2	Vakuum, Luft	1
Fernsprechkabel	1,5	Polyamid	5	Vulkanfieber	2,5
Kabelvergussmasse	2,5	Polystyrol	3	Wasser	80
Luft, Vakuum	1	Porzellan	4,4	Weichgummi	2,5

Elektrochemische Spannungsreihe

Spannung gegen Wasserstoffelektrode bei 25 °C

Stoff	U Volt	Stoff	U Volt	Stoff	U Volt
Cadmium	−0,40	Zink	−0,76	Wasserstoff	0,00
Calzium	−2,87	Chrom	−0,74	Antimon	+0,10
Kalium	−2,93	Wolfram	−0,58	Kupfer	+0,34
Natrium	−2,71	Eisen	−0,41	Silber	+0,80
Magnesium	−2,37	Cobalt	−0,28	Quecksilber	+0,85
Beryllium	−1,85	Nickel	−0,23	Platin	+1,20
Aluminium	−1,66	Zinn	−0,14	Gold	+1,50
Mangan	−1,19	Blei	−0,13	Fluor	+2,87

Normalzahlen bei Stufung nach E-Reihen

(Dargestellt von E 6 … E 24)

E 6-Reihe ($\approx \sqrt[6]{10}$)			E 12-Reihe ($\approx \sqrt[12]{10}$)			E 24-Reihe ($\approx \sqrt[24]{10}$)		
1,0	2,2	4,7	1,0	2,2	4,7	1,0	2,2	4,7
						1,1	2,4	5,1
			1,2	2,7	5,6	1,2	2,7	5,6
						1,3	3,0	6,2
1,5	3,3	6,8	1,5	3,3	6,8	1,5	3,3	6,8
						1,6	3,6	7,5
			1,8	3,9	8,2	1,8	3,9	8,2
						2,0	4,3	9,1
10	22	47	10	22	47	10	22	47
	usw.			usw.			usw.	

Magnetische Feldstärke H und Permeabilitätszahl μ_r als Funktion der gewünschten Induktion B

		Gusseisen		Dynamoblech und -band $P\,1{,}0 = 3{,}6\ \frac{W}{kg}$ und Gussstahl		Legiertes Blech und Band $P\,1{,}0 = 1{,}3\ \frac{W}{kg}$	
Induktion B		H	μ_r	H	μ_r	H	μ_r
$T = \frac{Vs}{m^2}$ (Tesla)	[G (Gauß)]	A/m	–	A/m	–	A/m	–
0,1	1000	440	181	30	2650	8,5	9390
0,2	2000	740	215	60	2650	25	6350
0,3	3000	980	243	80	2980	40	5970
0,4	4000	1250	254	100	4180	65	4900
0,5	5000	1650	241	120	3310	90	4420
0,6	6000	2100	227	140	3410	125	3810
0,7	7000	3600	154	170	3280	170	3280
0,8	8000	5300	120	190	3350	220	2900
0,9	9000	7400	97	230	3110	280	2550
1,0	10 000	10 300	77	295	2690	355	2240
1,1	11 000	14 000	63	370	2360	460	1900
1,2	12 000	19 500	49	520	1830	660	1445
1,3	13 000	29 000	36	750	1380	820	1260
1,4	14 000	42 000	29	1250	890	2250	495
1,5	15 000	65 000	18	2000	600	4500	265
1,6	16 000			3500	363	8500	150
1,7	17 000			7900	171	13 100	103
1,8	18 000			12 000	119	21 500	67
1,9	19 000			19 100	79	39 000	39
2,0	20 000			30 500	52	115 000	14
2,1	21 000			50 700	33		
2,2	22 000			130 000	13		
2,3	23 000			218 000	4		

——— praktische Grenze

Erläuterung für $P\,1{,}0$ siehe Z24

Werte für Dynamobleche und -bänder

(Weitere Angaben siehe DIN 46 400)

			unlegierte Bleche, Bänder	schwach-	mittel-stark-	hoch-	
				legierte Bleche und Bänder			
Verlustleistung bei 1,0 T in W/kg			3,6	3,0	2,3	1,5	1,3
Dicke in mm			0,5				0,35
Dichte in kg/dm³			7,8	7,75	7,65	7,6	
massebezogene Verlustleistung (Maximum) bei $f = 50$ Hz W/kg		*P* 1,0	3,6	3,0	2,3	1,5	1,3
		P 1,5	8,6	7,2	5,6	3,7	3,3
Magn. Fluss-dichte (Mini-mum)	B_{25}	V s/m² [Gauss]	1,53 [15 300]	1,50 [15 000]	1,47 [14 700]	1,43 [14 300]	
	B_{50}	V s/m² [Gauss]	1,63 [16 300]	1,60 [16 000]	1,57 [15 700]	1,55 [15 500]	
	B_{100}	V s/m² [Gauss]	1,73 [17 300]	1,71 [17 100]	1,69 [16 900]	1,65 [16 500]	
	B_{300}	V s/m² [Gauss]	1,98 [19 800]	1,95 [19 500]	1,93 [19 300]	1,85 [18 500]	

Erläuterungen

$B_{25} = 1{,}53\,\mathrm{V\,s/m^2}$ heißt, dass mindestens die magnetische Flussdichte $1{,}53\,\mathrm{V\,s/m^2}$ [oder 15 300 Gauss] bei einer Feldstärke von 25 A/cm erreicht wird. Ein Kraftflussweg von z. B. 5 cm erfordert also eine Durchflutung von $5 \times 25\,\mathrm{A} = 125\,\mathrm{A}$.

P 1,0 ist die massenbezogene Verlustleistung bei der magn. Flussdichte $1{,}0\,\mathrm{V\,s/m^2} = [10\,000\,\mathrm{G}]$

P 1,5 ist die massenbezogene Verlustleistung bei der magn. Flussdichte $1{,}5\,\mathrm{V\,s/m^2} = [15\,000\,\mathrm{G}]$

Richtwerte für Beleuchtungsstärke E_V in lx = lm/m²

Art der Anlage		Nur Allgemeinbeleuchtung	Allgemein mit Platzbeleuchtung: Allgemein	Allgemein mit Platzbeleuchtung: Arbeitsplatz
Arbeitsstätten bei Arbeitsart	grob	100	50	200
	mittelfein	200	100	500
	fein	300	200	1000
	sehr fein	500	300	1500
Büros	Normal-	500		
	Großraum-	750		
Wohnräume Beleuchtung	mittel	200		
	stark	500		
Straßen und Plätze mit Verkehr	schwach	20		
	mittel	50		
	stark	100		
Fabrikhöfe mit Verkehr	schwach	20		
	stark	50		

Werte für Beleuchtungs-Wirkungsgrad η

Beleuchtungsart	Farbton der zu beleuchtenden Fläche: hell	mittel	dunkel
direkt	0,60	0,45	0,30
indirekt	0,35	0,25	0,15
Straßen- und Platzbeleuchtung	Tief-	Breit- strahler	Hoch-
	0,45	0,40	0,35

Lichtstrom Φ_v von Lampen

Normal-Glühlampen mit Einfachwendel (Werte bei Betriebsspannung 220 V)		P_{el}	W	15	25	40	60	75	100
		Φ_v	klm	0,12	0,23	0,43	0,73	0,96	1,39
		P_{el}	W	150	200	300	500	1000	2000
		Φ_v	klm	2,22	3,15	5,0	8,4	18,8	40,0
Leuchtstofflampen, Werte für Lichtfarben „Warmton", „Hellton"	Rohrform-∅								
	26 mm	P_{el}	W		18	36	58		
		Φ_v	klm		1,45	3,47	5,4		
	38 mm	P_{el}	W	15	20	40	65		
		Φ_v	klm	0,59	1,20	3,1	5,0		
Hochdrucklampen mit Leuchtstoff (HQL)		P_{el}	W	125	250	400	700	1000	2000
		Φ_v	klm	6,5	14	24	42	60	125

Tabellen

Werte zur Statistik

$$\varphi(x)=\frac{1}{\sqrt{2\pi}}e^{-\frac{x^2}{2}};\qquad \Phi_0(x)=\frac{2}{\sqrt{2\pi}}\int_0^x e^{-\frac{t^2}{2}}\cdot dt;\qquad \operatorname{erf}(x)=\frac{2}{\sqrt{\pi}}\int_0^x e^{-t^2}\cdot dt$$

x	$\varphi(x)$	$\Phi_0(x)$	erf(x)	x	$\varphi(x)$	$\Phi_0(x)$	erf(x)
0,00	0,398 942	0,000 000	0,000 000	0,50	0,352 065	0,382 925	0,520 500
0,01	0,398 922	0,007 979	0,011 283	0,51	0,350 292	0,389 949	0,529 244
0,02	0,398 862	0,015 957	0,022 565	0,52	0,348 493	0,396 936	0,537 899
0,03	0,398 763	0,023 933	0,033 841	0,53	0,346 668	0,403 888	0,546 464
0,04	0,398 623	0,031 907	0,045 111	0,54	0,344 818	0,410 803	0,554 939
0,05	0,398 444	0,039 878	0,056 372	0,55	0,342 944	0,417 681	0,563 323
0,06	0,398 225	0,047 845	0,067 622	0,56	0,341 046	0,424 521	0,571 616
0,07	0,397 966	0,055 806	0,078 858	0,57	0,339 124	0,431 322	0,579 816
0,08	0,397 668	0,063 763	0,090 078	0,58	0,337 180	0,438 085	0,587 923
0,09	0,397 330	0,071 713	0,101 281	0,59	0,335 213	0,444 809	0,595 937
0,10	0,396 953	0,079 656	0,112 463	0,60	0,333 225	0,451 494	0,603 856
0,11	0,396 536	0,087 591	0,123 623	0,61	0,331 215	0,458 138	0,611 681
0,12	0,396 080	0,095 517	0,134 758	0,62	0,329 184	0,464 742	0,619 412
0,13	0,395 585	0,103 434	0,145 867	0,63	0,327 133	0,471 306	0,627 047
0,14	0,395 052	0,111 340	0,156 947	0,64	0,325 062	0,477 828	0,634 586
0,15	0,394 479	0,119 235	0,167 996	0,65	0,322 972	0,484 308	0,642 029
0,16	0,393 868	0,127 119	0,179 012	0,66	0,320 864	0,490 746	0,649 377
0,17	0,393 219	0,134 990	0,189 992	0,67	0,318 737	0,497 142	0,656 628
0,18	0,392 531	0,142 847	0,200 936	0,68	0,316 593	0,503 496	0,663 782
0,19	0,391 806	0,150 691	0,211 840	0,69	0,314 432	0,509 806	0,670 840
0,20	0,391 043	0,158 519	0,222 702	0,70	0,312 254	0,516 073	0,677 801
0,21	0,390 242	0,166 332	0,233 522	0,71	0,310 060	0,522 296	0,684 666
0,22	0,389 404	0,174 129	0,244 296	0,72	0,307 851	0,528 475	0,691 433
0,23	0,388 529	0,181 908	0,255 022	0,73	0,305 627	0,534 610	0,698 104
0,24	0,387 617	0,189 670	0,265 700	0,74	0,303 389	0,540 700	0,704 678
0,25	0,386 668	0,197 413	0,276 326	0,75	0,301 137	0,546 745	0,711 156
0,26	0,385 683	0,205 136	0,286 900	0,76	0,298 872	0,552 746	0,717 537
0,27	0,384 663	0,212 840	0,297 418	0,77	0,296 595	0,558 700	0,723 822
0,28	0,383 606	0,220 522	0,307 880	0,78	0,294 305	0,564 609	0,730 010
0,29	0,382 515	0,228 184	0,318 283	0,79	0,292 004	0,570 472	0,736 103
0,30	0,381 388	0,235 823	0,328 627	0,80	0,289 692	0,576 289	0,742 101
0,31	0,380 226	0,243 439	0,338 908	0,81	0,287 369	0,582 060	0,748 003
0,32	0,379 031	0,251 032	0,349 126	0,82	0,285 036	0,587 784	0,753 811
0,33	0,377 801	0,258 600	0,359 279	0,83	0,282 694	0,593 461	0,759 524
0,34	0,376 537	0,266 143	0,369 365	0,84	0,280 344	0,599 092	0,765 143
0,35	0,375 240	0,273 661	0,379 382	0,85	0,277 985	0,604 675	0,770 668
0,36	0,373 911	0,281 153	0,389 330	0,86	0,275 618	0,610 211	0,776 100
0,37	0,372 548	0,288 617	0,399 206	0,87	0,273 244	0,615 700	0,781 440
0,38	0,371 154	0,296 054	0,409 009	0,88	0,270 864	0,621 141	0,786 687
0,39	0,369 728	0,303 463	0,418 739	0,89	0,268 477	0,626 534	0,791 843
0,40	0,368 270	0,310 843	0,428 392	0,90	0,266 085	0,631 880	0,796 908
0,41	0,366 782	0,318 194	0,437 969	0,91	0,263 688	0,637 178	0,801 883
0,42	0,365 263	0,325 514	0,447 468	0,92	0,261 286	0,642 427	0,806 768
0,43	0,363 714	0,332 804	0,456 887	0,93	0,258 881	0,647 629	0,811 563
0,44	0,362 135	0,340 063	0,466 225	0,94	0,256 471	0,652 782	0,816 271
0,45	0,360 527	0,347 290	0,475 482	0,95	0,254 059	0,657 888	0,820 891
0,46	0,358 890	0,354 484	0,484 656	0,96	0,251 644	0,662 945	0,825 424
0,47	0,357 225	0,361 645	0,493 745	0,97	0,249 228	0,667 954	0,829 870
0,48	0,355 533	0,368 773	0,502 750	0,98	0,246 809	0,672 914	0,834 231
0,49	0,353 812	0,375 866	0,511 668	0,99	0,244 390	0,677 826	0,838 508

Tabellen

Werte zur Statistik

$$\varphi(x)=\frac{1}{\sqrt{2\pi}}e^{-\frac{x^2}{2}};\qquad \Phi_0(x)=\frac{2}{\sqrt{2\pi}}\int_0^x e^{-\frac{t^2}{2}}\cdot dt;\qquad \mathrm{erf}(x)=\frac{2}{\sqrt{\pi}}\int_0^x e^{-t^2}\cdot dt$$

x	$\varphi(x)$	$\Phi_0(x)$	erf(x)	x	$\varphi(x)$	$\Phi_0(x)$	erf(x)
1,00	0,241 971	0,682 689	0,842 701	1,50	0,129 518	0,866 336	0,966 105
1,01	0,239 551	0,687 505	0,846 810	1,51	0,127 583	0,868 957	0,967 277
1,02	0,237 132	0,692 272	0,850 838	1,52	0,125 665	0,871 489	0,968 414
1,03	0,234 714	0,696 990	0,854 784	1,53	0,123 763	0,873 983	0,969 516
1,04	0,232 297	0,701 660	0,858 650	1,54	0,121 878	0,876 440	0,970 586
1,05	0,229 882	0,706 282	0,862 436	1,55	0,120 009	0,878 858	0,971 623
1,06	0,227 470	0,710 855	0,866 144	1,56	0,118 157	0,881 240	0,972 628
1,07	0,225 060	0,715 381	0,869 773	1,57	0,116 323	0,883 585	0,973 603
1,08	0,222 653	0,719 858	0,873 326	1,58	0,114 505	0,885 893	0,974 547
1,09	0,220 251	0,724 287	0,876 803	1,59	0,112 704	0,888 165	0,975 462
1,10	0,217 852	0,728 668	0,880 205	1,60	0,110 921	0,890 401	0,976 348
1,11	0,215 458	0,733 001	0,883 533	1,61	0,109 155	0,892 602	0,977 207
1,12	0,213 069	0,737 286	0,886 788	1,62	0,107 406	0,894 768	0,978 038
1,13	0,210 686	0,741 524	0,889 971	1,63	0,105 675	0,896 899	0,978 843
1,14	0,208 308	0,745 714	0,893 082	1,64	0,103 961	0,898 995	0,979 622
1,15	0,205 936	0,749 856	0,896 124	1,65	0,102 265	0,901 057	0,980 376
1,16	0,203 571	0,753 951	0,899 096	1,66	0,100 586	0,903 086	0,981 105
1,17	0,201 214	0,757 999	0,902 000	1,67	0,098 925	0,905 081	0,981 810
1,18	0,198 863	0,762 000	0,904 837	1,68	0,097 282	0,907 043	0,982 493
1,19	0,196 520	0,765 953	0,907 608	1,69	0,095 657	0,908 972	0,983 153
1,20	0,194 186	0,769 861	0,910 314	1,70	0,094 049	0,910 869	0,983 790
1,21	0,191 860	0,773 721	0,912 956	1,71	0,092 459	0,912 734	0,984 407
1,22	0,189 543	0,777 535	0,915 534	1,72	0,090 887	0,914 568	0,985 003
1,23	0,187 235	0,781 303	0,918 050	1,73	0,089 333	0,916 370	0,985 578
1,24	0,184 937	0,785 024	0,920 505	1,74	0,087 796	0,918 141	0,986 135
1,25	0,182 649	0,788 700	0,922 900	1,75	0,086 277	0,919 882	0,986 672
1,26	0,180 371	0,792 331	0,925 236	1,76	0,084 776	0,921 592	0,987 190
1,27	0,178 104	0,795 915	0,927 514	1,77	0,083 293	0,923 273	0,987 691
1,28	0,175 847	0,799 455	0,929 734	1,78	0,081 828	0,924 924	0,988 174
1,29	0,173 602	0,802 949	0,931 899	1,79	0,080 380	0,926 546	0,988 641
1,30	0,171 369	0,806 399	0,934 008	1,80	0,078 950	0,928 139	0,989 090
1,31	0,169 147	0,809 804	0,936 063	1,81	0,077 538	0,929 704	0,989 524
1,32	0,166 937	0,813 165	0,938 065	1,82	0,076 143	0,931 241	0,989 943
1,33	0,164 740	0,816 482	0,940 015	1,83	0,074 766	0,932 750	0,990 347
1,34	0,162 555	0,819 755	0,941 914	1,84	0,073 407	0,934 232	0,990 736
1,35	0,160 383	0,822 984	0,943 762	1,85	0,072 065	0,935 687	0,991 111
1,36	0,158 225	0,826 170	0,945 562	1,86	0,070 740	0,937 115	0,991 472
1,37	0,156 080	0,829 313	0,947 313	1,87	0,069 433	0,938 516	0,991 821
1,38	0,153 948	0,832 413	0,949 016	1,88	0,068 144	0,939 892	0,992 156
1,39	0,151 831	0,835 471	0,950 673	1,89	0,066 871	0,941 242	0,992 479
1,40	0,149 727	0,838 487	0,952 285	1,90	0,065 616	0,942 567	0,992 790
1,41	0,147 639	0,841 460	0,953 853	1,91	0,064 378	0,943 867	0,993 090
1,42	0,145 564	0,844 392	0,955 376	1,92	0,063 157	0,945 142	0,993 378
1,43	0,143 505	0,847 283	0,956 857	1,93	0,061 952	0,946 393	0,993 656
1,44	0,141 460	0,850 133	0,958 297	1,94	0,060 765	0,947 620	0,993 922
1,45	0,139 431	0,852 941	0,959 695	1,95	0,059 595	0,948 824	0,994 179
1,46	0,137 417	0,855 710	0,961 054	1,96	0,058 441	0,950 004	0,994 426
1,47	0,135 418	0,858 438	0,962 373	1,97	0,057 304	0,951 162	0,994 664
1,48	0,133 435	0,861 127	0,963 654	1,98	0,056 183	0,952 297	0,994 892
1,49	0,131 468	0,863 776	0,964 898	1,99	0,055 079	0,953 409	0,995 111

Stichwortverzeichnis

D

H

I

K

N

O

P

Q

R

S

T

U

V

W

X

Z

Technische Formelsammlung

ist auch erschienen in den Sprachen:

Chinesisch
Englisch
Französisch
Indonesisch
Japanisch
Koreanisch
Niederländisch
Portugiesisch
Spanisch
Thailändisch